开关量控制

基础及应用

韦根原　编著

中国电力出版社
CHINA ELECTRIC POWER PRESS

内 容 提 要

本书首先讲述了开关量控制系统的特点及组成装置，着重说明了电、液、气动 3 类能源驱动的开关量执行设备；综述了开关量控制系统在顺序控制和保护应用时所涉及的两个理论基础——逻辑代数和系统可靠性理论；分别介绍了以 PLC 为主要逻辑控制装置的各种编程设计语言，归纳出了分析和设计顺序控制的系统化方法。其次以开关量控制在大型火电机组中热工领域上的应用为例，采用顺序功能表图用 GRAFCET 规范语言设计和描述了功能组以及机组自启停系统（APS）；对热工安全保护系统进行了分类讲解，说明了锅炉安全保护系统（FSSS）和汽轮机紧急遮断系统（ETS）的功能；从系统可靠性角度探讨了提高保护系统可靠性的措施。最后说明了大型报警系统的功能和手段。

本书以本科《开关量控制》教学为主，以一款先进的功能全面的集合液压、气动、电气控制、PLC 设计、HMI（人机接口）等设计、仿真和控制为一体的软件 Automation Studio（简称 AS）作为教学辅助软件，丰富了教学手段，提升了教学方法改革的空间。书中的设计举例均在 AS 软件中设计并仿真验证，较易达到本课程学用结合的教学目的。

本书可作为高等院校《开关量控制》课程的教材。在编写时的应用实例兼顾了火电厂热工及运行专业在顺序控制和保护方面的培训要求，也可作为这方面的培训教材，供相关专业科研人员、高等学校教师、工程技术人员参考。

图书在版编目（CIP）数据

开关量控制基础及应用/韦根原编著．—北京：中国电力出版社，2021.6

ISBN 978-7-5198-5362-4

Ⅰ.①开…　Ⅱ.①韦…　Ⅲ.①火力发电—发电机—机组—控制系统　Ⅳ.①TM621.6

中国版本图书馆 CIP 数据核字（2021）第 039635 号

出版发行：中国电力出版社

地　　址：北京市东城区北京站西街 19 号（邮政编码 100005）

网　　址：http：//www.cepp.sgcc.com.cn

责任编辑：娄雪芳（010-63412375）

责任校对：黄　蓓　常燕昆

装帧设计：王红柳

责任印制：吴　迪

印　　刷：三河市万龙印装有限公司

版　　次：2021 年 6 月第一版

印　　次：2021 年 6 月北京第一次印刷

开　　本：787 毫米×1092 毫米　16 开本

印　　张：18.5

字　　数：448 千字

印　　数：0001—2000 册

定　　价：69.00 元

开关量控制的应用在我们周围和工业生产中无处不在。许多高校特别是理工科院校已经把开关量控制课程列为专业必修课程。但各校的课程教学内容和目标却不尽相同，这种情况是由这门课程的特点决定的。开关量控制首先是一门交叉学科，涉及基础知识、专业内容多，基础理论有逻辑代数、系统可靠性理论，专业基础知识有电气逻辑与机电控制、可编程逻辑控制原理与应用、程序结构及编程。密切相关内容有控制装置与仪表、液压传动及应用背景的工艺原理和设备。其次开关量控制的应用目的性很强，不同生产领域、不同专业对设备要求、控制技术要求都有差异。另外，开关量控制的理论及应用理论基础薄弱，与其应用的指导作用不相适应。

开关量控制中顺序控制和自动保护在应用中存在共性的一面，但也有不同之处。其一是它们的应用目的不同。开关量控制应用是以管理生产过程为目的，进行顺序控制系统的组织；自动保护是以保证生产过程安全为目的，对保护系统的可靠性有较高要求。其二是依据的理论有所不同。虽然开关量控制依据的理论基础是逻辑代数和方程解析，但对保护系统还要依赖于系统可靠性理论。其三是开关量控制在这些领域中应用的指导性、系统化的方法值得探究和总结。

为此本教材做了如下工作：①夯实理论基础，引进新的理论和应用成果。在第一章中总结了逻辑代数和系统可靠性的知识。在第三章逻辑关系的分析中用数比概念建立方程式并用于电路和逻辑方程的分析，能够较好地把经验分析、设计的方法变为理论分析、设计的方法。②进行了开关量控制应用的系统化方法研究。在顺序控制系统的分析和设计中采用顺序功能表图用 GRAFCET 规范语言先行描述和分析顺序控制过程，然后再讨论采用的技术和编程方法。这样既提供了一个技术人员和运行人员交流控制要求的平台，讨论结果也是后续采用不同编程方法实现时的指导性文件。③在教学环节引入设计仿真软件 Automation Studio 作为教学的辅助工具。Automation Studio（AS）是一款集合液压、气动、电气控制、PLC 设计、HMI（人机接口）等设计、仿真和控制为一体的优秀软件，应用于本课程教学中能够做到学习、设计及仿真验证到再学习、修改设计、仿真检验的闭环学习过程，为教学形式的改革提供了空间。在第一、二、三章的应用阅读中列写了 AS 软件的不同工作室应用的教程。书中的设计例题均在 AS 软件中设计并仿真验证。AS 的不同工作室可以通过变量管理器链接起来，这样设计的控制方案、由流体组件模拟的开关量被控对象、设计的 HMI（人机接口）控制面板加上工艺过程的动画模拟可以构成虚拟运行的环境，达到学习成果可视化的程度。

教材的第四、五、六章是以热力发电过程为背景的开关量控制应用部分。在热工顺序控制应用中，选取了锅炉烟风系统功能组、直吹式制粉系统功能组、给水系统功能组的设计实例。实例中均采用 GRAFCET 规范语言对功能组进行了分层描述。采用不同语言实现的方法可以参考第三章内容。在对机组级自启停控制系统（APS）的说明中，根据 APS 的运行特点采用 GRAFCET 中宏结构的形式进行了描述，这有利于对 APS 开展结构化设计工作。在保护系统的应用中介绍了热力发电机组中锅炉安全保护系统（FSSS）、汽轮机危急遮断系统（ETS）和单元机组的保护等内容。在保护系统可靠性分析中着重从多种的逻辑组合结构中讨论降低保护系统误动率和拒动率的数值差异及平衡度指标，为保护系统的设计和改进提供理论依据。

本书在编写过程中得到相关单位的支持和帮助，在此深表感谢。书中引用了一些专家、学者的著作和论文中的有关内容和实例，在参考文献中都已列出。书中也引用了一些学生的优秀设计实例，在此一并表示谢意。

由于编者水平有限、专业视角不同，而本书涉及知识、专业范围广，编写中难免有疏漏之处，恳请读者批评指正。若索要 PPT 课件、交流探讨专业内容，可用以下方式联系：weigenyuan@china. com. cn。

编者

2021 年 2 月

目 录

绪　论

一、开关量控制系统的特征与应用范围

在过程自动化领域中存在着两种不同类型变量的控制系统：模拟量控制系统和开关量控制系统。这两种系统紧密合作、相互配合共同完成对被控量和工艺过程的控制。小到阀门开闭、单回路控制，大到整体工艺的全程控制，如火电机组的自启停、火箭点火、升空，至卫星入轨控制等，均体现出两种控制类型的密切结合。因此，它们是控制内容的两个方面，同等重要，密不可分。

模拟量控制系统以给出的预定值为目标，通常根据反馈控制理论指导系统的设计，以保证被控参数与预定值的趋近和稳定，因而模拟量控制以反馈控制为特征。开关量控制系统以预定的状态为目标（以作业命令表示）来控制被控设备的动作。两种控制系统的组成如图 0-1 所示。

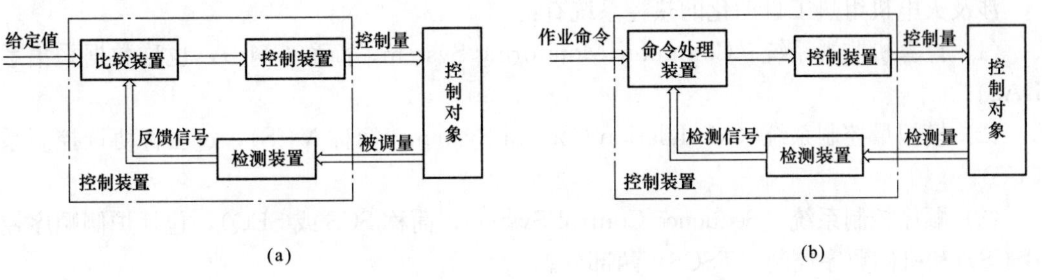

图 0-1　模拟量控制和开关量控制系统的组成

（a）模拟量控制系统；（b）开关量控制系统

这两种控制系统构成相似，开关量控制系统中以作业命令替代模拟量控制系统中给定值概念，表明它们控制目的相同，都是为了达到控制目标而对被控对象施以的某种操作。但它们有着明显的区别：被控变量不同，反馈控制系统被控变量是模拟值，开关量控制系统是对应开关量状态的逻辑值；工作原理不同，前者通常是负反馈闭环回路，没有反馈信号无法精准完成控制任务。后者控制状态的检测信号并非是必须的，有时没有这些检测信号并不影响控制过程的进行；控制规律不同，一个采用 PID、模糊控制等算法，一个采用以布尔代数为基础的逻辑推演算法。

可见开关量控制系统是以处理开关量信息为基本特征的一类控制系统。开关量是指两个对立的、稳定的物理状态，是二状态变量，可采用一种符号表示。对立是指两个物理状态有着非此即彼、互为依存并能相互转化的关系。稳定是指从控制角度达到的稳定情况而不着重这两种物理状态相互转化的具体过程。对开关量状态，为方便运算常以两状态的逻辑值“0”“1”对应，这样开关量就转化为数学逻辑值。开关量控制是指在过程控制中状态信息的检测、转换、运算和输出控制信号都以开关量信号进行。由此构成的控制系统称为开关量控制系统。这种以检测和处理开关量信息为特征所形成的理论和方法是开关量控制技术的应用基础。

开关量控制应用包括顺序控制、保护和报警三个方面。

顺序控制将关系密切的若干控制对象集中起来，根据一定的生产规律，按照预先拟定的次序、依据时间或条件，有计划有步骤地使生产工艺中各有关设备自动地依次进行一系列逻辑操作。

顺序控制的应用可以避免操作人员的误操作，极大减轻操作人员的劳动强度，有利于设备的安全、经济运行，从而使生产过程的管理和控制水平提升到一个新的层次。

保护是在工艺过程中设备启停和正常运行时，当出现异常情况和危险工况，发生可能危及设备和人身安全的故障时，能根据故障的情况和性质，自动地采取预先设置的措施，通过对个别或一系列设备的操作处理，以消除异常和防止事故扩大。

完善可靠的保护系统可以保证设备及人身的安全，是提高生产过程可靠性的重要手段。

报警指因生产过程或参数偏离正常状态而通过声音、光字牌、参数显示闪烁等方式向监控人员报告危急情况或发出危急信号。

按报警的性质，可以把报警纳入保护控制范围内，这样也可以说顺序控制和保护是开关量控制的两个内容。

以火电机组热力生产过程为例，说明属于开关量控制范畴的系统。

涉及火电机组热工自动化的热控系统有：

(1) 计算机监视系统（Computer Monitoring System，简称 CMS），也称数据采集系统（DAS）。

(2) 模拟量控制系统（Modulation Control System，简称 MCS），过去称协调控制系统（CCS）。

(3) 顺序控制系统（Sequence Control System，简称 SCS 或 SEQ），包括炉侧顺序控制（BSCS）和机侧顺序控制（TSCS）两部分。

(4) 锅炉炉膛安全监视系统（Furnace Safeguard Supervisory System，简称 FSSS），也称燃烧器管理系统（BMS）。

(5) 汽轮机控制系统（Turbine Control System，简称 TCS）。

(6) 汽轮机安全监视仪表（Turbine Supervisory Instrument，简称 TSI）。

(7) 汽轮机紧急跳闸保护系统（Emergency Trip System，简称 ETS）。

(8) 汽轮机旁路系统（By Pass Control System，简称 BPS）。

(9) 报警系统（Announciator System，简称 ANN）。

(10) 机组自启停控制系统（简称 APS）。

上述系统中属开关量控制范畴的系统有：SCS、FSSS、ETS、BPS、ANN、APS。表 0-1 为开关量控制系统及在热工控制过程中应用。

表 0-1　开关量控制系统在热工控制过程中应用

内容	开关量控制系统	
控制系统应用	顺序控制系统	保护控制系统
热工控制过程应用	炉侧顺序控制系统 BSCS 机侧顺序控制系统 TSCS FSSS 中管理系统 BCS 机组自启停系统 APS	FSSS 中安全系统 FSS 汽轮机紧急跳闸保护系统 ETS 汽轮机旁路系统 BPS 报警系统 ANN

二、本书讲授的内容和知识体系结构

开关量控制有两方面的应用：顺序控制和保护。顺序控制是对生产过程按工艺（规程）要求进行被控设备的组织管理，使生产过程有序进行，其设计和运行水平表明了生产过程高度自动化的程度。保护是对生产过程和人的操作过程所做的监控。对保护而言如何使保护系统本身不能成为安全生产的隐患，即保护系统构成的可靠性问题是设计和维护保护系统的关键问题。这样二者所构成的控制系统涉及的基础知识，既有相同的部分也有差异。共同的地方是它们都是开关量控制系统，均是对开关量所做的处理，所涉及的基础知识是（二值）逻辑代数的基本理论，包括二值逻辑的定理和公式、逻辑简化方法、分析和建立逻辑函数与方程的演算法则等。不同的地方是对两种控制系统的要求不同：对顺序控制系统要求有很高的组织逻辑严密性，要求系统监控直观，操作便捷、手段多样。对保护控制系统则要求有极高的运行可靠性。前者需要完整的逻辑代数知识。后者除需要逻辑代数的基本知识外，还需要系统可靠性理论作为支撑，主要包括可靠性工程中的特征量、可靠性模型预测及系统可靠性失效分析等内容。

因此逻辑代数和系统可靠性理论是开关量控制系统设计和分析的基础理论，本书的知识体系见表 0-2。

表 0-2　本书的知识体系

应用方面	顺序控制	保护
控制技术	逻辑控制装置与系统、逻辑实现的技术与编程语言	
控制技术	逻辑代数基本定义、定律	
	逻辑代数方程组的求解与构建	系统可靠性的特征量与模型预测
应用领域	热工顺序控制系统及表述	热工保护控制系统说明
	逻辑方程的归纳与分析	保护系统的可靠性框图与可靠性

本书的应用部分以火力发电厂中热力生产过程的实例为主。以大型锅炉、汽轮机为主体的热力生产过程具有设备密集、工序复杂、温度、压力等运行参数高、生产过程中危险程度高等特点，应用的开关量控制系统，如热工顺序控制系统、锅炉安全监控系统、汽轮机紧急跳闸保护系统、机组自启停控制系统，其设计技术、运行水平在不断更新的先进控制设备中也达到一个新的高度，体现出新的特点。

本书主要内容是系统地学习开关量控制的基本理论和方法；了解构成开关量控制系统的相关设备的原理，以可编程控制设备（PLC）为主掌握开关量控制的设计语言；熟悉以热力生产为背景的顺序控制和保护系统的构成和特点，掌握其控制设计要求及工程分析、优化实现方法。

在开关量控制系统的教学和实践活动中，本书引入一款有关液压、电气控制系统设计并能够进行运行仿真的软件 Automation Studio（简称 AS 软件）作为本课程的辅助教学软件。这款软件填补了本课程课堂教学中的不足，使得相关实践环节可以在课堂上先行开展，极大地提高了教学效率。

本课程学时分配（不包括实践环节）如下：

控制技术部分（16 学时），包括逻辑控制装置与系统、控制逻辑实现的技术与 PLC 中的编程语言。

理论基础部分（8 学时，可增删），包括逻辑代数、系统可靠性理论。

应用实例部分（16 学时，可选），包括热工顺序控制实例、锅炉安全监控系统、汽轮机紧急跳闸保护系统、机组自启停控制系统。

全部授课学时可为 32 学时或 40 学时。

为配合本课程教学附加了【延伸阅读】和【应用阅读】。延伸阅读材料是撷取一些与本课程有关的名词、术语，深入解释，以加深对本课程相关概念的理解。应用阅读材料是有关开关量控制在 AS 软件的设计、应用方法的指导说明。

工业信号的量化和存储单位

工业生产中，普遍存在着两种基本类型的过程变量：模拟量和开关量。模拟量是随时间变化其数值在确定范围内连续变化的物理量。开关量是随时间变化其取值是二值之一的物理量。也就是说，模拟量是时间上连续取值也连续的物理量。开关量是时间连续而取值是断续的物理量。由于事故分析、经济核算、控制方案改进等方面的需求，需要对现场大量的模拟量、开关量信号的历史数据进行存储。模拟式记录仪表是能够完成这些类型数据的显示和记录的早期仪表，如图 0-2 (a) 所示。这种走纸记录仪按预定的时间均匀连续变化，可以记录模拟量和开关量，形成可以保存的纸质文档。随着计算机技术的发展和普及，适合于信息革命的数字式记录仪［见图 0-2 (b)］，最先替代了模拟式记录仪。数字信息通过电子状态的形式存储于各类介质中，形成所谓的电子文档。

(a)

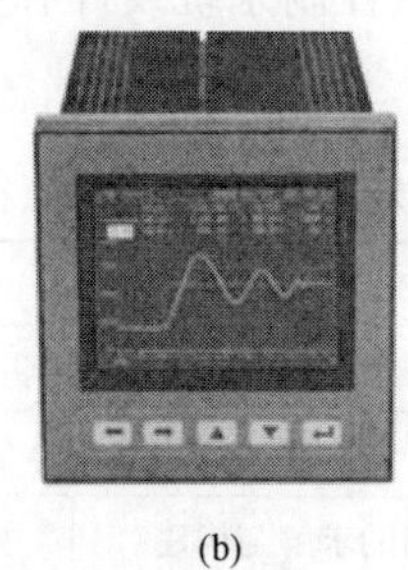
(b)

图 0-2 记录仪

(a) 模拟式记录仪；(b) 数字式记录仪

数字式仪表存储、处理和传送的是数字信号。数字信号是在一个时间点上其取值可以是两个或多个有限数据集合内取其一的一系列量，这样的量称为数字量。数字信号是一类时间上断续，取值也断续的量的集合。数字量特别适合计算机对数据的处理。在计算机中表征数据的最小存储单位是位（bit），一个 bit 仅有两种状态，因此它的取值只能是两个值，可以用来表征一路开关量信号的状态而无法表示模拟量信号的大小。若用两个 bit 可以表征二路开关量信号。两个 bit 组成的一个数据单位有 2^2（=4）种取值，用来表示模拟量信号则一个数值变化代表模拟量信号量程的 1/4，即模拟量信号在其量程的 1/4 内变化时，表示模拟量的数字信号数值有可能不会发生变化。这称为模拟量转换为数字量的量化分辨率。一路模拟量用 2 个 bit 组成的数据单位表示时，它的量化分辨率为其量程的 $1/2^2$。用 n 个 bit 组成的数据单位表示时，它的量化分辨率为其量程的 $1/2^n$。量化分辨率愈小，量化精度愈高。可见，为提高量化精度需要增加 bit 的位数。用 8 个 bit 组成的一个数据单位称为字节(Byte)。一个 Byte 可以表示 8 路开关量。用一个 Byte 表示一路模拟量时，其量化分辨率为 $1/2^8$（=1/256），量化精度已经可以满足大多工业过程的要求。用双字节组成的一个字(word) 表示模拟量则可以很好地满足工业过程的精度要求。

0-1　说明开关量控制系统和模拟量控制系统的异同。

0-2　开关量控制技术包括哪些方面的应用？说明开关量控制范畴的热工控制系统有哪些。

0-3　顺序控制和保护各指哪方面的控制内容？请各举出实例。

0-4　开关量和模拟量有何不同？如何用数字量表示开关量和模拟量？

第一章 开关量控制系统构成与理论基础

第一节 开关量控制系统的构成

开关量控制系统由控制装置和控制对象组成，如图 1-1 所示。它的控制装置主要由三部分组成：检测装置、逻辑控制装置和执行装置，此外还包括控制指令装置、监视装置等人机接口部件。

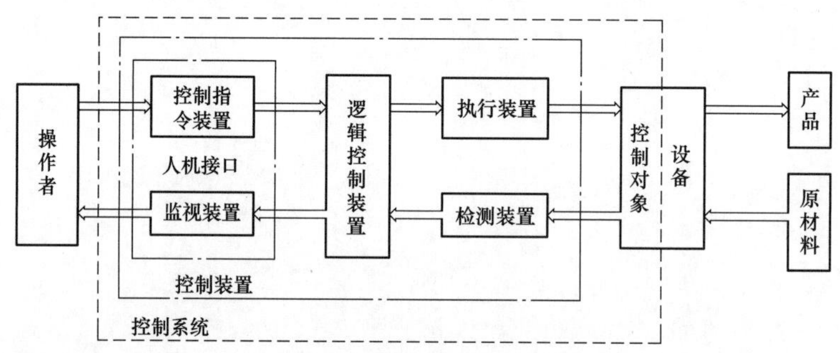

图 1-1 开关量控制系统的构成

开关量的检测装置也称为开关量变送器或逻辑开关，包括限位开关、压力开关、温度开关、光电开关、电位器、测速发电机、译码器、编码器等。它的作用是将被测物理量转换成开关形式的电信号。采用开关量变送器是获取开关量信息的主要手段。

开关量控制系统的执行装置也称开关量执行机构，它执行逻辑控制装置或人工发出的指令，完成规定控制任务，是开关量控制系统的最后环节。常见的电动执行装置有电动机、阀门（挡板）、电磁阀三种类型。对执行机构的控制除了有电动机的启停、阀门的开闭命令外，还要有保护、状态指示等辅助功能，这需要专门的逻辑控制电路实现。

逻辑控制装置是开关量控制系统的核心。它对大量信息进行逻辑运算和判断并发出控制命令，保证生产过程的自动进行。它所使用的逻辑装置种类较多，有继电器逻辑器件、晶体管逻辑器件、集成电路逻辑器件和可编程逻辑器件；编制的程序可变性差别大，有固定程序方式、矩阵式可变程序方式和可编程序方式。它所使用的逻辑控制原理有时间程序式、基本逻辑式和步序式。从开关量控制程序进展的条件上，控制方式可分为开环控制方式和闭环控制方式。在控制过程中，逻辑控制装置发出操作指令后不需被控对象的回馈信号，控制过程仍能进行下去，这称为开环控制方式。逻辑控制装置发出操作指令后，要求把被控对象执行完成后的回馈信号反馈给逻辑控制装置并依据这些信号控制程序的进行，这称为闭环控制方式。

人机接口设备包括控制指令装置和监视装置。控制指令装置包括按钮、定位开关、转换开关等。监视装置包括指示灯、蜂鸣器、指示计、CRT 显示器等。

下面以采用可编程序控制器（PLC）的监控系统为例，说明一个开关量控制系统的构成，如图 1-2 所示。

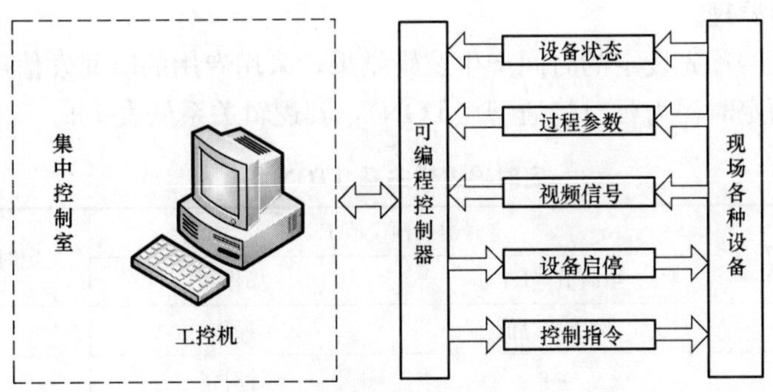

图 1-2 可编程序控制器构成的监控系统

PLC 通过 I/O 部件与控制对象中各种现场设备联系，完成预定的控制任务。上位机（工控机）以通信方式同 PLC 进行信息交流，可完成数据采集、存储、参数显示、控制操作、PLC 组态、报表打印等功能。在此基础上可构成适用范围更广的分布式控制系统。

第二节 逻辑控制原理

顺序控制系统中所涉及的控制原理分基本逻辑式、时间顺序式和步序式三种。

一、基本逻辑原理

决定某一结论的诸多条件组合方式，构成基本逻辑原理。“与”“或”“非”是二值逻辑代数中三种最基本的运算。由于与、或、非是一个完备集合，因此任何逻辑运算都可以用这三种组合来构成。把这种基本因果关系用逻辑函数形式表示如下：

与关系（逻辑乘）：$Y=A\times B=A\cdot B=AB$，表示具有“缺一不可，全有才有”的性质。

当数的二值逻辑取值表示为“1”或“0”时（以下同），逻辑乘表示为

$0\times1=0$；$1\times0=0$；$0\times0=0$；$1\times1=1$

或关系（逻辑加）：$Y=A+B$，表示具有“有一即可，全无才无”的性质。逻辑加表示为

$0+1=1$；$1+0=1$；$1+1=1$；$0+0=0$

非关系（逻辑反演）：$Y=\overline{A}$，表示二值中取相反值的运算。反演运算表示为

$\overline{1}=0$；$\overline{0}=1$

常用的复合逻辑还包括

与非逻辑：$Y=\overline{A\cdot B}$

或非逻辑：$Y=\overline{A+B}$

与或非逻辑：$Y=\overline{A\cdot B+C\cdot D}$

异或逻辑：$Y=A\oplus B=\overline{A}B+A\overline{B}$

同或逻辑：$Y=A\odot B=\overline{A}\,\overline{B}+AB$

同样，与非、或非、与或非也是一个完备集。

逻辑控制的理论基础是逻辑代数。有关逻辑代数的多种逻辑运算、特殊函数的表达及在

控制电路分析中的应用将在后面章节中说明。

二、时间顺序原理

时间顺序原理按预先设定的时间产生逻辑结果，采用专用的时间发信部件如定时器发出时间信号。常用的定时器为延时接通型（TON），其逻辑关系见表 1-1。

表 1-1 定时器逻辑关系（TON 型）

定时条件（输入）I	定时器（预设值 PT）		定时继电器（输出）Q
	当前值（ET）	操作	
OFF	设成预设值	不操作	OFF
ON	$\neq 0$	计时	OFF
ON	$=0$	不操作	ON

也可以用图 1-3 所示的时序图更为直观地表达这种定时器的逻辑关系。

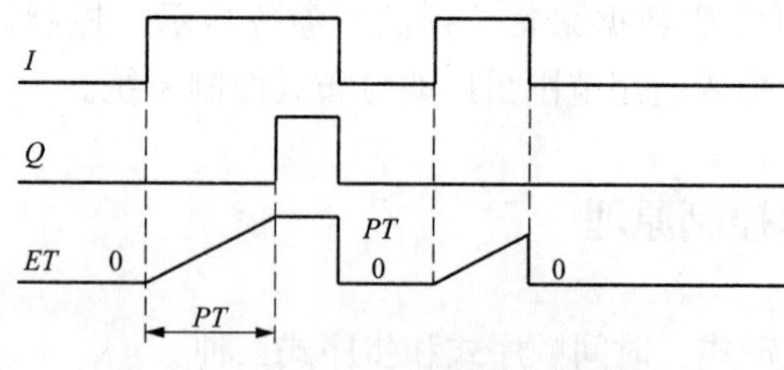

图 1-3 TON 型定时器时序图

TON 型定时器用逻辑函数表达的方程为：$Q=tI$（t 表示输入接通时间≥预设值）。

三、步序式原理

步序式原理是组织顺序控制过程的基本方法。它的思想是：将整个的顺控过程分为若干个阶段，相应地在控制电路中对应为步。每一步包含若干个动作命令或不带动作命令而仅表示一种状态。步的转换根据操作条件、回报信号或设定的时间依次进行，因此使控制过程依赖于步的转换具有了明确的顺序关系。在顺序控制系统的设计方法和设计语言中能否直观、准确表达顺序控制的特点和监控需求是衡量这种设计方法和设计语言优劣的标准之一 。

以顺序功能图（SFC）为例来说明步序式原理。

SFC 是一种图形化的表达方法和编程语言。对应控制过程若干阶段，在 SFC 中定义为步，用方框标识。步和步之间的条件称转换条件，用短横线标识并把其称为转换。

步：将控制过程分成的一个个明显的阶段。每一个步一般要确定若干个动作。

转换：步之间的要素，转换完成后进入下步。转换包含了转换条件。

转换条件：实现转换的前提。

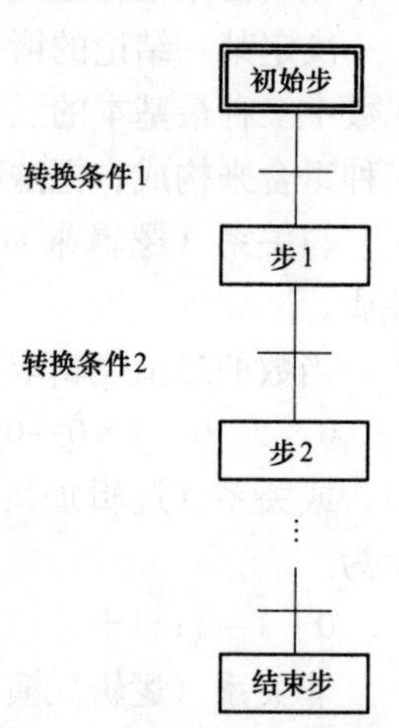

图 1-4 以 SFC 描述的步序式原理

图 1-4 中以步和转换的 SFC 结构直观表明了步序式原理。

第三节 开关量变送器

一、开关量变送器的输出形式

开关量变送器输出的开关信号的物理状态分两大类。一类是无源通断信号。传感器里没有电源，或虽有电源却因隔离或其他原因和输出电路无关，两个输出端子只有通、断两种状态，但是这两种状态必须在外电路有电源的情况下才能相应体现出导电和不导电两种状态。所以无源开关信号的接收端必须有电源，电压的高低和电流的大小应在变送器所规定的范围内。干接点信号属这种类型。另一类是有源信号，凡是靠半导体器件输出开关信号的属于这一种。输出有源开关信号的传感器不要求信号接收端有电源，但要求接收端的电阻连同传输线的电阻在允许的范围内，否则不能正常工作。半导体开关和电位信号属这种类型。为便于控制设备的配套，对有源开关信号规定了国际标准，即采用直流电流（电压）时以小于4mA（1V）为一种状态，大于20mA（5V）为另一种状态，这和TTL逻辑电路的高低电平的标准值一致。以上直流电压和电流的标准都不包括零值在内，这是为了避免和断电的情况混淆，使信息的传送更为确切。

为了方便电气控制方案的设计和表达，每种电气元件通常用一种符号来表达。使用的符号应该遵循最新的国际标准或国家标准。符号的表达包括图符和字符两部分，其中一些测量或执行元件的图符又可以分成两部分：感应（检测）部分和动作（输出）部分。虽然是一个整体元件，但在电气控制图中这两部分并不画在一起，而是通过字符联系在一起。这样的元件包括检测开关、继电器、接触器等。

二、开关量变送器的类型

开关量变送器（或称逻辑开关）的类型主要包括以下几类：

（1）行程开关（也称限位开关）。装在预定位置上，靠物体接触时的压力引起电路的通断。其原理和按钮相似。另有一种微动开关也是这类器件，比较灵敏但结构强度稍差。非接触式的行程开关也称接近开关，有光电式、高频电感式和超声式等。

以微动开关为例，说明这种行程开关的结构和工作过程。微动开关具有微小触点间隔和快动机构，是一种用规定的行程和规定的力进行开关动作的接点机构。图1-5所示为微动开关原理结构图。当操纵钮受压向下移动，通过拉钩拉动的弹簧越过动簧片支点位置时，对动簧片产生相反的拉力，使动簧片触头迅速离开动断触头，同动合触头接触，完成触头状态的转换。在开关量变送器中，微动开关常用于转换的最后环节。

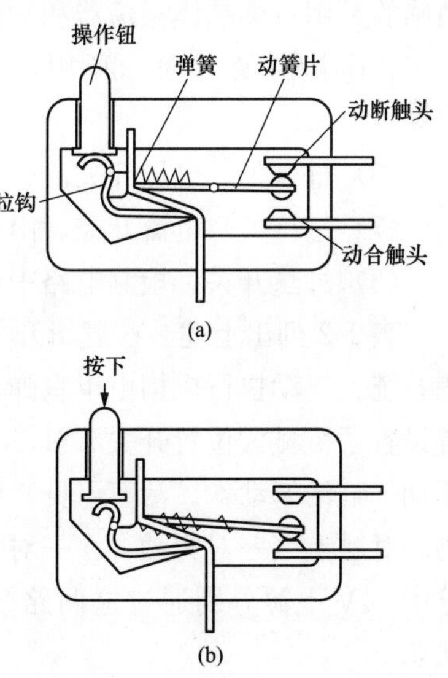

图1-5　微动开关原理结构

（2）温度开关。测温范围受材料限制一般在250℃以下，主要有固体膨胀式和气体膨胀式温度开关。对于250℃以上的温度范围多半采用热电偶或热电阻温度计，经测量变送器变为模拟量信号，再通过电量转换开关转换为开关量信息。

（3）压力开关。大多数压力开关是利用膜盒、波纹管、弹簧管等弹性元件在压力作用下产生变形，带动微动开关发出通断信号。

（4）液位开关。同液面相接触的测量方法有电极式和浮子式两种。电极式是靠导电液体与固定在某一高度的电极接触，发出开关信号。对于非导电液体，可用浮子带动微动开关，或用磁性浮子与舌簧管配合产生开关信号。或者用装在容器壁上适当位置的压力开关，借助压力与液位高度成正比的关系产生开关信号。此外，用电容、光导纤维、超声、γ射线、雷达等技术也能构成液位开关。

（5）料位开关。由于固体粉末或颗粒的流动性比液位差得多，浮力法和压力开关的办法受到限制。常用的有电容、超声、γ射线、雷达等技术应用在料位上。还有一些专门测料位的传感器如机械运动阻力法、振动阻尼法等。

（6）流量开关。对流量信息由压差信号表示的可通过整定压力开关的动作值得到流量的开关量信息。压差信号由节流装置产生。这种由节流装置和压差开关组成的流量开关主要用于要求较准确的场合。在一些流量信息不需要准确值反映的场合，可用更简单更直接的方法获得。如输煤皮带上的断煤信息、区别水或油的流量有无的场合，可采用挡板式或浮子式结构，带动行程开关或接近开关送出开关量信息。

除以上工业生产中常用逻辑开关外，还有以下类型逻辑开关：

（1）气敏开关。利用对某种气体敏感的特殊元件和电子线路配合，能构成气敏开关，是现代高层建筑防火及预防煤气中毒的重要手段。

（2）磁敏开关。舌簧管附近有磁场时，其内部簧片将改变通断状态，因此舌簧管本身就是一个磁敏开关。这种原理可构成接近开关。

（3）光敏开关。由光敏电阻、光敏二极管、光敏三极管、硅光电池等和适当的线路配合，就构成光敏开关。不一定是指普通可见光，可以是激光或红外光。

（4）声敏开关。与光敏开关类似，楼道灯采用声控接通、延时熄灭是其应用实例。

（5）定时开关。计时装置靠钟表发条带动或微型电机驱动或靠电容充放电原理工作，最精确的是用石英晶体振荡器和脉冲计数器构成的定时装置。

在电量测量方面，利用电磁、电热原理可以测量电路中的电压、电流、过热等状态。

（6）过（欠）电压开关。由电压型继电器测量，继电器作为测量元件。

（7）过（欠）电流开关。由电流型继电器测量，继电器作为测量元件。

（8）过热开关。检测电路中电流持续过大的状况，常用于电动机的过载保护。

表 1-2 列出上述一些逻辑开关的电气符号。在应用示例中表示了一套气动执行机构的监测系统。气动执行机构由单室弹簧气缸、手动换向阀、气源装置组成。在气缸活塞杆预达位置设置了机械式位置开关 LS1。当操纵换向阀使气源进入气缸气室，气源压力克服弹簧阻力驱动气缸活塞动作。活塞（杆）到达预定位置触碰到位置开关 LS1 时，位置开关 LS1 输出的 2 对触点（一对为动合，一对为动断）动作，即动合触点闭合，而动断触点断开。指示回路中 24V 电源分别通过这两路开关控制相应指示灯的接通和熄灭，表明执行机构的工作状态。

三、开关量变送器的技术指标

1. 可靠性

衡量开关量变送器质量的最重要指标是可靠性。开关量控制系统中开关量变送器的工作间歇时间长且差别很大，有的几小时动作一次，有的几个月甚至长时间不具备动作条件，一旦动作就要求绝对可靠。

表 1-2　逻辑开关的电气符号及应用示例

序号	开关类型	符号（传感部分）	符号（输出部分）动合触点	启动示例
1	位置开关	LS	LS	LS1 24V LS1 LS1
2	接近开关	AS	AS	
3	压力开关	0巴 PS	PS	
4	温度开关	25℃ TS	TS	
5	流量开关	0 L/min QS	QS	
6	磁性开关	MS	MS	

可靠性是指元件、产品或系统（在此泛称为产品）在规定的条件下、规定的时间内完成规定的功能的能力。可靠性的评价可以使用概率指标或时间指标，这些指标有可靠度、失效概率、失效率、平均无故障工作时间、平均失效前时间、有效度等。可靠度 $R(t)$ 是指产品在规定条件下和规定时间内，完成规定功能的概率。失效概率 $F(t)$ 是表征产品在规定条件下和规定时间内，丧失规定功能的概率。由定义可知二者关系为：$F(t)=1-R(t)$ 。

在产品使用过程中失效是以故障的情况表现出来。在开关量测量或控制系统中故障表现为误动和拒动两种情况，因此它们的统计指标误动率、拒动率可作为衡量开关量测量元件、测量元件组成的测量单元或开关量控制系统的可靠性指标。当误动率、拒动率均低时表明其可靠性高。

需要指出，可靠性已经列为产品的重要质量指标加以考核和检验。可靠性已形成一个专门的学科，作为一个专门的技术进行研究。它的发展可以带动和促进产品的设计、制造、使用、材料、工艺、设备和管理的发展，并使其提高到一个新的水平。

2. 重复性

相同条件下，输入变量按同一方向变化时，其切换值的一致程度称为重复性。重复性指标可用重复性误差衡量。重复性误差是指在相同条件下，输入变量按照同一方向变化时，连续多次测得的切换值中两极限值之间的代数差或均方根误差。

在测量中由于真值难以确定，因此均方根误差用其估计值 S 替代

$$S=\sqrt{\frac{\sum_{i=1}^{n}(x_i-\overline{x})^2}{n-1}}$$

式中 x_i——n 个重复测量值（x_1，x_2，…，x_n）中的第 i 个；

$\overline{x}$——各测量值的 算术平均值，$\overline{x}=\frac{1}{n}\sum_{i=1}^{n}x_i$。

为保证动作的精密性应选择重复性误差小的产品。

3. 切换值和切换差

使输出变量改变的任一输入变量值，统称为切换值。若输出状态的改变是由单一的切换值决定，由于工业环境中的被测参数一般是在一定范围内不断波动的，则当被测量接近切换值时，会多次反复大于和小于切换值，造成开关量输出状态多次转变，可能造成报警频繁动作、光字牌不断闪动、音响连续出现、执行机构频繁动作等情况。这对运行人员的监控工作极为不利，也不利于设备的可靠运行。

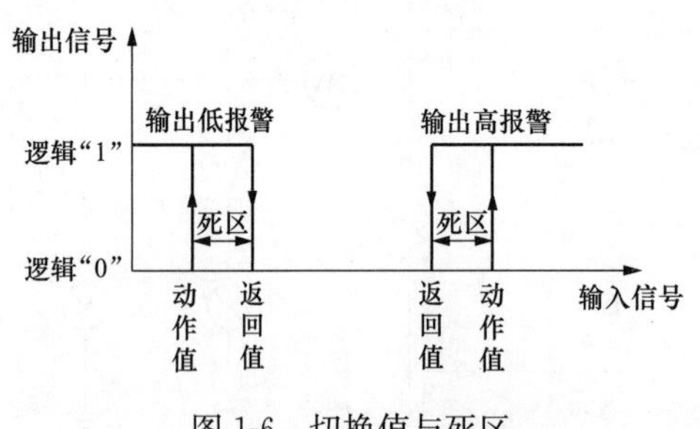

图 1-6 切换值与死区

为避免这种情况发生，一般将状态改变时的两种状况（从低到高和从高到低）时的切换值设为不同的值，分别称为动作值和返回值，它们之间的差值称为切换差或死区，如图 1-6 所示。在大部分控制系统中，都要求切换过程有一合适的切换差。对开关量变送器要求切换差足够大并且切换值和切换差都可以调整。

四、开关量变送器的工作过程示例

以直杆式压力开关为例说明，其结构如图 1-7（a）所示。

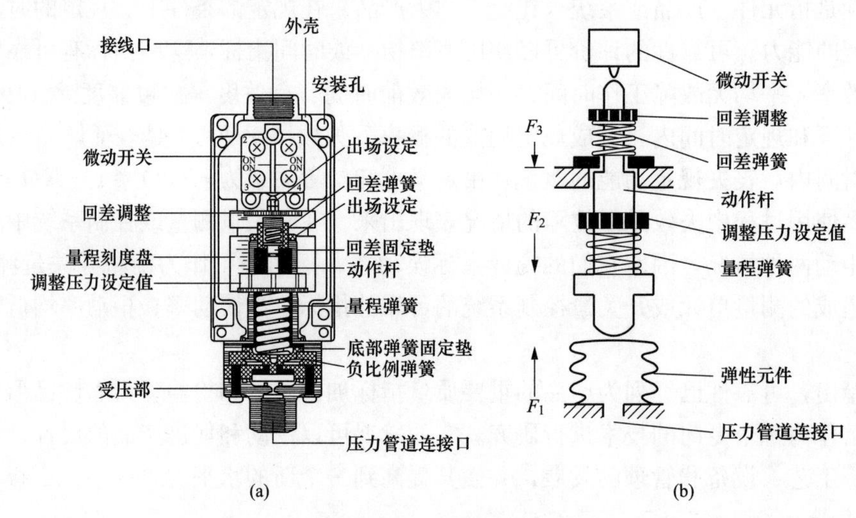

图 1-7 直杆式压力开关结构及工作原理图

（a）直杆式压力开关结构；（b）直杆式压力开关工作原理

直杆式压力开关由弹性测量元件、动作杆、量程弹簧、回差弹簧、微动开关构成。校验时调整回差弹簧的推力改变切换差，调整量程弹簧的推力改变切换值。

被测介质送入弹性测量元件，弹性元件一般是膜片（包括膜盒）、弹簧管、活塞桶、波纹桶。这些敏感元件把感受到的介质压力信号转成位移、力或力矩信号。示例中的直杆压力开关，被测介质压力通过压力管道连接口进入波纹桶转换为自由端的推力 F_1，原理如图 1-7

（b）所示。

主动力 F_1作用到动作杆上，同量程弹簧产生的作用到动作杆上的力 F_2相比较，当$F_1>F_2$时动作杆开始向上移动，准备驱动微动开关。在动作杆开始移动时，由于动作杆的凸肩结构，使得回差弹簧产生的力 F_3也开始作用到动作杆上，这个力阻止了动作杆的向上移动，因此动作杆要驱动微动开关，F_1必须大于 F_2和 F_3的合力，即 $F_1>F_2+F_3$，此时动作杆移动，触碰微动开关动作，输出开关量信号。

压力开关的动作值为 F_2、F_3 的合力，即 F_2+F_3（如图 1-8 所示）。在微动开关动作后，若压力开始降低，则当压力降低到 $F_1=F_2+F_3$ 时，动作杆开始脱离回差弹簧的作用力，但并未回到初始状态，直至压力继续降到 $F_1=F_2$ 时，主杠杆才恢复到平衡状态，压力再稍降当 $F_1\leqslant F_2$ 时使微动开关复位，压力开关的返回值即为量程弹簧产生的复位值 F_1。显然动作值和返回值的差值 F_3 为压力开关的切换差，整定回差弹簧的推力 F_3 就可以改变差值的大小，整定量程弹簧的推力 F_2 可以改变返回值的大小，实际动作值为返回值加上差值。因此在整定压力开关的动作值时，应该首先利用量程弹簧的整定螺钉整定好开关的复位值后，再利用回差弹簧的整定螺钉去整定开关的动作值。

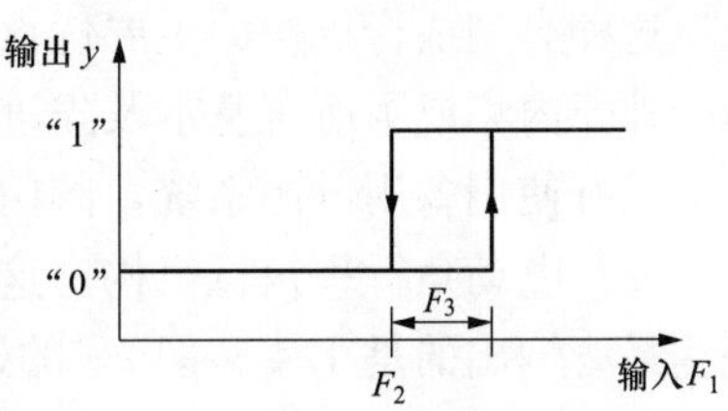

图 1-8 压力开关特性曲线

第四节 开关量执行部件

执行部件即执行器指能够接受控制系统的指令并直接改变能量或物料输送量的装置。这些量的改变作为被控对象的输入，影响或改变被控对象的输出，这个输出一般就是控制系统中的被控量。对执行部件基本的定义是：一种能提供直线或旋转运动的驱动装置，它利用某种驱动能源并在某种控制信号作用下工作并改变进入被控对象的能量。执行部件一般由驱动部和调节部两部分组成，前者称执行机构，后者称调节机构。用于流体流量的调节机构也称为调节阀，简称为阀门。就执行机构而言是指使用电力、液体、气体或其他能源并通过电动机、油动机、气缸或其他装置将其转化成驱动作用。基本的执行机构用于把阀门驱动至全开或全关的位置。

阀门的种类、阀芯的类型以及阀内件和阀门的结构和材料通常由生产过程要求和工艺介质决定。阀门有两种基本操作类型：

（1）角行程阀门。也称单回转阀门，包括旋塞阀、球阀、蝶阀以及风门或挡板。这类阀门需要以要求的力矩进行 90°旋转操作的执行机构。

（2）直行程阀门。也称多回转阀门，可以是非旋转提升式阀杆或旋转提升式阀杆，或者说它们需要多回转操作去驱动阀门到开或关的位置。这类阀门包括直通阀（截止阀）、闸阀、刀闸阀等。作为一种选择，直线输出的气动或液动气缸或薄膜执行机构也用来驱动上述阀门。

执行机构按两种基本的阀门操作类型来考虑。有四种类型的执行机构可供选择，它们能够使用不同的驱动能源，能够操作各种类型的阀门：

（1）电力驱动直行程执行机构。电力驱动的直行程执行机构常是多回转式结构，是最常用、最可靠的执行机构类型之一，使用单相或三相电动机驱动齿轮或蜗轮蜗杆；最后驱动阀杆螺母，阀杆螺母使阀杆产生运动使阀门打开或关闭。

这种多回转式电动执行机构可以快速驱动大尺寸阀门。为了保护阀门不受损坏，安装在在阀门行程终点的限位开关会切断电机电源，同时当安全力矩被超过时，力矩感应装置也会切断电机电源，位置开关用于指示阀门的开关状态，安装离合器装置的手轮机构可在电源故障时手动操作阀门。

这种类型执行机构的主要优点是所有部件都安装在一个壳体内，在这个防水、防尘、防爆的外壳内集成了所有基本及先进的功能。主要缺点是，当电源故障时，阀门只能保持在原位，只有使用备用电源系统，阀门才能实现故障安全操作（故障开或故障关）。

（2）电动角行程执行机构。这种执行机构类似于电动多回转执行机构，主要差别是执行机构最终输出的是 1/4 转即 90°的运动。

单回转执行机构结构紧凑，可以安装到小尺寸阀门上，通常输出力矩可达 800kgf·m（1kgf·m＝9.8N·m），另外所需电源功率较小，它们可以安装电池来实现故障安全操作。

（3）流体驱动单回转式执行机构。气动、液动单回转执行机构非常通用，它们不需要电源并且结构简单，性能可靠。它们应用的领域非常广泛。通常输出从几公斤力到几万公斤力。它们使用油缸、气缸及传动装置将直线运动转换为角输出，传动装置通常有：拨叉、齿轮齿条、杠杆。齿轮齿条在全行程范围内输出相同力矩，它们非常适用于小尺寸阀门，拨叉具有较高效率，在行程起点具有高力矩输出非常适合于大口径阀门。气动执行机构一般安装电磁阀、定位器或位置开关等附件来实现对阀门的控制和监测。这种类型执行机构很容易实现故障安全操作模式。

（4）流体驱动多回转式或直线输出执行机构。这种类型执行机构经常用于操作直通阀（截止阀）和闸阀，它们使用气动或液动操作方式，结构简单，工作可靠，很容易实现故障安全操作模式。

通常情况下人们使用电动执行机构来驱动闸阀和截止阀，只有在无电源时或特殊情况下才考虑使用液动或气动执行机构。

以下分别说明电驱、液动、气动执行机构和相关控制元件。

一、电驱执行机构

电驱执行机构从工作类型上可分为电动式执行机构和电磁式执行机构，前者配合阀门构成各种电动门，广泛用于闸阀、截止阀、蝶阀和球阀等阀门的开启和关闭。后者同阀门一体称为电磁阀，用于调整流体的方向、流量、速度等参数。电动门和电磁阀是工业生产中应用最广泛的基础执行部件。

（一）电动执行机构的组成与保护要求

电动执行机构主要由电动机、减速器、力矩行程限制器、开关控制箱、手轮和机械限位装置以及位置发送器等组成，如图 1-9 所示。

角行程和直行程电动执行机构的结构框图如图 1-10 所示。

以角行程电动执行机构为例说明各组成部分。

（1）电动机：采用专门设计的按 10～15min 短时工作的特种单相或三相交流异步电动机，功率一般从 40W 到 10kW。电动机是异步电动机，具有高启动力矩、低启动电流和较小的转动惯量，因而有较好的伺服特性。为防止电动机惰走，可选用带断电刹车装置的电

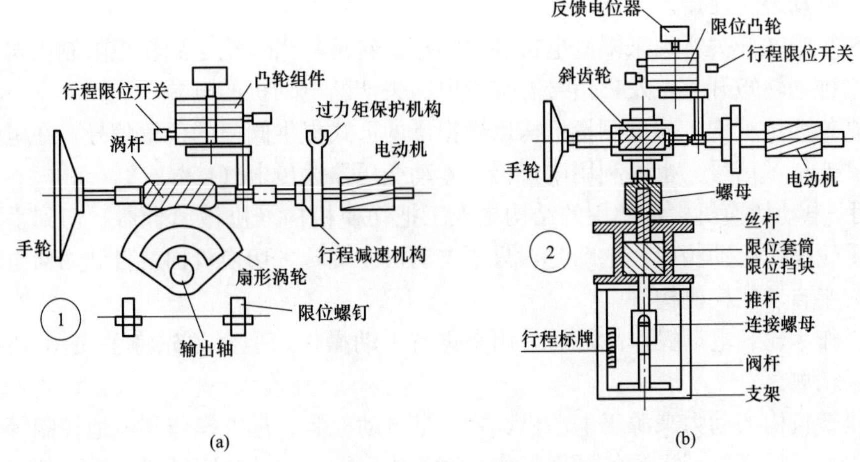

图 1-9　电动执行机构的组成

（a）角行程；（b）直行程

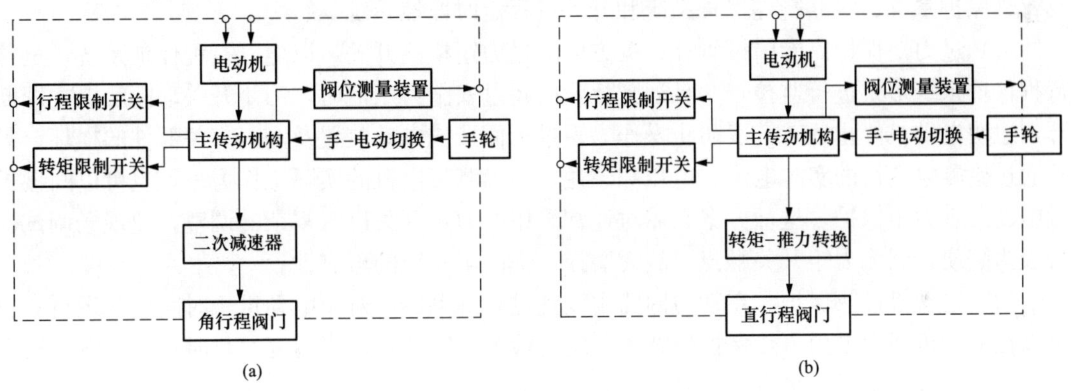

图 1-10　电动执行机构的结构框图

（a）角行程；（b）直行程

动机。

（2）主传动机构：电动机通过主传动机构进行高减速比的减速，把电动机高转速、低力矩的轴输出转为主传动机构的低转速、高力矩的轴输出。最常见的结构形式为内行星齿轮和偏心摆轮结合的传动机构，这样的传动机构结构紧凑、机械效率较高，又具有机械自锁特性。

（3）二次减速器：对启闭件做转动角度仅为90°旋转运动的阀门（蝶阀和球阀），二次减速器采用涡杆加涡轮的传动机构。这种传动机构同样有较大的传动比，具有自锁性。传动过程中蜗杆承受的轴向力较大，磨损较严重。

对于启闭件做直线运动的阀门（闸阀和截止阀），主传动机构输出的转矩通过丝杠螺母传动转换为推力，带动启闭件动作，通常丝杠螺母都作为阀门的一个部件。

（4）行程限制开关：用来整定阀门的启闭位置。当阀门开度达到行程控制机构的整定值时，它将推动行程开关，发出信号给控制电路去切断电动机的电源。行程开关还可以发出信号供给其他自动装置使用。

（5）转矩限制开关：用来限制电机装置的输出转矩，当转矩达到转矩限制机构的整定值时，此机构推动转矩开关，发出信号给控制电路去切断电动机的电源。

（6）阀位测量机构：阀位测量机构以模拟量的形式提供阀门的位置信号，在电动装置本体上有机械式指示信号，也可利用电位器、差动变压器远传电气信号。

（7）手-电动切换机构：常用的结构是人工把切换机构（机械离合器）切到手动侧，就可以使用手轮操作电动阀门。电动时，只要电动机一旋转，切换机构就自动切回电动侧，这种方式称为半自动切换机构。

（8）操作手轮：电动操作故障时，用来进行手动操作，但必须先将手-电动切换机构由电动切到手动侧。

电动执行机构的动力来源于电动机，要满足自动控制、远方操作和就地控制等不同方式的运行要求。为保证执行机构的可靠工作，避免执行机构意外故障造成不必要的损失，重要的电动门要考虑以下保护措施。

（1）行程保护。电动执行机构考虑采用多重行程保护机制，包括机械行程保护系统、电气行程保护系统、电路行程保护系统和开关过程定时监控系统。

（2）过力矩保护。专门设置开、关方向的过力矩检测开关，以电气行程保护系统、电路行程保护系统形式进行监控，一旦遇到故障而超过安全力矩值时，力矩开关动断触点立即断开，迫使电动机停止运转，以防止操作力矩过大而造成电动装置及阀门有关部件的损坏。另外通过检测电动机的实时电流、电压和磁通，精确测量电机的实际工作力矩，也可以间接进行电动门过力矩保护。这种方案无需对通常采用的力矩开关进行复杂的调整，使现场调试变得极为简便，因无力矩开关触点，故无磨损，提高了系统的可靠性。

（3）电动机过热保护。在动力回路中设置过热继电器，避免电动机长时间过载运行。也可以在电动机线圈内植入热保护传感器，实时检测温度变化，当温度过热时将终止电动机继续运行，温度正常后，再自行恢复。

（4）电动机过流保护。电动机正常工作时的过流通常与电动机过载、电源缺相、欠压有关。设置过流保护器后，当某种原因使电动机出现过电流时，终止电动机继续运行。

（5）电动机缺相保护。三相电动机电源如果缺少一相，电动机扭力会变小，转子转速会下降，从而导致其他两路电流增大，烧毁电动机绕组。设置缺相保护器对三相电进行监控，如有断路情况，就会自动切断电源，避免烧毁电动机绕组。

目前出现的总线型、智能型电动执行机构不仅扩展了多种本体设备保护手段，还提供了许多过程控制保护手段及运行参数选项，方便了设备的维护和调整，极大提高了设备的运行可靠性。

（二）电磁阀的类型和图例符号

电磁阀是由电磁线圈和磁芯组成，是包含一个或几个孔的阀体。当线圈通电或断电时，磁芯的运转将导致流体通过阀体或被切断，以达到控制流体流动或流向的目的。电磁阀的电磁部件由固定铁芯、动铁芯、线圈等部件组成；阀体部分由滑阀芯、滑阀套、弹簧底座等组成。电磁线圈被直接安装在阀体上，阀体被封闭在密封管中，构成一个简洁、紧凑的组合，如图 1-11 所示。

当线圈通电时产生电磁力，使动铁芯克服弹簧力同静铁芯吸合直接开闭阀时，有 2 种工作状态的选择：动断型和动合型。动断型断电时呈关闭状态。线圈通电时产生电磁力，使动铁芯克服弹簧力同静铁芯吸合直接开启阀，介质呈通路。线圈断电时电磁力消失，动铁芯在弹簧力的作用下复位，直接关闭阀口，介质不通；动合型反之。

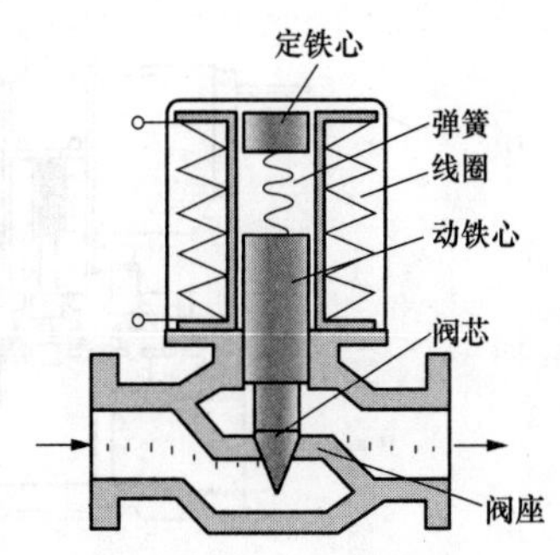

图 1-11　电磁阀结构

按电磁阀的工作过程可将电磁阀分为直动式、分步直动式和先导式三种。

1. 直动式电磁阀

当线圈断电时，动铁芯在弹簧力的作用下复位，直接关闭阀口，介质不通。线圈通电时产生电磁力克服弹簧的推力而同静铁芯吸合直接开启阀门。直动式电磁阀结构简单，动作可靠，一般在零压差和微真空下工作。图 1-12 所示为直动式电磁阀开闭时的工作状态。

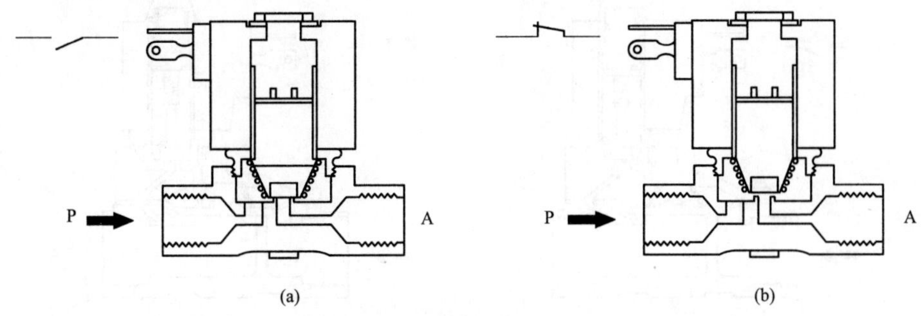

图 1-12　直动式电磁阀的工作状态

(a) 断电时阀关；(b) 通电时阀开

2. 分步直动式电磁阀

该阀采用主阀和导阀连为一体的结构。主阀和导阀分步利用电磁力和压差直接开闭主阀口。当线圈断电时电磁力消失，设在主阀口上的导阀口在弹簧力作用下关闭，主阀芯在弹簧力和逐渐形成的主阀上腔压力升高和下腔压力减小的压差作用下关闭主阀，介质断流。当线圈通电时，产生电磁力使动铁芯和静铁芯吸合，导阀口开启，此时主阀芯上腔的压力通过导阀口卸荷，下腔压力逐渐升高，在电磁力和压力差的同时作用下使主阀芯向上运动，开启主阀介质流通。此阀结构合理，动作可靠，在零压差或真空、高压时也能可靠工作。图 1-13 所示为分步直动式电磁阀开闭时的工作状态。

3. 先导式电磁阀

先导式电磁阀由先导阀和主阀芯联系形成通道组合而成。未通电时，先导阀依赖弹簧力的复位作用关闭，流体进入主阀上腔克服弹簧力作用呈关闭状态。当线圈通电时，产生的磁力使动铁芯和静铁芯吸合，导阀口打开，介质流向出口，此时主阀芯上腔压力减少，低于进口侧的压力，形成压差克服弹簧阻力而随之向上运动，达到开启主阀口的目的，介质流通。线圈再断电时，磁力消失，导阀口关闭，主阀压差减小，动铁芯在弹簧力作用下向下运动，关闭主阀口。这种阀体积小、功率要求低，但必须在满足流体压差的条件下工作。图 1-14 所示为先导式电磁阀开闭时的工作状态。

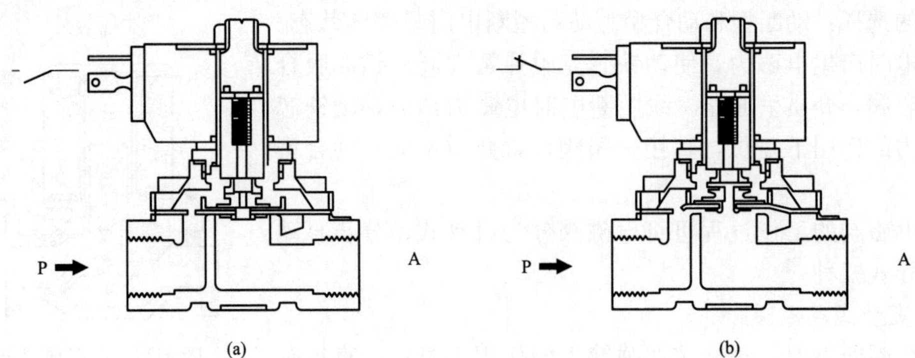

图 1-13　分步直动式电磁阀的工作状态

（a）断电时阀关；（b）通电时阀开

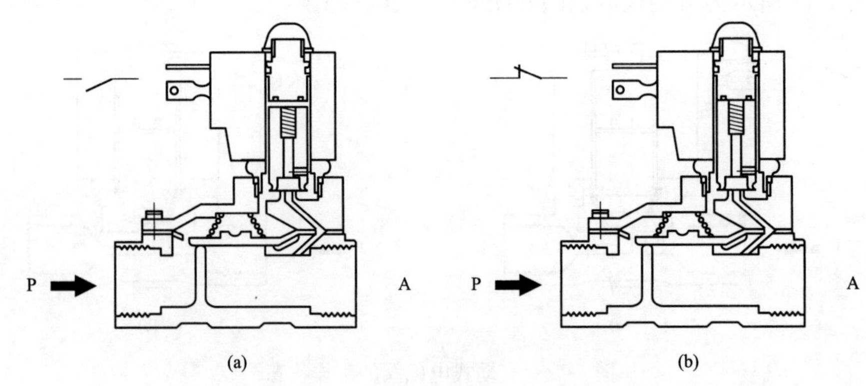

图 1-14　先导式电磁阀的工作状态

（a）断电时阀关；（b）通电时阀开

以上是电磁阀作为执行元件的基本通断功能，实际应用中电磁阀常用来控制流体的流向。这时电磁阀接受电控命令去释放、停止或改变流体的流向，起到控制流体压力输出的作用。在电磁阀家族中，这类阀又称为电磁控制方向阀。它作为电-液（气）转化元件是电气控制部分和液（气）动执行部分的接口。显然执行基本通断功能的电磁阀是电控方向阀的特例。

为方便说明电磁阀的工作过程，以图 1-15 所示的半结构式工作简图为例直观地表明电磁阀的功能。图中所示电磁阀有 2 个工作位置：通电时和断电时。每一位置称之为“位”。阀对外接口的通路，包括进口、出口和排口的数目，称之为“路”或“通”。流体的进口端一般用字母 P 表示，排出口用 R 或 O 表示，而阀与执行元件连接的接口用 A、B 等表示以示区别。图中所示电磁阀路数为 2，此阀就为 2 路 2 位阀。当阀断电时 P、A 间不通，通电时 P、A 间接通。

通常电磁阀的功能用 2 个数字表示：X 和 Y，称为 X 路 Y 位电磁阀，记作 X/Y 阀。“Y 位”表示换向阀的切换位置。阀的位置数目就是 Y 的数值。“X 路”表示阀对外的接口，接口数目就是 X 的数值。

图 1-16 是一个 3 路 2 位阀的工作过程。当阀断电时 P、A 间接通，P、B 间不通；通电时 P、B 间接通，P、A 间不通。

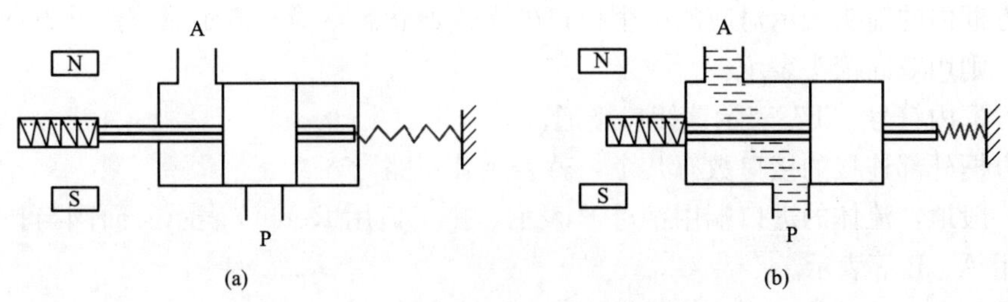

图 1-15 电磁阀的工作简图

（a）断电时；（b）通电时

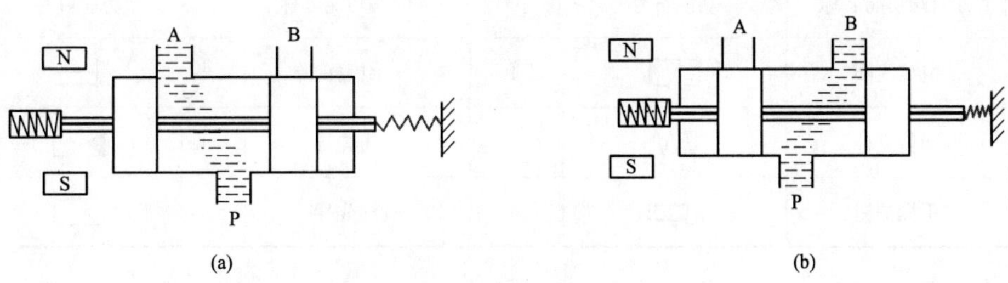

图 1-16 3 路 2 位阀的工作简图

（a）断电时；（b）通电时

为进一步方便对电磁阀复杂功能进行描述和设计，往往采用更为简洁的通用标准符号来表示电磁阀功能，这套符号就是电磁阀的图形符号。图 1-17 所示为一些电磁阀图形符号示例。

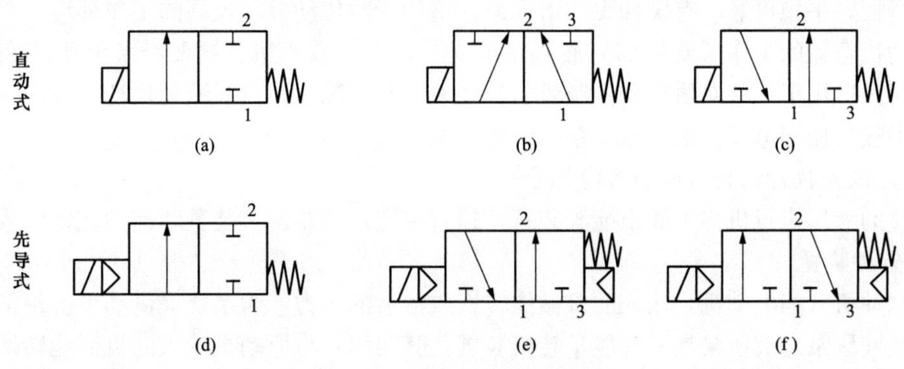

图 1-17 电磁阀符号表示示例

（a）两位两通；（b）两位三通；（c）两位三通常通；（d）两位两通；（e）两位三通常通；（f）两位三通常断

电磁阀符号由方框、箭头、“T”和字符构成。符号的含义一般如下：

（1）用方框表示阀的工作位置，有几个方框就表示有几“位”。图 1-17（a）中 2 个框，表明这是一个 2 位阀。

（2）常态位表示。电磁阀有两个或两个以上的工作位置，阀芯在非通电时所处的位置规定为常态位。对于 2 位阀，利用弹簧复位的 2 位阀则以靠近弹簧的方框内的通路状态为其常态位，如图 1-17（a）中数值标注的方框。对于三位阀，图形符号中的中位是常态位。绘制系统图时，油路/气路一般应连接在换向阀的常态位上。

(3) 方框内的箭头表示对应的两个接口处于连通状态，箭头表示流体流动方向。若流动方向可逆，则用双向箭头表示。

(4) 方框内符号“T”表示该接口不通。

(5) 方框外部连接的接口数有几个，就表示几“路”。

(6) 一般地，流体的进口端用字母 P 表示，排出口用 R 或 O 表示，而阀与执行元件连接的接口用 A、B 等表示。

作为换方向阀的其他一些功能符号见表 1-3。

表 1-3　　方向阀的一些基本功能符号

序号	方向阀功能名称	功能符号	序号	方向阀功能名称	功能符号
1	电控线圈	⧄	4	手操杆	
2	弹簧复位	ΛΛΛ	5	液压先导	▶
3	手操按钮		6	气动先导	▷

通过分析可知图 1-15、图 1-16 所示的 2 路 2 位阀和 3 路 2 位阀，其功能符号表示分别对应图 1-17（a）和（b）。

二、液动执行机构

液动执行机构是以压力油或水为动力完成执行动作的一种执行器。液动执行器通常为一体式结构，执行机构与调节机构为统一整体。液动执行器的输出推动力要高于气动执行器和电动执行器，平稳可靠，有缓冲无撞击现象，适用于对传动要求较高的工作环境。

液动执行器的工作需要外部的液压系统支持，运行液压执行器要配备液压站和输油管路，因而只适用于一些对执行器控制要求较高的特殊工况。为克服液动执行机构的不足，实际应用中较多使用电控系统和液动系统结合的电液执行机构。

（一）液动执行机构组成和功能符号

完整的液压执行机构主要由能源装置、执行装置、控制调节装置和辅助装置组成。

1. 能源装置

将原动机（如电动机）输入的机械能转换成油液的压力，为系统提供动力。最常见的能源装置是液压泵。液压泵是一种能量转换装置，其功用是将原动机输入的机械能转换为油液的压力能，以液体压力、流量的形式输入到液压系统中，为液压执行元件提供压力油，是液压系统的动力源。液压泵的主要性能参数是工作压力、排量、理论流量、实际流量和输出功率等。液压泵的主要功能符号见表 1-4。

表 1-4　　液压泵主要功能符号

序号	功能名称	功能符号	功能说明
1	单向定量泵		排量固定，入、出口不变

续表

序号	功能名称	功能符号	功能说明
2	单轴单向定量泵	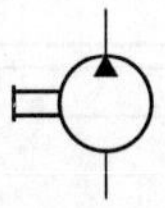	电动机轴拖动
3	双向定量泵		排量固定，入、出口可变
4	单向变量泵		排量可变，入、出口不变
5	双向变量泵	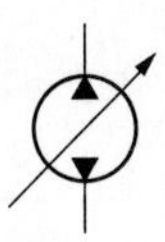	排量可变，入、出口可变
6	液压源		液压源一般符号

2. 执行装置

执行装置将油液的压力能转换成机械能输出，是驱动调节装置的能量转换部分。它可以是做直线运动的液压缸，也可以是做回转运动的液压马达。

液压缸是液压系统中的执行元件。液压缸的输入量是液体的流量和压力，输出量是速度和力。液压缸输出的速度决定于流量，输出力决定于负载。

液压缸的功能符号见表 1-5。

表 1-5　液压缸的功能符号

序号	功能名称	功能符号	功能说明
1	单作用缸	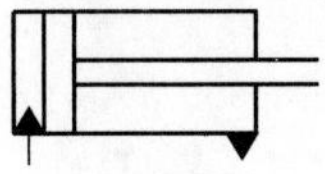	单作用单杆活塞缸
2	单作用缸	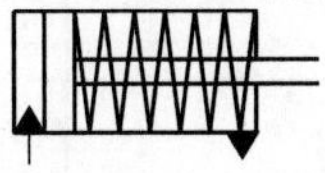	带弹簧复位的单作用缸
3	双作用缸	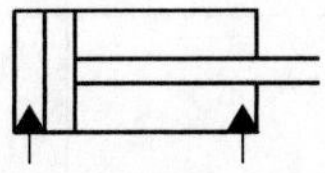	双作用单杆活塞缸

续表

序号	功能名称	功能符号	功能说明
4	双作用缸	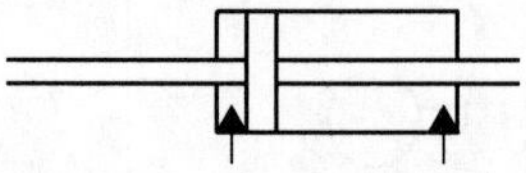	双作用双杆活塞缸
5	柱塞缸	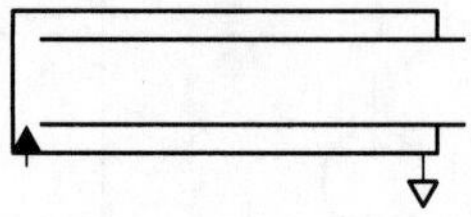	只能单向作用
6	伸缩缸	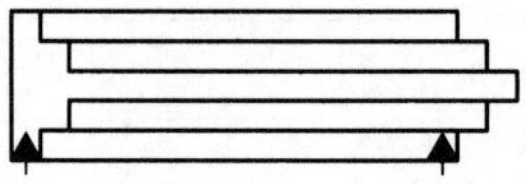	双作用缸伸缩缸
7	单向电动机	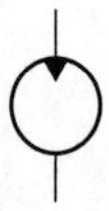	单向定排量电动机
8	单向电动机	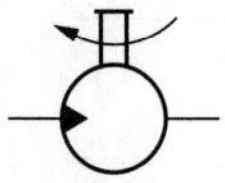	带轴单向电动机
9	双向电动机		双向变排量电动机

3. 控制调节装置

对系统中油液压力、流量、流动方向进行控制和调节的装置，包括压力阀、方向阀、流量阀等，统称为液压阀。方向阀利用通流通道的切换控制着油液的流动方向，又分为单向阀和换向阀两类。压力阀和流量阀利用通流截面的节流作用控制着系统的压力和流量。按对液压阀的控制方式分有手动阀、机动阀和电驱阀三种类型。手动阀指手把及手轮、踏板、杠杆等驱动。机动阀指挡块及碰块、弹簧、液压驱动、气动驱动。电驱阀指电磁线圈、伺服电机和步进电机控制。

液压阀的一些功能符号见表 1-6。

表 1-6　液压阀功能符号

序号	功能名称	功能符号	功能说明
1	止回阀	 A B	A→B 单向流动
2	固定节流阀	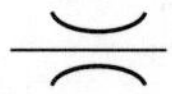	固定流量节流阀

续表

序号	功能名称	功能符号	功能说明
3	可变节流阀	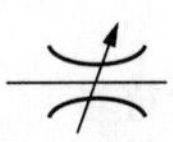	可变流量节流阀
4	止回节流阀	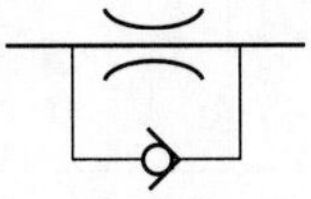	单向作用节流阀
5	2/2 阀	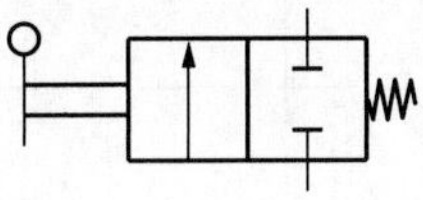	2 路 2 位带弹簧复位的拉杆式手动阀
6	3/2 阀	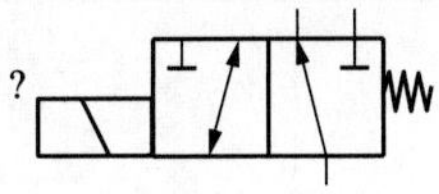 ?	3 路 2 位带弹簧复位电磁阀
7	4/2 阀	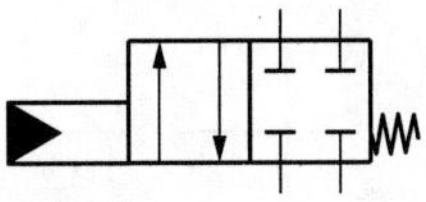	4 路 2 位带弹簧复位内部液压驱动机动阀
8	4/2 阀	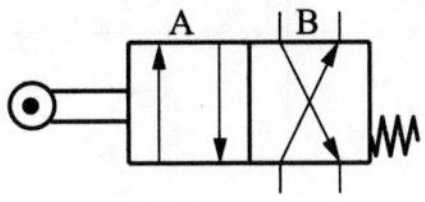 A B	4 路 2 位带弹簧复位碰块机动阀
9	4/3 阀	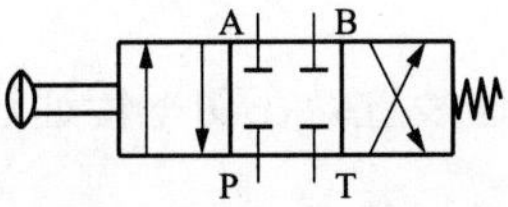 A B P T	4 路 3 位 O 型中位机能按钮式手动阀（中位时 4 油口都封闭，液压缸不卸荷）
10	4/3 阀	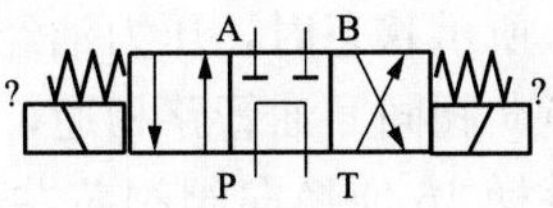 ? A B ? P T	4 路 3 位 M 型中位机能双控电磁阀（中位时 P、T 口相通，A，B 口封闭，泵卸荷）
11	溢流阀	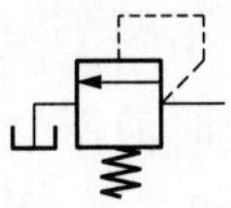	稳压，限压，维持阀进口压力不变，出油口接油箱
12	减压阀	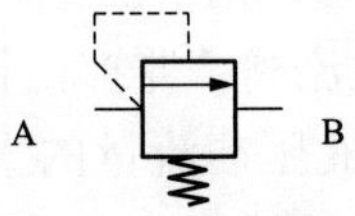 A B	使出口压力 B 低于进口压力 A，维持出口压力恒定，其泄油腔接油箱

4. 辅助装置

辅助装置为保证液压传动系统正常工作所需要的其他装置，如油箱、过滤器、管道、管接头等。液压系统辅助装置的功能符号见表 1-7。

表 1-7 液压系统辅助装置功能符号

序号	功能名称	功能符号	功能说明
1	油箱		静液压油箱
2	油箱		一般油箱
3	柔性油管		水平连接柔性油管
4	管接头	或 	普通管接头
5	T 型管接头	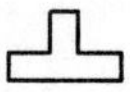	三通接头
6	蓄能器		重锤式蓄能器
7	过滤器	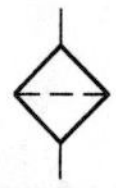	普通过滤器

（二）液动执行机构示例

液动执行机构是传递动力或功率的液压传递装置，在功率传递过程中兼顾执行元件的动作速度，实质上是一种液压传递调速回路。

图 1-18（a）以各液压元件的半结构原理图的形式直观地表示出了这种可调速的执行回路。在启停阀 9 和换向阀 15 处于图 1-18（a）所示状态时，压力油经启停阀、节流阀、换向阀进入液压缸活塞左室，液压缸活塞右室经换向阀同回油管路相通，两者的压差驱使活塞及与活塞相连的活塞杆向右移动。操作换向阀手柄 16 使换向阀阀芯左移处于最左端如图 1-18（b）所示的工作位置时，液压缸左、右室进出油路相反，产生的压差驱使活塞及与活塞相连的活塞杆向左移动。图中所示的换向阀还可以处于中间工作状态，并且 4 个油口均处于封闭状态，称此 4 路 3 位阀为“O 型”中位机能阀，此时液压缸、排量泵均不卸荷。如果操作换向阀手柄 11 将启停阀 9 阀芯左移，转换成如图 1-18（c）所示的状态，则液压泵输出的油液经启停阀流回油箱。若换向阀 15 未处于中间状态，则液压系统处卸荷状态，液压缸停止运动。在工作过程中，排量泵出口油压过高则由溢流阀 7 监控，打开溢流口使液压油流回油箱，溢流阀起安全阀的作用。节流阀 13 可以调节液压油流量的大小。因为液压缸活塞的移动速度 $v=q/A$，其中 q 为流量，A 为此流量流经的截面积，一般不能改变，因此通过改变

流量就可以改变液压缸活塞的移动速度。

半结构图便于进行原理说明，但其图形复杂，绘制麻烦，我国已经制定了用规定图形符号来表示液压原理图中的各元件和连接管路的国家标准《液压系统图图形符号》(GB/T 786.1—2009)。设计液压系统时均应采用并遵循这套国家标准。采用这套简洁的图形符号设计的液压执行机构功能图如图 1-18 (d) 所示。

若采用电磁驱动的电控阀替代换向阀 9 和 15，液动执行机构就可以接受电控信号而成为电液执行机构，进一步扩展了液动执行器作为自动化装置的应用范围。无疑作为电控系统和液动系统接口的电磁换向阀是其中的关键部件。

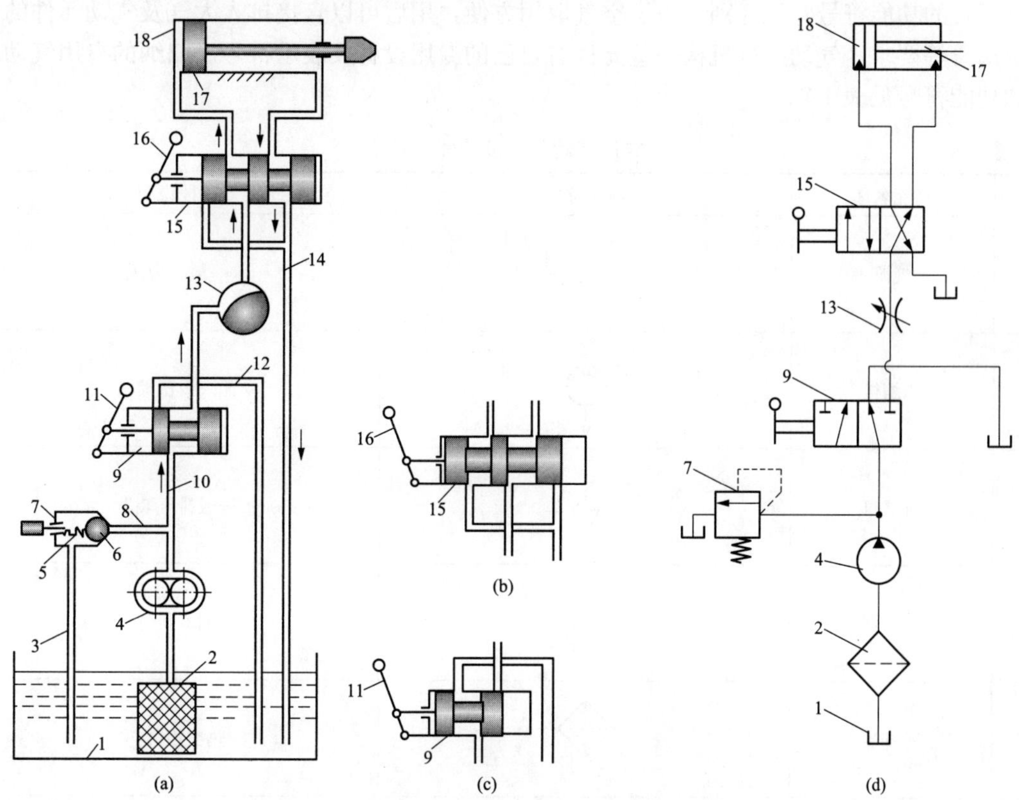

图 1-18 液动执行机构半结构原理及符号图

1—油箱；2—过滤器；3、12、14—回油管；4—液压泵；5—弹簧；
6—钢球；7—溢流阀；8、10—压力油管；9—启停阀；11、16—换向手柄；
13—节流阀；15—换向阀；17—活塞及活塞杆；18—液压缸

三、气动执行机构

气动执行机构是用气压力驱动启闭或调节阀门的执行装置，又被称气动执行机构或气动装置，通俗地称之为气动头。

气动执行机构因其具有操作方便、无油、无污染、防火、防电磁干扰、抗振动、抗冲压、介质无需回收等优点，在许多工控场合是优选的执行器。因为用气源做动力，其防爆性能高于电动执行机构，经济上比电动和液动要实惠，且结构简单，易于掌握和维护。

气动执行器的执行机构和调节机构是统一的整体，其执行机构有薄膜式、活塞式、拨叉式和齿轮齿条式。活塞式行程长，适用于要求有较大推力的场合；而薄膜式行程较小，只能直接带动阀杆。拨叉式气动执行器具有扭矩大、空间小、扭矩曲线更符合阀门的扭矩曲线等特点，但是不很美观，常用在大扭矩的阀门上。齿轮齿条式气动执行机构有结构简单，动作平稳可靠，并且安全防爆等优点，在发电厂、化工、炼油等对安全要求较高的场合都有应用。

构成气动执行机构的气动元件，有气源装置、气马达、气缸、气压控制方向阀、气压控制压力阀、气压控制流量阀和附件等，其中大多元件的功能、工作原理同液动元件相同，因此许多功能符号二者是通用的。除了用实心的三角符号表示液动、空心的三角符号表示气动外，两者的功能符号并无区别。由于空气取用方便，用后可以直接排入大气及气动元件的消音、润滑等要求，气动执行机构一些元件有自己的专用设备及表示符号。归纳的专用气动元件和功能符号见表 1-8。

表 1-8　专用气动元件及功能符号

序号	功能名称	功能符号	功能说明
1	气源	 或 	一般压力源
2	压缩机		无入口压缩机
3	排气口		一般排气装置
4	消音器	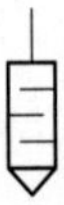	消音排气
5	冷却器	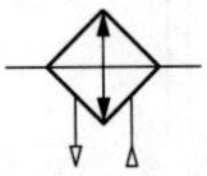	热交换散热
6	过滤器	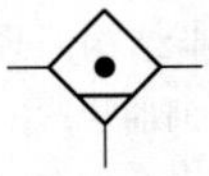	手动溢流过滤器
7	滤网	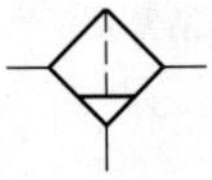	手动排放滤网
8	润滑器	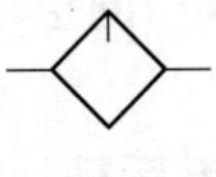	油雾化器
9	储气罐		一般储气罐

气动执行机构构成实例如图 1-19 所示。

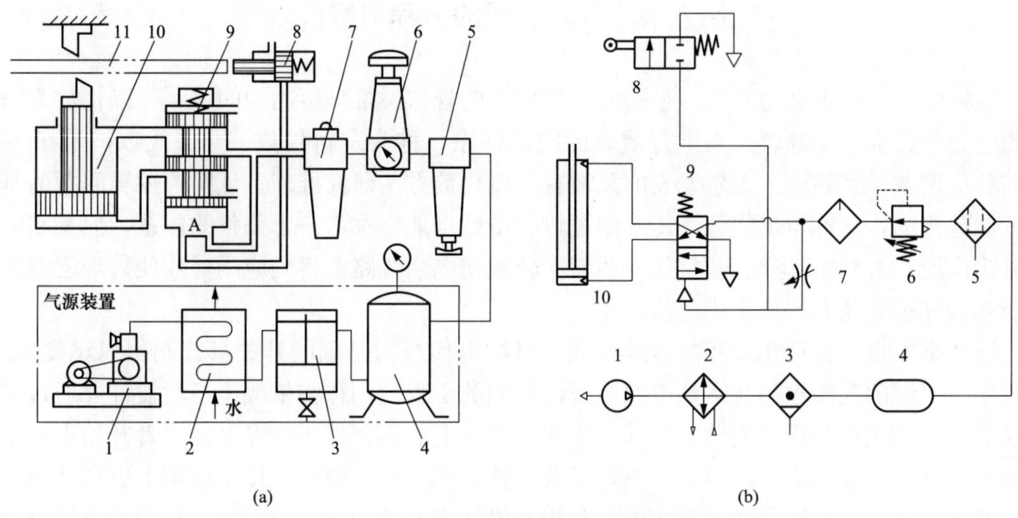

图 1-19 气动执行机构示例图

（a）半结构原理图；（b）功能符号原理图

1—空气压缩机；2—冷却器；3—油水分离器；4—储气罐；5—分水滤气器；
6—减压阀；7—油雾器；8—行程阀；9—气压驱动换向阀；10—气缸；11—工料

这是一套能够自动完成剪切动作的气动执行机构，其半结构原理图如图 1-19（a）所示。空气经空气压缩机建立压力，经冷却器散热、油水分离器进行净化，将其中的液态油水初步分离出来，经储气罐储能和稳压，提供较洁净的气压源。储气罐后的分水滤气器经常和减压阀、油雾器一起使用，集这三者为一体的元件称为气源三联体。分水滤气器可以通过滤芯将空气中水分过滤，减压阀通过弹性元件来调整出口压力，油雾器将油化成油雾添加在压缩空气中，作为气动元件的润滑，对压缩气体进行干燥、压力调节和加雾化油，保障其后的气动控制阀、气缸等执行元件的长期可靠工作。换向阀 9 是气动操纵的 4 路 2 位机动阀，其动作受行程阀 8 控制。行程阀是挡块驱动的 2 路 2 位机动阀（参见表 1-6），由工料到达的位置驱动。气缸 10 的活塞轴连接剪刀，完成对工料的切割。

对应图 1-19（a）的功能符号原理图如图 1-19（b）所示，工作过程如下：

预备工作状态时行程阀 8 处于动合位，封闭住换向阀 9 的 A 腔的压缩空气泄漏通路，压缩空气将阀芯推到上位，使气缸上腔充压，活塞处于下位，剪切机的剪口张开。

当送料机构将工料 11 送入并到达规定位置时，工料将行程阀 8 的阀芯向右推动，换向阀 A 腔通过行程阀 8 与大气相通，封闭在换向阀 A 腔的压缩空气泄压，换向阀阀芯在弹簧的作用下移到下位，将气缸上腔与大气连通，下腔与压缩空气连通。此时活塞带动剪刀快速向上运动将工料切下。

工料被切下后，即与行程阀脱开，行程阀阀芯在弹簧作用下复位，将排气口封死，换向阀 A 腔再次封闭，腔内压力上升，阀芯上移，使气路换向。气缸上腔进压缩空气、下腔排气，活塞带动剪刀向下运动，系统又恢复到预备工作状态，等待第二次进料剪切。进料持续进行，剪切机随之连续工作。

第五节　逻辑代数的方程与解析

逻辑学是一门古老的学科，是研究人类思维的规律，推理事物间的关系。以代数方法对逻辑学中的归类、命题、关系进行演算的理论体系，称为逻辑代数、开关代数，是在 1850 年前后英国数学家乔治·布尔发表的几篇有关用代数方法研究推理、证明等逻辑问题的基础上发展起来的，又称布尔代数。传统的逻辑学虽然也能够称为一个完整的体系，但是它的用途并不广泛，直到 20 世纪 30 年代一些转换公式在电话线路上得到应用，才使数理逻辑为人们所知，知道它还有一点实用价值。

近年来，由于工业化进程的持续发展，以逻辑代数为基础的开关量控制得以迅猛发展，出现了许多新的逻辑控制技术和控制语言。它们的工程应用往往依赖于经验设计并通过试运行检验，因而被称为现场实践的学问。实践和理论上的落差使不少专家、学者开始重新审视逻辑代数理论并通过进一步归纳、整理以及延伸，不仅使逻辑学在传统应用上更加严谨、实用，而且还推导出逻辑代数在逻辑电路分析及设计方面的理论解析方法，从而为设计复杂逻辑关系提供理论依据，开拓出开关量控制的应用实践和理论依据相互促进的良好局面。

一、逻辑代数的表达式

用逻辑符号中各种运算符号连接各逻辑变量所得到的代数式称为表达式。基本的逻辑运算只有三种：与、或、非，也称逻辑乘、逻辑加、逻辑反演，分别用数学符号“×”（或“·”）、·“+”、“—”（上标“—”号）表示。逻辑变量用不同的符号来表示，如 a、b、c、X、Y、Z 等，这些变量只能取 0 或 1 两种数值。变量分为自变量和因变量。取值不受其他变量影响的称为自变量，以小写英文字母如 a、b、c 等表示；需要由其他变量决定的变量称为因变量，以大写英文字母如 X、Y、Z 等表示。

用等号将两表达式连接起来则成为逻辑等式，有几种情况：

由等号连接的两表达式，若所列举的诸变量采取任何一种数值组合时，两式都能保持相等，则称为恒等式，或简称公式。

由等号连接的两表达式，只在各自变量采取一定的数值组合时才相等，则称为条件等式。

条件等式中的表达式含有因变量的称为关于该因变量的方程式。当因变量仅在等号一端时，称此因变量是各相关自变量的逻辑函数，记作 $Y=f(a, b, c, \cdots)$。变量数是此函数的“元”数。

例如，表达式形如 abc，$(a+b)(c+d)$；

恒等式形如 $ab=ba$，$a(b+c)=ab+ac$，$a+bc=(a+b)(a+c)$；

条件等式形如 $ab=abc$（仅当满足 $c=1$ 的条件时成立），$a\bar{b}=\overline{bc}$；

方程式形如 $X=(a+\bar{c}e)\bar{b}d$，$X=a\bar{x}$；

逻辑函数形如 $Y=\overline{ab}$（与非），$Y=\bar{a}b+a\bar{b}$（异或）。

二、逻辑关系的表示方法和逻辑表达式的形式

（一）逻辑关系的表示方法

逻辑关系有多种表示方法，常用的有函数表达式、真值表、逻辑图、电路图和卡诺图等。

函数表达式是由逻辑变量和“与”“或”“非”三种运算符所构成的表达式。

真值表是将输入逻辑变量的各种可能取值和相应的函数值排列在一起而组成的表格。

逻辑图是由各基本逻辑功能符号及它们之间的连线而构成的图形，又称功能模块图。

电路图是将各变量及逻辑关系对应于控制电路中，逻辑结果的运算直观、具体，容易理解。其中自变量和因变量的逻辑状态对应的开关量物理状态必须事先规定。

卡诺图也是一种用图形表示逻辑关系方法，常用于逻辑函数的化简，简单、直观，有化简步骤可循，不易出错，且容易化到最简的特点。

这几种表示方法之间可以相互转换。

【例 1-1】 将与运算的逻辑关系分别用函数表达式、真值表、逻辑图和电路图表示出来。

解：与运算的函数表达式为 $Y=ab$。

真值表如图 1-20（a）所示，表明“输入有 0，输出为 0；输入全 1，输出为 1”的关系。

与逻辑图如图 1-20（b）所示。

与逻辑实现的电路图如图 1-20（c）所示。其中图形符号“—/—”表示是动合触点，有闭合和断开两种工作状态。各变量的含义在图 1-20（d）中作了规定。

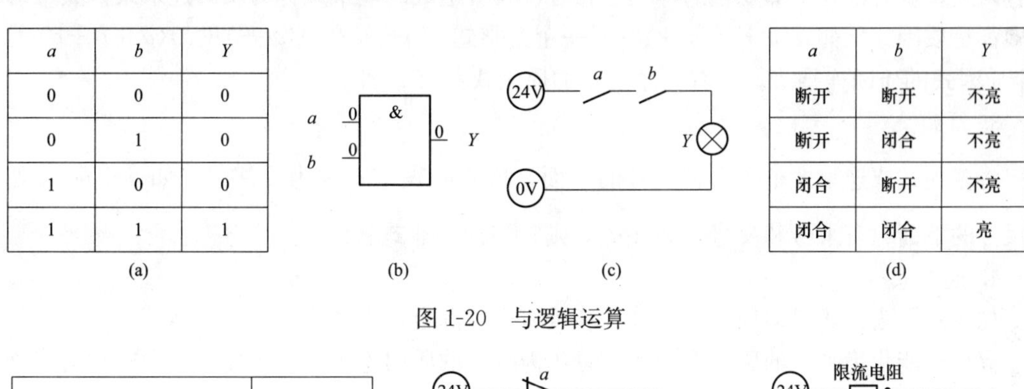

a	b	Y
0	0	0
0	1	0
1	0	0
1	1	1

(a)

a	b	Y
断开	断开	不亮
断开	闭合	不亮
闭合	断开	不亮
闭合	闭合	亮

(d)

图 1-20 与逻辑运算

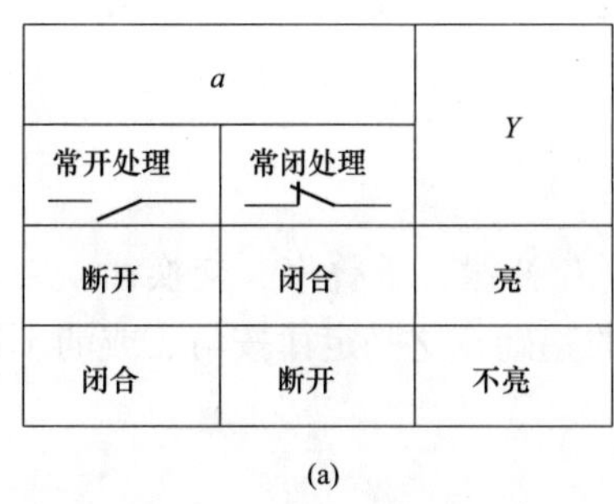

a		Y
常开处理	常闭处理	
断开	闭合	亮
闭合	断开	不亮

(a)

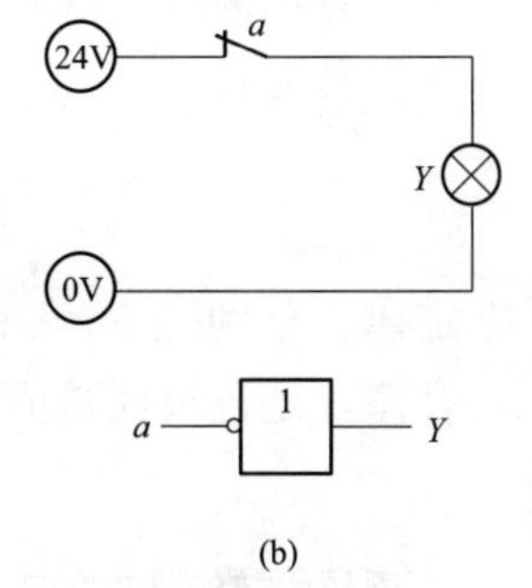

(b)

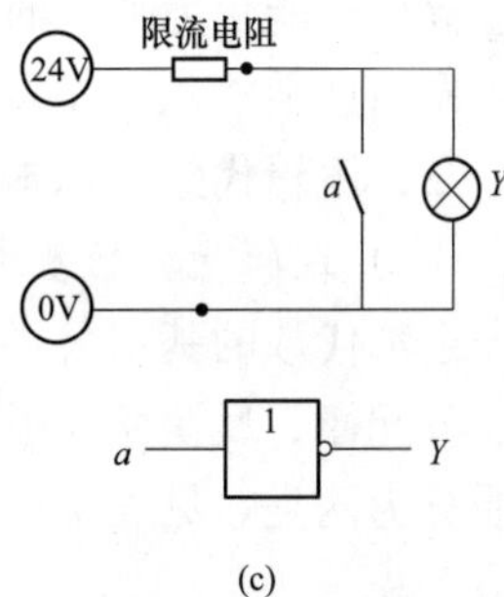

(c)

图 1-21 非逻辑运算

【例 1-2】 画出非逻辑实现的电路图。

解：非逻辑函数为 $Y=\overline{a}$，表示对唯一输入条件的否定。本例中含义为：当输入为断开时，灯亮；输入为闭合时，灯不亮。图 1-21（a）说明了各变量的含义。

有两种实现电路：其一，对输入信号通过取反装置实现。对原输入取反在电路图中用动断触点符号“—⅃\—”表示，当输入信号断开时，取反装置得到闭合状态，电路接通，灯亮。其电路图和对应的逻辑图如图 1-21（b）所示。其二，输入信号的实际状态取到电路中，与灯并联，当输入断开时，电流通过灯支路，灯亮；输入闭合时，灯支路短路，灯不亮。其电路图和对应的逻辑图如图 1-21（c）所示。

（二）逻辑函数的表达式

逻辑函数的表达式虽然由与、或、非的三种基本运算及各变量构成，但它的表现形式和实现方法可以有多种形式。例如 $Y=(a+b)(c+d)=ac+ad+bc+bd$ ，这两种形式表示同一逻辑结果，前者先进行或运算，再进行与运算；后者则是先与后或。概括起来，表达式可以有如下形式。

1. 多项式和原始多项式

将各变量的乘积用加号连接所成的表达式称为多项式，被加号隔开的各个乘积称为项。当多项式的各项都含有全部所讨论的变量时，这种多项式特称为原始多项式，其中各项统称为原始项（最小项）。如 $a+b\bar{c}+\bar{a}c$ 是一个多项式，$abc+\bar{a}bc+a\bar{b}\bar{c}$不仅是一个多项式，还是一个含有 3 个原始项的原始多项式。含有 n 个变量的原始项共有 2^n 种。

2. 连乘式和质因连乘式

将多项式用乘号相连接组成的表达式称为连乘式，各个多项式称为这个连乘式的因式。当各因式表现为含有全部变量的单项之和时，其所组成的连乘式称为质因连乘式，其中每一因式都是质因式。如 $a(b+\bar{c})(c+d)$ 是一个连乘式，$(a+\bar{b}+c)(a+b+\bar{c})(\bar{a}+b+c)$ 是含 3 个质因式的质因连乘式。含有 n 个变量的质因式共有 2^n 种。

3. 反演式

将多项式或连乘式整个写在反号的下面，这样的表达式称为反演式，如 $\overline{a+\bar{b}c}$ 。如果在反号的下面只有乘号和反号，如 $\overline{\bar{a}bc}$ ，则特称为与非式。

4. 混合式

如果一个表达式是多项式、连乘式和反演式的混合，则称为混合式或运算式。

混合式能化为唯一的原始多项式或者化为唯一的质因连乘式。由原始多项式化为多项式或由质因连乘式化为连乘式则可能有多种形式。

三、逻辑代数的基本规则

（一）逻辑代数的基本公式

逻辑代数的基本公式包括 9 个定律，分别是 0－1 律、互补律、重叠率、交换律、结合律、分配律、反演律、吸收率、对合律，是逻辑代数应用的基础。这些定律按与、或的不同性质分为两类，见表 1-9。

表 1-9　逻辑代数的基本公式

名称	公式 1	公式 2
0－1 律	$a\cdot 1=a$ $a\cdot 0=0$	$a+0=a$ $a+1=1$
互补律	$a\bar{a}=0$	$a+\bar{a}=1$
重叠律	$aa=a$	$a+a=a$
交换律	$ab=ba$	$a+b=b+a$
结合律	$a(bc)=(ab)c$	$a+(b+c)=(a+b)+c$
分配律	$a(b+c)=ab+ac$	$a+bc=(a+b)(a+c)$

续表

名称	公式 1	公式 2
反演律	$\overline{ab}=\bar{a}+\bar{b}$	$\overline{a+b}=\bar{a}\cdot\bar{b}$
吸收律	$a(a+b)=a$ $a(\bar{a}+b)=ab$ $(a+b)(\bar{a}+c)(b+c)=(a+b)(\bar{a}+c)$	$a+ab=a$ $a+\bar{a}b=a+b$ $ab+\bar{a}\cdot c+bc=ab+\bar{a}\cdot c$
对合律	$\bar{\bar{a}}=a$	

表中略为复杂的公式可用其上更简单的公式来证明，也可以用真值表来证明，即检验等式两边函数的真值表是否一致。

【例 1-3】 用真值表证明反演律 $\overline{ab}=\bar{a}+\bar{b}$ 和 $\overline{a+b}=\bar{a}\times\bar{b}$。

证：分别列出两公式等号两边函数的真值表即可得证，见表 1-10 和表 1-11。

表 1-10　证明 $\overline{ab}=\bar{a}+\bar{b}$

a	b	$\overline{ab}$	$\bar{a}+\bar{b}$
0	0	1	1
0	1	1	1
1	0	1	1
1	1	0	0

表 1-11　证明 $\overline{a+b}=\bar{a}\times\bar{b}$

a	b	$\overline{a+b}$	$\bar{a}\cdot\bar{b}$
0	0	1	1
0	1	0	0
1	0	0	0
1	1	0	0

两个真值表中自变量取全部数值的组合时，其等式两边结果相同，可证两式相等，证毕。

反演律又称摩根定律，是非常重要又非常有用的公式，它经常用于逻辑函数的变换，以下是它的两个变形公式，也是常用的。

$ab=\overline{\bar{a}+\bar{b}}$　　　　$a+b=\overline{\bar{a}\cdot\bar{b}}$

利用基本公式可以将项化为 n 元原始项，或将因式化为 n 元质因式，如 $a=ab+a\bar{b}(n=2)$，$a=abc+a\bar{b}c+ab\bar{c}+a\bar{b}\bar{c}(n=3)$。

由基本公式可以得出结论：两个不同的原始项的乘积为零，两个不同的质因式的和为 1。

（二）逻辑代数的基本规则

利用逻辑代数的基本规则可以方便扩展逻辑公式、认识逻辑公式中规律性的内涵、帮助记忆和表达式转换。有如下 3 个应用规则：

1. 代入规则

代入规则的基本内容是：对于任何一个逻辑等式，以某个逻辑变量或逻辑函数同时取代等式两端任何一个逻辑变量后，等式依然成立。

利用代入规则可以方便地扩展公式。

例如，在反演律 $ab=\overline{\overline{a}+\overline{b}}$ 中用 bc 去代替等式中的 b，则新的等式仍成立：

$$\overline{abc}=\overline{a}+\overline{bc}=\overline{a}+\overline{b}+\overline{c}$$

2. 对偶规则

将一个逻辑函数 Y 进行下列变换：

×→+，+→×

0 → 1，1 → 0

所得新函数表达式叫做 Y 的对偶式，用 Y' 表示。

对偶规则的基本内容是：如果两个逻辑函数表达式相等，那么它们的对偶式也一定相等，即有：若 $Y=X$，则有 $Y'=X'$。

利用对偶规则可以帮助我们减少公式的记忆量。例如，表 1-9 中的公式 1 和公式 2 就互为对偶，只需记住一边的公式就可以了。因为利用对偶规则，不难得出另一边的公式。

例如，已知 $(a+b)(c+d)=ac+ad+bc+bd$，由对偶规则可得 $ab+cd=(a+c)(a+d)(b+c)(b+d)$。

3. 反演规则

反演规则是反演律的总结。将一个逻辑函数 Y 进行下列变换：

×→+，+→×

0 → 1，1 → 0

原变量 → 反变量，反变量 →原变量

所得新函数表达式叫做 Y 的反函数，用 $\overline{Y}$ 表示。

利用反演规则，可以非常方便地求得一个函数的反函数，即有：已知 Y，可得 $\overline{Y}$。

【例 1-4】 求函数 $Y=\overline{a}\cdot c+b\cdot\overline{d}$ 的反函数。

解：$\overline{Y}=(a+\overline{c})\times(\overline{b}+d)$

四、表达式之间的逻辑关系

两个表达式比较时，按它们所含项的异同，可以有多种逻辑关系。用函数关系符号 f 表示表达式时就是比较表达式 f_1 和 f_2 之间的关系。若有 2 个所含元数相等的表达式 f_1、f_2，则它们都可以化为唯一的原始多项式。全部的原始多项式为 2^n 个，构成 n 元的全部项集合，称为空间。全部项的和为逻辑 1。f_1 所含的原始项与 f_2 所含的原始项比较，既有相同的，也有不同的，在全部项集合下还有一些原始项是两者所没有的。例如 3 元的全部项集合为 8 项，f_1、f_2 的表达式为：

$$f_1=ab+\overline{b}c=abc+ab\overline{c}+a\overline{b}c+\overline{a}\overline{b}c$$

$$f_2=a+bc=abc+ab\overline{c}+a\overline{b}c+a\overline{b}\overline{c}+\overline{a}bc$$

两个表达式中有 3 项共同的原始项：abc、$ab\overline{c}$、$a\overline{b}c$，1 项是 f_1 有而 f_2 没有：$\overline{a}\overline{b}c$，2 项是 f_2 有而 f_1 没有：$a\overline{b}\overline{c}$、$\overline{a}bc$，另有 2 项两式都没有的：$\overline{a}b\overline{c}$ 和 $\overline{a}\overline{b}\overline{c}$。

一般而言，两表达式 f_1、f_2 之间有 4 种关系：共有的部分、f_1 有而 f_2 没有的部分、f_2

有而 f_1 没有的部分、都没有的部分。若每部分项用集合图的区域表示，如图 1-22 所示，则 a 区域表示 f_1 和 f_2 共有的部分，b 区域表示 f_1 有而 f_2 没有的部分，c 区域表示 f_2 有而 f_1 没有的部分，空白的 d 区域表示 f_1 和 f_2 都没有的部分。a、b、c、d 构成了空间全部项集合，即 $\{a\}+\{b\}+\{c\}+\{d\}=1$。

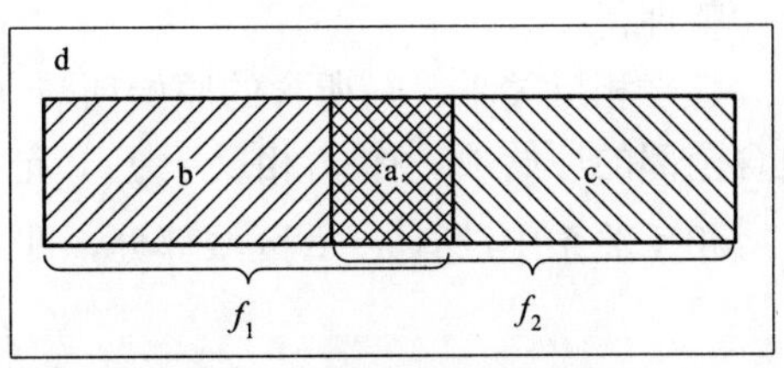

图 1-22 表达式的逻辑关系

推导 f_1 和 f_2 函数关系要利用原始项的一个性质：不同的原始项的乘积为 0，如 abc 同 $ab\bar{c}$ 的乘积为 0。这样 f_1f_2 的结果是不同的原始项为 0，二者共有的原始项保留下来，也就是图 1-22 中 a 区域的部分。按照同样的思路，b 区域部分是 $f_1\bar{f}_2$（$\bar{f}_2$ 是 b 区域和 d 区域部分）共有的部分，c 区域部分是 $\bar{f}_1f_2$ 共有的部分，d 区域部分是 $\bar{f}_1\bar{f}_2$ 共有的部分。这 4 部分构成全部项集合，因而有如下一般关系：

$$f_1f_2+f_1\bar{f}_2+\bar{f}_1f_2+\bar{f}_1\bar{f}_2=1 \tag{1-1}$$

如将一个表达式用另一个表达式表出，则有如下一般关系：

$$f_1=f_1f_2+f_1\bar{f}_2,\ f_2=f_1f_2+\bar{f}_1f_2$$
$$\bar{f}_1=\bar{f}_1f_2+\bar{f}_1\bar{f}_2,\ \bar{f}_2=f_1\bar{f}_2+\bar{f}_1\bar{f}_2 \tag{1-2}$$

例如 f_1 是 a 区域和 b 区域的和，则有 $f_1=f_1f_2+f_1\bar{f}_2$。

式（1-1）的一般关系由 4 部分组成，若其中的一项或二项等于 0，则构成如下的各种特殊关系：包含、重合、交补、平行、相反。

（1）包含关系：f_1 所含的原始项完全包含在 f_2 所含的原始项中，称 f_1 若被包含于 f_2，或称 f_2 包含着 f_1，记作 $f_1\subset f_2$，或 $f_2\supset f_1$。

包含关系中没有 b 区域部分，即令式（1-1）中 $f_1\bar{f}_2=0$，有

$$f_1f_2+\bar{f}_1f_2+\bar{f}_1\bar{f}_2=1$$

整理得

$$\bar{f}_1+f_2=1 \tag{1-3}$$

（2）重合关系：f_1 所含的原始项与 f_2 所含的原始项完全相同，称 f_1 重合于 f_2，或 f_1 恒等于 f_2，记作 $f_1\equiv f_2$。

包含关系中没有 a、b 区域部分，即令式（1-1）中 $f_1\bar{f}_2=0$，$\bar{f}_1f_2=0$，有

$$f_1f_2+\bar{f}_1\bar{f}_2=1 \tag{1-4}$$

（3）交补关系：f_1 所含的原始项与 f_2 所含的原始项有一部分相同，也有一部分不同，但两表达式合在一起时包含着全部 2^n 个原始项，称 f_1 交补于 f_2，记作 $f_1\odot f_2$。

交补关系中没有 d 区域部分，即令式（1-1）中 $\bar{f}_1\bar{f}_2=0$，有

$$f_1f_2+\bar{f}_1f_2+f_1\bar{f}_2=1$$

整理得

$$f_1+f_2=1 \tag{1-5}$$

（4）平行关系：f_1 所含的原始项与 f_2 所含的原始项无一相同，两者合并到一起时并不包含全部原始项，称 f_1 平行于 f_2，记为：$f_1//f_2$。

平行关系中没有 a 区域部分，即令式（1-1）中 $f_1f_2=0$，有

$$f_1\bar{f}_2+\bar{f}_1f_2+\bar{f}_1\bar{f}_2=1$$

整理得

$$\overline{f}_1+\overline{f}_2=1 \tag{1-6}$$

（5）相反关系：f_1所含的原始项与f_2所含的原始项完全不同，但两者合并到一起时却包含全部的原始项，称f_1相反于f_2，记为：$f_1\perp f_2$。

相反关系中没有 a、d 区域部分，即令式（1-1）中$f_1f_2=0$，$\overline{f}_1\overline{f}_2=0$，有

$$f_1\overline{f}_2+\overline{f}_1f_2=1 \tag{1-7}$$

总结式（1-3）～式（1-7）中各种关系，见表 1-12。

表 1-12　表达式 f_1 与 f_2 的特殊关系

记号	名称	特征表达式	特点
$f_1\subset f_2$	包含	$\overline{f_1}+f_2=1$	$f_1\overline{f_2}=0$
$f_1\equiv f_2$	重合	$\overline{f_1}\,\overline{f_2}+f_1f_2=1$	$f_1\overline{f_2}+\overline{f_1}f_2=0$
$f_1\odot f_2$	交补	$f_1+f_2=1$	$f_1\overline{f_2}=0$
$f_1//f_2$	平行	$\overline{f_1}+\overline{f_2}=1$	$f_1f_2=0$
$f_1\perp f_2$	相反	$f_1\overline{f_2}+\overline{f_1}f_2=1$	$\overline{f_1}\,\overline{f_2}+f_1f_2=0$

构建方程式要利用这些关系。

五、条件等式的构建和求解

（一）条件等式的构建

事先已经知道几个变量的几种存在情况，这些变量的情况又是另一变量的成立条件，要求按照这些条件总结出一个等式来，这就是条件等式的构建。

构成条件等式必须注意所给的这些条件是必须“同时成立”的还是“有一即可”的，应按照实际情况定出他们之间的与或关系。要注意所考虑的变量的成立条件是否完备，有没有默认的条件被忽略了。

在构建条件等式时，所给的独立条件不能超过 2^n 个，如果恰好有 2^n 个独立条件，则结果恒为 1，所构成的条件等式呈 1=1 的恒等形式。

有时给出的条件没有列举全部变量，这实际是复合条件，不是独立条件，那么，那些没有举出的变量是被视为两可的，既可等于 1，也可等于 0。考虑这些两可变量与否不影响构建条件等式。

在所给的条件中，一般给出使 $f=1$ 的条件。若也有使等式不能成立的条件，就要按照具体情况，定出正确的与、或关系，然后再反演过来，得到 $f=1$ 的条件。

在所给的条件中，一般给出使 $f=1$ 的条件。若也有使等式不能成立的条件，就要按照具体情况，定出正确的与、或关系，然后再反演过来，得到 $f=1$ 的条件。

【例 1-5】 如 $a=1$，则 $b=1$。试作一条件等式，使 a 和 b 具有这样的“如…，则…”的关系。

解：由条件直接得 $ab=1$。条件中在 $a=0$ 时 b 值并没有给定，还可以有两种情况：$a=0$ 时 $b=0$，$a=0$ 时 $b=1$，综合这三种情况，得

$$f=ab+\overline{a}\,\overline{b}+\overline{a}b=ab+\overline{a}=\overline{a}+b=1$$

解毕

这就是所给的“如…，则…”的关系成立的等式。由 $\overline{a}+b=1$ 解读为 $a=1$ 时（$\overline{a}=0$），b 必须为 1，等式才能成立。a 称 b 的充分条件。

可以构建“若 $b=1$，必须 $a=1$”这样的“如…，必须…”的关系，这时 a 称 b 的必要条件。

【例 1-6】 在 A、B 两处各设置一路开关，当它们分别动作时均能对照明灯进行亮熄操作。构建这样的条件等式并画出电路图。

解：A 处状态不变（$a=0$ 或 $a=1$）时，B 处的不同状态使灯亮、熄。设灯状态函数为 Y，$Y=1$ 时灯亮，$Y=0$ 时灯熄。

在 $a=1$ 时，选择 $Y=ab$（也可选 $Y=a\bar{b}$的情况）；

在 $a=0$ 时，选择 $Y=\bar{a}\,\bar{b}$（也可选 $Y=\bar{a}b$ 的情况）；

两种情况综合起来，建立条件等式：

$Y=ab+\bar{a}\,\bar{b}=1$（设 B 处状态不变时 A 处变化也得）

由上式画出的电路图如图 1-23（a）所示。用两个二位转换开关代替图（a）中 A 处和 B 处的动合触点和动断触点，得到图（b）所示的简化电路图。

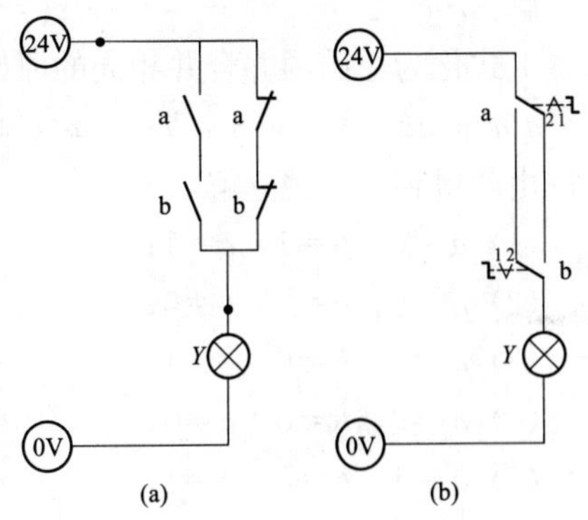

图 1-23 异或电路图

（二）条件等式的求解

条件等式是在各变量满足一定条件，采取一定的数值组合才能相等的等式，它不像恒等式那样对于变量的任何数值组合都能无条件的相等。因此对于条件等式的任务是求出能够使等式两边相等的数值组合，即条件等式的求解。

条件等式一般有以下三种形式：

$f_1=f_2$，$f=0$，$f=1$，其中 $f=1$ 称为标准形式。

对于 $f_1=f_2$的形式可根据 f_1和 f_2的重合关系，化为 $f_1f_2+\bar{f}_1\bar{f}_2=1$；对于 $f=0$，可化为 $\bar{f}=1$。总的来说任何条件等式都可以化为标准形式 $f=1$。

在求这些数值组合时，最简便的方法是：

（1）将各种形式化为 $f=1$ 的标准形式。

（2）将 f 还原为原始多项式。

（3）分别令各原始项为 1，求得的各相当的数值组合，就是所求的各独立解。

【例 1-7】 求 $a\bar{b}=\bar{b}\,\bar{c}$的解

解：化为 $f=1$ 的形式：$f=a\bar{b}\cdot\bar{b}\,\bar{c}+\overline{a\bar{b}}\cdot\overline{\overline{bc}}=a\bar{b}+bc=1$

再还原成原始多项式：$f=a\bar{b}c+a\bar{b}\,\bar{c}+abc+abc+a\bar{b}c=1$

分别令上述 4 项原始项为 1，得 4 组独立解：

(1) $a=1$，$b=0$，$c=1$；

(2)$a=1$，$b=0$，$c=0$；

(3)$a=1$，$b=1$，$c=1$；

(4)$a=0$，$b=1$，$c=1$。

条件等式解的讨论：

在一般关系下，$f_1=f_2$的解就是 $F=f_1f_2+\bar{f}_1\,\bar{f}_2=1$ 的解。

在 f_1 与 f_2 具有特殊关系时，则上式有所简化：

(1) 当 $f_1 \subset f_2$ 时，$f_1 f_2 = f_1$，$\overline{f}_1 \overline{f}_2 = \overline{f}_2$，故 $F = f_1 + \overline{f}_2 = 1$ 的解就是 $f_1 = f_2$ 的解。

(2) 当 $f_1 \equiv f_2$ 时，$F = f_1 f_2 + \overline{f}_1 \overline{f}_2 = f_1 + \overline{f}_1 \equiv 1$，所以全部数值组合都是解。

(3) 当 $f_1 \odot f_2$ 时，$f_1 + f_2 = 1$，即 $\overline{f}_1 \overline{f}_2 = 0$，故 $F = f_1 f_2 = 1$ 是转化后的条件等式。

(4) 当 $f_1 // f_2$ 时，$f_1 f_2 = 0$，故 $F = \overline{f}_1 \overline{f}_2 = 1$ 是转化后的条件等式。

(5) 当 $f_1 \perp f_2$ 时，$f_1 f_2 = 0$，$\overline{f}_1 \overline{f}_2 = 0$，即 $F = 0$，它不能等于1，所以这时 $f_1 = f_2$ 是矛盾的条件等式，没有解。

【例 1-8】 求 $abc = ab$ 的解

解：$abc \subset ab$，则 $F = f_1 + \overline{f}_2 = abc + \overline{a}\,\overline{b} = abc + \overline{a} + \overline{b} = \overline{a} + \overline{b} + c = 1$ 就是原式的解。

上式化为原始项并合并相同的原始项，

$\overline{a}bc + \overline{a}b\overline{c} + \overline{a}\,\overline{b}c + \overline{a}\,\overline{b}\,\overline{c} + a\overline{b}c + a\overline{b}\,\overline{c} + abc = 1$

由此得到 7 组独立解：

(1) $a=0$，$b=1$，$c=1$；

(2) $a=0$，$b=1$，$c=0$；

(3) $a=0$，$b=0$，$c=1$；

(4) $a=0$，$b=0$，$c=0$；

(5) $a=1$，$b=0$，$c=1$；

(6) $a=1$，$b=0$，$c=0$；

(7) $a=1$，$b=1$，$c=1$。

有时所给的条件没有列举全部变量——这是复合条件，不是独立条件，那么，那些没有举出的变量是被视为两可的，既可等于 1，也可等于 0。如例 1-8 中的解用复合解表示有 3 个：$a=0$；$b=0$；$c=1$。

六、方程式的解析

1. 数比的概念

两数或两函数数值的同异比较称为数比。例如 a 对 b 的数比记为 $a:b$ 或 a/b，读作 a 比 b，两数相同时，数比为 1，两数不同时，数比为 0。因而有如下规律：$1/0=0$，$0/1=0$，$0/0=1$，$1/1=1$，表明数比符合交换律，即 $a/b=b/a$。

设有自变量 a 和因变量 X，当 $a=1$ 时，$X=1$；当 $a=0$ 时，$X=0$（$a=1$ 和 $X=1$ 中 1 的意义不必相同），则称 X 随 a 正变，记为 $X/a=1$。

如当 $a=1$ 时，$X=0$；当 $a=0$ 时，$X=1$，则称 X 随 a 反变，记为 $X/a=1$。而把 $X/a=0$ 规定为：无论 a 如何取值，X 均为 0。

由数比的定义容易得到下列定理：

定理 1：$a/b = b/a = ab + \overline{a}\,\overline{b}$

证：当 $a=b$ 时，$a/b=b/a=1$，$ab+\overline{a}\,\overline{b}=1$，等式成立；

当 $a \neq b$ 时，$a/b=b/a=0$，$ab+\overline{a}\,\overline{b}=0$，等式也成立；

两种情况下等式均成立，故得证明。

定理 2：$a/\overline{b} = \overline{a}/b = a\overline{b} + \overline{a}b$

定理 3：$a \overline{/} b = a/\overline{b} = \overline{a}/b = \overline{b}/a = b/\overline{a} = \overline{b}\,\overline{/}\,\overline{a} = b \overline{/} a$

定理 4：（正反变改换定律）：$X\overline{/}b=1$ 等效于 $X/\bar{b}=1$

定理 5：$X/ab=1$ 等效于 $(X/a)/b=1$，也等效于 $(X/b)/a=1$

定理 6：$X/ab=1$ 等效于 $(X\overline{/}\bar{a})/b=1$ 或 $(X\overline{/}\bar{b})/a=1$

定理 7：$X/a=b$ 与 $X/ab=1$ 等效

2. 独立的一元方程式的求解

条件等式中含有因变量的特称为方程式。一个方程式中只含有一种因变量的，称为一元方程式。含有 X 的表达式有时用 $F(X)$ 的形式表示。

如一元方程式的一般形式是 $(X/f_1)\overline{/}f_2=1$，或写成 $F(X)=(X/f_1)\overline{/}f_2=1$。

一元方程式只有 X 一个因变量，以大写字母表示，作为未知量；其他都作为已知量，以小写字母表示，统称为因变量的系数。在系数中，大多是自变量，它们的取值不受因变量状态的影响。有时将因变量的现状作为已知量，用小写字母写出，参加到系数里，相对于因变量的待求数值而言，称为因变量的前态。例如，$X/\bar{b}(a+x)=1$ 中，x 是 X 的前态。系数中含有因变量前态的方程式称为前倚方程式，不含因变量前态的方程式称为独立方程式。

独立的一元方程式的求解方法如下：

无论何种形式表示的方程式均化为 $X/f=1$ 的最简形式，于是方程式的解即为 $X=f$。

将 f 分解为各原始项之和，当各自变量采取与 f 所含原始项相当的数值组合时，都是 $X=1$。在其他的数值组合时，$X=0$。

【例 1-9】 求解方程式 $[X/a+c\bar{e}]\overline{/}(b+\bar{d})=1$

解：方程式等效为 $X/(a+c\bar{e})\cdot\bar{b}d=1$

有 $X=(a+c\bar{e})\bar{b}d=a\bar{b}d+\bar{b}cd\bar{e}=a\bar{b}(c+\bar{c})d(e+\bar{e})+(a+\bar{a})\bar{b}cd\bar{e}$

$=a\bar{b}cde+a\bar{b}\bar{c}de+a\bar{b}cd\bar{e}+a\bar{b}\bar{c}d\bar{e}+\bar{a}\bar{b}cd\bar{e}$

【例 1-10】 求解方程式 $[X/acd+\bar{a}\bar{c}\bar{d}]\overline{/}(c+\bar{d})=1$

解：方程式等效为 $X/(acd+\bar{a}\bar{c}\bar{d})c\bar{d}=1$

化简得 $X/0=1$，得 $X=0$

此处存在关系 $acd+\bar{a}\bar{c}\bar{d}\subset(c+\bar{d})$

3. 独立的一元方程式的构建

所给的是使 $X=1$ 的条件时，构建独立的一元方程式与构建条件等式的步骤一样，只是最后将 $f=1$ 的形式写成 $X/f=1$ 的形式即可。

【例 1-11】 已知当 $a=1$，$b=0$，$c=0$ 时，$X=1$，求作此方程式。

解：所给条件 $f=a\bar{b}\bar{c}=1$ 时，$X=1$，故 $X=a\bar{b}\bar{c}$，所以 $F(X)=X/a\bar{b}\bar{c}$。

若给出的是使 $X=0$ 的条件，按反变定义列出方程。

【例 1-12】 已知当 $a=0$，$b=1$ 时，$X=0$，求作此方程式。

解：由 $\bar{f}=\bar{a}b=X$，得

$F(X)=X\overline{/}\bar{a}b=1$ 或 $F(X)=X/\overline{\bar{a}b}=X/(a+\bar{b})=1$

如果条件既有使 $X=1$ 的 f_1 和使 $X=0$ 的 f_2，则能满足这样的方程式是

$$X/f_1\bar{f}_2=1$$

【例 1-13】 使 $X=1$ 的条件为 $f_1=a+b=1$，同时使 $X=0$ 的条件为 $f_2=\bar{a}+b=1$，求作此方程式。

解：$F(X)=X/f_1\bar{f}_2=X/(a+b)\overline{\bar{a}+b}=X/(a+b)(a\bar{b})=X/a\bar{b}=1$。

【例 1-14】 已知使 $X=0$ 的条件为 $a=1$，$b=1$，$c=1$ 或 $a=0$，$b=0$，$c=0$，使 $X=1$ 的条件为 $a=1$，$b=0$，$c=1$，或 $a=1$，$b=1$，$c=0$ 或 $a=0$，$b=1$，$c=1$，求作此方程式。

解：只考虑使 $X=1$ 的条件，其他条件就是使 $X=0$ 的条件了，包括了题中使 $X=0$ 的条件，由此得：$F(X)=X/(a\bar{b}c+ab\bar{c}+\bar{a}bc)=1$。

4. 前倚一元方程式求解

含有因变量前态的前倚一元方程式中，因变量的取值要受到它自身状态的影响，因此方程式的解不同于独立方程的解而有可能处于动态变化中，是逻辑方程中较复杂的一类。

这类方程的求解往往采用试探法，即从一种可能的状态开始分析。自变量和因变量的取值，一般规定从 0 开始，自变量在变化过程中可以任意取值，一般每次只使一个自变量改变。因变量的取值完全受方程式的约束，并不是任意一种形式的前倚方程式都能有解。在一元的前倚方程式中因变量变化后可能出现两种情况：一种是因变量由 0 变 1 后即便是引起它变化的因素消失仍然保持着 1 的状态，直到另一个因素出来后，它才变回 0；另一种是由 0 变 1 后接着由 1 变 0，接着由 0 变 1，如此反复。前者的结果视为“间歇动作”，后者的结果视为“连续动作”。求解的过程就是确定这两种情形及用方程式表达的形式。

求解一般步骤如下：

第一步：校核各变量的原始数值（一般都是 0）能否适合所给方程。这称为符合初始稳态条件。

第二步：任意令一个自变量数值发生变化，看因变量是否随之变化，如不变，则改令另一个自变量变化，直到使因变量发生变化为止。

第三步：将因变量的新值作为前态代入方程，看因变量是否继续变化。

第四步：如因变量又有变化，再将变化后的新值，作为前态，代入式中，观察继续变化情况，如此下去，最后令原来引起因变量变化的那个自变量恢复为 0 为止。在这种情况下，方程式中将只含这样一个自变量。

第五步：如在第四步将因变量的新值 1 作为前态代入式中，因变量不再发生变化，即可令原来引起因变量变化的那个自变量变回原状，再看因变量是否也随着变 0。

如果所给的前倚方程式是正确的，因变量将不会随之变 0。因为如果它也随着变 0，这表示这个因变量完全受那个自变量的控制，而与本身状态无关。因此表达它们关系的是一个独立的一元方程式，对于前倚的方程式，这时因变量将保持不变。

第六步：如果第五步不能使因变量变回为 0，则令另一自变量的数值发生变化，以能使因变量数值变回为 0 为止。

第七步：再令上述这个自变量的数值还原，这样就返回到初始稳定状态，变化至此完成了一个循环。

第八步：把变化的程序以字母 C_X 代表，写一个等式作为解答，即方程式的解。等式左边写 C_X，右边按项列出各变量的变化程序，用正量表示由 0 变 1，用反量表示由 1 变 0，在循环节的外面加上重复符号 |：　：|。如

$$C_X=|:aX\bar{a}b\bar{X}\bar{b}:|$$

表示该循环变化程序是：a 由 0 变 1，接着 X 由 0 变 1，然后 a 变 0，可是 X 不变（没有紧跟 X 符号）；再令 b 由 0 变 1，于是 X 由 1 变 0，然后 b 由 1 变 0，完成一个循环。这种

解的形式用于描述间歇动作。能得到间歇解的方程称为自保方程式。再如

$$C_X = |: X\ \overline{X}: |$$

表示 X 由 0 变 1，将 X 的值作为前态再代入方程，X 由 1 变 0，如此反复。这种解的形式用于描述连续动作。能得到连续解的方程称为自反方程式。

【例 1-15】 求解 $F(X)=X/a\,\overline{x}=1$

解：先解出 X，即 $X=a\,\overline{x}$

i. 令 $a=0$，$x=0$，得 $X=a\,\overline{x}=0$，可见所给式符合初始稳定条件。

ii. 令 $a=1$，$x=0$，得 $X=a\,\overline{x}=1$，即在 $a=1$ 后，X 跟着由 0 变 1。

iii. 以 $a=1$，$x=1$ 代入式中，得 $X=a\,\overline{x}=0$，这样，X 又由 1 变 0。

iv. 如 a 值不变，将重复上两步，反复。

v. 观察可知只在 a 值由 1 变 0 后，这反复变化才能停止。

vi. 列出方程的解为：$C_X=a\ |:\ X\ \overline{X}:\ |\ \overline{a}$，其中 a 只起到开关作用，并不参加循环，所以列在重复号外，称为启动因子。

【例 1-16】 求解 $F(X)=X/\overline{b}(a+x)=1$

解：先解出 X，即 $X=\overline{b}(a+x)$

i. 令 $a=0$，$b=0$，$x=0$，得 $X=\overline{b}(a+x)=0$，可见所给式符合初始稳定条件。

ii. 若令 $b=1$，则 X 不会变化，因此令 $a=1$，$b=0$，$x=0$，得 $X=\overline{b}(a+x)=1$，即 X 由 0 变 1。

iii. 以 $a=1$，$b=0$，$x=1$，得 $X=\overline{b}(a+x)=1$，即 X 保持不变。

iv. 令 $a=0$，结合 $b=0$，$x=1$，得 $X=\overline{b}(a+x)=1$，X 仍然不变。

v. 再令 $b=1$，结合 $a=0$，$x=1$，得 $X=\overline{b}(a+x)=0$，即 X 由 1 变 0。

vi. 此时再令 $a=1$，由 $b=1$，$x=0$，仍得 $X=\overline{b}(a+x)=0$，即 X 不变，说明此时不受 a 的影响 。

vii. 令 $b=0$，结合 $a=0$，$x=0$，得 $X=\overline{b}(a+x)=0$， 回到初始状态。

viii. 所求方程列写为：$C_X=|:\ aX\,\overline{a}\ b\,\overline{X}\,\overline{b}:\ |$，即为方程的解。

从方程的形式上看自反方程中含因变量的系数只有一个自变量，即启动因子。一元自保方程中至少有 2 个这样的自变量。

七、一元方程式的相当电路

一元方程式的一般形式是

$$(X/f_1)\ \overline{/}f_2=1 \tag{1-8}$$

由上部分的定理，式（1-8）又可以等效成如下五种形式。

$$X/f_1\ \overline{f}_2=1 \tag{1-9}$$

由式（1-9）

$$X/\ \overline{f}_2/f_1=1$$

$$X/\ \overline{f}_2\ \overline{/}\ \overline{f}_1=1 \tag{1-10}$$

由式（1-9）

$$\overline{X}/\ \overline{f_1\ \overline{f}_2}=1$$

$$\overline{X}/(\overline{f}_1+f_2)=1 \tag{1-11}$$

由式（1-9）

$$(\overline{X}/f_2)/\ f_1=1 \tag{1-12}$$

$$(\overline{X}/\overline{f}_1)/\overline{f}_2=1 \tag{1-13}$$

上述一元方程式的 6 种形式都是等效的，表示在 $f_1=1$ 同时 $f_2=0$ 时 $X=1$。在其他情况下，$X=0$。

这样的方程式对应到电路图时要将自变量画成触点的形式，其中正量画成动合触点，反量画成动断触点，因变量就是继电器线圈或负载，视为输出。方程式中的正比号表示与输出的串联，反比号表示与输出的并联（注意触点接通的支路没有负载时要附上限流电阻，保证电路的正常工作）。方程式等于 1 视为与电源相连，而 $E=1$ 就是电源有电。因此 $(X/f_1)\overline{/}f_2=1$ 在电路图中表示继电器激励的条件是 f_1 动作同时 f_2 不动作（f_2 动作使电源 E 短路）。f_1、f_2 可以是一系列开关的组合。一元方程式对应的 6 种形式的电路如图 1-24 中 (a)～(f) 所示。

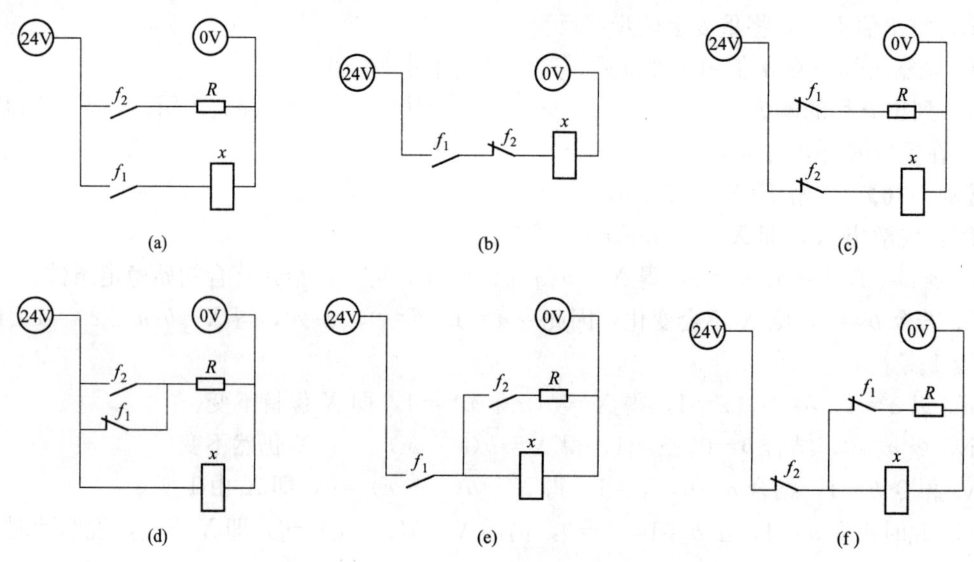

图 1-24　一元方程对应的电路

(a) $(x/f_1)/f_2=1$；(b) $x/f_1f_2=1$；(c) $x/f_2/f_1=1$；
(d) $x/(f_1+f_2)=1$；(e) $(x/f_2)/f_1=1$；(f) $(x/f_1)/f_2=1$

这 6 种电路都是当 $f_1=1$ 同时 $f_2=0$ 时，X 才能通电激励，所以它们是等效的。

八、连续动作方程组的求解

几个不同因变量的一元方程式联立构成一个方程组，构成方程组的各个方程式常常是前倚的方程式。其中因变量的数值不仅依着本身的状态而变化，而且还会根据其他因变量的状态而变化。全部由独立的方程式构成的方程组，他们之间并不发生数值上的联系，所以可以按照独立的一元方程那样逐个求解，构成的方程组并无意义。

一般的构成一个方程组的各个方程式呈现 $X/f_X=1, Y/f_Y=1, Z/f_Z=1$ 这样的形式。在它们的系数 f 中，既含有自变量也含有因变量（包括自身）的前态。因此一个因变量 X 的变化必然会引起另一个以至另几个因变量的变化，这些因变量的变化又会影响到其他因变量，以致最后又返回影响到 X 自身，这样经过一次或几次否定，各变量的状态可能都还原，这样完成了一个循环。具有这样循环变化程序的方程组称为连续动作方程组。连续动作方程组中一般只有一个因变量的系数里含有一个自变量，即启动因子，其他系数中所含的都是各因变量的前态或所含的自变量不影响其他因变量的取值。

求解连续动作方程组的过程如下：

（1）令所有变量都等于 0，代入各式算出各个变量是否都等于 0，以校核初始稳定条件是否得到满足。

有时有初始条件不都是 0 的情况，这要根据方程组的具体情况来决定。

（2）在方程组中选出那个只含有启动因子的方程式，假定为 $X/f_X=1$。令其中启动因子$\alpha=1$，其他仍为 0，代入方程中计算出 $X=1$（其他方程式中不含 α，故不受影响）。当 α 变为 1 后，X 随着由 0 变 1。

（3）以 $\alpha=1$，$X=1$，$Y=0$，$Z=0$ 代入各式，算出另一变化的因变量，假定是 Y。

（4）以 $\alpha=1$，$X=1$，$Y=1$，$Z=0$ 代入各式，算出又一变化的因变量。

（5）将变化了的因变量改换新值，其他照着不变，带入各式算出又一变化的因变量。

（6）重复步骤（5），直到所有因变量又都变回原状为止。

这样就完成了一个循环。

（7）写出解答式：

上述求解过程可借助于列表法进行。

【例 1-17】 求解方程组

$X_1/(a\overline{y}+x_2)=1, X_2/x_1(\overline{y}+x_3)=1, X_3/x_2(\overline{y}+x_4)=1$

$X_4/x_3\overline{y}=1, Y/(x_4+x_1y)=1$

解：（1）令 α 和所有变量都等于 0，代入各式算出各个变量是否都等于 0，初始稳定条件满足。

（2）令自变量 $\alpha=1$，其余仍为 0，代入方程中计算出 $X_1=1$，其余为 0。

（3）以 $\alpha=1$，$X_1=1$，其余为 0，代入各式，算出 $X_1=1$，$X_2=1$，其余为 0。

（4）以 $\alpha=1$，$X_1=1$，$X_2=1$，其余为 0，代入各式，算出 $X_1=1$，$X_2=1$，$X_3=1$，其余为 0。

（5）以此类推计算结果，见表 1-13。

表 1-13　　求解方程组的步骤表

步序	0	1	2	3	4	5	6	7	8	9	10	11	0
α	0	$\underline{1}$	1	1	1	1	1	1	1	1	1	1	0
X_1	0	0	$\underline{1}$	1	1	1	1	1	1	1	$\underline{0}$	0	0
X_2	0	0	0	$\underline{1}$	1	1	1	1	1	$\underline{0}$	0	0	0
X_3	0	0	0	0	$\underline{1}$	1	1	1	$\underline{0}$	0	0	0	0
X_4	0	0	0	0	0	$\underline{1}$	1	$\underline{0}$	0	0	0	0	0
Y	0	0	0	0	0	0	$\underline{1}$	1	1	1	1	$\underline{0}$	0
Cx=	a		｜：$X_1X_2X_3X_4\overline{Y}\overline{X}_4\overline{X}_3\overline{X}_2\overline{X}_1\overline{Y}$：｜										$\overline{a}$

由表 1-13 可见，到第 11 步，各因变量已完成一个循环。

从这张变量数值变化表中写出变量变化的方程式，可将变量发生变化的步序用记号标出，然后按步序写出标记的变量。由 0 变 1 写正量，由 1 变 0 写反量。由此可得方程组的解：

$$C_X = a \mid : X_1 X_2 X_3 X_4 Y \overline{X}_4 \overline{X}_3 \overline{X}_2 \overline{X}_1 \overline{Y} \mid \overline{a}$$ 解毕

第六节　开关量控制系统可靠性理论基础

可靠性是一门新兴的工程学科，诞生于 20 世纪 40 年代。最早提出可靠性理论的是德国的科学技术人员，他们在 VI 火箭的研制中提出了火箭系统的可靠度等于所有元器件可靠度乘积的理论，把小样本问题转化为大样本问题进行研究。1957 年美国“电子设备可靠性顾问委员会”（简写 AGREE）发布了《军用电子设备可靠性报告》。这就是著名的“AGREE”报告。报告提出了可靠性是可建立的、可分配的及可验证的，从而为可靠性学科的发展提出了初步框架。以后一些国家先后开展了对电子设备和系统可靠性的研究与应用，大大提高了它们在生产、生活中的安全可靠性，取得了显著成效。进入 21 世纪后，提高产品的可靠性和系统可靠性，已成为保障系统安全性和产品质量的有效途径。可靠性技术已贯穿与产品或系统的研制、设计、制造、试验、使用、运输、保管及维护等各个环节中。

一、可靠性定义

可靠性严格定义为：产品在规定的条件下和规定的时间内完成规定功能的能力。这种能力用概率表示。可靠性含有以下四个要素：

（一）对象

可靠性问题研究对象统称产品，泛指元件、组件、零件、部件、机器、设备，甚至整个系统。研究可靠性问题首先要明确对象，不仅要确定具体的产品，而且还要明确它的内容和性质。如果研究对象是一个系统，则不仅包括硬件，还应包括软件和人的判断和操作等因素在内，需要以人机系统的观点去观察和分析问题。

（二）规定条件

规定条件包括：

（1）环境条件，如气候环境（温度、湿度、气压等），生物和化学环境（生物作用中的物质霉菌、化学作用中的物质盐雾、臭氧和机械作用的微粒灰尘等），机械环境（振动、冲击、摇摆等），电磁环境（电场、磁场、电磁场等）；

（2）动力负载条件（如供电电压、输出功率等）；

（3）工作方式（如连续工作、断续工作等）；

（4）使用和维护条件等。

“规定的条件”是产品可靠性定义最重要而又最容易被忽视的部分。产品的可靠性受“规定的条件”所制约，不同条件产品的可靠性截然不同，离开了具体条件谈论可靠性是毫无意义的。

（三）规定时间

与可靠性非常密切的是关于使用期限的规定，因为可靠性是一个有时间性的定义。对时间的要求一定要明确。时间可以是时间（0，t）也可以是区间（t_1，t_2），有时对某些产品给出相当于时间的一些其他指标可能会更明确。例如对汽车的可靠性可规定行驶里程（距离），有些产品的可靠性则规定周期、次数等会更恰当些。

（四）规定功能

所谓完成“规定功能”是指研究对象（产品）能在规定的功能参数和使用条件下正常运行（或者说不发生故障或者失效），完成所规定的正常工作。亦指研究对象（产品）能在规定的功能参数下保持正常的运行。应注意“失效”不一定仅仅指产品不能工作，因为有些产品虽然还能工作，但由于其功能参数已漂移到规定界限之外了。即不能按规定正常工作，也视为“失效”。

对于产品可靠性这一概念的理解，应是这四个因素确定的综合结果。规定不同、条件变化，产品的功能也会随之改变。因此生产商或质量认证方对产品的可靠性规定是十分严密的。

把可靠性的概念用数值具体化，使用了概率这一数学形式。用概率来度量产品的可靠性时就是产品的可靠度，这是可靠性数量化的标志。因为用概率来定义可靠度后，对元件、组件、零件、部件、机器、设备、系统等产品的可靠程度的测定、比较、评价、选择等才有了共同的基础，对产品可靠性方面的质量管理才有了保证，对系统的安全性才可以评价，才能够研究系统的风险等问题。

综上所述，讨论系统的可靠性问题时，必须明确对象、使用条件、使用期限、规定的功能等因素，可靠度是可靠性的定量表示，其特点是具有随机性。因此，概率论和数理统计理论是可靠性理论进行定量计算的数学基础。

二、可靠性研究中的概率论知识

概率论和数理统计是研究随机现象统计规律的学科。随机现象是指事前不可预言结果的一类自然现象，如相同条件下多次测量结果的误差、掷币结果的偶然性等。虽然随机现象的个体不可预言，但在相同条件下进行大量观察时，随机现象都呈现某种规律，因而也是可以预言的。

（一）一些基本术语

1. 试验

对自然现象进行观察或进行科学试验统称为试验；若该自然现象为随机现象，则称为随机试验。

2. 事件

试验中的每一个可能结果称为随机事件或事件，用大写字母 A，B，C 以及 A_1，A_2，…，A_n 表示。不可能再分的事件称为基本事件，由若干基本事件组合而成的事件称为复合事件。

3. 集合和样本空间

随机试验的每一个基本事件可用一个包含一个元素的单点集来表示，则若干基本事件对应的元素组成一个集合，表示为 $A=\{\omega_1, \omega_2, \cdots, \omega_n\}$。所有基本事件对应元素的全体组成的集合，称为试验的样本空间，用 Ω 表示。样本空间的元素称为样本点，用 ω 表示。

Ω 包含了试验中全部元素，是随机试验中肯定发生的事件，也称必然事件。随机试验中肯定不发生的事件为不可能事件，记为 Φ。

复合事件由它所包含的基本事件对应的单点集的元素所组成的集合表示，是 Ω 的子集。

4. 事件的关系与数学表达

如果两个事件 A 与 B 不可能同时发生，则称 A 与 B 互不相容。

如果事件 A 发生必然导致事件 B 发生，则称 A 包含于 B，或称 B 包含 A，记为 $A\subset B$。

如果 C 表示“事件 A 与 B 至少有一个发生”这一事件，则称 C 为 A 与 B 的和，记为 $C=A\cup B$ 或 $C=A+B$。$A_1\cup A_2\cdots\cup A_n=\bigcup\limits_{i=1}^{n}A_i$ 表示“事件 A_1、A_2，…，A_n 中至少有一个事件发生”这一事件。

如果 D 表示“事件 A 与 B 同时发生”这一事件，则称 D 为 A 与 B 的积，记为 $D=A\cap B$ 或 $D=AB$。$A_1\cap A_2\cdots\cap A_n=\bigcap\limits_{i=1}^{n}A_i$ 表示“事件 A_1、A_2，…，A_n 同时发生”这一事件。

如果 $AB=\Phi$，则称 A、B 为互不相容事件或互斥事件，即事件 A、B 不可能同时发生。

如果 $AB=\Phi$，且 $A\cup B=\Omega$，则称 A、B 互为对立事件（逆事件），记为 $B=\overline{A}$。

如果 E 表示“事件 A 发生而事件 B 不发生”这一事件，则称 E 为 A 与 B 之差，记为 $E=A-B$。

（二）概率及概率法则

（1）当试验条件相同、试验次数无限增加时，如果事件 A 发生的频率趋近于一个稳定的数值，这个值称为事件 A 的概率，记为 $P(A)$，且有 $0\leqslant P(A)\leqslant 1$。

（2）A 与 B 都发生的联合概率表示为 $P(AB)$。若 $A\subset B$ 则 $P(AB)=P(A)$。

（3）A 或者 B 已发生的概率表示为 $P(A+B)$。若 $A\subset B$ 则 $P(A+B)=P(B)$。

（4）补概率，即 A 不发生的概率为 $P(\overline{A})=1-P(A)$。

（5）在事件 B 已发生的条件下，事件 A 发生的概率称为条件概率，记为 $P(A\mid B)$，且有 $P(A\mid B)=P(AB)/P(B)$。

【例 1-18】 掷一颗均匀骰子，问掷出偶数点的情况下掷出 6 点的概率。

解：设 $A=\{$掷出 6 点$\}$，$B=\{$掷出偶数点$\}$，所求问题为 $P(A\mid B)$。

试验 B 发生，所有可能的结果只有三个元素，其中只有一个在集合 A 中，因此

$$P(A\mid B)=1/3$$

由此看到：$P(A\mid B)=P(AB)/P(B)=P(A)/P(B)=\dfrac{1/6}{3/6}=1/3$

无条件概率 $P(A)$ 与条件概率 $P(A\mid B)$ 的区别在于它们的样本空间发生了变化，由 $\Omega\rightarrow B$，它们之间没有确定的大小关系。

（6）事件 A 和 B 为统计独立事件时，有

$P(A\mid B)=P(A\mid\overline{B})=P(A)$ 和 $P(B\mid A)=P(B\mid\overline{A})=P(B)$ 即 $P(A)$ 与 B 是否发生无关，反之亦然。

（7）事件 A 与 B 都发生的联合概率是

$$P(AB)=P(A)P(B\mid A)=P(B)P(A\mid B)$$

即事件 A 与 B 都发生的概率是在 $P(A)>0$ 时事件 A 发生的概率乘以 A 发生的条件下 B 发生的概率，或 $P(B)>0$ 时事件 B 发生的概率乘以 B 发生的条件下 A 发生的概率。

上式称为乘法公式，是概率计算中的重要公式。

特别地，当 A 与 B 是两个统计上相互独立的事件时，二者都发生的联合概率是各自发生概率的乘积：表示为 $P(AB)=P(A)P(B)$。这也称为乘积法则或串行法则。它可以扩展

为涵盖任何数目的统计独立事件。例如连续五次掷币，均出现同一面的概率是

$$\frac{1}{2}\times\frac{1}{2}\times\frac{1}{2}\times\frac{1}{2}\times\frac{1}{2}=\frac{1}{32}$$

(8) 两个事件 A、B 中的任一事件发生的概率为

$$P(A+B)=P(A)+P(B)-P(AB)$$

这称为概率加法公式。图 1-25 表示出了这种和事件的集合关系。

若有三个事件 A、B、C，有任一事件发生的概率为

$$P(A+B+C)=P(A)+P(B)+P(C)-P(AB)-P(AC)-P(BC)+P(ABC)$$

如果 A 与 B 在统计上是相互独立的，则 A 与 B 两个事件中有任一事件发生的概率为

$$P(A+B)=P(A)+P(B)-P(A)P(B)$$

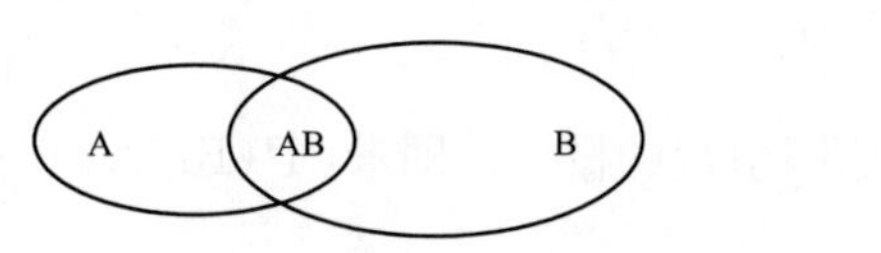

图 1-25　和事件的集合

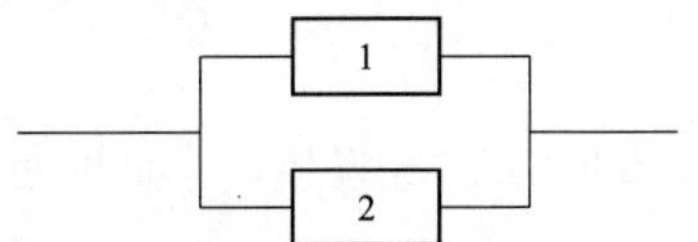

图 1-26　并联系统

【例 1-19】 如图 1-26 所示的给水系统中，采用了两个阀门元件并联组成。系统正常工作的条件是阀门 1 正常工作、阀门 2 正常工作或阀门 1 和 2 均正常工作三种情况。

已知阀门 1 和 2 正常工作的概率分别为 $P(A)$、$P(B)$，问并联系统正常工作的概率 P_s。

解：设 A 和 B 为阀门 1 和阀门 2 正常工作的事件，其概率分别为 $P(A)$、$P(B)$，则阀门失效概率 $P(\overline{A})$、$P(\overline{B})$ 分别为 $[1-P(A)]$、$[1-P(B)]$；

系统的失效概率设为 P_f，则 $P_s=1-P_f$

系统的失效概率 P_f 为阀门 1 和 2 同时失效的概率，符合乘积法则，有

$$P_f=P(\overline{A}\cdot\overline{B})=P(\overline{A})P(\overline{B})=[1-P(A)][1-P(B)]=1-P(A)-P(B)+P(A)P(B)$$

则系统正常工作的概率

$$\begin{aligned}P_s&=1-P_f=1-P(\overline{A}\cap\overline{B})=1-P(\overline{A})P(\overline{B})\\&=1-[1-P(A)][1-P(B)]=P(A)+P(B)-P(A)P(B)\end{aligned}$$

(9) 如果事件 A 和 B 是互不相容的，即 A 和 B 不能同时发生，则有 $P(AB)=0$

$$P(A+B)=P(A)+P(B)$$

(10) 全概率公式。

设事件 B_1、B_2、…、B_n 两两互不相容，且其和事件为必然事件 Ω（即 B_1、B_2、…、B_n 是样本空间的一个有限划分），若事件 $A\subset(B_1\cup B_2\cup\cdots B_n)$，则对于任一事件 A，有全概率公式

$$P(A)=\sum_{i=1}^{n}P(B_i)P(A\mid B_i)$$

全概率公式说明多个原因对结果的影响是每一个原因发生的概率 $P(B_i)$ 同这一原因下对结果的影响程度 $P(A\mid B_i)$ 的乘积求和。

全概率公式常用于预测推断中，又称为事前概率。

【例 1-20】 某厂有 100 名工人，其中熟练工、中级工和初级工各为 30、40、30 名，假定这三级工人在工作中的可靠度分别为 90%、60%、40%，问随机从这 100 名工人中抽出一名代表这个厂工人工作的可靠度，其可靠工作的概率。

设 A 为该厂工人工作成功事件；B_i 为选中本级工人事件（$i=1,2,3$）。用全概率公式

$$P(A)=\sum_{i=1}^{3}P(B_i)P(A\mid B_i)=\frac{30}{100}\times 90\%+\frac{40}{100}\times 60\%+\frac{30}{100}\times 40\%$$
$$=0.27+0.24+0.12=0.63$$

（11）贝叶斯（Bayes）公式。

实际上是全概率公式的逆公式。随机事件 A、B_i 含义同上，利用条件概率和全概率公式，有

$$P(B_i\mid A)=\frac{P(B_iA)}{P(A)}=\frac{P(B_i)P(A\mid B_i)}{\sum_{j=1}^{n}P(B_j)P(A\mid B_j)}\quad i=1,2,\cdots,n$$

已知事件 A 已经发生，求此时是由第 i 个原因引起的概率，即求，$P(B_i\mid A)$，则用贝叶斯公式。

上例中，已知随机抽出的工人工作成功，问抽到中级工的可能性有多大。

仍设 A 为该厂工人工作成功事件，B_i 为选中本级工人事件（$i=1,2,3$）。本问题为求 $P(B_2\mid A)$。由贝叶斯公式：

$$P(B_2\mid A)=\frac{P(B_2)P(A\mid B_2)}{\sum_{j=1}^{3}P(B_j)P(A\mid B_j)}=\frac{\frac{40}{100}\times 60\%}{\frac{30}{100}\times 90\%+\frac{40}{100}\times 60\%+\frac{30}{100}\times 40\%}=0.38$$

同样可知在抽到工人工作成功的条件下抽到熟练工和初级工的可能性分别为 0.43、0.19。

贝叶斯公式用来做事后判断。如果把事件 A 看成结果，把事件 B_1，B_2，…，B_n 看成导致该事件的原因，结果 A 已经发生，$P(B_i\mid A)$ 即为原因 B_i 导致结果 A 发生的概率，称为事后概率。

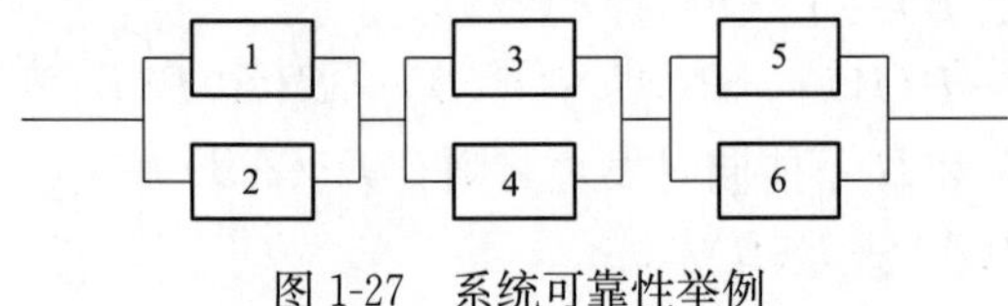

图 1-27 系统可靠性举例

【例 1-21】 考虑如下可靠性问题。设有 6 个元件，按图 1-27 构成一个系统。已知每个元件在单位时间内能正常工作的概率均为 0.9，且各元件能否正常工作，是相互独立，试求下面系统能正常工作的概率。

解：设 $A_k=\{$第 k 个元件能正常工作$\}$，$k=1,2,\cdots,6$

设 A_1，A_2，…，A_6 相互独立，所以 $A_1\cup A_2$，$A_3\cup A_4$，$A_5\cup A_6$ 也相互独立。

则 $A=\{$整个系统能正常工作$\}=(A_1\cup A_2)(A_3\cup A_4)(A_5\cup A_6)$

所以有

$$P(A)=P(A_1\cup A_2)\,P(A_3\cup A_4)\,P(A_5\cup A_6)$$
$$=[1-P(\overline{A_1}\cdot\overline{A_2})]\cdot[1-P(\overline{A_3}\cdot\overline{A_4})]\cdot[1-P(\overline{A_5}\cdot\overline{A_6})]$$
$$=[1-P(\overline{A_1})\cdot P(\overline{A_2})]\cdot[1-P(\overline{A_3})\cdot P(\overline{A_4})]\cdot[1-P(\overline{A_5})\cdot P(\overline{A_6})]$$

$$=[1-(1-0.9)^2]^3=0.970299$$

或者

$$P(A)=P(A_1\cup A_2)\,P(A_3\cup A_4)\,P(A_5\cup A_6)$$
$$=[P(A_1)+P(A_2)-P(A_1)P(A_2)]\,[P(A_3)+P(A_4)-P(A_3)P(A_4)]\,[P(A_5)+P(A_6)-P(A_5)P(A_6)]$$
$$=[0.9+0.9-0.9\times0.9]^3=0.970299$$

这说明这样组合的系统比单一元件的系统可靠工作的概率大约提高 7.8%。

三、可靠性研究中的特征量

在产品可靠性研究中，有必要制定一些数值指标来评定产品的可靠性，这些数值指标称为可靠性的特征量。常用的可靠性特征量有：可靠度、失效率、平均寿命、可靠寿命等。

可靠度和不可靠度：

可靠度即前述的可靠性，其定义是产品在规定的条件下和规定的时间内，完成规定功能的概率，通常以“R”表示。显然，规定的时间越短，产品完成固定功能的可能性越大；规定的时间越长，产品完成规定功能的可能性越小。可见可靠度是时间的函数，可表示为 $R=R(t)$，称为可靠度函数。就概率分布而言，它又叫做可靠度分布函数，且是累积分布函数。它表示在规定的使用条件下和规定的时间内，无故障地完成规定功能而工作的产品占全部工作产品（累积起来）的百分率。

若产品在规定的条件下和规定的时间内完成规定功能的这一事件（E）以概率 P（E）表示，则可靠度作为描述产品正常工作时间（寿命）这一随机变量（T）的概率分布可写成

$$R(t)=P(E)=P(T\geqslant t),\ 0\leqslant t\leqslant\infty$$

由可靠度的定义可知，$R(t)$ 描述了产品在 $(0,\ t)$ 时间段内完好的概率，且

$$0\leqslant R(t)\leqslant 1,\ R(0)=1,\ R(+\infty)=0$$

如前所述，这个概率是真值，实际上是未知的，在工程上我们常用它的估计值。为区别于可靠度，可靠度估计值用 $\hat{R}(t)$ 来表示。

可靠度估计值的定义如下：

(1) 对于不可修复产品，是指到规定的时间区间终了为止，能完成规定功能的产品与该时间区间开始时投入工作的产品总数之比。

(2) 对于可修复产品，是指一个或多个产品的故障间隔工作时间达到或超过规定时间的次数与观察时间内无故障（正常）工作的总次数之比。

假如在 $t=0$ 时有 N 件产品开始工作，而到 t 时刻有 $n(t)$ 个产品失效，仍有 $N-n(t)$ 个产品继续工作，则 $\hat{R}(t)$ 为：

$$\hat{R}(t)=\frac{\text{到时刻 }t\text{ 仍在正常工作的产品数}}{\text{实验的产品总数}}=\frac{N-n(t)}{N}$$

与可靠度相对应的概念是不可靠度，不可靠度表示：产品在规定的条件下和规定的时间内不能完成规定功能的概率。因此又称为失效概率，记为 F。失效概率 F 也是时间 t 的函数，故又称为失效概率函数或不可靠度函数，记为 $F(t)$。它也是累积分布函数，故又称为累积失效概率，显然，它与可靠度呈互补关系，即

$$R(t)+F(t)=1$$
$$F(t)=1-R(t)=P(T\leqslant t)$$

因此，$F(0)=0$，$F(0)=+\infty$

同可靠度一样，不可靠度也有估计值，也称累积失效概率估计值，记为 $\hat{F}(t)$

$$\hat{F}(t)=1-\hat{R}(t)=\frac{n(t)}{N}$$

由定义可知，可靠度与不可靠度是对一定时间而言的，若所指时间不同，同一产品的可靠度值也就不同。

设有 N 个同一型号的产品，开始工作（$t=0$）后到任意时刻 t 时，有 $n(t)$ 个失效，则

$$R(t)\approx\frac{N-n(t)}{N}$$

$$F(t)\approx\frac{n(t)}{N}$$

产品开始工作（$t=0$）时都是好的，固有 $n(t)=n(0)=0$，$R(t)=R(0)=1$，$F(t)=F(0)=0$。随着工作时间的增加，产品的失效数不断增多，可靠度就相应的降低。当产品的工作时间 t 趋向于无穷大时，所有产品不管寿命多长，最后总是要失效的。因此，$n(t)=n(\infty)=N$，故 $R(t)=R(\infty)=0$，$F(t)=F(\infty)=1$，即可考度函数 $R(t)$ 在$[0,\ \infty]$区间内为递减函数，而 $F(t)$ 为递增函数。

对不可靠度函数 $F(t)$ 求导，则得失效密度函数 $f(t)$，即

$$f(t)=\frac{\mathrm{d}F(t)}{\mathrm{d}t}=-\frac{\mathrm{d}R(t)}{\mathrm{d}t}$$

失效密度函数又称为故障密度函数。用故障密度函数表示的可靠度函数与不可靠度函数如下：

$$F(t)=\int_0^t f(t)\mathrm{d}t$$

$$R(t)=1-F(t)=1-\int_0^t f(t)\mathrm{d}t=\int_t^\infty f(t)\mathrm{d}t$$

四、系统工程结构图与可靠性框图

所谓系统，是为了完成某一特定的功能，由若干个彼此有联系的而且又能相互协调工作的单元组成的综合体。系统和单元的含义均为相对而言，由研究对象而定。例如，把一条生产线当成一个系统时，组成生产线的各个部分或者单元都是单元；把一台设备作为系统时，组成设备的部件（或者零件）都可以是单元；当部件作为系统研究时，组成部件的零件或者运动部分等就作为单元了。因此，单元可以是子系统、机器、部件或零件等。由单元的物理关系和工作关系构成系统的工程结构图。

系统的可靠性不仅与组成该系统各单元间的组合方式和相互匹配有关，而且也与组成该系统的各单元的可靠性特征量有关。

（一）系统的工程结构图和可靠性框图

在分析系统的可靠性时，常常要将系统的工程结构图转换为系统可靠性框图，再根据可靠性框图及组成系统各单元所具有的可靠性特征量，计算出所设计系统的可靠性特征量。两者的分析目的不同。

系统的工程结构图是表示组成系统的单元之间的物理关系和工作关系，而可靠性框图，则表示系统的功能与组成系统的单元之间的可靠性功能关系，是从可靠性角度出发研究系统

与部件之间关系的逻辑图，也称为系统逻辑框图、系统功能图。可靠性框图的具体表现形式由一个矩形框和单元名称组成，一个方框表示一个部件，每一个部件表示了对系统具有的某种功能，方框内部写出相应的物理名称。

系统图和可靠性框图之间关系，在形式上并不一致。有时相像，有时差别较大。例如最简单的振荡电路，由一个电感 L 和一个电容 C 组成，在工程结构图中（图 1-28），电感 L 和电容 C 是并联关系，但在可靠性框图中（图 1-29），从功能上分析它们却是串联关系。这是因为电感 L 和电容 C 中任意一个失效都引起振荡电路失效。

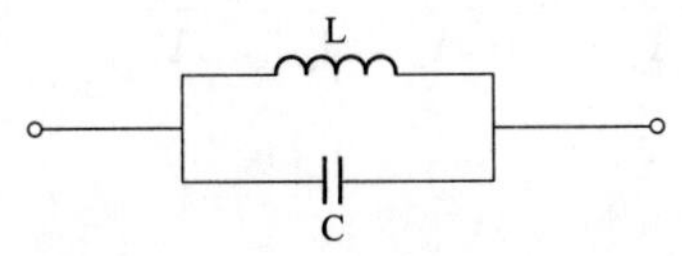

图 1-28　振荡电路的工程结构图

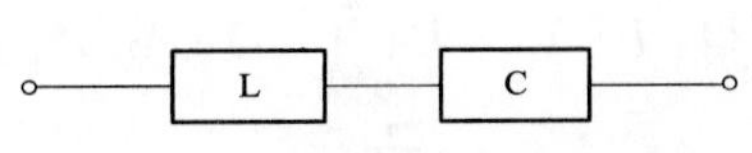

图 1-29　振荡电路的可靠性框图

（二）系统的工程结构图和可靠性框图的关系

可靠性框图和工程结构图建立的原理不同，建立可靠性框图首先要了解系统中每个单元的功能，各单元之间在可靠性功能上的联系，以及这些单元功能、失效模式对系统的影响。绝不能从工程结构上判断系统类型，而应从功能上研究系统类型，分析系统的功能及失效模式，保证功能关系的正确性。

系统可靠性框图只表明各单元功能与系统的功能的逻辑关系，不表明各单元之间的结构关系，因而与各单元的排列次序无关。一般情况下，输入和输出单元的位置常常列在系统可靠性框图的首尾，而中间其他单元的次序可任意排列。

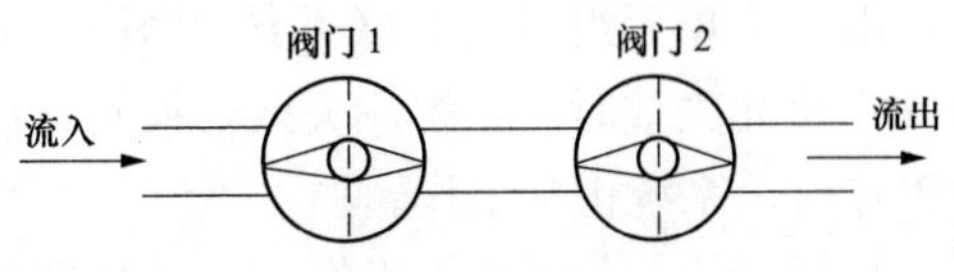

图 1-30　两个阀门串联结构图

例如一个由管道及其上装有 2 个阀门串联的流体系统，如图 1-30 所示。

（1）流体需要通过功能时。当阀 1 和阀 2 处于开启状态时，功能是液体流通。系统失效是液体不能流通，其中包括阀门不能打开。若阀 1 和阀 2 这两个单元是相互独立的，只有这两个单元都开启，系统才能实现液体流通的功能，因此该系统的可靠性框图如图 1-31（a）所示。

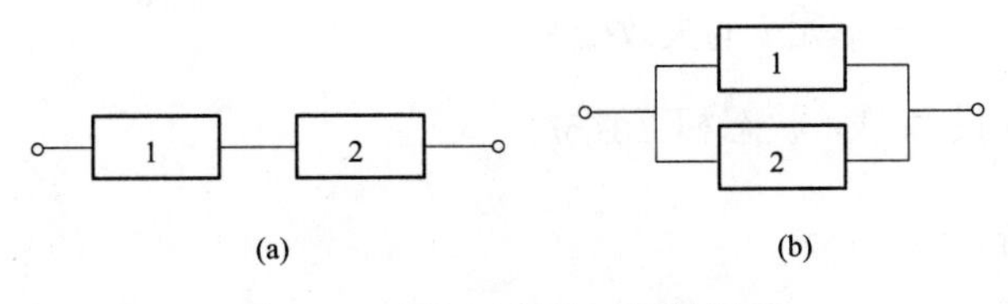

图 1-31　阀门功能的可靠性框图

（2）流体需要截流功能时。两个阀的功能是截流，不能截流为系统失效。其中包括阀门泄漏。若阀 1 和阀 2 这两个单元功能是相互独立的，这两个单元至少有一个正常，系统就能实现其截流功能，因此，该系统的可靠性框图如图 1-31（b）所示。

从功能上分析保证流体顺利流通时可靠性框图为串联系统。产生截流作用时可靠性框图为并联系统。

五、系统的可靠性结构与可靠度

（一）串联系统的可靠性结构与计算

由 n 个单元组成的串联系统表示 n 个单元都正常工作时，系统才正常工作，换句话说，

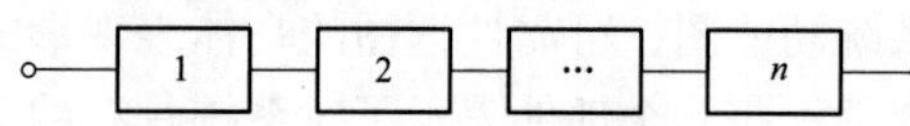

图 1-32 串联系统的可靠性框图

当系统任一单元失效时，就引起系统失效，其可靠性框图如图 1-32 所示。

特征：n 个单元全部正常工作时，系统正常工作，只要有一个单元失效，系统即失效。

设：A—系统正常工作状态；$\overline{A}$—系统故障状态；A_i—单元 i 处于正常工作状态（$i=1, 2, \cdots, n$）；$\overline{A_i}$—单元 i 处于故障状态（$i=1, 2, \cdots, n$）；$R_s(t)$—系统可靠度；$R_i(t)$—单元 i 的可靠度。

由：$A=A_1\cap A_2\cap\cdots\cap A_n=\bigcap_{i=1}^{n} A_i$，$\overline{A}=\overline{A_1}\cup\overline{A_2}\cup\cdots\overline{A_n}=\bigcup_{i=1}^{n}\overline{A_i}$。

可得：$P(A)=P(\bigcap_{i=1}^{n} A_i)$（$Ai$ 之间相互独立）

$$=\prod_{i=1}^{n} P(A_i)\Rightarrow R_s(t)=\prod_{i=1}^{n} R_i(t)$$

上式表明，在串联系统中，系统的可靠度是元件（或单元）可靠度的乘积。

由于 $R_i(t)<1$，因此 $R_s(t)<1$，而且 $R_s(t)<R_i(t)$

即串联系统的可靠度比任一单元的可靠度要小，且随着串联单元数量的增大而迅速降低。因此，要提高系统可靠度必须减少系统中的单元数或提高系统中最低的单元可靠度。

（二）并联系统的可靠性结构与计算

由 n 个单元组成的并联系统如图 1-33 所示。并联系统是表示当 n 个单元失效时，系统才失效，换句话说，当系统的任一单元正常工作时，系统正常工作。

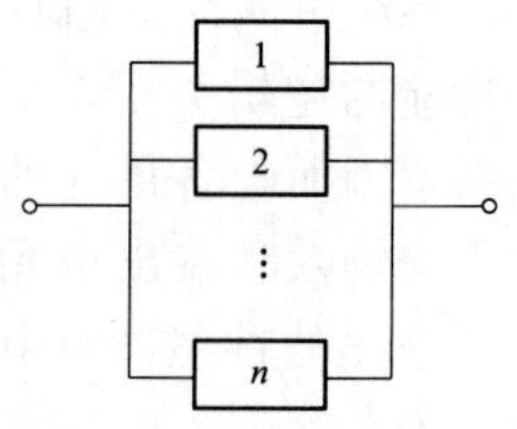

图 1-33 并联系统的可靠性框图

特征：任一单元正常工作，子系统即正常工作，只有所有单元均失效，系统才失效。

设：A—系统正常状态；$\overline{A}$—系统故障；

Ai—单元 i 处于正常工作状态（$i=1, 2, \cdots, n$）；$\overline{A_i}$—单元 i 处于故障状态；$F_s(t)$—系统失效概率；$F_i(t)$—单元 i 的失效概率。

由：$\overline{A}=\overline{A_1}\cap\overline{A_2}\cap\cdots\overline{A_n}=\bigcap_{i=1}^{n}\overline{A_i}$（设各单元状态相互独立）

可得：$P(\overline{A})=P(\bigcap_{i=1}^{n}\overline{A_i})=\prod_{i=1}^{n} P(\overline{A_i})$

$$F_s(t)=\prod_{i=1}^{n} F_i(t)$$

$$R_s(t)=1-F_s(t)=1-\prod_{i=1}^{n} F_i(t)=1-\prod_{i=1}^{n}(1-R_i(t))$$

可知并联系统的失效概率低于各单元的失效概率，即并联系统的可靠度高于各单元的可靠度。但并联单元多，相应结构尺寸变大，质量、造价增高。

（三）混联系统的可靠性结构与计算

1. 一般混联系统的可靠性结构

由串联系统和并联系统混合而成的系统称为混联系统，一般形式如图 1-34（a）所示。

图 1-34（a）中单元 1、2、3 串联组合成单元 S1，单元 4、5 串联组合成单元 S2，如图 1-34（b）所示。单元 S1、S2 并联组成单元 S3，单元 6、7 并联组成单元 S4。单元 S3、S4、

8 组合系统的串联结构。

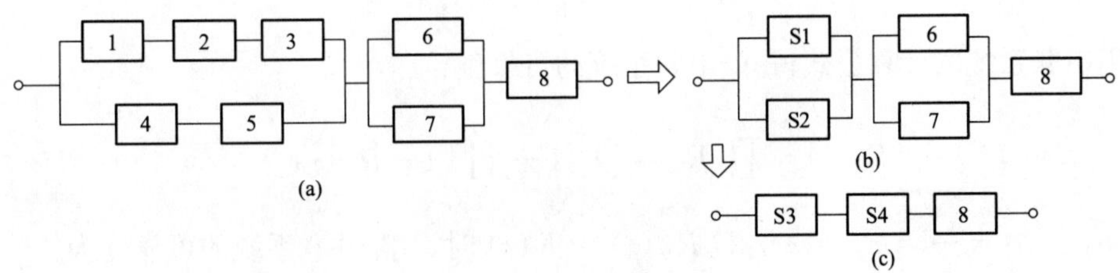

图 1-34 一般混联系统及简化

系统的可靠度为：$R_s(t)=R_{S3}(t)\cdot R_{S4}(t)\cdot R_8(t)$

其中：$R_{S3}(t)=1-[1-R_{S1}(t)][1-R_{S2}(t)]$

$R_{S4}(t)=1-[1-R_6(t)][1-R_7(t)]$

$R_{S1}(t)=R_1(t)R_2(t)R_3(t)$

$R_{S2}(t)=R_4(t)R_5(t)$

混联系统中典型应用是串-并联系统和并-串联系统。

2. 串-并联系统的可靠性结构与计算

串-并联系统是由一部分单元先串联组成一个子系统，再由这些子系统组成一个并联系统，可靠性结构框图如图 1-35 所示。第一行表示有 m_1 个单元串联，第 n 行表示有 m_n 个单元串联。

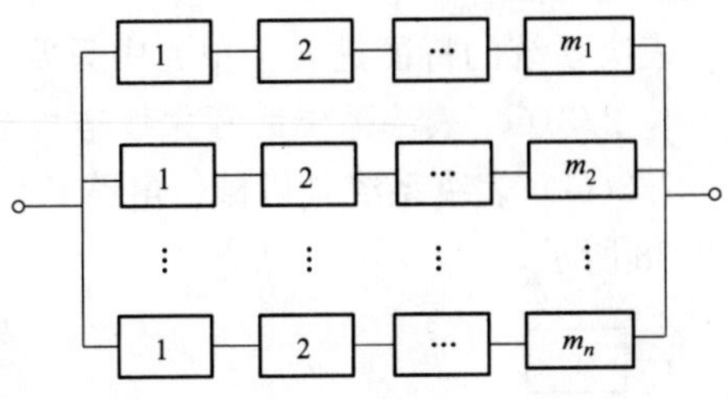

图 1-35 串-并联系统可靠性框图

若各单元的可靠度为 $R_{ij}(t)$，$i=1$，2，…，n；$j=1$，2，…，m_i。则第 i 行子系统的可靠度为：

$$R_i(t)=\prod_{j=1}^{m_i}R_{ij}(t)$$

再用并联系统的可靠度计算公式得系统可靠度：

$$R_s(t)=1-\prod_{i=1}^{n}[1-\prod_{i=1}^{m_i}R_{ij}(t)]$$

当 $m_1=m_2=\cdots=m_m=m$，$R_{ij}(t)=R(t)$ 时，串一并联系统的可靠度为：

$$R_s(t)=1-[1-R^n(t)]^m$$

3. 并-串联系统的可靠性结构与计算

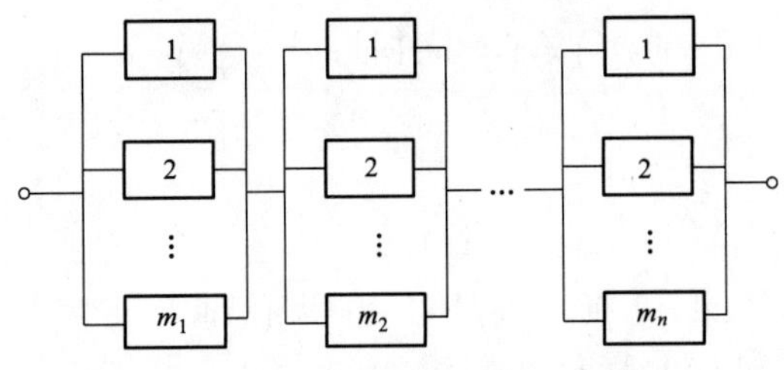

图 1-36 并-串联系统可靠性框图

并-串联系统是由一部分单元先并联组成一些子系统，再有子系统组成一个串联系统，可靠性结构框图如图 1-36 所示。第一列表示有 m_1 个单元并联，第 n 列表示有 m_n 个单元并联。

若各单元的可靠度为 $R_{ij}(t)$，其中 $j=1$，2，…，n；$i=1$，2，…，m_i。则第 j 列子系统的可靠度为：

$$R_j(t)=1-\prod_{i=1}^{mj}[1-R_{ij}(t)]$$

再用串联系统的计算公式得并-串联系统的可靠度：

$$R_s(t)=\prod_{j=1}^{n}R_j=\prod_{j=1}^{n}\{1-\prod_{i=1}^{mj}[1-R_{ij}(t)]\}$$

当 $m_1=m_2=\cdots=m_n=m$ ，且 $R_{ij}(t)=R(t)$ 时，串-并联系统的可靠度为：

$$R_s(t)=\{1-[1-R(t)^m]\}^n$$

在混联系统中可以证明只要系统中的单元可靠度不为 1，串-并联系统的可靠度高于并-串联系统的可靠度。

（四）表决系统的可靠性结构与计算

表决系统是指有 n 个单元组成的系统中，在 n 中取 r 个单元，至少有 r 个单元正常工作，系统才工作，记作 $r/n(G)$，G 表示成功事件。特别地，串联系统就是 $n/n(G)$，并联系统就是 $1/n(G)$，可以说串联系统和并联系统是表决系统的特殊形式。$m/n(G)$ 系统的可靠性框图如图 1-37 所示。

表决系统的特征是 n 个单元中只要有 r 个单元正常工作系统就能正常工作。

1. 2/3(G) 表决系统的可靠性结构与计算

2/3(G) 表决系统是机械、电路和控制回路中常采用的提高系统可靠性的结构形式，如图 1-38 所示。

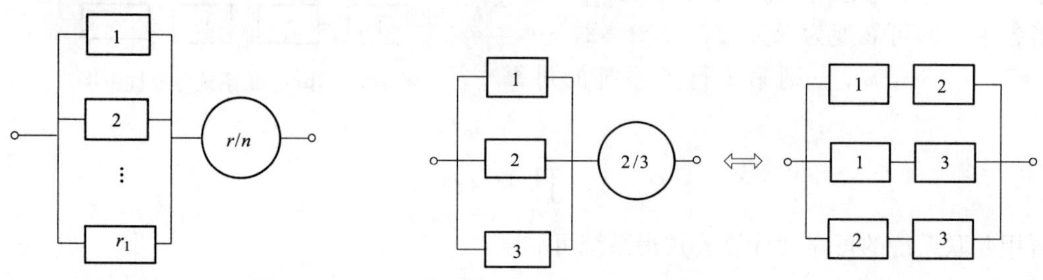

图 1-37　$r/n(G)$ 表决系统可靠性框图

图 1-38　2/3(G) 表决系统可靠性框图

设：A_i—单元 i 处于正常工作状态（$i=1$，2，3）；A—系统处于正常工作状态

有 $A=(A_1\cap A_2)\cup(A_1\cap A_3)\cup(A_2\cap A_3)$

设 A_i 间相互独立；事件Ⅰ：$A_1\cap A_2$；事件Ⅱ：$A_1\cap A_3$；事件Ⅲ：$A_2\cap A_3$

而事件Ⅰ、Ⅱ、Ⅲ是相容的。

2/3(G) 表决系统的可靠度为

$$\begin{aligned}R_s(t)=P(A)&=P(A_1\cap A_2)+P(A_1\cap A_3)+P(A_2\cap A_3)\\&\quad-[P(\text{Ⅰ}\cap\text{Ⅱ})+P(\text{Ⅰ}\cap\text{Ⅲ})+P(\text{Ⅱ}\cap\text{Ⅲ})]+P(\text{Ⅰ}\cap\text{Ⅱ}\cap\text{Ⅲ})\\&=P(A_1\cap A_2)+P(A_1\cap A_3)+P(A_2\cap A_3)\\&\quad-[P(A_1\cap A_2\cap A_3)+P(A_1\cap A_2\cap A_3)+P(A_1\cap A_2\cap A_3)+\\&\quad P(A_1\cap A_2\cap A_3)]\end{aligned}$$

$=P(A_1 \cap A_2)+P(A_1 \cap A_3)+P(A_2 \cap A_3)-2P(A_1 \cap A_2 \cap A_3)$

$=P(A_1)P(A_2)+P(A_1)P(A_3)+P(A_2)P(A_3)-2P(A_1)P(A_2)P(A_3)$

设失效概率 $F_i(t)=1-R_i(t)=1-P(A_i)(i=1, 2, 3)$，

有 $P(A_1)P(A_2)-P(A_1)P(A_2)P(A_3)=P(A_1)P(A_2)F_3(t)$；

$P(A_1)P(A_3)-P(A_1)P(A_2)P(A_3)=P(A_1)P(A_3)F_2(t)$；

$P(A_2)P(A_3)-P(A_1)P(A_2)P(A_3)=P(A_2)P(A_3)F_1(t)$；

2/3(G) 表决系统的可靠度也可写为

$$R_s(t)=P(A_1)P(A_2)F_3(t)+P(A_1)P(A_3)F_2(t)+P(A_2)P(A_3)F_1(t)+P(A_1)P(A_2)P(A_3)$$

即 2/3(G) 表决系统正常工作有 4 种可能情况：①单元 1、2 正常，单元 3 失效；②单元 1、3 正常，单元 2 失效；③单元 2、3 正常，单元 1 失效；①单元 1、2、3 均正常。

特别地当各单元可靠度相同时：$R_i(t)=R(t)$，$F_i(t)=F(t)$ 得系统可靠度

$R_s(t)=3R^2(t)-2R^3(t)$，或 $R_s(t)=3R^2(t)F(t)+R^3(t)$

2. r/n(G) 表决系统的可靠性结构与计算

对于 n 个相同单元组成的 r/n 表决系统，各单元正常与否相互独立。每个单元的可靠度均为 $R(t)$，失效概率为 $F(t)$，因此 r/n 系统失效概率 $R_s(t)$ 可推导表示为：

$$R_s(t)=\sum_{i=r}^{n} C_n^i [R(t)]^i [F(t)]^{n-i}$$

式中：$C_n^i=\dfrac{n!}{i!\ (n-i)!}$

其中 i 为正常工作单元数，$i=r$，$r+1$，…，n 时系统都可正常工作。

【例 1-22】 某一单元的可靠度是 0.9，若分别采用同样单元组成的 2/3(G)、2/4(G) 和 3/4(G) 表决系统问其可靠度是多少？

解：设单元的 $R_i(t)=R(t)=0.9$，$F_i(t)=F(t)=0.1$

采用 2/3(G) 表决系统时其系统可靠度

$$R_1(t)=C_3^2R^2(t)F(t)+C_3^3R^3(t)=3R^2(t)F(t)+R^3(t)=0.972$$

采用 3/4 (G) 表决系统时其系统可靠度

$$R_2(t)=C_4^3R^3(t)F(t)+C_4^4R^4(t)=4\times 0.9^3\times 0.1+0.9^4=0.9477$$

采用 2/4(G) 表决系统时其系统可靠度

$$R_3(t)=C_4^2R^2(t)F^2(t)+C_4^3R^3(t)F(t)+C_4^4R^4(t)=0.9963$$

采用 2/3 (G)、2/4 (G) 和 3/4 (G) 表决系统可靠度分别为 0.972、0.9477、0.9963，同单元的可靠度相比分别提高了 8%、5.3%、10.7%。

应用阅读 优秀的工业控制系统设计仿真控制软件Automation Studio

本课程将 Automation Studio（以下简称 AS）作为本课程学习的辅助教学软件。AS 是一款有关液压、气动、电气控制系统设计、仿真运行和文档编制的应用软件。可以进行元件电气控制、电工、PLC 的外围接口、PLC 逻辑梯形图、顺序功能图、结构文本语言、数字

电路、控制面板和2D/3D动画等类型的工作室，可应用电气工程技术完成工业自动化、重型机械中机电一体化的设计应用项目。可以利用OPC客户端&OPC服务器与外界建立真实的控制系统。Automation Studio提供的系统设计、功能仿真验证、动态可视化仿真的手段在上述领域的教与学、理论与实践、设计和验证之间搭建了桥梁，使得相关的项目或工程的前期工作均能在安全的环境中进行设计和验证，是一款与本课程教学内容相得益彰的优秀软件。

以AS 5.7版为例说明AS的编辑环境和工作步骤。

AS按安装向导提示安装完毕后，在桌面上出现AS程序运行图标。本AS5.7版为加入中文包解释的中文显示版。双击图标或从开始菜单中选择Automation Studio 5.7运行程序，则出现图1-39的AS图表主窗口界面。

图1-39　AS图表主窗口

主界面各部分名称和功能如下：

(1) 标题栏：标示进行的工程名称。

(2) 菜单栏：包括9个下拉式菜单，涵盖了设计的编辑、布局、仿真、窗口显示等的全部功能。

(3) 工具栏：以图标的方式（快捷键）提供了菜单栏中各项的主要功能。此部分各区域图标可以隐藏、或重新布局。

(4) 作业区：设计、仿真时的工作区域。

AS的设计领域、工程管理、数据库管理体现在3个管理器中。

(5) 库资源管理器：以工作室中分门别类设置的元件标准简图的形式提供了可以进行设计、仿真的各（种）类的元件。此窗口可以关闭和移动。

(6) 工程管理器：完成已经打开的工程项目及文档的管理功能。如增减、命名新图纸等。此窗口可以关闭和移动。

(7) 变量管理器：数据库管理的窗口。当一个组件位置于图表上时，一个或多个与此组件相关的变量会被自动创建。变量管理器提供过滤、修改、查看和连接包含在激活的 OPC 项目中的所有变量。它也允许用户创建并删除内部变量。此窗口可以关闭和移动。

在窗口的下部还有状态栏。状态栏在设计状态时显示在作业区的鼠标坐标，在仿真状态时显示仿真持续的时间。

在仿真开始时在窗口下部还会弹出出错信息窗口，提示设计或仿真时的出错信息。

设计、仿真过程的步骤为：

(1) 设计时用户根据设计的功能要求将库资源管理器中的各元件分别拖至作业区并排列布局。有些元件拖至作业区时会自动弹出元件属性表，提示填写元件的标签、参数、显示等信息。双击作业区中的元件也会弹出属性表。

(2) 进行元件间的连接，类似于用电线或管线连接一样连接作业区中的元件。基本的连接方法是：移动鼠标到元件符号的连接端口，此时鼠标样式为 。按住鼠标左键移动鼠标，此时鼠标样式变为，到目标连接端口，鼠标样式变为时，松开鼠标左键，完成连接。连接线为折线时可以多次松开鼠标左键，直至到目标端口。AS 设计画面如图 1-40 所示。

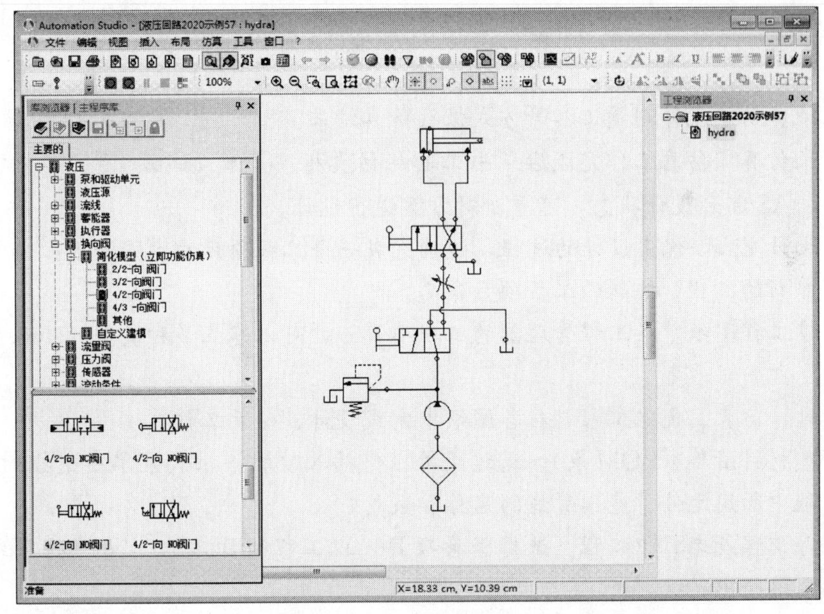

图 1-40 AS 设计窗口画面

(3) 开始仿真。设计工作完成后可点击工具栏仿真框 中的绿色常态仿真按钮，AS 进入仿真状态，如图 1-41 所示。也可以通过菜单栏中仿真项的下拉式菜单中选择仿真项目。仿真时可以选择文件或工程等仿真范围，也可以选择逐步仿真和慢速仿真等仿真方式。仿真时鼠标移到手操类元件时，会出现手型样式，表示元件可进行手动操作，单击鼠标左键即可操作。一些工作参数可设定类元件，左键单击元件会弹出设定窗口，可以通过鼠标拖动箭头或直接输入数字的方式改变设定值。仿真时可以通过拷屏、录屏、制

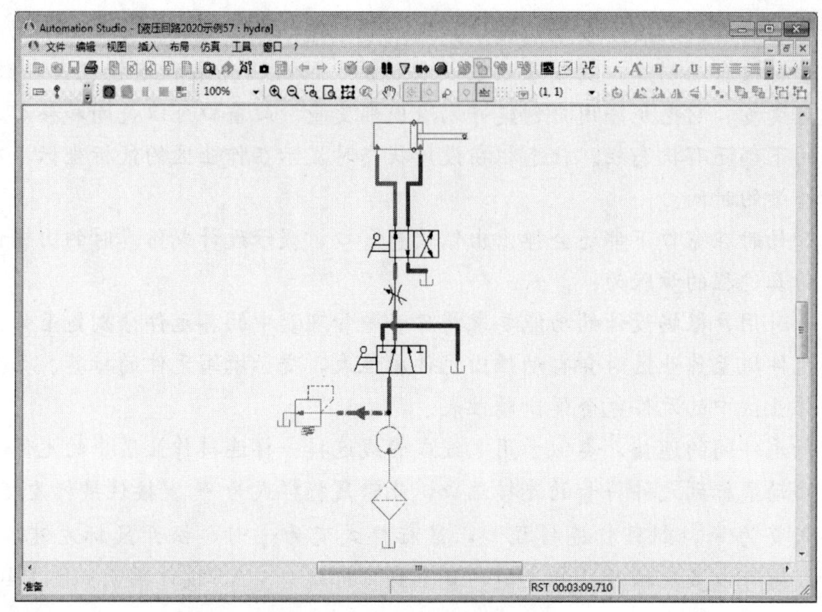

图 1-41　AS 仿真窗口画面

图器参数记录、动态元件测量工具等方式保存仿真结果。

（4）结束仿真。仿真工作完成后点击工具栏仿真框中的红色停止仿真按钮，AS 回到设计状态，可重新对方案进行设计。

了解了设计-仿真-优化设计的过程，归纳完成一个工程项目的步骤如下：

（1）创建新的工程。给新的工程项目命名。

（2）创建工程图纸。在工程管理器的工程项目下，可以建立多种类型的工程图纸及多张图纸。

（3）设计、仿真、优化工程。在各图纸中完成设计、仿真工作。

（4）创建材料清单（BOM 表）。通过菜单栏中插入项的下拉式菜单中选择材料清单项，可以列出图纸中所用元件、连接管线的名称和数量。

（5）保存工程或者打印工程。选择保存项目，以工程项目名称＋.prx 的形式保存工程并存储在缺省路径中。

1-1　开关量控制装置主要包括哪几部分？可作为逻辑控制器件的装置有哪些？

1-2　逻辑控制原理涉及哪些方面？说明步序式原理的控制思想。

1-3　衡量开关量变送器性能有哪几类技术指标？

1-4　举例说明开关量变送器的工作原理。

1-5　开关量控制装置中对配合阀门的执行机构有哪些保护要求？

1-6　说明图中所示电磁阀工作过程。指出此电磁阀路和位的数目并画出标准图例符号。

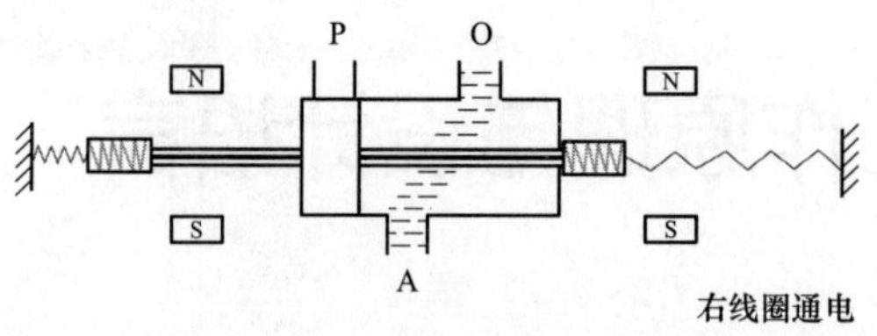

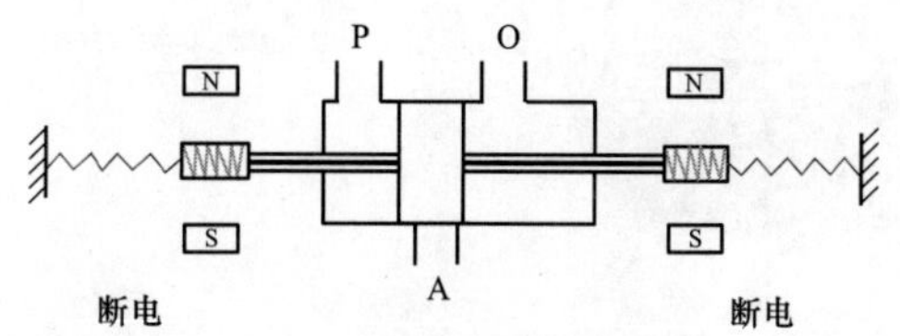

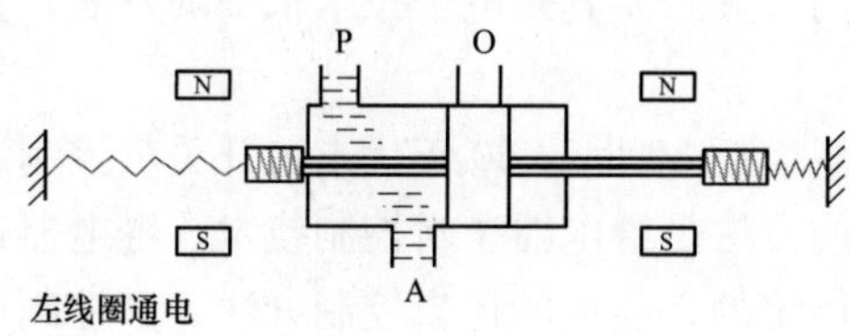

1-7 说明图中所示电磁阀符号表示的意义。

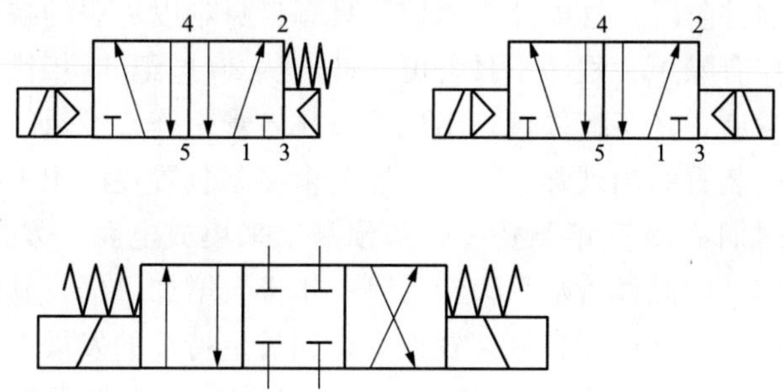

1-8 将或运算的逻辑关系分别用函数表达式、真值表、逻辑图和电路图表示出来。

1-9 画出异或运算的电路图。

1-10 构建“若 $b=1$，必须 $a=1$”这样的条件等式，使其满足“如…，必须…”的关系。

1-11 求 $f=\overline{a}+\overline{b}+\overline{c}=0$ 的解。

1-12 画出符合方程 $X/\overline{f_2}/f_1=1$ 的电路图。

1-13 某 10 件产品中有 7 件正品，3 件次品；7 件正品中有 3 件一等品，4 件二等品。分别求生产一等品的概率和正品中一等品的概率各是多少?

1-14 某单位有 1200 人，其中男性 960，女性 240。在过去两年升职记录中，有 324 人升职，其中男性 288 人，女性 36 人，问男性升职和女性升职的概率各是多少?

1-15 计算用同样单元（设单元可靠度为 0.95）组成的 2/5(G)、3/5(G) 和 4/5 (G) 表决系统的可靠度。

第二章 开关量控制装置工作原理与设计语言

从开关量控制的原理看，只要能完成与、或、非三种基本逻辑运算关系的器件，均可作为开关量控制装置。随着工业化的要求和科技水平的发展，尤其是电子技术水平的发展，开关量控制装置及其应用技术经历了三个阶段：

（1）继电器逻辑控制阶段。从早期工业化初具规模至20世纪60年代末，开关量控制装置是以继电器为主构成的逻辑控制装置，逻辑实现的方法是继电器逻辑控制技术。继电器逻辑控制具有简便易用、成本低廉的优势，作为一种传统的、经典的逻辑控制方法，其控制原理至今仍被引用。在规模稍大的工控环境下，继电器逻辑组成的控制装置就会比较庞大。如一套几十步的功能组级别的继电器逻辑控制装置，需要包括继电器在内的200～300个电气元件，而一套中小规模机组的自启停顺序控制装置则需要3000～5000只继电器。

（2）固态逻辑元器件阶段。继电器逻辑控制具有自身难以克服的缺点，如控制装置体积庞大、耗电量大、工作有噪声、程序不具备可变性。从20世纪60年代开始，晶体管技术及其小规模集成电路的发展，在工控领域，出现了以晶体管矩阵、逻辑门电路为代表的固态元件逻辑控制装置。这些装置的出现弥补了继电器逻辑控制装置在应用中的一些不足。在这个电子技术日新月异的时期，1965年戈登·摩尔预测未来集成电路的发展基本上遵循摩尔定律，即集成电路上可容纳的晶体管数目大约每隔一年半会增加一倍，其综合性能也将提高一倍。处于这个阶段的固态元件逻辑控制装置没有得到长足持续的发展。

（3）以可编程序控制器件为主。20世纪60年代末期，以微处理器为核心的可编程序控制器（PLC）进入工业控制设备市场，引起了顺序控制技术和装置的革命性飞跃。PLC的可靠性、分散性和程序可变性等优点和性价比的不断提高使PLC很快取代了上述两类逻辑装置。这个阶段顺序控制技术的诸多问题如控制原则、控制方式、系统结构等经实践检验得以行业确认和广泛采用。1975年分散控制系统（DCS）产品进入工业控制领域，它将分散控制和集中管理集成到一个系统中，不仅容量大，而且人机界面友好，方便应用软件的开发、组态以及运行、监视和操作，使工控过程呈现了新的面貌。这两类产品应用方向稍有不同，前者以应用灵活性、高可靠性为特点，后者注重于数据的大规模采集及管理功能。

此阶段中控制装置的特征是控制装置同其上运用的逻辑控制技术已经分离开来，各自发展。这个阶段将会持续较长的一段时期。

实际生产过程中，开关量控制装置的应用并不拘泥于一种形式，往往是先进技术与传统方法结合，复杂回路与传统机构并存。PLC和DCS虽然得到了持续发展和广泛应用，但在实际应用中仍结合了大量的继电器设备和逻辑控制电路。在PLC和DCS的应用技术中同早期的逻辑控制技术也是继承和发展的关系，如梯形图语言继承了继电器控制逻辑的思想、功能模块图同逻辑门电路异曲同工，从而使得PLC和DCS的应用变得通俗便捷。

本章分别介绍继电器逻辑和可编程逻辑控制器这两种控制装置及其应用技术，并归纳出开关量控制系统设计的应用方法和步骤。

第一节 继电器逻辑控制装置

一、控制电器分类及符号

控制电器按其在开关量控制系统中的作用分为手动电器类、自动电器类、现场设备（包括开关量变送器、执行器）类和常规电器类四类。为便于设计，每一种电器元件均对应了相应的符合国际或国家标准的图形符号，图形符号同时用字符标注。

（一）手动电器

由操作人员控制产生动作指令的电器，包括按钮和开关两种，属于控制指令装置部分。

1. 按钮

（1）对系统发出短暂指令，有启动按钮、停止按钮、复合按钮。

（2）符号。

启动按钮（动合触点）文字符号：SB 图符：

停止按钮（动断触点）文字符号：SB 图符：

复合按钮：含两对及两对以上触点的按钮，统称复合按钮。

2. 开关

（1）产生长指令信号，有定位开关、操作开关（也称控制开关或万能转换开关）。

（2）符号：

定位开关文字符号：Q

定位开关图符：动合触点：动断触点：

操作开关文字符号：SA

操作开关图符：

（图示为五位四接线图）

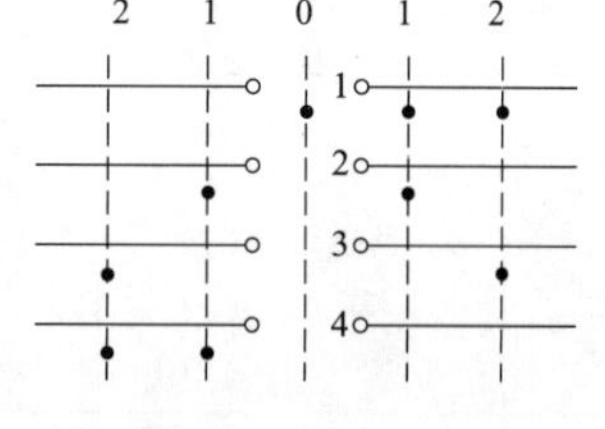

（二）自动电器

此类元件指电器的触点状态输出是由电器的感应元件（励磁电圈）所控制。励磁线圈的通断则来自于其他控制设备输出的触点。

（1）有用于控制环节的中间继电器、电流继电器、电压继电器、时间继电器；用于切换主电路的接触器等。

（2）符号。

1）继电器文字符号：KA

继电器线圈图符：

继电器动合触点图符：

继电器动断触点图符：

2）接触器文字符号：KM

接触器线圈图符：

接触器动合触点图符：

接触器动断触点图符：

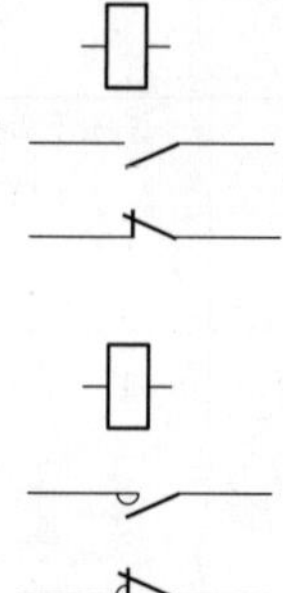

接触器动合动断的辅助触点图符同继电器触点相同。

图符中，同一继电器或接触器的线圈与触点用同一字母（或符号）表示，线路图中并不画在一起。

（3）继电特性。当继电器、接触器等的线圈被激励（通电），其触点动作时，此时的电压（或电流）称为激励电压（或电流）；线圈失励（失电），触点恢复原态时的电压称失励电压。二者之间必须存在一个差值才能保证其工作时的可靠性，这个差值称为回差（或死区）。继电器触点的工作状态与激励信号的关系称继电器的特性，其曲线关系如图 2-1 所示。

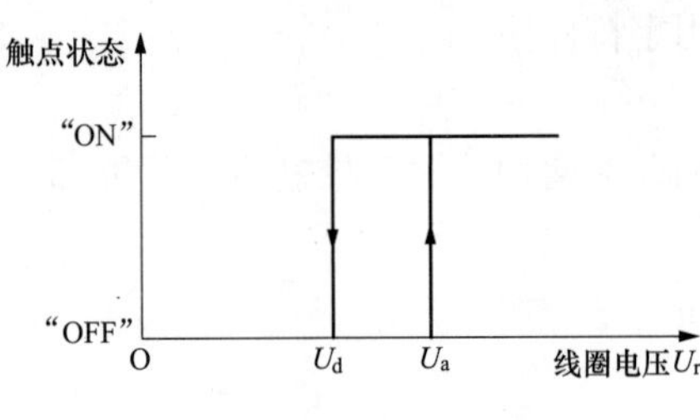

图 2-1　继电器特性曲线

U_d—失励电压；U_a—激励电压

继电器长时间正常工作时的电压称额定（标称）电压，其允许的最大电压一般是额定电压的 1.5 倍。

如某直流继电器，特性参数如下：额定电压：220V；激励电压：215V；失励电压：200V；允许最大电压：330V。

（4）线圈与触点的时间特性。普通继电器触点状态输出是由电器的感应元件（励磁电圈）被激励的状态（输入）决定，还有一些时间类的继电器，它们的触点状态除了和输入有关外，还与输入持续时间等其他条件有关。这类元件有：接通延时（TON）型定时器、断开延时（TOF）型定时器、接通断开型定时器、连续脉冲定时器、上升沿触发定时器、下降沿触发定时器、锁存继电器、解锁继电器等，其线圈、触点的图形符号和特性见表 2-1。

表 2-1　　**时间类继电器特性汇总**

序号	继电器名称	线圈图符	触点图符		特　性
			动合	动断	
1	普通继电器				线圈 动合触点
2	接通延时定时器（TON）				线圈 动合触点 t
3	断开延时定时器（TOF）				线圈 动合触点 t
4	连续脉冲继电器				触点

续表

序号	继电器名称	线圈图符	触点图符		特　性
			动合	动断	
5	上升沿触发继电器				线圈 动合触点 τ
6	下降沿触发继电器				线圈 动合触点 τ
7	上升/下降沿触发继电器				线圈 动合触点 τ τ
8	锁存线圈继电器				锁存线圈 解锁线圈 动合触点
9	解锁线圈继电器				

（三）变送开关和执行部件

（1）变送开关指各种开关量变送器测量的开关信号。

包括位置开关、液位开关、温度开关、压力开关等，其文字符号（括号中示出）、动合触点图符、动断触点图符见如下几例：

1）位置开关（SQ）：

2）压力开关（SP）：

（2）执行部件包括三相鼠笼式异步电机、电动阀、电磁铁、电磁阀等，见如下几例：

1）三相鼠笼式异步电机：

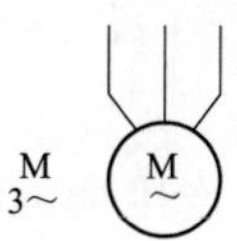

2）电磁阀（YV）：

3）电感器、线圈、绕组、扼流圈（L）：

（四）常规电气符号

电阻、熔断器、指示灯、晶体管等电子元件。

二、继电器逻辑原理线路图绘制的一般原则

继电器逻辑的电气原理图的绘制规则由国家标准 GB/T 6988—2006《电气技术用文件

的编制》给出。以下归纳出继电器原理线路图绘制的一般原则：

（1）电气控制的原理线路图在应用中分成两种类型：用于电源控制的动力回路和产生逻辑关系的运算回路。前者称为主电路，后者称为控制电路，二者通过接触器、断路器等建立联系，接触器等的线圈在控制电路中，其激励状态受控制电路的解算结果控制。接触器的主触电设计在主电路中，控制被控设备的工作状态。主电路和控制电路可以分开画出。主电路是设备的驱动电路，包括从电源经过控制触点到电动机的电路，是强电流通过的部分。控制电路由按钮、逻辑开关、继电器、接触器的触点与继电器和接触器的线圈一起构成逻辑解算回路，产生需要的控制逻辑结果，是信号电流通过的部分。控制电路的原理图可水平或垂直布置。水平布置时，电源线垂直画在左右两端，控制电路中的耗能元件（如继电器或接触器的线圈）尽量画在电路的最右端。垂直布置时，电源线水平画在上下两侧，控制电路中的耗能元件尽量画在电路的最下端。

（2）原理线路图中的各电器元件的转换部分的状态如各接点、触头、开关、按钮都要按“原始状态”画。所谓原始状态指电器在非激励或不工作的状态和位置，具体是指：

1）对于继电器和接触器所驱动的触点而言是在非激励（线圈不通电）时的状态。

2）对于按钮按没有加压的状态画出，对于机械操作开关则按非工作状态画出。

3）断路器和隔离开关在断开位置。

4）零位操作的手动开关在零位状态，不带零位的要在图中规定位置。

5）对于非继电器的各种带电接点的传感器则按设备工作正常时画出，特别情况要在图样中说明。

上述原则画出的图同电器实际状态可能有不相符之处。如经过动断接点供电的继电器，其线圈中肯定有电流，它的动合接点是吸合状态，但图上仍画成开接点。继电器逻辑图不考虑其实际状态，一概画成失电的状态，即原始状态，这些并不影响继电器的逻辑分析。

（3）为阅读方便，各个电器由上到下尽可能依照动作顺序画出。

（4）图中的元件一律按国家标准规定的图形符号和文字符号表示，同一电器的不同部分可根据需要画在不同的地方，但必须用相同的文字符号标注。若有多个统一种类的电器元件可在文字符号后加上数字序号下标。

三、继电器逻辑技术的应用

继电器逻辑技术有广泛的用途。从逻辑实现到控制过程中应用，将用继电器实现的逻辑技术类型分成基本逻辑功能的应用、在顺序控制中的应用和在保护系统中的应用三个部分分别说明。

1. 基本逻辑功能的实现和应用

继电器逻辑是通过触点的串联、并联连接来实现与、或的逻辑关系，通过对动合及动断触点的选择来实现非的逻辑关系（参见第一章第 5 节的例 1-1、例 1-2）。同各种具有时间关系的继电器、触发器、锁存器一起可以构成一个完备的逻辑单元，组成较为复杂的逻辑关系。继电器逻辑设备可以作为逻辑控制装置完成逻辑的综合和解算功能。

【例 2-1】 报警电路

图 2-2 为报警电路，监视两路报警信号。

元件符号	说明
1KA	继电器线圈
2KA	继电器线圈
3KA	继电器线圈
1KA *	继电器触点序号
2KA *	继电器触点序号
3KA *	继电器触点序号
X1	报警信号
X2	报警信号
1HL	指示灯
2HL	指示灯
HA	蜂鸣器
1SB	消声
2SB	试灯

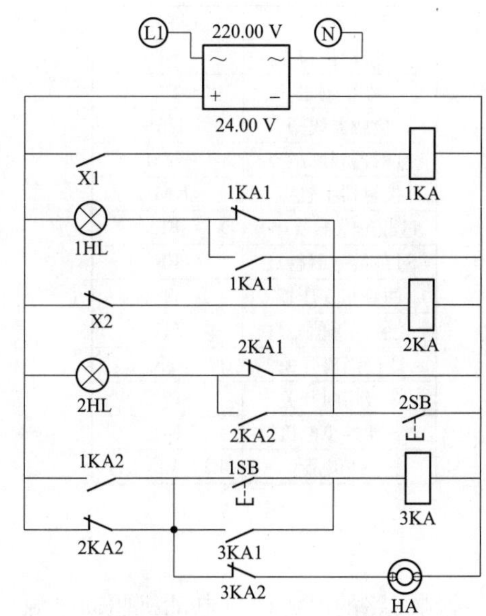

图 2-2 报警逻辑图

图中各元件符号说明如图所示。X1、X2 为二路输入的报警信号，其中 X1 是动断触点报警，X2 是动断触点报警。

工作过程：若 X1 报警（触点闭合），继电器 1KA 通电吸合，相应触点转换，有 2 处：转换触点 1KA1 闭合使 1HL 灯亮，1KA2 闭合通过动开接点 3KA2，使警报器 HA 响。

若 X2 报警（触点断开），继电器 2KA 失电，有 2 处触点释放：转换触点 2KA1 变动断，使 2HL 亮，2KA2 变动断使 HA 响。

按下消音按钮 1SB 后，若有报警，则 3KA 通电并自保持，同时 3KA2 动开使 HA 断，警报停响。当故障恢复正常，相应的报警灯熄灭，3KA 失电。

试灯 2SB 接通后，各灯都亮，松开后熄灭。

此电路说明触点初始状态的规定不同，对应逻辑算式也不同，但都能达到同一个逻辑结果。

从报警功能上要求，此电路功能并不完善，如第二个报警，不能引发 HA 响、试灯不能检查 HA、缺少频闪指示。若实用需要做这些改进。

【例 2-2】 驱动电机控制电路

驱动电机是产生初始动力的最常见电力设备，要求有运行和停止两种工作状态。为保证控制的可靠性，通常采用 2 路脉冲控制信号，通过锁存原理控制电机的启停。

图 2-3 为一台 400V 驱动电机控制电路，图中各元件符号对应的设备已列表示出。电路分主电路和控制电路两部分，控制电路的电源由供电电源经两绕组变压器降压使用。

主电路中三相电源经隔离开关 QK、熔断开关 Q1、接触器主触点 KM2、过载热继电器线圈 FR 接入三相异步电机 M1 的定子线圈中。接触器主触点起控制电机启停的作用，其他设备起隔离电源、保护被控设备、测量主回路参数等的作用。

设备表	符号
启动按钮	S1
停止按钮	S0
接触器线圈	KM
接触器辅助触点	KM1
接触器主触点	KM2
过载继电器（热）	FR
过载继电器触点	FR
两绕组变压器	T
轻装闪烁信号灯	H1
3 极隔离开关	QK
3 级熔断开关	Q1
3 相异步电机	M1
三相电源	L1，L2，L3

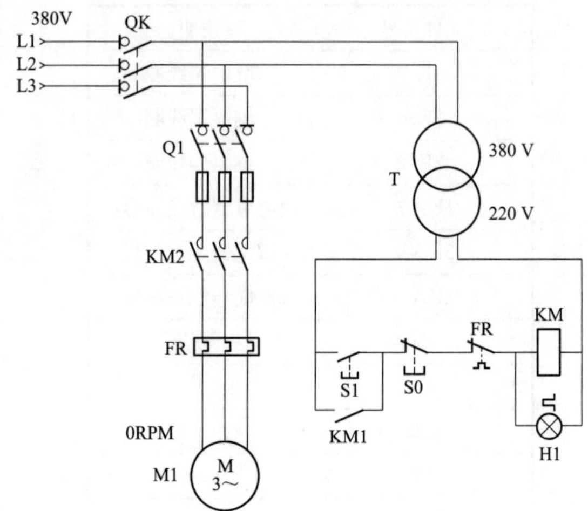

图 2-3　电动机启停电路

控制回路的电源取自电动机驱动电源，经变压器降压使用。启动按钮 S1 动作通过动断驱动接触器线圈 KM，并通过接触器辅助触点 KM1 构成保持回路，维持接触器线圈的通电状态，其主触点控制电动机处于运行状态。按下停止按钮 S0，保持回路被破坏，接触器线圈失电，其主触点断开电动机电源使电机处于停止状态。这样的电路称为启－保－停电路。过载继电器的动断触点 FR 同停止按钮 S0 串联，起相同的作用。当电动机长时间过流运行，过载继电器的动断触点 FR 跳开，停止电动机的运行。为观察电动机的运行状态，同接触器线圈并联安装了一个轻装接地的闪烁信号灯。当接触器线圈通电时，信号灯处闪烁状态，表示电动机处于运行状态。

【例 2-3】 电动机正反转控制电路

电动机正反转控制需要电动机工作在三种状态：正转、反转、停止。1 路开关量输出有 2 种状态，因此需要至少 2 路开关量输出才能完成这样的任务。

设备表	符号
停止按钮	SB0
正转复合按钮	SB1
反转复合按钮	SB2
接触器	KM1
接触器	KM2
过载继电器	FR
闪烁继电器	FLASH
继电器	KF
指示灯	HL1
指示灯	HL2
保险管	FU1
保险管	FU2
三相电机	M
三相电源	L1，L2，L3
中性线	N
隔离开关	QS

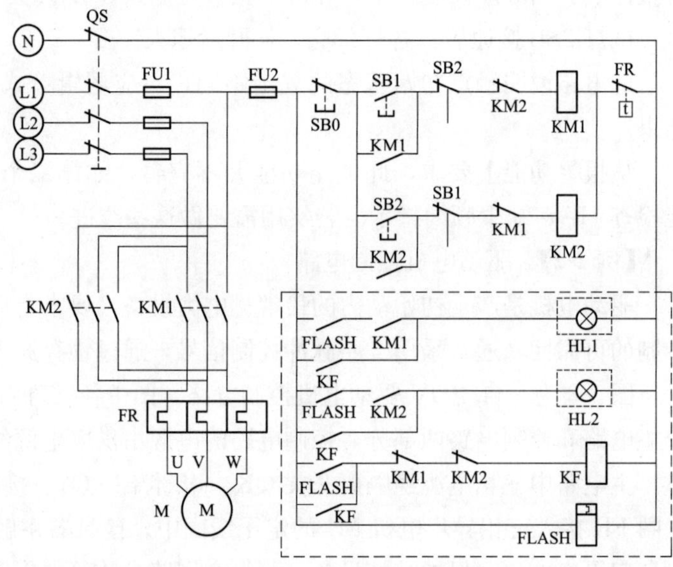

图 2-4　电动机正反转控制电路

图 2-4 为电动机正反转控制电路，图中各元件符号如图中表格所示。在主回路中控制电动机是通过接触器主触点 KM1 或 KM2 分别接通时接到电动机定子线圈的电源相序不同进行正反转控制。当 KM1 触点闭合时，三相电源 L1、L2、L3 分别接入三相异步电动机定子线圈 W、V、U，形成同相位跟随方向一致的旋转磁场，驱动电机的输出轴随之旋转；当 KM2 触点闭合时，三相电源 L1、L2、L3 分别接入定子线圈 U、V、W，形成相反的旋转磁场，驱动电机的输出轴随之按相反方向旋转，从而实现三相电动机的正反转控制。当 KM1、KM2 触点均断开时，电动机停止运行。以上是电动机工作中的三种状态，还有一种状态需要注意，即当 KM1、KM2 触点均接通时。这是一种事故状态，逻辑上是矛盾的，运行中是危险的，应避免这种结果的发生。

在控制电路中设计了两路输出接触器 KM1、KM2，由正转按钮 SB1、反转按钮 SB2 控制正转、反转，并且它们分别同停止按钮 SB0 构成了启-保-停电路。为避免接触器 KM1、KM2 同时通电，在接触器线圈 KM1、KM2 前分别接入对方接触器辅助动断触点 KM2、KM1。这样的电路能够保证这 2 个输出设备中的 1 个先通电时不允许另一个再通电，这种电路叫互锁电路。

正转按钮和反转按钮采用了复合按钮的方式，在各自停止位置上串入了对方的动断触点，不仅实现了启动时的互锁作用，还能从正（反）转状态直接转到反（正）转状态，消除了操作方式上的隐患，增加了操作灵活性。

电路中用闪烁继电器 FLASH 提供指示灯用的闪烁信号并且利用闪烁继电器构成设备通电信号 KF。当设备上电并且电机处于停转状态时，信号灯 HL1、HL2 均常亮；电动机正转时信号灯 HL1 闪亮；电动机反转时信号灯 HL2 闪亮；设备未上电，信号灯 HL1、HL2 均不亮。

【例 2-4】 电动阀门控制电路

电动阀门的类型、型号系列较多，其工作参数、定位方式及用途各有不同，其相应的控制电路必然有所不同。从控制电路总体构成和主要功能来看，它们又具有很大的共同性。本例从这些共同性上讨论控制原理。

电动阀门控制电路实际上是电动机正反转控制电路的特例，区别在于电动阀门控制电路在阀门开闭到开或关位置时，能够自动终止正反转状态，使电动机停止运行。对开关阀一般不考虑中停状态，停止按钮不必保留。

图 2-5（a）为电控电动阀门电路。

主回路中 380V 三相电源通过隔离开关 QS、熔断保险管 FU1、开阀接触器主触点 KM1 或关阀接触器主触点 KM2、过载继电器线圈接到三相伺服电动机的定子线圈。伺服电动机是专用的阀门驱动电动机，具有高启动转矩和大的过载能力。根据接入电源相序的不同，电动机正转或反转，通过减速装置使阀门关闭或开启。阀门的位置状态由设在执行机构中的位置开关测量，在全开和全关位置分别预先设置开位置开关 SL1 和关位置开关 SL2。在控制要求较高的场合，有些阀门还设置了力矩开关。本例中电动阀门在执行机构中分别设置了开方向的力矩开关 SD1、关方向的力矩开关 SD2，并讨论力矩开关在控制中可起的作用。

设备表	符号
开阀复合按钮	SB1
关阀复合按钮	SB2
保护继电器	SAF
开位置开关	SL1
关位置开关	SL2
开方向力矩开关	SD1
关方向力矩开关	SD2
监视定时器	WD
自动开门触点	AUO
自动关门触点	AUC
接触器	KM1
接触器	KM2
过载继电器	FR
闪烁继电器	FLASH
指示灯	HL1
指示灯	HL2
保险管	FU1
保险管	FU2
三相电机	M
三相电源	L1，L2，L3
中性线	N
隔离开关	QS

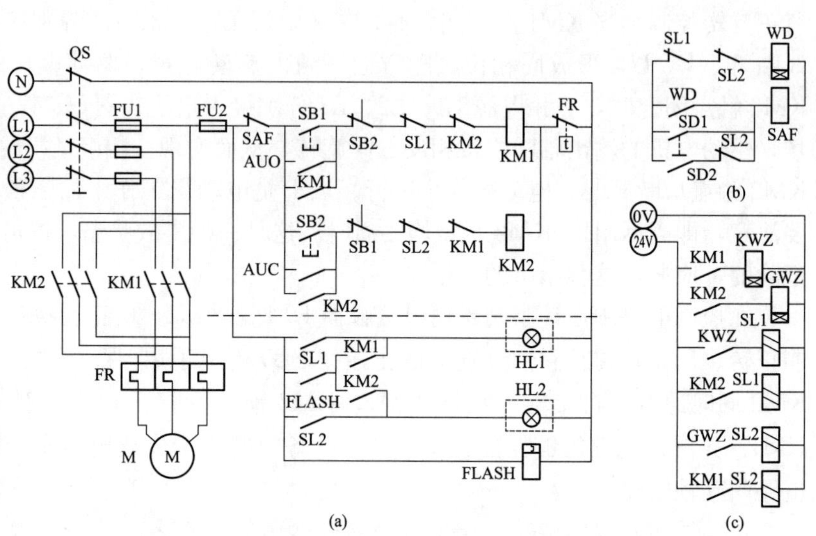

图 2-5　电控电动阀门

控制回路中，按下开阀按钮 SB1 时，开阀接触器线圈 KM1 的通电，KM1 的辅助动合触点同开阀按钮 SB1 构成保持回路；KM1 的辅助动断触点使关阀接触器线圈 KM2 的电路断开形成开阀与关阀电路的电气互锁；主回路中接触器 KM1 的主触点闭合，控制电动机通过减速器去开启阀门。当阀门到全开位置时，开阀位置开关 SL1 的动断触点断开，开阀电路的保持状态被破坏，接触器 KM1 失电，主触点断开使电动机停止运行，阀门处于全开状态。

手动关阀时的过程与此类同，由关阀按钮 SB2 操作。

手动开阀按钮和关阀按钮采用了复合按钮的方式，在各自停止位置上串入了对方的动断触点，即实现了启动时的互锁作用，还能从正（反）转状态直接转到反（正）转状态。

阀门控制电路可以接受来自其他控制装置的开关门指令信号，这时阀门的控制方式称远方或自动。当电动阀门纳入顺序控制组织中，就要求阀门处于自动状态以便能够接受自动信号的控制。本例中设置了自动开门动合触点 AUO、自动关门动合触点 AUC，它们同手动开阀按钮 SB1、手动关阀按钮 SB2 并联，起相同的控制作用，也表明此电控门既能接受手动指令，也能接受自动指令。

阀门工况设置了信号灯指示。阀门全开时红灯 HL1 常亮，阀门全关时绿灯 HL2 常亮。开阀过程红灯闪光，关阀过程绿灯闪光，电源中断，指示灯熄灭。闪光信号是由闪烁继电器 FLASH 提供。

对于阀门开关位置的确定，理想情况可由预先设置的位置开关确定，实际中却不行。因为阀门的开关是一个动态的过程，尤其是在关位置确定时，预先设置的开关位置并没有反映出这个动态过程。从理论上和实际上都应选择以执行机构的传动力矩值来确定关向位置较为合理。用力矩开关整定关位置时，应以关方向力矩开关 SD2 代替图 2-5（a）电动阀门控制电路中的关位置动断触点 SL2。

电动阀门控制过程中设置了故障保护回路。故障判断回路设计了三种故障信号，见图 2-5（b）。一是利用转矩开关的动作发出故障信号。开阀转矩开关只在开阀过程故障时才会动作，因此它的动断触点 SD1 闭合，提供一路故障信号。二是关阀过程故障信号利用关方向转矩开关的动断触点 SD2 闭合产生。但是若关方向转矩开关 SD2 用于关位置判断，此时 SD2 闭合并非故障情况，需串联关位置开关的动断触点 SL2 进行判断。关位置开关 SL2 整定为在阀门接近全关时断开。这样关位置开关的动断触点 SL2 在阀门接近全关时已断开，关方向转矩开关 SD2 闭合将不再发出故障信号。三是利用监视定时器 WD 发出故障信号。因为阀门的开或关的全行程时间是固定的，所以也可以用计时的方法来监视电动阀门的故障。在监视定时器 WD 的线圈的回路中串有位置开关 SL1 和 SL2 的动断触点。在阀门全开或全关位置，位置开关 SL1 和 SL2 总有一个是断开的，因此监视定时器 WD 不会计时。阀门一旦开始开或关的过程，位置开关 SL1 和 SL2 的动开触点均闭合，监视定时器 WD 开始计时（时间整定值较阀门全行程时间稍长）。如阀门产生脱扣、卡涩等故障而超过阀门的全行程时间，阀门仍未开闭到位，则监视定时器 WD 的延时动合触点闭合，就会发出故障信号。这三种故障并联到保护继电器 SAF 的线圈中，当有一种情况发生时，其接在控制回路中的动断触点 SAF 跳开，停止电机的运行，起安全保护作用。

本例中设计了电动门被控对象的模拟回路，供控制电路设计、功能验证时构成闭环系统时参考，如图 2-5（c）所示。KWZ、GWZ 为开、关阀时间继电器；SL1、SL2 为用锁存继电器状态模拟的开、关的位置信号。当开阀接触器 KM1 动作时其动合触点 KM1 闭合，开阀时间继电器 KWZ 开始计时，开阀时间继电器 KWZ 的开阀时间到，其动合触点 KWZ 闭合，驱动锁存线圈 SL1 置位，表示阀门开到位。同时另一路的动合触点 KM1 的上升沿信号使关位置锁存继电器 SL2 的状态复位。关阀过程的动作与此相同。这样开阀时间继电器 KWZ 的定时模拟的是开阀时间，关阀时间继电器 GWZ 的定时模拟的是关阀时间。

【例 2-5】 液动执行机构控制电路

当阀门的执行机构采用其他能源形式时，如液压、气动等，其控制回路同电动门的控制回路大同小异，动力部分则采用电液、电气元件作为二者的控制接口部件。以电控的液动阀门控制为例，说明这类阀门的控制原理，其原理如图 2-6 所示。

控制回路中，按下开阀按钮 SB1 时，开阀继电器线圈 KM1 的通电，KM1 的动合触点同开阀按钮 SB1 构成保持回路；KM1 的动断触点使关阀接触器线圈 KM2 的电路断开形成开阀与关阀电路的电气互锁；KM1 的动合触点接通开门电磁阀线圈 KS1，电磁线圈 KS1 产生的电磁力驱动液压回路中的 3/3 换向阀 DV 的阀芯向右移动，接通液压油进入单作用油缸 SAC 的活塞左室，并克服活塞右室的弹簧力的作用，使与油缸活塞刚性连接的连杆向右开门。当阀门到全开位置时，开阀位置开关 SL1 的动断触点断开，开阀控制电路的保持状态被破坏，继电器 KM1 失电，电磁阀线圈 KS1 断电，具有弹簧复位作用的 3/3 换向阀 DV 恢复到中位，封闭油缸 SAC 的活塞左室的液压油，使油缸保持原位不变。液压油由回油口流回油箱，压力泄压。手动关阀时的过程与此类同，由关阀按钮 SB2 操作。

设备表	符号
开阀复合按钮	SB1
关阀复合按钮	SB2
压力开关	LP
开位置开关	SL1
关位置开关	SL2
开门电磁阀	KS1
关门电磁阀	KS2
自动开门触点	AUO
自动关门触点	AUC
继电器	KM1
继电器	KM2
闪烁继电器	FLASH
指示灯	HL1
指示灯	HL2
保险管	FU2
24V 直流电源	24V，0V
隔离开关	QS
油箱	AR
排量泵	PU
3/3 换向阀	DV
单作用油缸	SAC

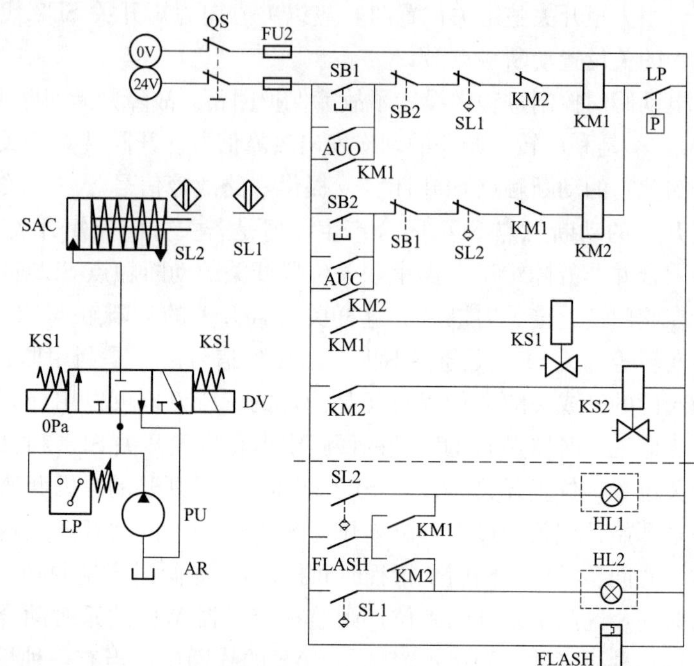

图 2-6 电控液动阀门

排量泵 PU 从油箱 AR 中吸取液压油并经机械升压，经流向控制为油缸动作提供压力源。

手动开阀按钮和关阀按钮采用了复合按钮的方式，在各自停止位置上串入了对方的动断触点，即实现了启动时的互锁作用，还能从正（反）转状态直接转到反（正）转状态。

阀门控制可以接受手动或自动指令操作。

阀门状态指示信号灯含义同电动门控制电路设计相同。

液动门控制电路设置了一个保护：液压油压力低保护。液压油压力低时，设在液压泵出口的压力开关 LP 动作，其在控制回路动断触点 LP 断开，禁止阀门操作。

利用流体的传动特性和控制流体的流向、流量、压力等元件，可以构成很多开关量被控对象的特性，以便同控制方案一起构成闭环控制系统。

2. 顺序控制电路

顺序控制是在逻辑判断的基础上对生产过程中的一系列设备启停的组织方式，是逻辑控制原理中步序式原理在过程控制中的应用，其规则和控制结构将在本章第三节顺序功能图中详细说明。本例题说明继电器逻辑实现的单序列结构及其应用。

利用启-保-停结构实现的一种步序式电路如图 2-7 所示。分别用继电器 S1、S2、S3、…表示若干步的状态。当发出启动命令 ST，继电器 S1 通电保持，表示控制状态进入到 S1 步，同时继电器 S1 的动合触点接到继电器 S2 的启动位置并处于闭合状态，指明了步的进展方向和提供进展的必要条件。当按钮 1SQ 闭合，在此表示从 S1 至 S2 步转换条件具备时，继电器 S2 通电保持，表示控制状态进入到 S2 步，同时继电器 S2 的动合触点接到继电器 S3 的启动位置为下一步进展提供必要条件。另外设计在继电器 S1 停止位置中的继电器 S2 的动断触点断开，使继电器 S1 失电，表示 S1 步的结束。同样，当按钮 2SQ 闭合，在此表示从 S2 至 S3 步转换条件具备时，会发生至 S3 的进展。后续步依此进行。

设备名称	变量符号	说明
按钮	ST	表示顺控启动信号
继电器	S1	表示 S1 步状态
按钮	1SQ	表示 S1 至 S2 的转换条件
继电器	S2	表示 S2 步状态
按钮	2SQ	表示 S2 至 S3 的转换条件
继电器	S3	表示 S3 步状态
…	…	……

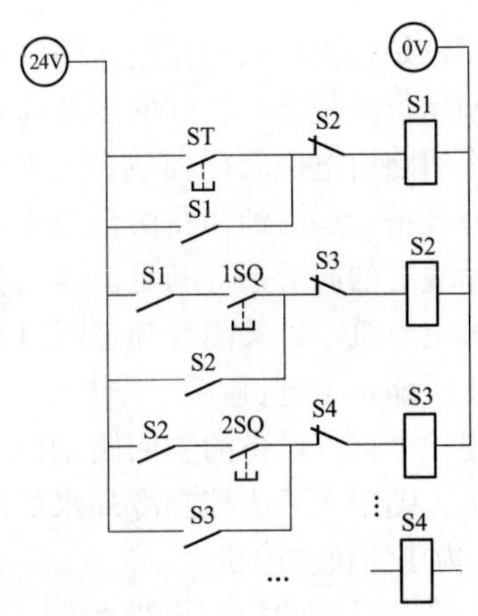

图 2-7　继电器逻辑步序电路

可见步序电路是一种控制结构，表示了顺序控制组织的一种规则。当应用于具体控制过程时只需确定步的控制动作和转换条件即可完成顺控系统的设计。

【例 2-6】 空气压缩机顺序启停电路

空气压缩机设备启停电路是步序电路的应用，如图 2-8 所示。

设备名称	变量符号	说明
按钮	1SB	顺控启动指令
按钮	2SB	顺控停止指令
继电器	Q1	表示 Q1 步状态
继电器	Q2	表示 Q2 步状态
继电器	Q3	表示 Q3 步状态
继电器	T1	表示 T1 步状态
压力开关	PS1	冷却水压满足（动合）
压力开关	PS2	润滑油压满足（动合）
压力开关	PS3	气压合格（动合）
指示灯	1HL	冷却水压条件指示
指示灯	2HL	润滑油压条件指示
按钮	W1	冷却水阀手动启动
按钮	W0	冷却水阀手动停止
继电器	KW	表示冷却水阀状态
指示灯	HW	冷却水阀工作状态指示
电磁阀	YV	冷却水电磁阀
按钮	O1	润滑油泵手动启动
按钮	O0	润滑油泵手动停止
接触器	1KM	表示油泵电机状态
指示灯	HW	油泵电机工作状态指示
按钮	P1	压缩机手动启动
按钮	P0	压缩机手动停止
接触器	2KM	表示压缩机状态
指示灯	HP	压缩机工作状态指示
指示灯	PP	供气压力正常指示
三相电阻	1M	油泵电机
三相电机	2M	压缩机电机
过载继电器	1FR	油泵电机过载保护
过载继电器	2FR	压缩机电机过载保护

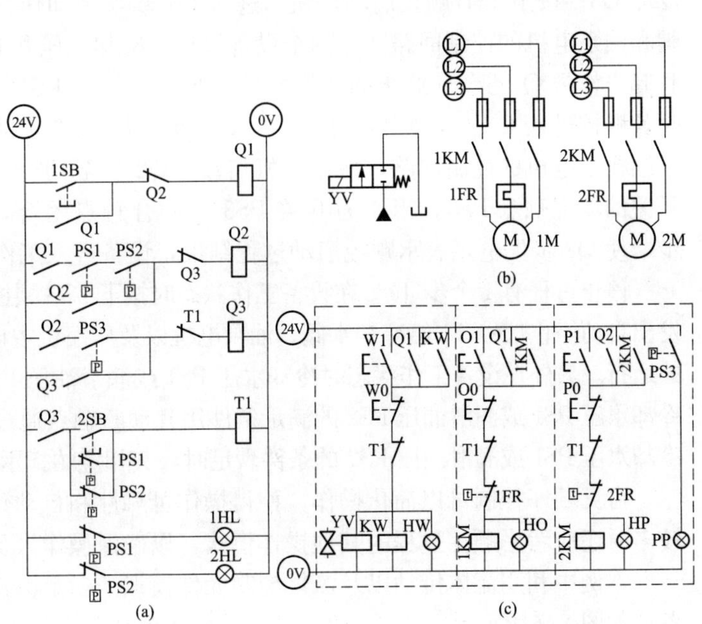

图 2-8　顺序启停电路

压缩机是提供厂用和仪用压缩气源的设备，同高速旋转和往复运动的设备一样，要保证它的长期运行必须要有良好的冷却和润滑等条件。某压缩机设备设置了水冷回路和润滑油回路。水冷回路由电磁阀门控制，打开冷却水阀门，并且水压维持在 1.5kg/cm^2 以上，表示冷却条件具备。润滑油回路由油泵电动机控制，油泵电动机运行且油压达到 2.5kg/cm^2 以上，表示气缸的润滑条件满足。当二者条件满足则允许启动压缩机主电机。设备停用时应先停压缩机主电机，再关闭冷却水阀门和停止油泵电机，或者是冷却条件和润滑条件有一不满足时停止压缩机主电机。

上述三个被控设备的主回路如图 2-8（b）所示。电路中的设备和符号及含义见图左侧表格所示。图中 YV 为控制冷却水的电磁阀的线圈；1M 为油泵电动机，由接触器 1KM 控制；2M 为压缩机主电机。

三个设备对应的控制电路如图 2-8（c）所示。冷却水阀的手动启停按钮是 W1、W0，和继电器 KW 构成启保停控制回路。控制回路能够接受自动启停信号，在回路的启动和停止位置分别并联或串联了自动启停信号 Q1 和 T1。电磁阀线圈和继电器 KW 并联表示它们的工作状态相同并以指示灯 HW 指示。同样，油泵电动机的手动启停按钮是 O1、O0，自动启停信号是 Q1 和 T1，过载保护信号是动断触点 1FR，电动机油泵的工作状态用指示灯 HO 表示。压缩机主电动机的手动启停按钮是 P1、P0，自动启停信号是 Q2 和 T1，过载保护信号是动断触点 2FR，主电动机的工作状态用指示灯 HP 表示。指示灯 PP 由接在气源出口的压力开关的动合触点 PS3 控制，点亮时表示气压合格。

对这三个设备组织的顺序控制电路如图 2-8（a）所示。启动过程设计了 3 个步：Q1、Q2、Q3。按下 1SB 顺控启动按钮，进入 Q1 步，步动作是发出自动启动信号 Q1 给冷却水阀和油泵电机的控制回路，这两个设备投运，冷却水压和润滑油压开始建立。这两个信号串联起来作为 Q1 步至 Q2 步的转换条件。当压力开关 PS1、PS2 的动合触点闭合，条件满足时，顺控进入 Q2 步，使 Q1 步失电，Q1 步结束。Q2 步的动作是发出自动启动信号 Q2 给压缩机主电机的控制回路，使主电机启动。Q2 步至 Q3 步的转换条件是压缩机出口的压力开关的动合触点 PS3。当压力开关 PS3 的动合触点闭合，气压条件满足时，顺控进入 Q3 步，使 Q2 步失电，表示顺控启动过程结束，设备进入工作状态。

停止过程有 1 个步 T1。在设备工作状态时按下 2SB 顺控停止按钮，进入 T1 步，步动作是发出自动停止信号 T1 给冷却水阀、油泵电机以及压缩机主电机的控制回路，停止这三个设备的运行。另外在设备工作状态时冷却水压 PS1 或润滑油压 PS2 条件不满足时也开始停止过程。冷却水压 PS1 或润滑油压 PS2 的满足条件用其动断触点通过指示灯 1HL、2HL 显示，表示当冷却水压 PS1 或润滑油压 PS2 的条件满足时，其相应的指示灯 1HL、2HL 熄灭。

可见顺序控制可以简化操作，使得操作可靠性和自动化水平得以提高。当顺控过程步数较多时还应考虑顺控过程的其他操作模式，以确保操作人员或其他系统可以干预顺控过程。

本例中利用流体传动以及流体控制元件模拟了三个被控设备的特性供验证顺控方案时参考，如图 2-9 所示。

图 2-9（a）模拟了冷却水阀动作及水压条件的检测。2/2 动合型电磁阀的电控线圈 YV 接受控制回路的指令信号。当线圈 YV 通电，阀门打开。设在阀出口的压力开关 PS1 测到压力条件满足时，其触点动作。图 2-9（b）模拟的是油泵电机动作及润滑油压条件的检测。当控制回路中润滑油泵电机 1M 启动，图 2-9（b）中的驱动电机 1M 同润滑油泵电机 1M 相

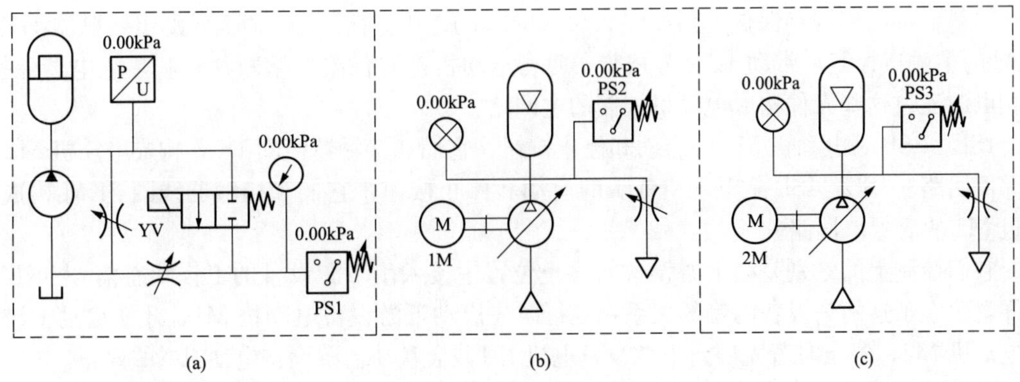

图 2-9 被控对象模拟

连启动，驱动压缩机工作。压缩机出口设置了压力开关 PS2，当测到压力条件满足时，其触点动作，模拟油压条件满足。压缩机主电机被控对象的模拟同油泵电机的模拟相同，如图 2-9（c）所示。

3. 保护控制电路原理的应用

保护系统作用是保证生产工况在安全条件下进行。生产线上一些设备工作状态之间往往有相互制约、相互配合的关系。为实现这种关系常采用一种称为联锁的技术，是两或多个设备工作状态之间建立的禁止或允许的制约关系，从而保证生产过程的安全进行。

【例 2-7】 输送皮带运行保护电路

生产过程中很多设备按工艺流程具有上下游关系。这样的上下游关系建立了这两个设备之间的制约关系，生产过程中普遍存在这样的制约关系。如输料皮带的运行和停止，见图 2-10（a）。物料经 2 号皮带输送到 1 号皮带。启动时必须先启动 1 号皮带，后启动 2 号皮带，否则皮带上的物料会在 1 号皮带上堆积堵塞；停车时则相反，先停 2 号后停 1 号皮带。

设备名称	变量符号
按钮	1SB
按钮	2SB
接触器线圈	1KM
接触器辅助触点	1KM1
接触器辅助触点	1KM2
接触器主触点	1KM3～5
过载继电器	1FR
三相电机	M1
熔断器	1FU
按钮	3SB
按钮	4SB
接线器线圈	2KM
接触器辅助触点	2KM1
接触器主触点	1KM2～4
过载继电器	2FR
三相电机	M2
熔断器	2FU
三相电源	～

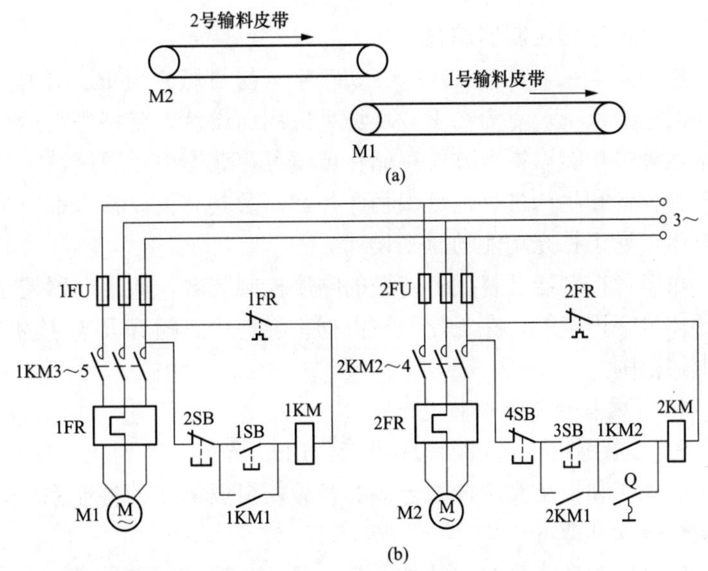

图 2-10 输料皮带保护电路

输料皮带的控制和保护电路如图 2-10（b）所示。电动机 M1、M2 分别用接触器 1KM、2KM 的主触点控制，带动 1、2 号皮带。每台电动机都有保险（熔断片）和热继电器保护，三相电源通过这些元件构成电动机控制的主回路。

1SB、2SB 是电动机 M1 的启动和停止按钮，它们和接触器线圈 1KM 构成电动机 M1 的启保停回路。3SB、4SB 是电动机 M1 的启动和停止按钮，它们和接触器线圈 2KM 构成电动机 M2 的启保停回路。

它们控制上的区别是在上游设备的停止位置中接入了下游设备的工作状态信号 1KM2，这样就建立了这两个设备的制约关系：运行时先启动下游设备电动机 M1，才能启动上游设备电动机 M2；停止时若先停止下游设备电机 M1，会联动上游设备电动机 M2 停止。

开关 Q 为单独检修电机 M2 而设置，此开关闭合则失去联锁作用。

可见要实现顺序启动联锁，则应将先运行设备的动合触点串接在后运行设备的控制线圈回路中的停止位置，如例 2-7 所示。若建立相互禁止关系则要把各自控制设备的动断触点串接到对方设备控制线圈的停止位置，如互锁回路。停止时将先停止设备的动合触点并联到后退出设备的控制线圈通路中的停止按钮上，可防止后退出设备先停止的误操作。通过上面的分析可知，实现联锁控制的关键是从保护目的出发正确选择和安排联锁触点。

第二节　可编程序控制装置及工作原理

可编程序控制装置是以微处理器为基础的，融合自动化技术、计算机技术和通信技术为一体的新一代通用型工业控制装置，简称 PC（Programmable Controller）。在继电器控制和计算机控制的基础上开发而来的 PC 简称为 PLC（Programmable Logic Controller）。PLC 是现代工业自动化控制中最值得重视的先进控制技术，发展至今已成为工业生产自动化技术三大支柱（机器人技术、CAD/CAM 技术和 PLC 技术）之一，它的应用深度和广度已经成为衡量一个国家工业先进水平的重要标志。

一、可编程控制器综述

按国际电工委员会（IEC）1987 年（修订版）对 PLC 的定义：该装置是一种数字运算操作的电子系统，专为在工业环境下应用而设计，它将逻辑运算、顺序控制、定时、计数和算术运算等功能以指令方式存储在可编程存储器中，通过数字量或模拟量的输入和输出，控制各种设备和生产过程。可编程序控制器及其有关设备，都应按易于与工业控制系统联成一个整体，易于扩充功能的原则设计。

可编程控制器已替代了传统的顺序控制装置，如继电器控制逻辑，二极管矩阵逻辑以及半导体数字逻辑等，在工控领域占据主导地位。随着 PLC 技术的发展，现代 PLC 功能已超出上述范围。

1. 可编程控制器的特点

（1）通用性强，控制程序可变。PLC 产品已系列化、模块化、标准化，使用部门可根据生产规律和控制要求选用合适的产品，组成需要的控制系统，当控制系统要求发生改变，只需修改软件即可。

（2）控制功能完善，适用面广。PLC 可实现逻辑运算、定时、计数、步进等功能，又通过 D/A、A/D 完成对模拟量的控制，同时 PC 具有联网功能，构成分布式控制系统，完成较大规律，更复杂的控制任务。

（3）编程直观、简单。PLC最基本的是梯形图语言，使用者不需专门的计算机知识和语言，编程器可在线、离线修改程序，大型PC还提供其他编程方法。

（4）可靠性高。PC设计制造时，除运用优质元器件时，还采用隔离、滤波、屏蔽等抗干扰技术，先进电源技术，故障诊断技术，冗余技术、模块化结构和良好制造工艺，使PC的平均无故障时间达几十万至上百万小时。在系统软件中增加故障检测、设置看门狗定时器（WDT－Watch Dog Timer）等自检功能，在偶发故障情况下对动态数据和程序采取了相应的保护措施。一般由PLC构成的控制系统的平均无故障时间可达4万～5万h以上。

（5）体积小、维护方便。PC体积小、质量轻、安装、维护方便，PC本身具有自诊断、故障报警功能，便于检查、判断。维修时可通过更换模块插件迅速排除故障。

2. 可编程序控制器的分类

（1）按结构形式分整体式结构、模块式结构和叠装式结构。整体式结构是把CPU、RAM、ROM、I/O接口及与编程器或EPROM写入器相连的接口、输入输出端子、电源、指示灯等都装配在一起的整体装置。它的特点是结构紧凑、体积小、成本低、安装方便。不足之处是输入输出点数是固定的，不一定适合具体的控制现场的需要。若输入输出需要扩展，还需要一种只有接口而没有CPU也没有电源的装置，为区分这两种装置，称前者为基本单元，而后者为扩展单元。成系列的PLC产品都有不同点数的基本单元及扩展单元。

模块式结构又叫积木式结构，它的特点是把PLC的每个工作单元都制成独立的模块，如CPU模块、输入模块、输出模块、电源模块、通信模块等。这些模块通过一块带插槽的母板（实质上就是计算机总线）装配在一起，构成一个完整的PLC。其优点是系统构成灵活、安装、扩展、维修都很方便。缺点是体积较大。

叠装式结构是单元式和模块式相结合的产物。把某一系列PLC工作单元都做成外形尺寸一致但长度不同的单元。CPU、I/O接口及电源也可以作成独立的，不使用模块式PLC中的母板而采用电缆连接各个单元。在控制设备安装时可以一层层的叠装。

（2）按容量分小型、中型和大型三种机型。容量指I/O点数，中型为256～2048点，256点以下为小型，2048点以上为大型PLC，一般随容量增加，PLC提供的功能、编程方式、存储容量相应增加。

单元式PLC一般用于规模较小，输入输出点数固定，少有扩展的场合。模块式PLC一般用于规模较大，输入输出较多，输入输出点数比例比较灵活的场合。

（3）按功能分高档、中档、低档三种机型。

1）低档PLC。具有逻辑运算、定时、计数、移位以及自诊断、监控等基本功能，主要用于逻辑控制、顺序控制或少量模拟量控制的单机系统。

2）中档PLC。增设中断、增强了PID控制、远程I/O、通信联网等功能。

3）高档PLC。增加特殊功能函数运算、制表及表格传送等功能。具有更强的通信联网功能，用于大规模过程控制或构成分布式网络控制系统，实现工厂自动化。

3. 编程语言

分为两大类：字符表达式和图符表达式。可选择的语言有：梯形图、语句表、功能块图、顺序功能图和结构文本5种。其中语句表和结构文本属字符表达式。这5种语言表达式是由国际电工委员会（IEC）1994年5月在PLC标准中推荐的，其中顺序功能图推荐为

PLC 编程语言的首选。PLC 的生产厂家可在这五种表达方式中提供其中的几种用户选择。

4. 编程工具

人机联系的窗口，完成的功能包括输入、修改、检查及显示用户程序，调试用户程序，监视程序运行情况，查找故障，显示出错信息。

编程器主要由键盘、显示器、工作方式选择开关和外存储器接插口等部件组成。分三种类型：①手提式或简易编程器；②便携式图形专用编程器 ③通用计算机。用通用计算机作为编程工具可使用多种程序编制语言，监控功能也较强。

二、工作过程、I/O 接口和配线设计

1. PLC 的组成和结构

PLC 组成如图 2-11 所示，表示出了整体式和组合式 PLC 的两种结构形式。虽然结构形式有所不同，但是组成部分基本相同。

整体式 PLC 基本上采用了典型的计算机结构，主要包括 CPU、存储器、电源、输入、输出接口电路，另外还包括编程单元、通信单元、I/O 扩展单元、特殊单元等，其内部采用总线结构，进行数据和指令的传输。整体式 PLC 的结构紧凑，小型 PLC 常采用这种结构。

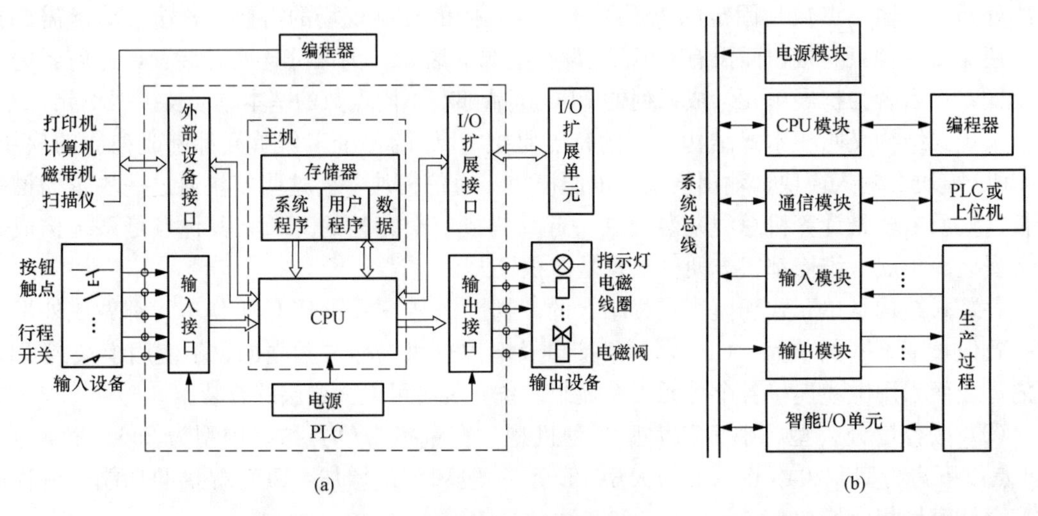

图 2-11　PLC 组成框图
(a) 整体式 PLC；(b) 组合式

组合式结构的 PLC 是将 CPU、输入单元、输出单元、智能 I/O 单元、通信单元、电源等分别做成相应的电路板或模块，各模块可以插在底板上，模块之间通过底板上的总线相互联系，构成一个机架。其中装有 CPU 的机架成为主机架，其他机架成为扩展机架，主机架与各扩展机架之间若通过电缆连接，距离一般不超过 10m。中大型 PLC 常采用组合式。

可以将 PLC 看作一个中间处理器，将输入变量解算处理为输出变量。元件的各种开关信号、模拟信号、传感器检测的信号均作为 PLC 的输入变量，它们经 PLC 的输入端子输入到内部寄存器中，经 PLC 内部逻辑运算或其他各种运算处理后送到输出端子，它们是 PLC 的输出变量，由这些输出变量对外围设备进行各种控制。也可以把 PLC 认为是由一套微机系统加上适合工业环境的 I/O 组件构成。

中央处理单元 CPU 是 PLC 的核心部件，指挥 PLC 完成各种预定的功能。这些任务主要有输入并存储用户程序，显示输入内容和地址；检查校验用户程序，发现错误即报警或停止程序的执行；执行用户程序驱动外部输出设备动作；诊断故障，记忆故障信息并报警。

存储器分为三种。系统程序存储器用于存储系统程序，由厂家编写，决定 PLC 的功能。系统程序存储器是只读存储器，用户不能更改其内容；用户程序存储器存储用户程序，由用户根据控制要求编写。用户程序存储器必须可读写，存储器要求有后备电池进行掉电保护或采用快闪存储器；工作数据存储器用于存储工作数据，一般是可读写的随机存储器，掉电后数据会丢失。工作数据存储器分成了若干段不同功能的区域。如元件映像寄存器区用来存储开关量输入/输出状态以及定时器、计数器、辅助继电器等内部器件的 ON/OFF 状态。数据表区用来存放各种数据存储，用户程序执行时某些可变参数值及 A/D 转换得到的数字量和数学运算的结果等。工作数据存储器还设置若干段数据保持区，防止 PLC 断电时数据的丢失。

输入/输出单元是 PLC 与外部设备信息交流的通道。开关量输入单元是把现场设备向 PLC 提供的触点、晶体管开关、逻辑电平等开关量信号经过输入电路的滤波、光电隔离、电平转换等处理成 CPU 能够接收和处理的寄存器的数值。外部的开关量信号的触点状态一般要通过一个电源通过后的电压或电流的有无状态来判断，这个电源称为开关量输入单元的探测电源。根据探测电源类型开关量输入单元分为直流输入型和交流输入型。多路开关量信号输入的电路有共点式、分组式、隔离式之别。共点式的输入单元，只有一个公共端(COM)，外部各输入元件都有一个端子与 COM 端相连。分组式是将输入端子分成若干组，每一组共用一个 COM 端。隔离式输入单元是具有公共端子的各组输入点之间相互隔离，可各自独立使用电源。开关量输出单元根据输出电路所用开关器件的不同，PLC 的开关量输出单元可以分为晶体管输出、双向晶闸管输出和继电器输出三种类型。多路开关量信号输出的电路也有共点式、分组式、隔离式之别。

PLC 一般配有开关式稳压电源为其内部电路供电，开关式稳压电源具有输入电压范围宽、体积小、质量轻、效率高、抗干扰性好的特点。有些 PLC 能向外部提供 24V 的直流电源，给输入单元所连接的外部开关或传感器供电，与无源式直流输入单元配合使用。此时要计算、选择电源的容量以满足外界负载的要求。

2. PLC 的工作过程

PLC 的基本结构虽然与一般微型计算机大致相同，但它的工作过程与微型计算机有很大的差异。PLC 工作的主要特点是周期性进行输入信号集中批处理、执行过程集中批处理和输出过程集中批处理，即循环扫描的工作方式。集中批处理可以简化操作过程和便于分析和控制过程，以提高系统运行的可靠性。

PLC 完整的扫描工作过程如图 2-12 所示。

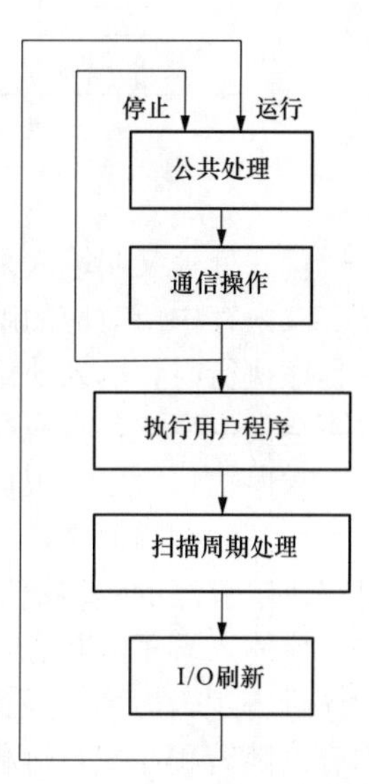

图 2-12 PLC 工作过程

这个工作过程分为公共处理、通信操作、执行用户程序、扫描周期处理、I/O 刷新。扫描一次所需的时间称为扫描周期。各阶段任务如下：

公共处理阶段。PLC 检查 CPU 模块的硬件是否正常、用户内存检查、复位监视定时器等，作出报警或停机处理。

通信操作服务阶段。PLC 与一些智能模块通信，响应编程器键入的命令，更新编程器的显示内容等。

当PLC处于停用（STOP）状态时，只进行公共处理和通信操作服务等内容。当处于运行（RUN）状态时，从公共处理、通信操作、执行程序执行、扫描周期处理、I/O刷新，一直循环扫描工作。

执行用户程序阶段。CPU对用户程序按先上后下、先左后右的顺序逐条进行解释和执行。CPU从输入、输出映像寄存器和元件映像寄存器中读取各寄存器当前的状态，根据用户程序给出的逻辑关系进行逻辑运算，运算结束后再写入元件映像寄存器、输出映像寄存器中。执行用户程序的扫描时间是影响扫描周期长短的主要因素，而且在不同时段执行用户程序的扫描时间也不相同。

扫描周期处理。若预先设定扫描周期为固定值，则进入等待状态，直至达到该设定值时扫描再往下进。若设定扫描周期为不定时，就要进行扫描周期的计算。处理扫描周期所用的时间很短，对一般PLC可视为零。

I/O刷新阶段。分输入采样和输出刷新两件工作。输入采样是CPU从输入电路中依次读取各输入点的状态，并将此状态依次写入输入映像寄存器中，也就是刷新输入映像寄存器的内容，直到下一个扫描周期的I/O刷新阶段才会写入新内容。输出刷新将所有输出映像寄存器的状态传送到相应的输出锁存电路中，在经输出电路的隔离和功率放大部分传送到PLC的输出端。I/O刷新阶段时间长短取决于I/O点数的多少。

从用户角度理解，也可认为PLC的工作过程由输入采样处理、程序执行和输出刷新处理三个阶段完成，如图2-13所示。

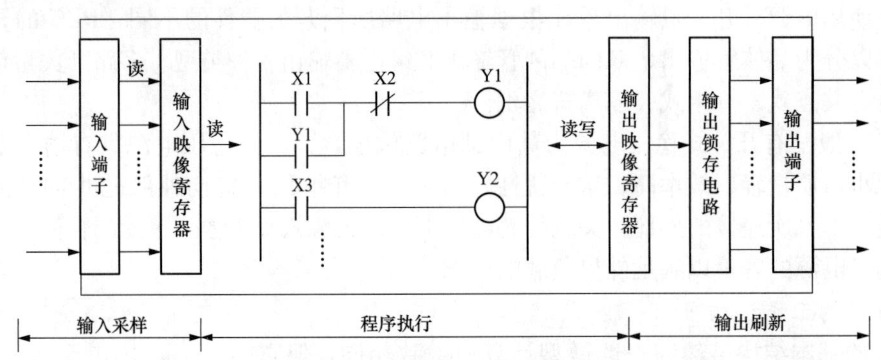

图2-13 PLC控制信号处理过程

输入处理又叫输入采样。在此阶段，顺序读入所有输入端子的通断状态，并将读入的信息存入内存中所对应的映像寄存器。在此输入映像寄存器被刷新，接着进入程序执行阶段。在程序执行时，输入映像寄存器与外界隔离，即使输入信号发生变化，其映像寄存器的内容也不会发生变化，只有在下一个扫描周期的输入处理阶段才能被读入信息。

程序执行阶段。根据使用的PLC编程语言，例如图中示意的梯形图程序，按先左后右、先上后下的扫描原则，逐句扫描，执行程序。但遇到程序跳转指令，则根据跳转条件是否满足来决定程序的跳转地址。当用户程序涉及输入输出状态时，PLC从输入映像寄存器中读出对应输入端子的状态，从输出映像寄存器读出对应输出映像寄存器的当前状态，根据用户程序进行逻辑运算，运算结果再存入元件寄存器、输出映像寄存器中。输出映像寄存器中的内容会随着程序执行过程而变化。

输出处理也叫输出刷新，程序执行完毕后，将输出映象寄存器中的状态，在输出处理阶段转存到输出锁存器，通过隔离电路，驱动功率放大电路，使输出端子向外界输出控制信号，驱动外部负载。

PLC在每次扫描中，对I/O各刷新一次，这就保证了PLC在执行程序阶段，输入映像寄存器和输出锁存电路的内容或数据保持不变。

3. I/O接口工作过程和抗干扰设计

PLC应用中重要的部分是PLC和工业控制现场各类信号的连接部分。PLC和外部信号的连接和转换工作由PLC的输入输出接口完成。输入接口用来接受生产过程的各种参数信息，有开关量输入和模拟量输入两种类型。输出接口用来送出PLC运算后得出的控制信息，有开关量输出和模拟量输出两种类型。对输入输出接口有两个主要的要求：一是接口能满足工业现场各类信号的匹配要求；二是接口有良好的抗干扰能力。

(1) 开关量输入接口。

开关量输入接口用于接受操作指令和现场的状态信息，如控制按钮、操作开关、逻辑开关、继电器触点等开关量信号，并通过输入电路的滤波、光电隔离和电平转换等，将这些信号转换成CPU能够接受和处理的标准电信号。

例如一个直流输入组件，探测电源采用24VDC。其中一路输入的原理图如图2-14 (a) 所示。输入接口中设有滤波电路及耦合隔离电路，起抗干扰和产生标准信号的作用。图中R1、R2、和C构成滤波电路，滤除输入信号中的高频干扰，并利用探测电压使发光二极管工作。

当外部开关量接通时，设置在输入单元面板上的LED指示灯点亮，表示外部开关在接通状态。同时光电耦合器中的发光二极管发光，光敏三极管接受二极管的光信号而导通，在PLC的输入采样阶段，信号经内部电路选通后进入PLC内部存储器记忆，使该端子对应的输入映像寄存器置"ON"。当外部开关断开时，光电耦合器的发光二极管截止，光敏三极管断开，使PLC内部对应的输入映像寄存器置"OFF"，同时LED灯不亮，表示外部开关的断开状态。

对直流输入单元，输入信号可为无源触点或传感器的集电极开路的晶体管开关信号，探测信息的直流电源（探测电源）有本机供电和外部供电两种形式。有些PLC的同一直流输入接口提供两种接线方式供用户选择使用，即漏型和源型的输入方式。对漏型输入方式，电流流出PLC的输入端（图中虚线24VDC的接入方式）；对源型输入方式，电流流入PLC的输入端（图中实线24VDC的接入方式），以适应不同类型的晶体管开关信号要求。按对输入信号的共地点的处理，其接线可选择共点式、分组式、隔离式接线形式。

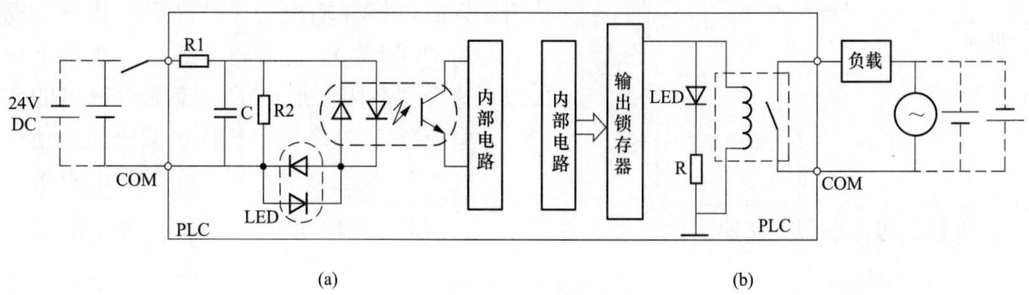

图2-14 I/O接口电路原理图

(a) 直流输入型接口电路；(b) 继电器输出型接口电路

(2) 开关量输出接口。

开关量输出接口将CPU送出的逻辑控制信号通过输出电路的光电隔离和功率放大，转换为标准的电信号输出，以驱动执行元件工作。按 PLC 机内使用的器件有继电器型、晶体管型和可控硅型，以适用在不同的场合。

继电器输出型接口其中一路输出的内部参考电路如图 2-14（b）所示。当 PLC 内部输出信号解算为 ON，在 PLC 的输出刷新阶段，此信号送到相应的输出锁存器中锁存并输出内部的高电平信号，激励输出继电器线圈，使继电器触点吸合且输出 LED 指示灯亮，表示输出为 ON 状态。当 PLC 内部输出信号为 OFF 时，输出锁存器输出零电平信号，继电器触点断开且 LED 灯灭，表示输出为 OFF 状态。

输出接口也具有隔离耦合电路。要注意输出接口本身不带电源，而且在考虑外部驱动电源时，还需考虑输出器件的类型且负载功率不能超过接点的最大接通容量。继电器型的输出接口可用于交流和直流两种电源，但通断速度慢、频率低。晶体管的输出接口有较高的接通断开频率，但只适于直流应用的场合，输出功率有限。可控硅型的输出接口有较高的通断频率，输出功率较高。输出接口与外部设备的接线可选择共点式、分组式、隔离式接线形式。

（3）I/O 接口的抗干扰设计。

输入输出接口的抗干扰能力除电路本身设计保证外，其外部设备特性和接线的抗干扰设计也是保证 PLC 正常工作的条件之一。

1）输入漏电流影响。

采用晶体管开关信号的传感器，如两线制的光电传感器、接近式传感器或具有氖灯的极限开关，当外部状态信号为断开时，晶体管开关信号实际处于“高阻”状态（规定为“OFF”），此时，输入回路存在的电流，称为输入漏电流。若输入漏电流较大，就可能会将输入信号错误地读为“ON”。为防止这种情况的发生，需要在输入回路中连接一个泄放电阻来分流输入的漏电流。

泄放电阻的阻值 R 和功率的最大值 W 可参照下式计算：

$R=7.2/(2.4I-3)$（kΩ，最大）　式中　I——输入漏电流（mA，实际）

$W=1.15/R$（W，最大）

2）输出的漏电流和冲击电流。

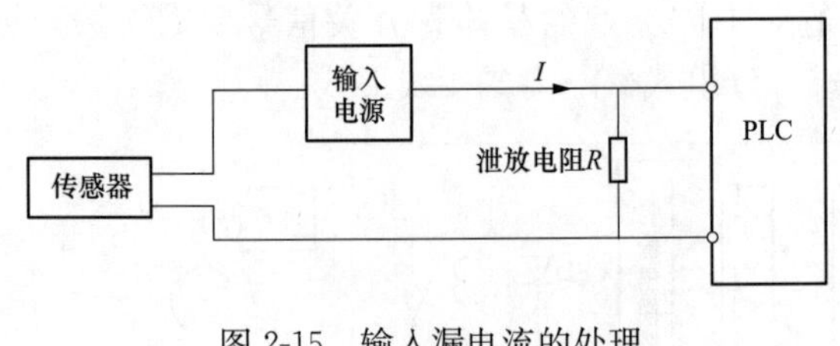

图 2-15　输入漏电流的处理

I—漏电流，mA

在输出单元采用晶体管或可控硅型输出，当控制逻辑输出为“0”时，这时晶体管或可控硅输出处于“高阻”状态（规定为“OFF”），此时，负载电源通过负载和这个“高阻”形成的电流称为输出的“漏电流”。若这个漏电流使负载错误地动作为“ON”，那么就要并联一个泄放电阻来分流这个漏电流，以使负载可靠地工作（如图 2-15 所示）。泄放电阻的阻值由下面公式计算：

$$R < V_{on}$$

式中　V_{on}——负载的 ON 电压，V；

R——泄放电阻，kΩ。

当晶体管或可控硅输出时，若负载为一个具有较大冲击电流的设备（如一个白炽灯），则有必要考虑保护晶体管或可控硅的问题。晶体管和双向可控硅可以耐受额定电流 10 倍的冲击电流。输出漏电流的处理如图 2-16 所示。如果实际的冲击电流超过这个值，可使用图 2-17 所示的两个电路来减少冲击电流。其中图 2-17（a）所示的并联电阻允许一个暗电流（约为额定电流的 1/3）流过负载（灯），这样就消除了电流的初始冲击。图 2-17（b）所示的串联电阻直接限制了冲击电流，但是也降低了负载上的电压。

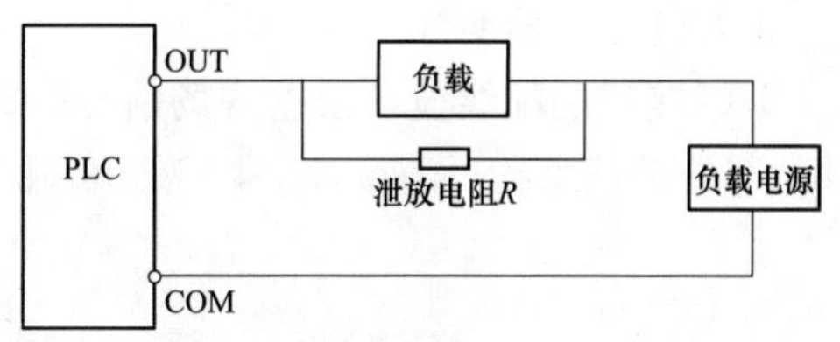

图 2-16 输出漏电流的处理

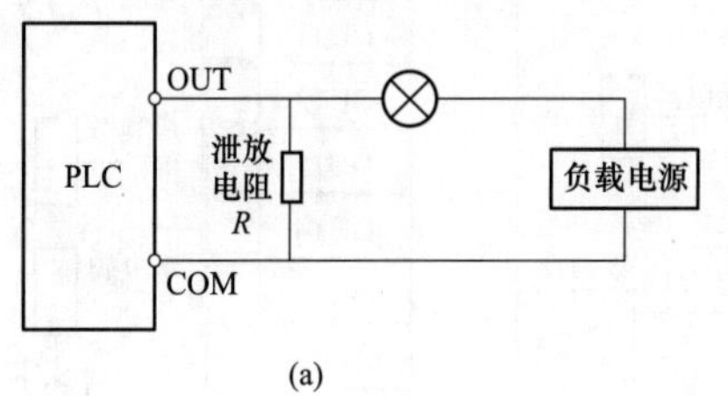

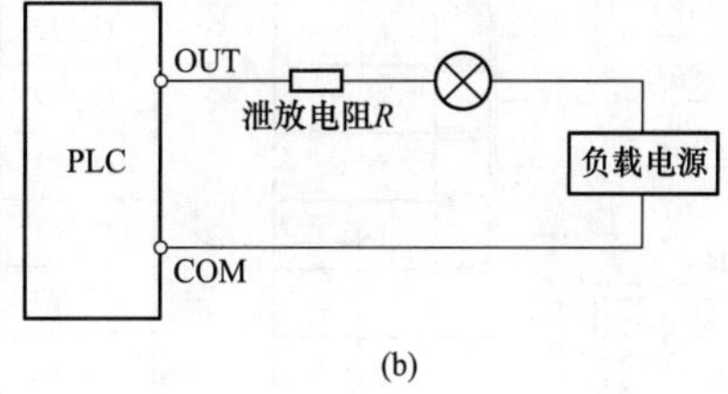

图 2-17 输出冲击电流的处理

3）感性负载的浪涌抑制器。

当 PLC 的输入或输出接一个感性负载时，需要在负载两端并联一个浪涌抑制器或一个二极管，用以吸收感性负载所产生的反电势，如图 2-18 所示。图中电阻：50Ω；电容：0.47μF，电压：220VAC；二极管：反向峰值耐压必须大于 3 倍负载电压，平均整流电流 1A。

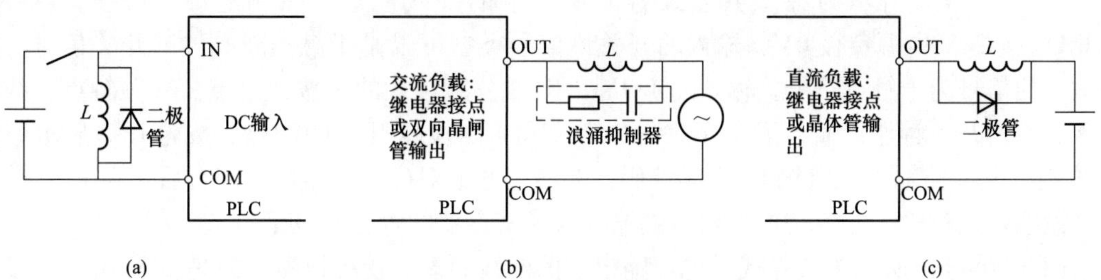

图 2-18 感性负载的浪涌抑制

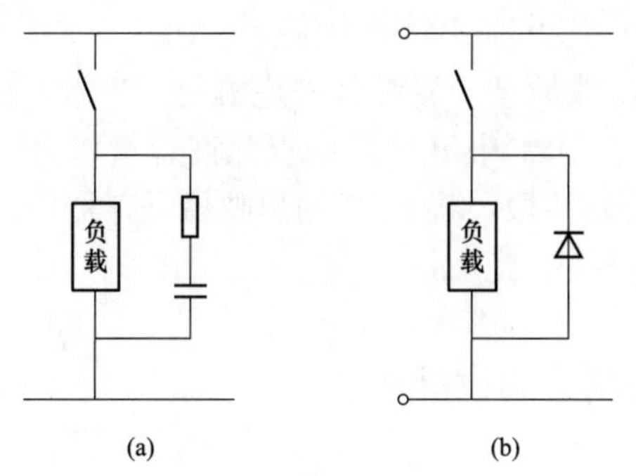

图 2-19 输出负载的抗干扰

（a）交流电源时：C：0.5±20%，min 耐压：最小 1500V R：50Ω±30%，0.5W；（b）直流电源时：选择一个二极管，其击穿电压和额定电流取决于负载

4）输出的负载。

当连接到 PLC 上作为负载的电气设备可能产生干扰时，就需要采取对应的措施。例如对于来源于 AC 的干扰源，当电磁继电器和电磁阀产生的干扰大于 1200V 时，要抑制其干扰，如图 2-19（a）所示；对于来源于 DC 的干扰源，可在每台设备的线圈两端并联一个二极管，如图 2-19（b）所示。当在一个控制盘上安装 CPU 机架和扩展机架时，注意安装板要完全接地。安装板要具有高导电性，以保证其抗干扰性。

4. I/O 接口的配线设计

I/O 接口的配线设计根据现场信号的要求选择对应的 I/O 卡类型，设计电气线路，保证 PLC 与外部信息的可靠交流。以下分析几种 I/O 卡的配线设计原理，如图 2-20 所示。

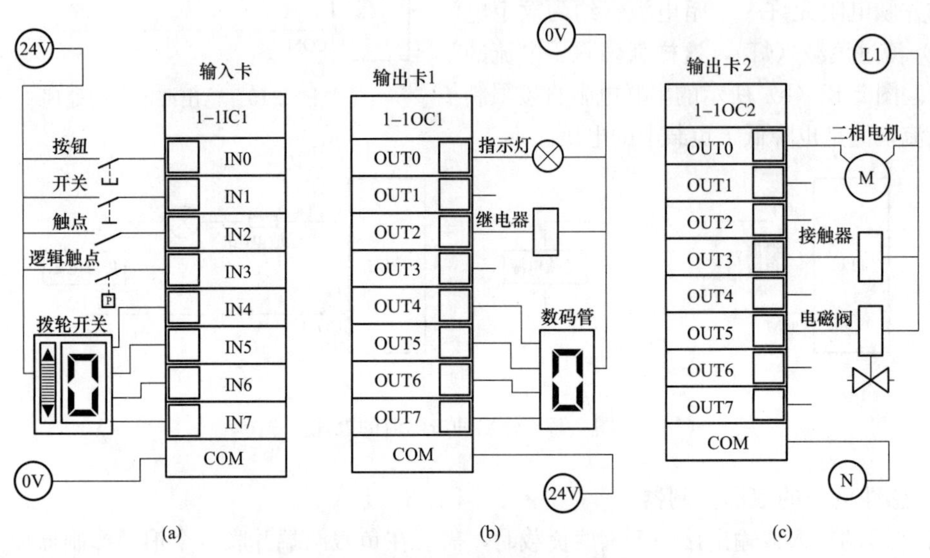

图 2-20　I/O 卡配线原理图

图 2-20（a）所示为源型共点式直流输入卡的配线原理。探测电源为外供 24VDC，COM 端接 24V 电源负极 0V。输入的开关量信号类型可以是干触点或晶体管开关信号。图中输入的信号为干触点信号。输入通道 IN0～IN3 分别接入的是按钮触点、开关触点、线圈触点、逻辑开关触点；输入通道 IN4～IN7 接入 4 路拨轮开关的触点。拨轮开关显示数字 0～9 时，其 4 路输出触点按 BCD 码编码。在输入通道对应的 8 路触点闭合后，在 PLC 输入采样阶段，通过输入通道转换将对应的输入映像寄存器的置为“ON”。

图 2-20（b）所示为共点式继电器输出卡的配线原理。受控设备电源是 24VDC。由于数码管公共点要求接负端，因此 PLC 的 COM 端接 24V 电源正极。受控设备是 PLC 输出卡中继电器触点允许容量以内的指示灯、继电器等设备。在 PLC 输出采样刷新阶段，将 PLC 输出映像寄存器的内容送至相应通道的输出锁存器中，并在此周期内维持不变。

图 2-20（c）所示为共点式继电器输出卡的配线原理。受控设备电源是 220VAC。PLC 的 COM 端接 220VA 的 N 极。受控设备是 PLC 输出卡中继电器触点允许容量以内的电动机、接触器、电磁阀等设备。在 PLC 输出采样刷新阶段，将 PLC 输出映像寄存器的内容送至相应通道的输出锁存器中，并在此周期内维持不变。

第三节　可编程序控制器的设计语言

一、可编程序控制器的系统软件及应用软件

PLC 的软件包含系统软件及应用软件两部分，分别存储在系统程序存储器和应用程序存储器中。

系统软件含系统的管理程序、用户指令的解释程序及另外一些供系统调用的专用标准程

序块等，是 PLC 工作周期中必执行的部分。系统管理程序用以完成机内运行相关时间分配、存储空间分配管理及系统自检等工作。用户指令的解释程序用以完成用户指令变换成机器码的工作。系统软件在用户使用 PLC 前就以装入机内 ROM 中并永久保存。在各种控制工作中并不需要调整。

应用软件又称编程软件、用户软件，是用户为达到某种目的，采用 PLC 厂家提供的编程语言自主编制的程序。用户程序是一定控制功能的表述。同一台 PLC 用于不同的控制目的就是需要编制不同的应用软件，它通过连接、调用存储在计算机中的程序来实现控制功能。用户软件一般存入有后备电池进行掉电保护的存储器中或采用快闪存储器，如需改变控制程序可多次改写。

根据国际电工委员会 IEC 61131-3 的标准，可编程序控制器的程序设计语言有 5 种类型，即梯形图、语句表、顺序功能表图、功能模块图语言和结构化文本语言。

1. 梯形图（Ladder Diagram）

梯形图是为熟悉继电器控制原理图的工程技术人员设计的。它继承传统继电器控制逻辑中使用的框架结构，逻辑运算和输入输出方式，使程序直观易读，是一种图符式编程语言，各 PC 制造厂家产品都具有梯形图编程能力，其形式如图 2-21（b）所示。

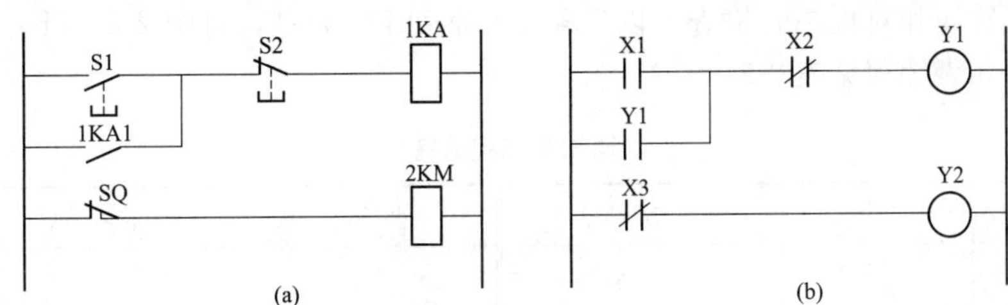

图 2-21 继电器逻辑图和梯形图比较

（a）继电器逻辑图；（b）梯形图

IEC 1131-3 的梯形图中除了线圈、动合触点和动断触点、记忆、定时、计数等功能外，还增加数学运算、字逻辑、移位、数据转换、程序结构控制等功能或功能块。有时把梯形图称为电路或程序，把梯形图的设计叫做编程。

梯形图源于继电器逻辑图，因此它与继电器逻辑图有相似之处更有质的区别。图 2-21（a）所示的继电器逻辑图，它同梯形图结构相似，实现的功能也一样，但实现的原理有质的区别。

注意的区别之处有：

（1）梯形图用母线代替继电器中的电源线。从母线开始，每个梯形图网络由多个梯形组成，每个梯形由多条支路组成，每个支路可容纳多个编程元件。梯级最右边必须是输出元件。有的梯形图最右边的母线省去不画。

（2）梯形图中的继电器不是物理继电器，对应的是存储器中的 1 个数据位（bit）。它是借助于继电器线圈的“吸-放”控制触点“通-断”功能对存储器进行写入和读出，也称“软继电器”。相应位置“1”，表示继电器线圈得电或动合触点闭合（或动断接点断开）。对软继电器的线圈定义号只能有一个，而对它的接点状态，可作无数次的读出，既可动合又可动断。

(3) 梯形图中输入触点和输出线圈也不是物理触点和线圈，程序解算是依据于 PC 内的输入和输出状态表的内容，而不是解算现场开关实际状态。输入状态和解算结果并不是立即反映到计算过程和输出状态，输入状态改变在下一个扫描周期才能获得信息，只有程序全部执行完毕，才将输出结果反映到输出端，输出线圈对应的状态位通过 I/O 模块的输出晶体管开关，继电器或双向晶闸管，去驱动现场执行元件。

(4) 梯形图用能流概念来代替继电器电路中的电流概念。梯形图中并没有真实的“电流”流动。为了便于分析 PLC 的周期扫描原理，假想在梯形图中有“电流”流动，这就是“能流”。根据能流的规定，梯形图中的水平方向的能流只能从左到右作单方向流动，垂直方向是双向流动。程序执行的顺序是按梯形排列从上至下依次进行。

梯形图在复杂结构的编程和顺序系统设计中表达不清晰，关联元件多，程序难以分析。

2. 语句表 (Instruction List)

类似于汇编语言的字符式编程语言，也称指令表。可编程序控制器的基本指令系统比汇编语言简单的多，使用 20 条基本逻辑指令，就可以编制出能替代继电器控制系统的梯形图。不同类型 PC 的标识符和变量表示方法不一，没有固定格式。一条指令一般分为两部分，一为助记符，二为操作数。只有助记符的称无操作数指令。语句表语言和梯形图有一一对应关系，便于相互转换和对程序的检查。以三菱 FX 系列 PC 为例，对图 2-21 (b) 所示的梯形图程序，用语句表编程见表 2-2。

表 2-2　　　语句表编程语言

步序	指令符号	元件号	步序	指令符号	元件号
1	LD	X1	4	OUT	Y1
2	OR	Y1	5	LDI (取非)	X3
3	ANI (与非)	X2	6	OUT	Y2

语句表程序设计语言具有下列特点：

(1) 用布尔助记符表示操作功能，具有容易记忆、便于掌握的特点；

(2) 在编程器的键盘上直接采用助记符表示，便于操作；

(3) 与梯形图程序设计语言有一一对应关系，因此实际应用时电气技术技术人员也常常采用梯形图编程，程序输入时，把梯形图程序转换为语句表程序后再输入，这样做有利于技术人员对程序的理解和对程序的检查；

(4) 输入的元素数量不受显示屏宽度的限制，大型可编程序控制器通常采用计算机作为编程器，由于显示屏区域的限制，输入的一行元素数量有限制，例如一般不大于 8～10 个，但采用语句表编程时，输入元素数量不受限制。

对较复杂的控制系统，用语句表编程时其中的逻辑关系很难一眼看出，逻辑关系描述不够直观。

3. 功能模块图 (Function Block Diagram)

功能模块图是一种采用类似逻辑门电路的编程语言对功能块图程序进行设计的方法。功能模块图指令由输入、输出段及函数关系模块组成，不同模块具有不同的功能。通过软件链接的方式连接输入端和输出端到所需的其他端子，从而实现程序的控制运算执行。逻辑关系用类似于“与”“或”“非”门的方框来表示。方框的左侧为逻辑运算的输入变量，右侧为输出变量，输入端、输出端的小圆圈表示“非”运算。这三种基本功能结合定时、触发等功能能够表达所有控制逻辑关系。在与控制元件之间的信息、数据流动有关的高级应用场合，功能模块图较为适用。如对图2-21（b）所示的梯形图程序用功能模块图编程，结果如图2-22所示。

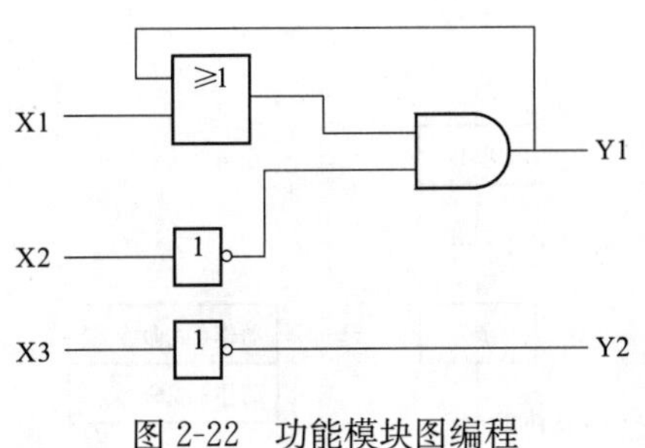

图 2-22 功能模块图编程

功能模块图也是一种图形语言，在功能模块图中也允许嵌入别的语言，如梯形图、指令表和结构文本。

功能模块图程序设计语言的特点如下：

(1) 以功能模块为单位，从控制功能入手，使控制方案的分析和理解变得容易。

(2) 功能模块图用图形化的方式描述功能，具有直观性强、容易掌握的特点，大大方便设计人员的描述，因此功能模块程序设计语言缩短编程和组态时间，缩短调试时间。

(3) 对控制规模较大、控制关系较复杂的系统，由于控制功能的关系能清晰地用图形化的方式描述，因此功能模块程序设计语言能缩短编程和组态时间。

(4) 由于每种功能模块要占用一定程序存储空间，对功能模块的执行需要一定执行时间。

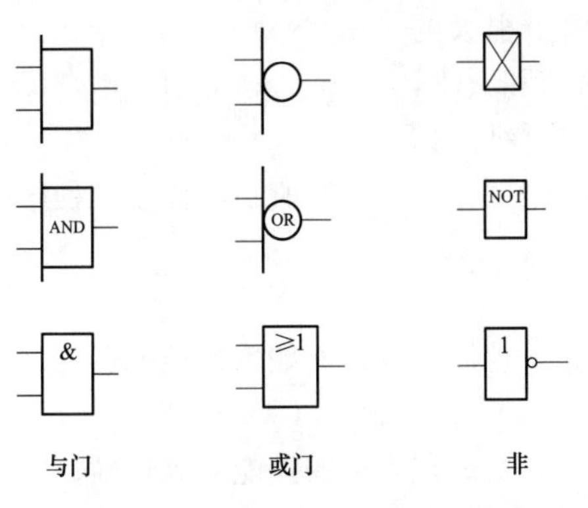

图 2-23 功能模功能块图的不同图例

由于编程直观简洁，这种设计语言在大中型可编程序控制器和分散控制系统的编程和组态中应用较多。

不同类型 PC 对“与”“或”“非”的图符规定有不同，如图 2-23 所示。

4. 顺序功能图语言（Sequential Function Chart）

顺序功能图是描述顺序过程的一种图符语言，也称状态转换图、功能表图，SFC 图。顺序功能图允许嵌入别的语言，如梯形图、指令表和结构文本。它类似于过程流程图，已成为 PLC 编程的首选语言，用于编制复杂顺控程序，对程序调试也较为方便。

顺序功能图的实例如图 2-24 所示。它包含步、转换、有向线段三个要素，步包括命令（或动作），转换包括转换条件。它的编程思想是将一个复杂的控制过程分解为若干依次执行的工作状态，只需要对这些状态的功能分别处理并确定转换条件后，程序就依照转换规则，完成对整个顺序过程的控制。这种编程思想在程序编制中有很重要的意义。SFC 既可用于对顺控过程进行描述、对控制功能进行说明，也是可执行具体动作的编程语言。

功能表图程序设计语言具有下列特点：

(1) 以功能为主线，操作过程的条理清楚，便于对程序操作过程的理解和思想沟通；

(2) 对大型的程序，可分工设计，采用较灵活的程序结构，节省程序的设计时间和调试时间；

（3）常用于系统规模较大，程序关系较为复杂的场合；

（4）只有处于活动步状态的命令（或动作）才被执行，程序只对活动步后的转换他程序语言编制程序的扫描时间要大大缩短。

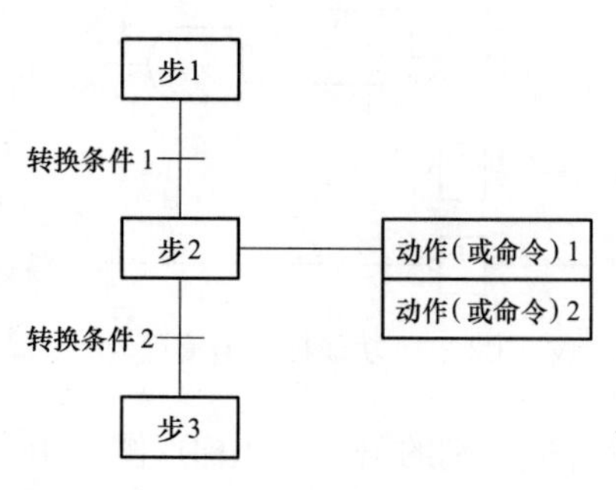

图 2-24 顺序功能图示例

5. 结构文本（Structured Text）

为了增强 PLC 的数学运算、数据处理、图表显示、报表打印等功能，许多大中型 PLC 用 BASIC、PASCAL 或 C 等高级语言，可实现 PID 和其他复杂运算、控制、管理功能。

结构文本（ST）是为 IEC1131-3 标注创建的一种专用的高级编程语言。受过计算机编程语言训练的人会发现用它来编制控制逻辑是很容易的。与梯形图相比，结构文本有两个很大的优点，其一是能实现复杂的数学运算，其二是非常简洁和紧凑，用结构文本编制极其复杂的数学运算程序可能只占一页纸。如图 2-25 所示的一个结构文本 ST3，仅用 2 条语句即实现了图 2-21（b）所示的梯形图程序的功能。

```
ST3
.Q1 IF(.I1 OR .Q1) AND NOT .I2;
.Q2 IF NOT .I3
```

图 2-25 结构文本语句

结构化文本程序设计语言具有下列特点：

（1）采用高级程序设计语言编程，可以完成较复杂的控制运算，例如进行矩阵运算、递推运算等；

（2）需要有一定的高级设计语言的知识和编程技巧，对编程人员的技能要求较高；

（3）直观性和易操作性较差；

（4）常被用于采用功能模块等其他语言难实现的一些控制功能的实施，例如优化控制和自适应控制等控制功能的实现。

除了提供几种编程语言供用户选择外，IEC61131-3 标准还允许编程者在同一程序中使用多种编程语言，这使编程者能选择不同的语言来适应特殊的工作。

二、梯形图语言及编程

进行可编程序控制器的编程同设计一个继电器逻辑控制系统一样，首先要了解有哪些可用的元件。各不同厂家的各种 PLC 产品均提供了大量不同种类的“元件”，只不过这些“元件”是以功能块或位（bit）的形式存储在系统程序中，供用户使用，一些名称借用了继电器逻辑控制中相关元件的名称，因此 PLC 中的元件也称为“软元件”。为编程需要，这些“软元件”要有相应的标识以便使用。各厂家的 PLC 提供的元件类型大致相同但标识各异。

将有关的“元件”组织起来以完成逻辑运算、数据处理及程序流程控制以完成预定的任务，则依赖于 PLC 的指令系统。指令种类是否丰富、功能是否强大是衡量 PLC 的性能指标之一。各厂家的 PLC 的指令系统指令形式有些不同，指令功能视 PLC 的种类、型号不同差别较大，用户应依系统规模和使用目的进行比较和选型。

本节内容不以具体型号的 PLC 及编程语言进行说明，而以 IEC 的 PC 规范的梯形图为主线，叙述梯形图语言表达中共性的标准和内容。

1. 梯形图的构成和规则

梯形图是PLC使用的入门语言，继承了继电器逻辑图的优点。梯形图借鉴了继电器逻辑图的结构形式，把接点和线圈按一定的规则连接和配置，信号的流动和处理也按一定的规则来设定，如图2-26所示，是梯形图隐含的可编程区域。

梯形图中的元件按如下规则排列和连接：

（1）触点和线圈配置在行列状的交叉点上，线圈只配置在右侧的列上。

（2）左端和右端的垂直线为母线，前者表示起点，连接着第一列上的接点。梯形图的电源（IEC规范为Power）与继电器电路的电源（Electric Power）相同，以左母线为起点，右母线为终点流动。

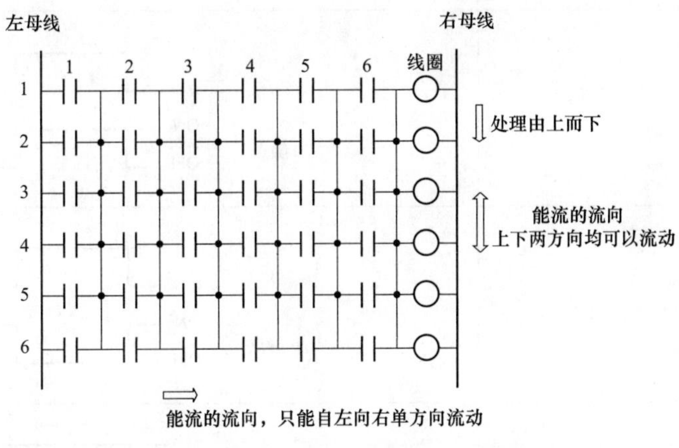

图2-26 梯形图的编程区域和能流方向

（3）接点与线圈由水平线相互连接，各行只有一条水平线，水平线由垂直线相互连接，各列间也只允许一条垂直线。

梯形图的信号流动和处理规则如下：

（1）能流沿水平线自左向右流动，能流的通断根据接点状态的开闭状态，也就是说进行逻辑与（AND）的运算；

（2）能流在垂直线上沿上下两个方向流动，连接在垂直线左侧的水平线上的接点状态的逻辑或（OR），就是垂直线及联结在其右侧的水平线上的状态。左侧有一条水平线为ON（逻辑值为1），垂直线及其右侧的水平线也是ON；

（3）线圈的电源由联结在该线圈左侧的水平线的状态决定；

（4）梯形图的处理自上而下。

按能流的规则分析图2-27。图中①、②表示未连接。用粗线画的触点、线圈、垂直线、水平线为ON状态时，不影响未连接垂直线的能流状态。

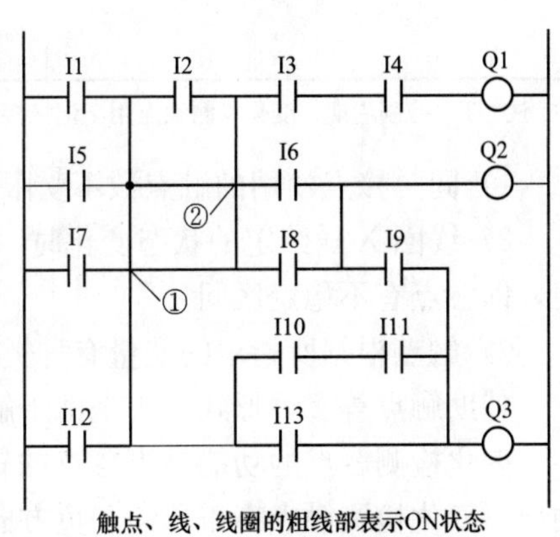

图2-27 一种能流规则

梯形图是由各触点的不同连接形式构成相应的逻

辑关系并以线圈的状态表征出来，因此线圈相当于逻辑方程的输出结果，相当于因变量，触点是逻辑方程的输入条件，相当于自变量。

2. 梯形图基本元件特性

梯形图基本元件指触点、线圈、定时器等元件，其特性表明这类元件对输入的不同处理的能力。

（1）触点。触点分为 a 触点（动合触点）、b 触点（动断触点）及变化检测触点三种，其特性见表 2-3。触点上附有输入变量、输出变量或者存储的逻辑变量。

表 2-3　　触点的特性

类型	符号	动　作
a 触点	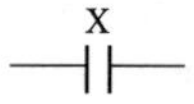 X —| |—	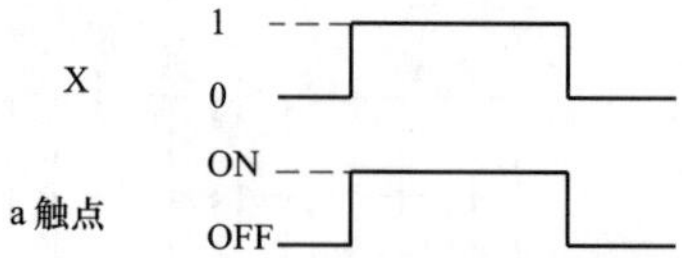 X（1/0）；a 触点（ON/OFF）
b 触点	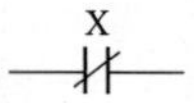 X —|/|—	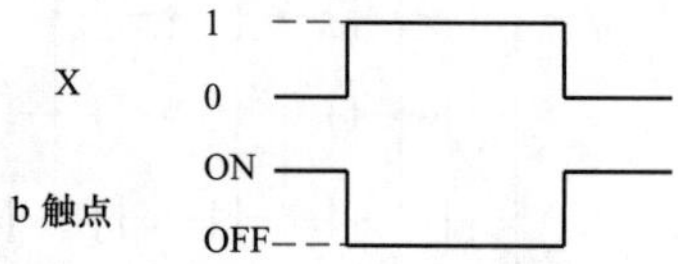 X（1/0）；b 触点（ON/OFF）
正方向变化检测触点	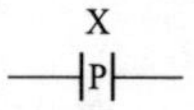 X —|P|—	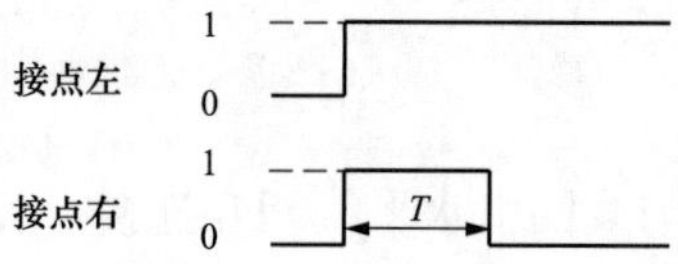 接点左（1/0）；接点右（1/0），T
负方向变化检测触点	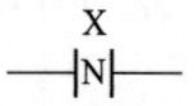 X —|N|—	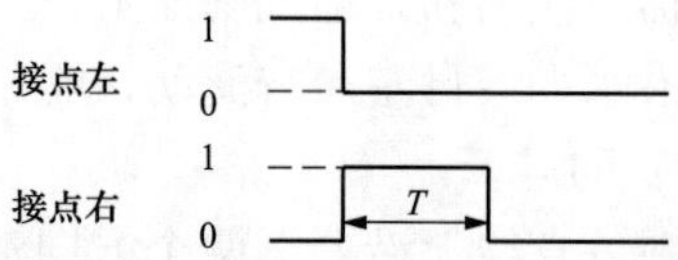 接点左（1/0）；接点右（1/0），T

注　T：控制周期；变化检测触点用于记忆接点左侧的状态。

1）同一接点使用的触点数不受限制。

2）线圈 X 随给定的状态变化时，触点 X 的变化无时间延迟。而一般的继电器有时间延迟，即触点有不稳定区间。

3）触点根据所指定的变量有种类上的区别，但不像继电器那样，有延时触点、保持触点、辅助触点等多种形式。正是由于触点种类简单，才使得顺序设计容易进行。

变化检测触点的功能是当触点的输入信号有变化时，PLC 在该控制周期中将 ON 状态输出。变化检测触点有正方向和负方向两种。

（2）线圈。线圈附有逻辑变量，随线圈种类的不同，动作也不同。线圈的状态随给定的能流而变化，所以线圈的触点状态也发生相应的变化。各种线圈的特性见表 2-4。

各种类型的线圈说明如下：

1）线圈。指通常的线圈。

2）逆线圈。当线圈左侧的能流导通时，线圈的变量值为0。

3）置位线圈，复位线圈。在置位线圈上给定电压时，变量值为1；在复位线圈上给定电压时，变量值为0。变量值的变化只能通过置位和复位线圈改变。

4）记忆线圈。当电源被切断时，记忆线圈可以把状态记忆下来。当电源恢复时，返回原来的状态。不用记忆线圈也可以用变量记忆状态的方法。

5）变换检测线圈。是与变化检测触点相对应的线圈。当能流变化时，变量值只在一个控制周期内为1，有正负两种。

（3）定时。实际的逻辑控制系统，根据接点的不同组合，可分为AND、OR、自保持、记忆等。此外为了使信号有延时功能，往往需要计时。PLC是利用内部信号发生器发出的脉冲数，通过微处理器软件来实现多种计时方式并可设置不同的计时精度。

表2-4 线圈的特性

类型	符号	动作
通常线圈	X —( )—	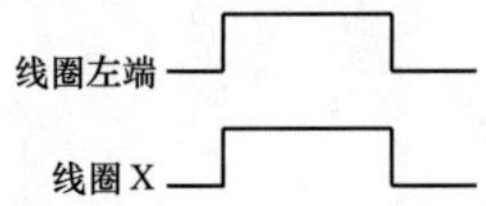 线圈左端 线圈X
逆线圈	X —(/)—	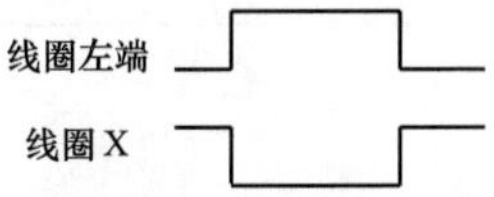 线圈左端 线圈X
置位线圈 复位线圈	X —(S)— X —(R)—	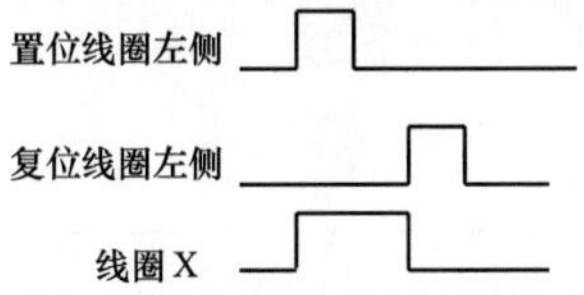 置位线圈左侧 复位线圈左侧 线圈X
记忆线圈	X —(M)—	记忆电源断电前状态的线圈 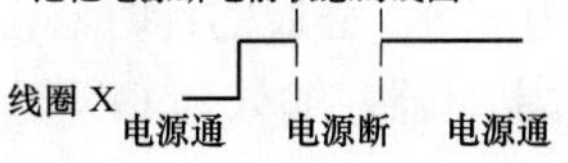 线圈X 电源通 电源断 电源通
记忆置位线圈 记忆复位线圈	X —(SM)— X —(RM)—	记忆电源断电前的置位与复位线圈 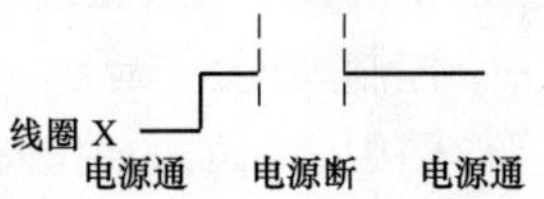 线圈X 电源通 电源断 电源通
正向变化检测线圈	X —(P)—	检测正向变化，在一个控制周期内为ON 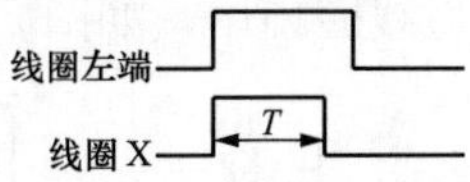 线圈左端 线圈X T
负向变化检测线圈	X —(N)—	检测负向变化，在一个控制周期内为ON 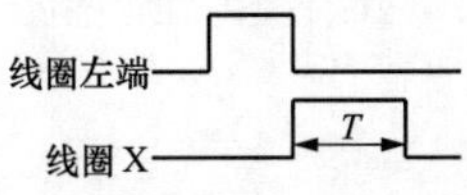 线圈左端 线圈X T

计时具有输入、输出、设定值、当前值四个部分。设定值是计时时间的目标值，当前值表示开始计时的时间。计时精度从高到低通常以 1s，0.1s，或 0.01s 的时基为单位，设定值和当前值是以时基为单位的计数值。计时方式见表 2-5。有 3 种计时方式，分别是闭合延时定时器、断开延时定时器、脉冲型定时器。这些定时器的特性分别在表中右侧用时序图表示出来。

表 2-5　　定时器类型

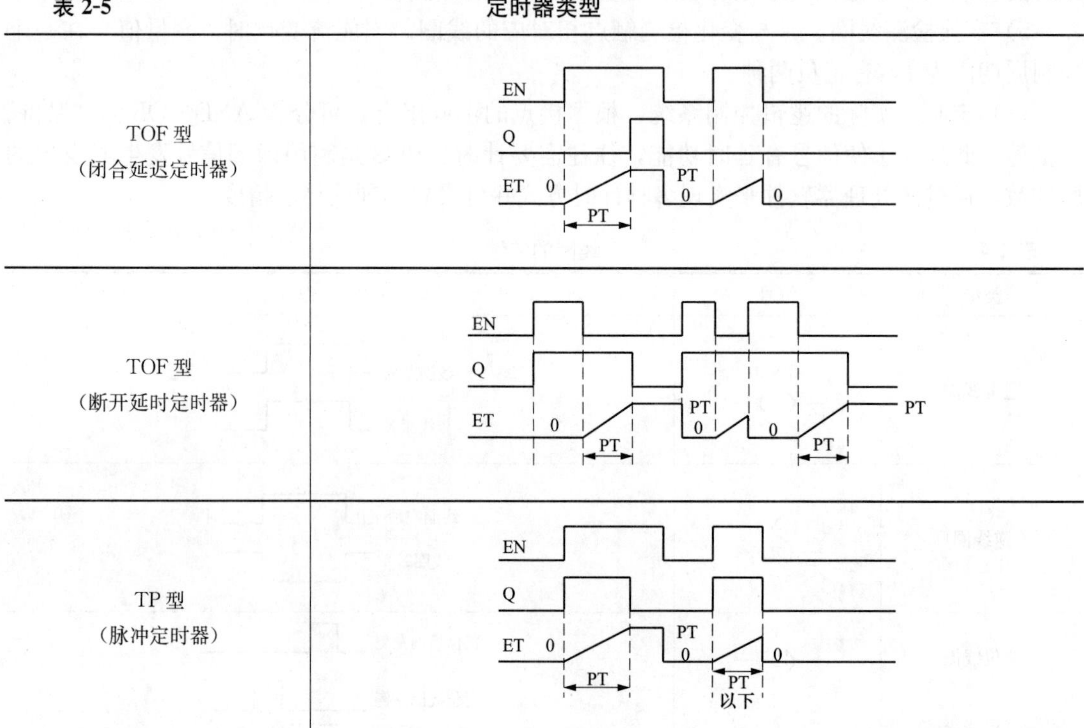

TOF 型 （闭合延迟定时器）	EN / Q / ET 0 / PT / 0 / PT / 0
TOF 型 （断开延时定时器）	EN / Q / ET 0 / PT / PT 0 / 0 / PT / PT
TP 型 （脉冲定时器）	EN / Q / ET 0 / PT / PT 0 / 0 / PT 以下

1）闭合延时定时器。来自左侧的能流（输入）进入 ON 状态经过设定时间后，右侧的能流（输出）也为 ON，普通的计时器常指这种类型。

2）断开延时定时器。输入为 ON 时输出立即为 ON，而输入为 OFF 时，经过设定时间后，输出才为 OFF。

3）脉冲。输入为 ON 时，只在设定时间上输出为 ON。变化检测接点也能发出脉冲，但脉冲的时间是一个控制周期。

不同厂家的梯形图中定时器的用法有些区别。常有 2 种方式：其一是将定时器视为输入元件，此时将定时器当做触点使用，如图 2-28（a）所示；其二是将定时器视为输出元件，此时将定时器当做线圈使用，如图 2-28（b）所示。

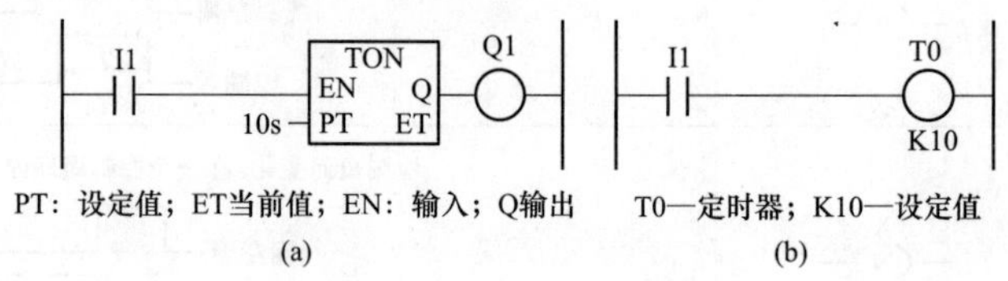

PT：设定值；ET当前值；EN：输入；Q输出　　T0—定时器；K10—设定值

(a)　　(b)

图 2-28　定时器用法

3. 梯形图元件的存储区类型

梯形图各种元件在PLC中以位的形式或字的形式寄存在存储器中。按元件的功能和特性要求，对PLC的存储区域对应做了划分，以位为单位的存储区为继电器区，以字为单位的存储区为数据存储区。

(1) 内部继电器区。内部继电器区分成两部分：

1) 输入/输出继电器区。此部分是输入/输出信号的映像寄存器区。在I/O刷新阶段才同外部设备进行信息交流。在用户程序执行阶段，PLC对输入映像寄存器区只能进行读的操作，对输出映像寄存器区能进行读/写的操作。

2) 辅助继电器区。供用户编程使用的内部辅助继电器区。用户程序对内部辅助继电器区能多次进行读/写的操作。输出映像寄存器可当作内部辅助继电器使用。

(2) 特殊辅助继电器区。供系统程序使用，用于存储PLC的工作状态标志，如出错、进借位、比较指令结果等、产生初始化脉冲、提供时钟脉冲、提供常ON、常OFF位等。用户程序可以读出但不能改写特殊辅助继电器区的内容。

(3) 保持继电器区。保持继电器具有断电保持功能。以字或双字为单位用作数据存储时，断电后再恢复供电，数据不会丢失；以位为单位构成保持或自保持回路时，断电后再恢复供电该位能保持掉电前的状态。

(4) 辅助记忆继电器区。辅助记忆继电器具有断电保持功能，用来存储PLC的工作状态信息，如连接的扩展单元的台数、断电发生的次数、扫描周期最大值及当前值、以及高速计数器、脉冲输出的工作状态标志、通信出错码、系统设定区域异常标志等。

(5) 定时器/计数器区。提供确定数量的定时器/计数器。定时器无断电保持功能，电源断电时定时器复位。计数器有断电保持功能。

(6) 数据存储区。数据存储区具有掉电保持功能，用来存储数据。一般只能以字或双字为单位使用，不能以位为单位使用。数据存储区分为只读存储区和自由读写区。只读存储区为系统设定区，用来设定各种系统参数，或可预先在编程器中写入。自由读写区可供用户程序使用。

4. 梯形图指令功能分类

PLC的指令系统非常丰富。本小节将PLC全部指令归纳为标准指令和高级指令2个部分，共7种类型。标准指令部分包括基本逻辑运算类、数值运算类、字逻辑运算类、数据处理运算类、程序控制类。高级指令部分包括应用运算类、CPU辅助功能类。

了解PLC指令的功能类型有助于全面认识PLC的丰富指令，从而发挥PLC的超强控制能力。

(1) 标准指令部分。

1) 基本逻辑运算类。

运算对象包括：I/O映像寄存器、内部寄存器、保持寄存器、计时器和计数器。完成的运算功能见表2-6。

表 2-6　　基本逻辑运算功能

序号	基本逻辑运算功能	内　容
1	逻辑运算	信号与、或、非及串行、并行的执行
2	输出	把逻辑运算结果送到外部输出或内存
3	置位与复位	只在信号变化时把输出置位（开）、复位（关）
4	移位	把 ON、OFF 信号顺序送到移位寄存器
5	脉冲（微分）	检测信号的上升沿、下降沿变化
6	主控制	程序的块切换
7	计时	根据计时器计时
8	计数	由计数器记录信号变化的次数

2）数值运算类。数值运算处理的运算对象包括：数据寄存器、文件寄存器（一段数据寄存器区）、累加器、变址寄存器、计时器和计数器的当前值、8 或 16 位（点）的 I/O 数据、内部寄存器、8，16，32 位的常数。采用的数值形式有：有符号和无符号的二进制数、BCD 码［二进制表示的十进制数（Binary Coded Decimal）］、浮点小数。运算功能见表 2-7。

表 2-7　　数值运算功能

序号	数值运算功能	内　容
1	四则运算	加减乘除的固定小数点或浮点小数的运算
2	加、减	指定运算对象的内容加 1 或减 1
3	函数运算	三角函数、对数、开方运算
4	PID 运算	模拟量数值化的比例（P）、积分（I）、微分（D）运算
5	求补运算	二进制的正负数间的符号变换
6	比较运算	判定数值间的大于、小于、等于
7	常数产生	产生二进制数、十六进制数、BCD 码
8	码制变换	二进制数和 BCD 码变换

3）字逻辑运算类。

数值运算处理的运算对象包括：数据寄存器、文件寄存器、累加器、变址寄存器、计时器和计数器的当前值、8 或 16 位（点）的 I/O 数据、内部寄存器、8，16，32 位的常数。数据位数为 16 或 32 位。运算功能见表 2-8。

表 2-8　　字逻辑运算功能

序号	逻辑运算功能	内　容
1	AND	数据对应位间的逻辑与
2	OR	数据对应位间的逻辑或
3	XOR	数据对应位间的异或数据不一致的检测
4	异或非	数据对应位间的异或的否定数据一致的检测
5	NOT	数据各位的 1 和 0 的非

4）数据处理运算类。

数据处理运算对象包括：数据寄存器、文件寄存器、累加器、变址寄存器、计时器和计数器的当前值、8或16位（点）的I/O数据、内部寄存器、8，16，32位的常数。数据位数为16或32位。运算功能见表2-9。

表2-9　　数据处理运算功能

序号	功　能	内　　容
1	传送MOV	把运算对象的内容（数据）传送给其他运算对象 ①根据传送地点的不同，有输出、保存、设定等； ②数据群的一次传送，同一数据的一次传送，1，0反转的否定传送
2	转移	把数据群一次性向旧标号或新编号移动
3	交换	输入数据间两个数据的交换
4	检索	从数据群检索具有指定数据内容的对象编号，运算对象个数
5	计数	记录数据中“1”的个数
6	译码	把数值变换成位码
7	编码	把位码变换成数值
8	置位、复位	字数据中的任意位置位（1）、复位（0）
9	分离	使字数据变成4位一组的独立数据
10	结合	使4位一组的数据结合成16位数据
11	FIFO	先入先出，寄存器的读出和写入
12	移位	字数据中位信息的左右移动
13	旋转	字数据群的一次性左右移动
14	码交换	英文数据的ASCII码变换及其逆变换

5）程序控制类。

改变程序的流程、完成诸如跳转、调用子程序、循环、中断等控制程序执行的功能，见表2-10。

表2-10　　程序控制功能

序号	功　能	内　　容
1	转移	把程序的执行移到指定的步骤编号
2	条件转移	如果条件成立，则把程序的执行移往指定的步骤编号
3	调用子程序、返回	转移到子程序，处理结束后返回
4	调用微机程序	调用微处理器的机器语言程序
5	循环	在指定的程序区间按指定次数反复执行
6	切换	主程序、子程序的切换
7	中断的许可与禁止	中断许可与禁止的指令
8	结束	宣告程序结束，进行内部处理

（2）高级运算指令部分。

1）应用运算类。

上述各运算以外的运算，有以下几种：

(a) 单元的操作，数据的存取；

(b) 联网数据的存取；

(c) 故障诊断；

(d) 把信息输送到 CPU 中的某个文字寄存器；

(e) 全部控制数据的一次性保存；

(f) 指定控制数据的采样保存。

2) CPU 辅助功能类。

CPU 除了运算以外的辅助功能是 PLC 的特点。其中自我诊断功能、检测 PLC 的异常与故障的功能、RAS (Reliability Availability Serviceability) 与运行时间、故障时的修复与检测的简易性、保养的简易性等有关。目前的 CPU 可以进行存储器、电源等的自我诊断，随着对仪表的安全性要求，输入/输出单元的故障检测也逐步纳入其中。CPU 的辅助功能见表 2-11。

表 2-11　**CPU 的辅助功能**

序号	功　能	内　　容
1	自我诊断 程序的不良检测 运算停止检测 常数设定检查 单元检查 电源异常检测 存储器异常检测 输出单元熔丝检测 电源电压低检测	硬件异常、故障检测、程序语法错误、指令不正确、输入输出编号不正确检测 扫描时间超出规定时间的检测，CPU、存储器故障，由于程序错误引起的运算停止的检测 存储容量和输入输出编号超出的检测 电源不匹配引起的单元操作不正确或误操作，接线柱的接触不良等检测，电源电压低和瞬时停电检测，运算停止的奇偶校验检测和存储器不正常检测，哪个输出单元的熔丝断的检测，电池电压低的检测
2	运行操作 遥控操作 断续操作 复位 暂时停止	CPU 的 RUN、STOP 的操作 外部信号使 CPU 执行运行 (RUN)、停止 (STOP) 间隔一个扫描周期的程序执行 CPU 回到初始状态 运算停止时使指定的输出保持停止前的状态
3	输入输出操作 强制输入开、关 输出的强制开、关 离线开关	输入输出的强制操作 从编程使输入强制地开或关 从编程使输出强制地开或关 把运算结果和线圈断开，运算结果不向外部输出
4	程序操作 写入操作 微程序操作	运行程序的操作 把程序写入 CPU 中 调用微处理器的机器语言
5	存储操作 写保护 RAM、ROM 选择	 使用 RAM 时，防止由于不注意的写入引起程序的破坏 存储器的 RAM、ROM 设定

续表

序号	功　能	内　　容
6	故障诊断	
	挂起	外单元发生故障时，让全部数据在其他存储器暂时保存
	采样扫描	把指定装置的状态在指定的数据间隔内记忆，以后可以监控
7	其他	
	中断处理	程序的优先处理
	监视时间可变	运算停止监视时间的设定
	扫描时间测定	扫描时间的最大、最小、当前值的测定和保存
	计时	年、月、日、时、分、秒、星期的记录
	定常扫描	按指定时间间隔起动程序
	时钟发生	发生一定周期的时钟信号
	参数设定	设定 PC 的动作、存储容量等
	注释	把工程名称、编号、设计者、日期等记忆在存储器中
	关键字	设定密码用于保护

5. 梯形图编程应用

掌握应用程序的分析和设计方法是一个不断学习和实践的过程。本小节从梯形图的分析方法、梯形图实现的控制系统和梯形图指令应用三个方面，认识和掌握梯形图在控制系统中的应用方法。

【例 2-8】 多谐振荡 LAD 程序

试分析图 2-29（a）所示的 LAD 程序执行的结果。

分析逻辑控制程序的基本方法是建立逻辑方程，是在逻辑代数基础上的分析。在分析较为复杂的逻辑关系时，如构成前倚方程、含各种计时关系的定时器的逻辑函数等组成的方程或方程组时，用逻辑方程分析要求较高。对此工程中常采用时序图分析法。

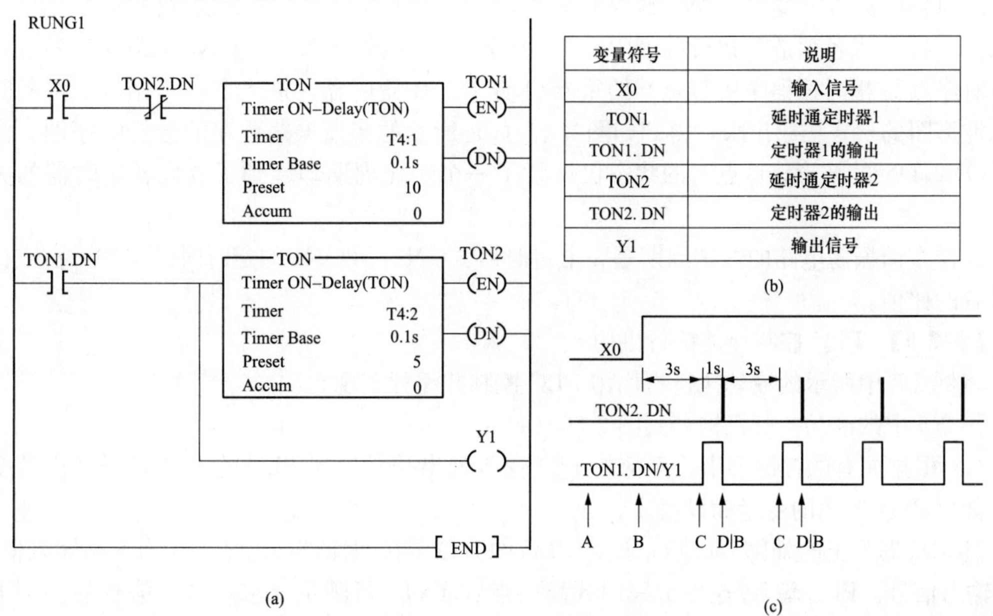

图 2-29　多谐振荡程序及时序图

图中使用了 2 个接通延时型定时器 TON1、TON2，其输出触点分别是 TON1. DN、TON2. DN，其他变量如图 2-29（b）所示。

时序图是将程序中所有元件从上至下排列出来，每个元件的逻辑取值按时间序列从左到右按用户程序执行的结果依次画出。当程序执行结果不再变化或出现规律性变化的稳定结果时，程序分析完毕。时序图分析具有直观简洁的特点，特别适合于含有定时器元件的程序分析。各变量在时序点的取值见表 2-12。

表 2-12　各变量在时序点的取值表

时序点／变量	A	A→B	B	B→C	C	C→D	D	B
X0	0	0	1	1	1	1	1	1
TON2. DN	0	0	0	0	0	0	1	0
TON1. DN/Y1	0	0	0	0	1	1	1	0

图 2-29（c）所示的为多谐振荡程序的分析时序图。图中列出了程序中所用到的 4 个元件：X0、TON2、TON1、Y1，其中 Y1 的结果和 TON1 的输出 TON1. DN 相同，可用一个波形表示。当输入端信号 X0 为 0 时，将其值放到图 2-29（a）的执行程序中，程序执行的结果是 TON2. DN、TON1. DN/Y1 均为 0，各变量取值如表 2-11 中 A 点所示。在下一个应用程序执行周期，由于各值没有变化，程序执行结果也不会变化，这种状况持续到有输入变量 X0 为 1 时的时序点 B。B 点时各变量取值见表 2-12，此时将 B 点各值放到执行程序中，TON1 开始计时，计时时间到之前各值保持不变。TON1 计时时间到，TON1. DN/Y1 为 1，各变量取值如表 2-11 中 C 点所示。将 C 点各值放到执行程序中，TON2 开始计时，计时时间到之前各值保持不变。TON2 计时时间到，TON2. DN 为 1，各变量取值如表 2-11 中 D 点所示。将 D 点各值放到执行程序中，执行结果是定时器 TON1、TON2 均复位，各变量状态与时序点 B 相同，程序从 B 点开始重新启动 TON1 定时器，进入下一个循环。将各时序点用波形图的形式描绘出来，得到如图 2-29（c）所示的多谐振荡程序的分析时序图。注意到 TON2. DN 的波形，D 点时的状态仅持续了一个工作周期却起到了复位各定时器的关键作用。

这样多谐振荡电路的振荡周期是 2 个定时器 TON2、TON1 的定时时间之和，占空比是这二者的比值。

【例 2-9】 PLC 控制液动执行机构

将例 2-5 中所示的液动执行机构用 PLC 控制并编程实现。

例 2-5 中的液动执行机构列到图 2-30（a）中。

（i）根据原有的控制要求将全部的 I/O 变量列出并对应到 PLC 的 I/O 端子及内部变量中，如图 2-31 所示的变量和设备表。

（ii）根据列出的外部 I/O 点，设计 PLC 的 I/O 卡接线原理图。本例中有 5 路输入信号、4 路输出信号。PLC 输入/输出卡采用 8 路共点式 I/O，可满足要求。输入信号的探测电源为 24VDC，输出设备的驱动电源为 24VDC。接线设计原理图如图 2-30（b）所示。

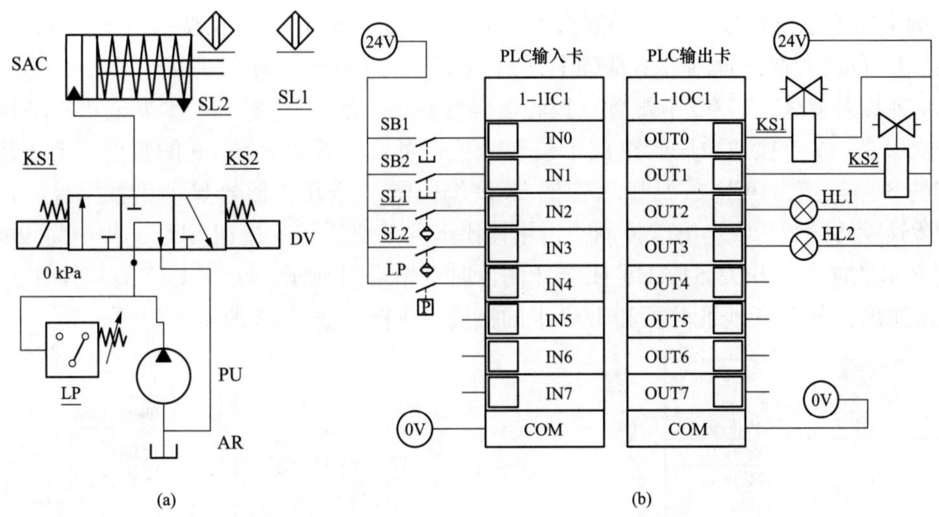

图 2-30　PLC 控制液动执行机构及 I/O 卡接线原理图

符号	属性	I/O 分配	内部符号
SB1	开按钮	1-1IC1. IN1	IN0
SB2	关按钮	1-1IC1. IN1	IN1
SL1	开位置开关	1-1IC1. IN2	IN2
SL2	关位置开关	1-1IC1. IN3	IN3
LP	压力开关	1-1IC1. IN4	IN4
KS1	开门电磁阀	1-10C1. OUT0	OUT0
KS2	关门电磁阀	1-10C1. OUT1	OUT1
HL1	指示灯	1-10C1. OUT2	OUT2
HL2	指示灯	1-10C1. OUT3	OUT3
FLASH	内部连续脉冲	/	√
SAC	单室液压缸	/	/
DV	3/3 双控电磁阀	/	/
PU	排量泵	/	/
AR	油箱	/	/
24V，0V	24V 直流电源	/	/
1-1IC1	8 路 PLC 输入卡	/	IN0～IN7
1-10C1	8 路 PLC 输出卡	/	OUT0～OUT7

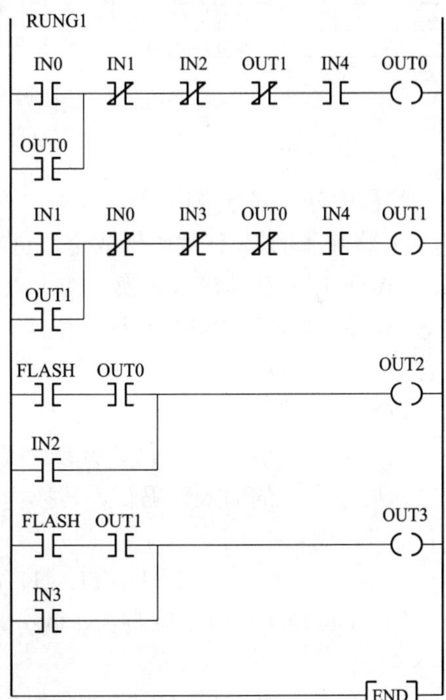

图 2-31　PLC 控制液动执行机构的梯形图程序

(iii) 按控制功能要求进行编程设计。程序采用梯形图语言，采用启-保-停结构分别设计了液动执行机构开、关的手动操作功能。在执行机构动作或在开关位置时设置了指示功能。其中 FLASH 是 PLC 内部的连续脉冲信号，供执行机构动作是指示灯以闪烁状态提示。

【例 2-10】 数码管置数计时显示

PLC 有非常丰富的指令，这些指令极大拓展了 PLC 系统的应用范围。本例以一个拨轮数码管输入设定值和 BCD 数码管显示倒计时的实用程序为例，熟悉 PLC 运算类指令的运用方式。

本例采用 2 个拨轮数码管用于置数，2 个 BCD 数码管用于显示数字。拨轮数码管置数完毕后，BCD 码管在设置的数值基础上开始倒计时，直至显示为 0。

(i) 外设及 PLC 的 I/O 卡配置。拨轮数码管是一个能显示数字 0～9 并输出 4 路 BCD 编码的多路开关。2 个拨轮数码管组成十位和个位，可以设置最大至 99 的数值，要占用 PLC 输入卡的 8 路通道。BCD 数码显示管把 BCD 编码的 4 路开关信号显示为数字 0～9。2 个 BCD 数码显示管用 PLC 输出卡控制需占用输出卡的 8 路通道。按钮 SETN 用于将设置的数值送到显示数据中。开关 START 闭合让倒计时开始计时显示。全部 I/O 信号共计 10 路输入，8 路输出。其 I/O 地址分配和 I/O 卡的接线原理图如图 2-32 所示。

设备符号	内部变量	说明
ID1	IN0～IN3	拨轮数码管 1
ID2	IN4～IN7	拨轮数码管 2
START	IN9	启动开关
SETN	IN10	置数按钮
OD1	OUT0～OUT3	BCD 码管 1（个位）
OD2	OUT4～OUT7	BCD 码管 2（十位）
1-1IC1	IN0～IN15	16 路共点输入卡
1-1OC1	OUT0～OUT7	8 路共点输出卡
24VD、0V		输入卡探测电源
24VD、0V		输出卡供电电源

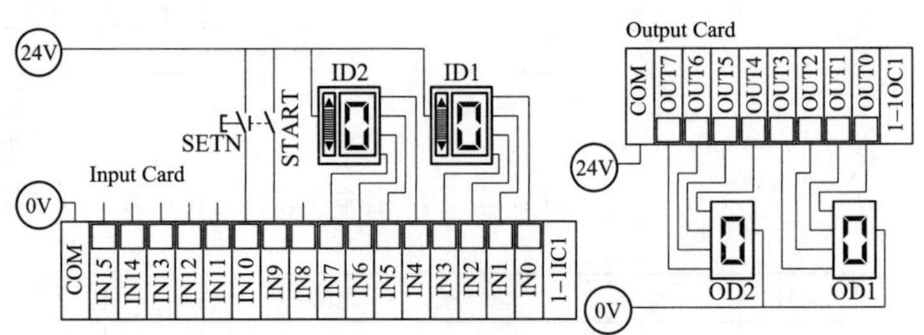

图 2-32　数码管置数计时显示的 I/O 卡接线原理图

(ii) 程序设计

将程序分 3 部分进说明。

i) 将输入的 BCD 编码转成十六进制数值。将输入的数字编码合成数值，设置整型变量 H _ DATE 用来存储输入转换为的十六进制数。先用 MOVE 模块将 H _ DATE 清零，根据输入个位的 BCD 码 INPUT 从个位输入的低位到高位每一位加上该位对应的十进制数。即从这个 4 位 BCD 码的最低位开始到最高位，即 $n=0$，1，2，3 时，其对应的数为 2^n。如果这一位数是 1，则：

$$H\_DATE = H\_DATE + 2^n (n=0,1,2,3) \tag{2-1}$$

对应于十位的输入数码管，转换为十六进制需要加到 H _ DATE 的数需要乘 10。如果该位是 1，则：

$$H\_DATE = H\_DATE + 10 \times 2^n (n=0,1,2,3) \tag{2-2}$$

用 ADD 模块将每个管脚为 1 的分量加起来就实现上述功能，见图 2-33 中梯形图程序的 1～8 句。

ii) 将十六进制数值转成 BCD 编码，并控制 BCD 码管显示，是上部分的逆处理过程。将一个数值转成 BCD 编码，并驱动 BCD 码管显示出十进制数字。程序中需要显示的十六进制数设为 SHOW _ DATE。先用 TOD 模块将十六进制数 SHOW _ DATE 转为 BCD 码的十进制数 D _ DATE，如图 2-33 中语句 13 所示。再用 AND 字与模块将 D _ DATE 分别与相应位权的二进制数相与，把二进制的各个位提取出来。如个位的 4 个编码权重从低到高为 1，2，4，8h（h 表示 16 进制），则 D _ DATE 分别同 1，2，4，8h 相与，得出个位上的 BCD 编码。同样 D _ DATE 分别同 10，20，40，80h 相与，得出十位上的 BCD 编码。逻辑结果分别送到变量 D _ DATE _ 0～D _ DATE _ 7 中，再输出到 PLC 输出卡的 OUT 口，控制数码管显示相应的十进制数字。这段程序见图 2-33 中梯形图程序的 13～29 句。

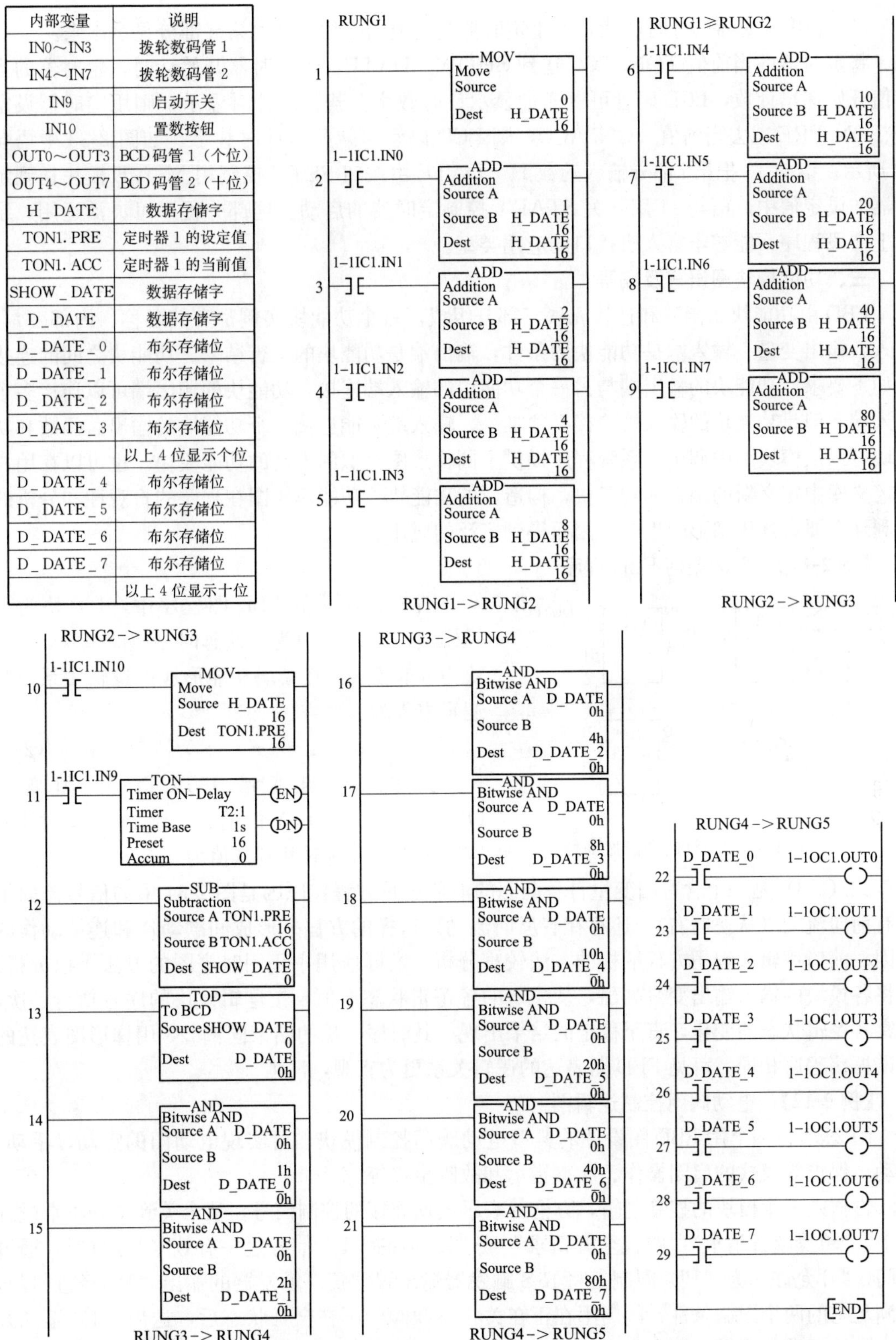

内部变量	说明
IN0～IN3	拨轮数码管 1
IN4～IN7	拨轮数码管 2
IN9	启动开关
IN10	置数按钮
OUT0～OUT3	BCD 码管 1（个位）
OUT4～OUT7	BCD 码管 2（十位）
H_DATE	数据存储字
TON1. PRE	定时器 1 的设定值
TON1. ACC	定时器 1 的当前值
SHOW_DATE	数据存储字
D_DATE	数据存储字
D_DATE_0	布尔存储位
D_DATE_1	布尔存储位
D_DATE_2	布尔存储位
D_DATE_3	布尔存储位
	以上 4 位显示个位
D_DATE_4	布尔存储位
D_DATE_5	布尔存储位
D_DATE_6	布尔存储位
D_DATE_7	布尔存储位
	以上 4 位显示十位

图 2-33 数码管置数计时显示的变量说明和梯形图程序

iii）利用定时器的计时功能，产生定时器当前值的变化，并由第 ii 部分显示出来。

将定时器的当前值 TON. ACC 送到 SHOW _ DATE，当定时器开始计时，定时器的当前值开始递增计数，BCD 码管可以递增显示计时数字。若要倒计时显示，则用定时器设定值 TON. PRE 减去当前值 TON. ACC，则 BCD 码管递减显示计时数字，如图 2-33 中语句 12 所示。语句 10 把第 i 部分输入的数 H _ DATE 由按钮 SETN 控制用 MOVE 模块送到定时器的设定值中。语句 11 用开关 START 控制定时器的启动。这部分程序可灵活运用，结合上 2 段程序，能够丰富人机接口的应用类型。

三、功能模块图语言及编程

FBD 由功能块、函数和连接元素三部分组成。每个功能块实例都有其名称、内部变量、输入、输出变量。输入端是功能块的条件，输出端是功能块的运行结果。功能块之间的连接有如下要求：功能块的输出端与另一个功能块的输入端连接，功能块的输出端可以连接多个输入端，但是功能块的输入端连接必须唯一，输入端只能连接一个功能块的输出。函数和功能块可以从模块库中调用。系统程序提供了同梯形图相似的丰富的功能模块。也可以在用户自定义库中定义新的函数和功能块，构造新的功能块。功能模块图在程序的直观性和分析的便利性上要有优于梯形图程序，因而得到广泛的应用。

【例 2-11】 多谐振荡 FBD 程序

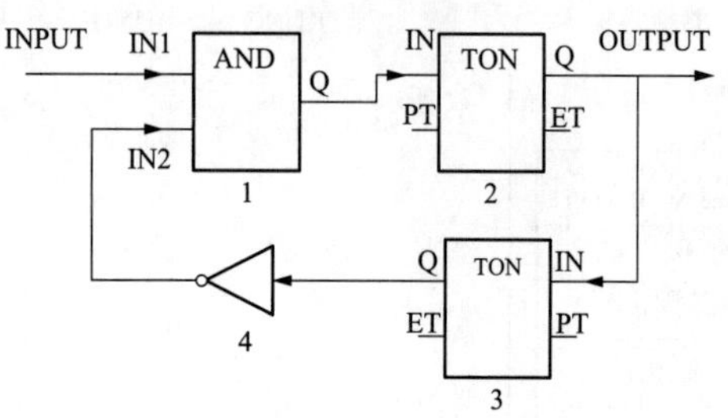

图 2-34　FBD 图设计的多谐振荡程序

图 2-34 所示的 FBD 图程序中，1 号块为与门模块，2、3 号块为接通延时型定时模块，4 号块为取非模块。按模块功能形成的逻辑关系，其逻辑方程为：

$$Y=(x \cdot \overline{yt_2})t_1 \tag{2-3}$$

其中：x—自变量 INPUT；Y—因变量 OUTPUT，y 表示 Y 的前态；t_1、t_2—定时器的定时条件，计时时间到其值为 1。

式（2-3）是一个含有因变量自身前态的前倚逻辑方程，原因是图 2-34 中的信号流向不但有前向流动（从左向右），还存在着反向流动。这样的方程是形成间歇动作和连续动作的原因。前倚逻辑方程用方程解析的方法较难分析，实际应用中仍用时序图的方法予以分析。即将各模块的输入输出变量列出，从稳定的各逻辑状态取值，按逻辑模块的序号执行一次，观察各逻辑状态的变化，直至稳定的结果出现。其时序分析的结果同例 2-8 用梯形图表达的多谐振荡程序相同。可见 FBD 图表达的逻辑关系更为直观，清晰。

【例 2-12】 电动阀门控制逻辑图

图 2-35 为一个用 FBD 图设计的典型电动阀门控制模块，可实现电动门的点动、手动、自动、保护等模式的启闭操作、状态指示和故障报警等。

方框内表示模块的控制逻辑，方框外表示模块连接的控制信号。从全关到全开正常过程如下：“单操全开请求”“顺控全开请求”或“联锁保护开”信号之一有效（为“1”），通过与门(“开允许”为“1”）限制，将 R-S 触发器输出置“1”。触发器的输出“1”经过与门，并满足它的两个限制条件：阀门不在正在关状态和阀门不在全开状态后，送出“1”至“开命令”输出端。假设“开命令”为“1”时驱动电动机正转，使阀门开启，则阀门处于正在开状态，直至阀门开到“阀门全开”信号有效（为“1”），则破坏与门输出条件，使“开命

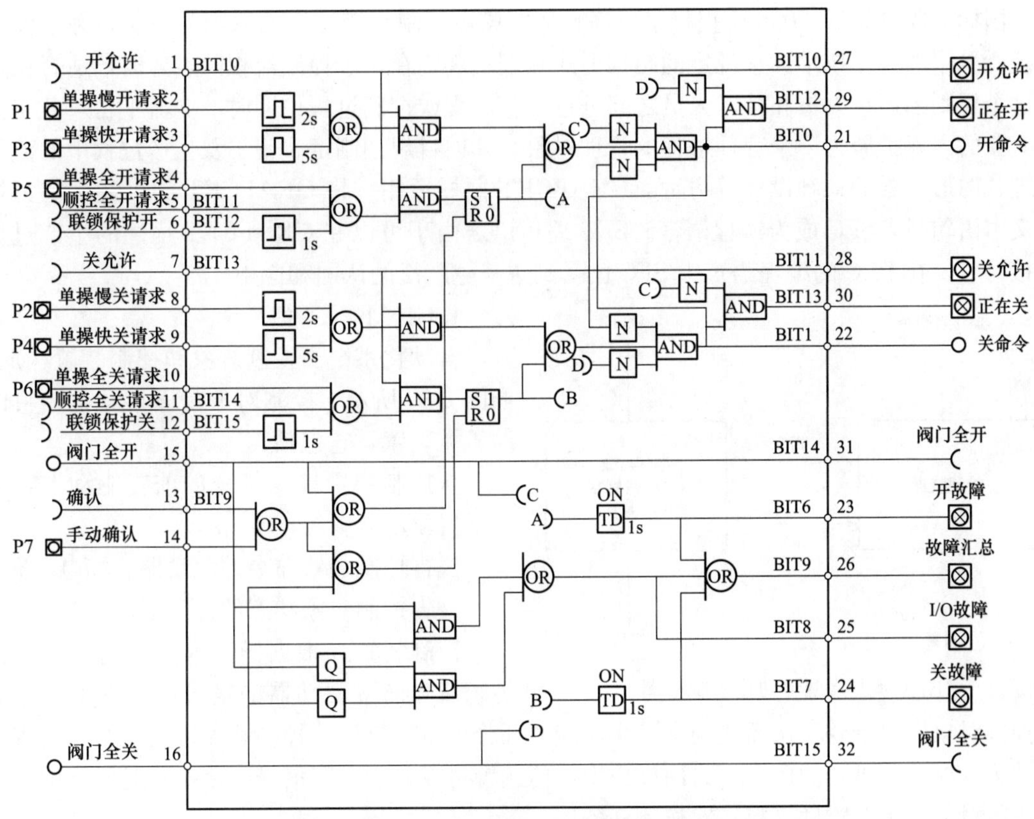

图 2-35　典型电动门的功能模块图

令”输出为“0”，电动机停转。同时“阀门全开”有效也送到触发器的复位端，使触发器输出为“0”，为下次开启作准备。当需要阀门在中间位置停止时，要用到阀门的点动操作。这个模块设计“单操慢开请求”和“单操快开请求”可使阀门达到中停工况，二者仅在开速率上不同。阀门从全开至全关正常过程同上相仿。

可以通过“确认”和“手动确认”随时停止电动机的运行。

模块中具有状态指示、故障指示功能。如正在开、正在关指示。故障指示判别了三种故障类型：开故障（开门时间定时器）、关故障（关门时间定时器）和 I/O 故障。

四、顺序功能图语言及应用

SFC（顺序功能图），最早由在法国国内以及全欧洲取得显著业绩的 GRAFCET（步进控制图）为母体，经过若干改良、规范了的控制编程语言。GRAFCET 是一种功能图，又称状态转移图、功能表图，以顺序过程的自动化为目的，于 1977 年在法国的 AFCET（关于经济、技术控制论团体的逻辑系统研究部门）中发表。后由法国自动化生产促进会（ADEPA）提出并被许多国家和国际电工委员会（IEC）认可。1986 年我国颁布了顺序功能图的国家标准 GB 6988.6-86。1987 年 IEC 公布了控制系统功能图准备标准 IEC 60848。2008 年我国颁布了顺序功能表图用 GRAFCET 规范语言 GB 21654—2008，代替 GB 6988.6。1994 年公布的可编程序控制器标准 IEC 61131-3 中，SFC 被确定为 PLC 编程的首选语言。2017 年我国颁布了 GB 15969.3—2017，其中顺序功能图（SFC）元素部分对 IEC 60848 作了必要的改动作为可编程序控制器的一种编程语言。

国标 GB 21654—2008 中提供了顺序功能图描述控制系统功能的原则与方法，并不涉及系统所采用的具体技术。它规定的结构形式和表达规则在用于控制流程的表述时，适合在遵循这个规则的运行人员和技术人员之间进行工艺流程或控制过程说明时的交流平台。若将控制对象的内涵扩展为一个管理过程的管理对象，如项目规划制定、施工及生产过程中的流程管理、图形元素的动画设计等方面，GRAFCET 同样适用。将 GRAFCET 的表述规定为标准文本语句时，SFC 成为编程语言。SFC 编程语言由于可以和 GRAFCET 描述的生产过程直接对应，在 PLC 的编程语言中 SFC 已受到越来越广泛的认同和应用。

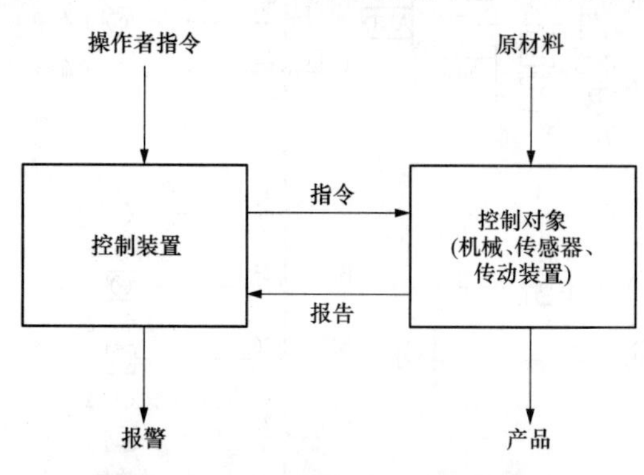

图 2-36　典型自动化系统框图

1. GRAFCET 的思考方法

自动化系统由控制对象和控制装置构成，如图 2-36 所示。控制对象是以自动化为目的的机械装置，它包括：

从控制装置接受指令的前置驱动器，如电动机驱动装置等；

执行控制装置命令的驱动器，如电磁阀；

报告控制对象状态的传感器。

控制装置是根据操作人员的指令、来自传感器和前置驱动器的信号，经逻辑处理后给控制对象发出指令，从而实施自动化功能的部分。也就是说，控制装置接受操作人员或其他装置（如计算机）的命令，再向操作人员传达警报或显示灯等信号，使控制对象按预定工序进行材料加工、物件（料）输送等任务。

设计自动化系统时，设计者必须把控制对象、操作人员和控制装置之间的关系写成正确明了的设计书。为此我们期望把设计书分成连续的自上而下的两个部分：

（1）初始阶段。记述控制装置对于控制对象的动作，是功能部分的设计。

（2）第二部分。根据功能设计，针对实际机器的种类、特性等再作更具体、更明确的详细设计。这不仅要考虑控制对象，也必须同时考虑操作人员的界面。

像这样把问题分为功能上的问题和详细设计的问题，就可以把设计者从考虑烦琐的细节中解脱出来，实现自上而下的设计。

1）功能设计。

功能设计是以设计者理解控制装置的任务为目的，明确控制装置对其输出信号的反应。功能设计与使用电、使用空气、或使用何种技术无关，不必考虑部件和传感器的使用技术，但必须明确地规定控制对象自动化所包含的各种控制功能、信号和控制动作。所使用的传感器、驱动器的种类和特性，在功能设计中看不到。机械动作的限位可以由机械式位置开关、无接触式接近开关，或者由距离传感器发出信号，再通过计算由程序实现获得动作限位。

2）详细设计。

详细设计是在功能设计的基础上，根据所使用的部件和传感器的种类和特性进行的更具体更完善的设计。指定好实际动作的电动机、电磁阀等，说明哪一个传感器应如何动作。

对于设备，必须考虑以下问题：

(i) 不发生危险的故障；

(ii) 部件的可靠性；

(iii) 维护的方便性；

(iv) 设备变更的可能性；

(v) 人机界面。

3) 新的表示方法的必要性。

设计书如使用日常语言，极易造成设计者与读者之间的误解，因为一句话不正确、定义不明确，或者包含几个意思的情景是常有的事。顺序控制系统可以根据一些条件对我们日常使用的语言进行选择。也就是说，应该有清楚、易理解、易使用、规范化了的设计表现方法，这就是 GRAFCET 的思考方法，也是 SFC 的编程依据。它是不论在功能设计和详细设计的情况下都能使用的、描述自动化系统控制器设计的方法，也可以说是顺序控制系统的执行顺序与处理的内容。这种方法可供进一步设计和不同专业人员之间的技术交流使用。

2. 应用规则和结构

(1) 应用规则。GRAFCET 的术语中定义了三个重要符号概念：步、转换和有向连线。并且规定：①一个或数个命令或动作（命令或动作指 SFC 的输出，是在不同情景下的称呼。如在工艺过程中称为动作，控制装置中称为命令。有时不作区别，以下同。）可与一个步相对应，步也可以不带命令或动作，单纯表示一个状态。②每一个转换必须与一个转换条件相对应。这就是 GRAFCET 图形元素的基本概念。在 IEC 规则中，GRAFCET 的正确名称为 GRAFCET 元素，它并不是语言这一狭窄的概念，而是顺序控制所有语言中可以表现的一种行为控制要素。不仅是图形语言，而且文本语言也可以表示 GRAFCET 的功能。在这里我们只讨论称之为功能表图的 GRAFCET 图形表示。它的基本结构如图 2-37 所示。

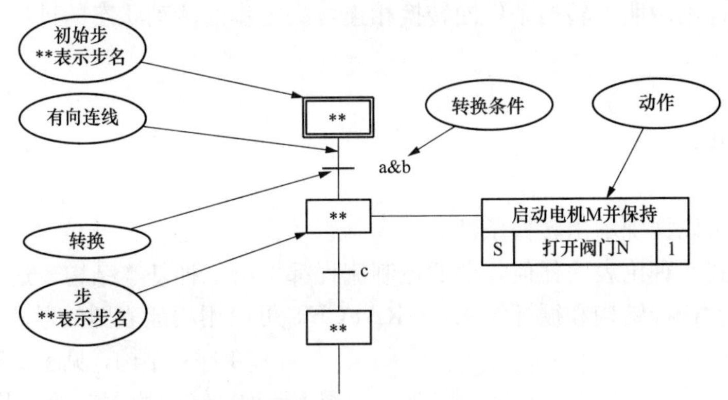

图 2-37 GRAFCET 的图形元素

1) 步。步表示一系列顺序中的一个阶段，用方框表示并以框中的数字加以标识。开始执行的步称为初始步，用双线框表示。步规定为有两种状态：活动（ON）和非活动（OFF）状态。当一个步处于活动状态时，其相应的命令或动作才被执行。

2) 转换和转换条件。从一个步到另外一个步的连线上的横线表示转换，转换旁的注释表示转换条件，转换条件是指与每个转换相关的逻辑命题。当与此相关的逻辑变量为真时转换条件即为真。

3) 有向连线。连接在步和转换、转换和步之间的有向连接线，方向自上而下、从左到右时可以不画箭头。

4) 动作。步可以有 0 个以上的动作。一个动作用一个长条框框起来，并且可以分成 3

个部分进一步说明。步在活动状态时动作才被执行。动作可以连接在步的右侧，多个动作可以横列或纵列起来。

对转换状态规定为若通过有向线段连接到转换符号的所有前级步都是活动步，则该转换为使能转换，否则为非使能转换。

步的转换规则有两条：

①转换实现的条件。

i. 它是使能转换；

ii. 与其相关的转换条件为真。

②转换实现完成的操作。

i. 所有通过有向连线与转换符号相连的后续步都转换成活动步；

ii. 所有通过有向连线与转换符号相连的前级步都变为非活动步。

动作的详细说明。动作同步相连，用于描述完成实时任务的真实执行过程。命令可在与步相连的长方形框中用文字或符号语句表示。详细动作的说明标识可以由 3 部分组成（见图 2-37 中动作的第 2 条表示）。第 1 部分表示动作的持续时间和步的持续时间之间的严格关系，可用符号或文本标记。表示动作可以是有条件的、延迟的（用字母 D 标识）、存储的（用字母 S 标识）或有时间限制的（用字母 L 标识）以及它们的组合等。非存储型命令或动作的持续时间被假设等于相应活动步的持续时间，用字母 N 标识。第二部分说明执行的动作，可用文字语句和符号语句说明。第三部分示出本动作的校验反馈信号的参考标识。第一部分和第三部分仅在有必要时示出。

转换条件的详细说明。转换条件同转换相连，决定步的活动状态的进展。转换条件可以采用三种方式表示：

①文字语句；

②布尔表达式；

③图形符号。

在此基础上可以详细示出转换条件。

（2）结构形式。理论表明任何复杂的控制流程都可由三种基本结构表达，这三种基本结构为：顺序结构、选择结构和循环结构。GRAFCET 可以用功能表图的形式表达这些流程。

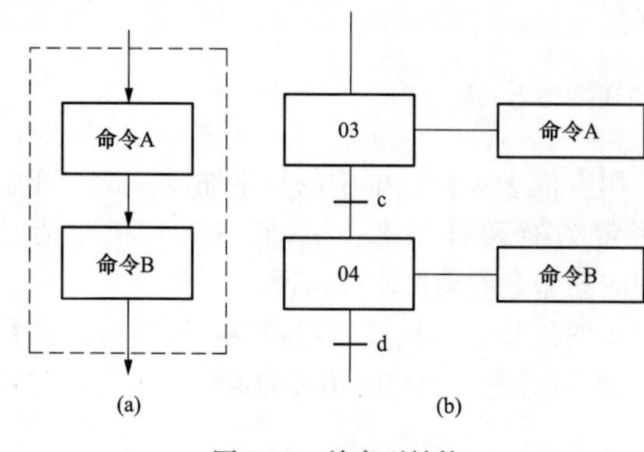

图 2-38 单序列结构
（a）流程图；（b）GRAFCET 图

1）单序列结构，见图 2-38。图中（a）是用表示程序结构的 N-S 流程图表示的单序列结构的执行顺序；图（b）是用 GRAFCET 图表示的单序列结构的执行顺序。两者比较均表示出了先执行命令 A，再执行命令 B 的顺序，但 GRAFCET 图详细表示了转换的条件和转换前后的命令状态，这是 GRAFCET 的特点。

2）分支结构，见图 2-39。图（a）流程图中的菱形框表示判断选择分支，p 代表一个选择条件，当 p 条件成立（或称为“真”）时执行左分支中的命令 A，否则执行右分支中的命令 B。程序必须执行 A 或 B 之一，然后两条路径汇合在一起出口。图（b）GRAFCET 图表示的选择结构用水平单线，下面连接 2 个转换并进行条件判断。按转换规则当 05 步为活动步，下面的转换均为使能转换，具体是 05 步→06 步还是 05 步→07 步转换，则取决于和这两个转换的转换条件。这 2 个条件包含了图（a）中 p 条件的判断且必须有一个满足。每条分支结束时要设置一个转换并用一条水平单线汇到公共序列中，这时 2 个转换是在水平线之上。GRAFCET 在表示选择结构时并没有增加新的图形元素。

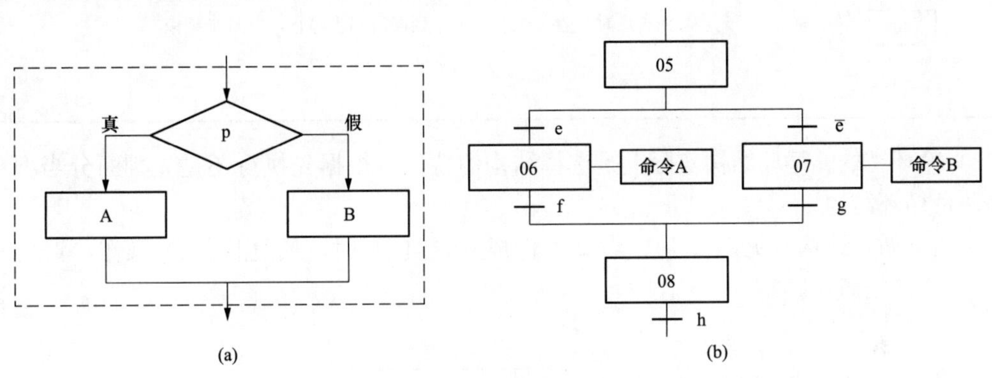

图 2-39 单选择结构

（a）流程图；（b）GRAFCET 图

分支结构中分成单选择结构和并行结构两种形式，见表 2-13。

表 2-13 单选择结构和并行结构及规则

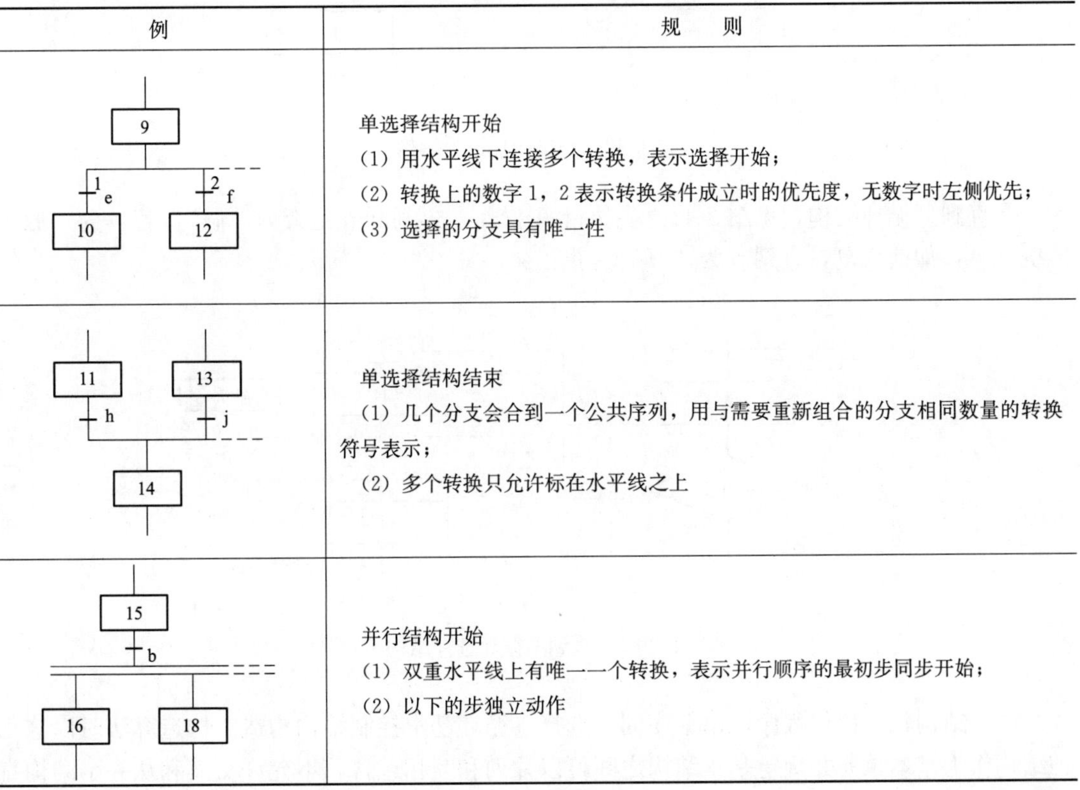

例	规 则
	单选择结构开始 （1）用水平线下连接多个转换，表示选择开始； （2）转换上的数字 1，2 表示转换条件成立时的优先度，无数字时左侧优先； （3）选择的分支具有唯一性
	单选择结构结束 （1）几个分支会合到一个公共序列，用与需要重新组合的分支相同数量的转换符号表示； （2）多个转换只允许标在水平线之上
	并行结构开始 （1）双重水平线上有唯一一个转换，表示并行顺序的最初步同步开始； （2）以下的步独立动作

续表

例	规　则
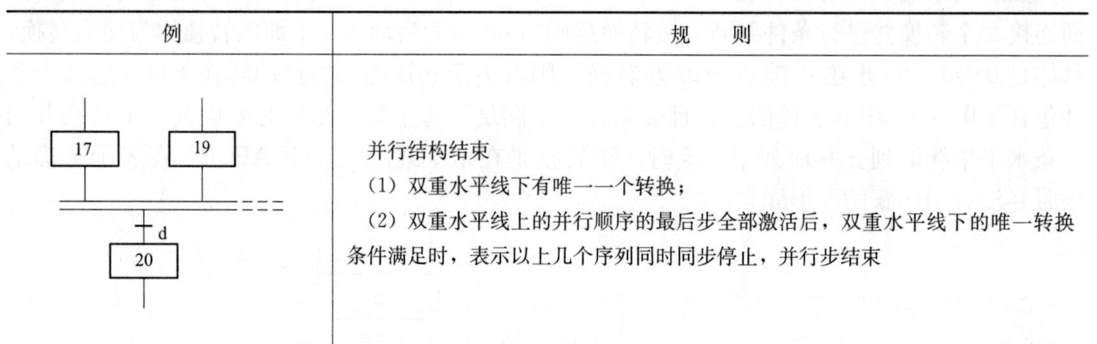	并行结构结束 （1）双重水平线下有唯一一个转换； （2）双重水平线上的并行顺序的最后步全部激活后，双重水平线下的唯一转换条件满足时，表示以上几个序列同时同步停止，并行步结束

3）循环结构。循环结构实际上是选择结构的特例。根据先执行还是先判断分当型和直到型两种循环结构。

①当型循环结构。见图 2-40。当 p 条件成立（“真”）时，反复执行 A 操作，直到 p 为“假”时才停止循环。

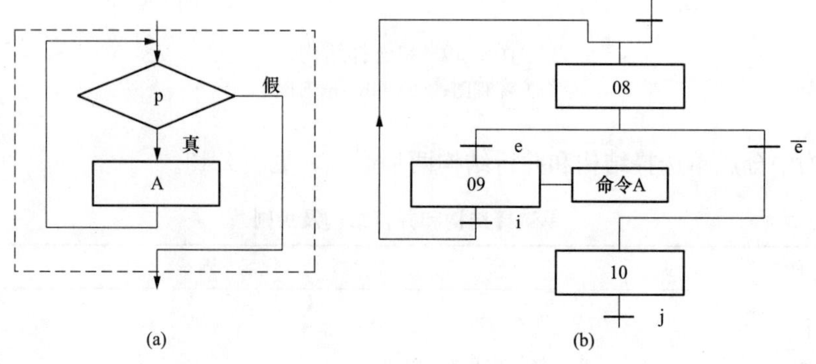

图 2-40　当型循环选择结构

②直到型循环结构，见图 2-41。先执行 A 操作，再判断 p 是否为“假”，若 p 为“假”，再执行 A，如此反复，直到 p 为“真”为止。

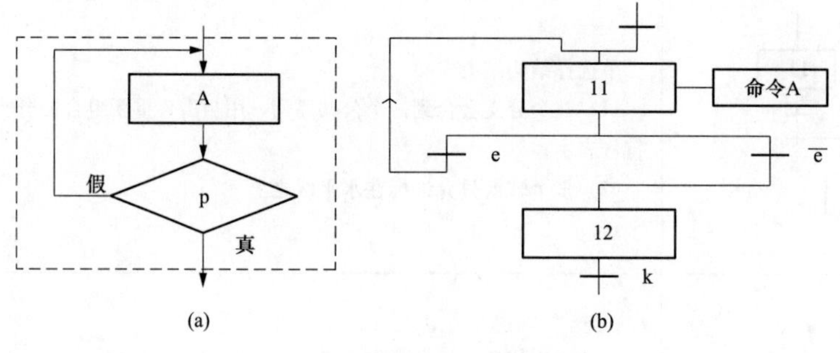

图 2-41　直到型循环选择结构

（3）结构化。任何程序可由单序列、选择、循环基本控制结构构造。构造算法时以这三种结构作为基本单元并规定基本结构之间可以并列和互相包含，不允许交叉和从一个结构直接转到另一个结构的内部去，这种方法就是结构化方法。在软件的设计中，程序结构化不断获得进展，顺序控制设计也是如此。从设计的简易、错误的减少、顺序的再使用、顺序的模块化、维护的容易来看，结构化的优点越来越为人们所认识。而作为其实现手段，GRAFCET 的有效性令人瞩目。看下面的例子。

1）层次化。先按宏观情况写好顺序，然后把顺序用 GRAFCET 来表示，最后再写成详细的 GRAFCET。像这样的层次结构 GRAFCET 很容易写出，使顺序设计成为自顶向下的设计，如图 2-42 所示。

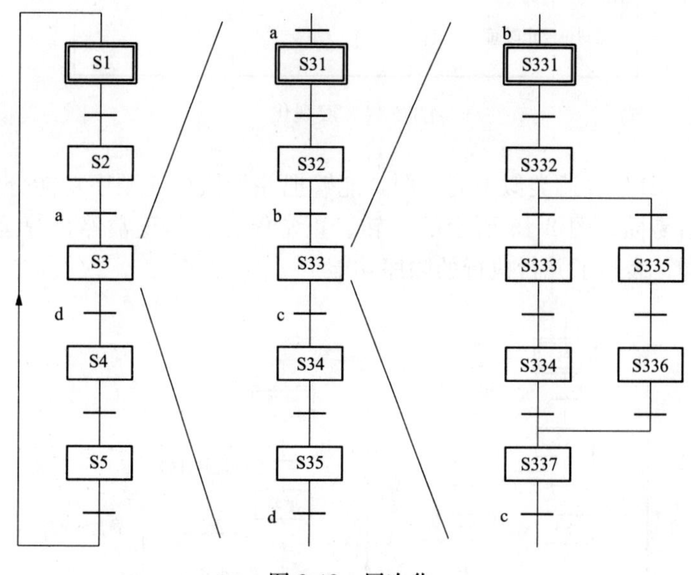

图 2-42 层次化

图中右侧列详细表示了左侧列中以简略形式表示的某一步，并将其分成几个子步。这样的程序结构层次分明，便于分工协作、宏观管理。

2）重复使用同一序列。对于类似于程序结构语言中的子程序调用，GRAFCET 的表达更为直观：重复使用同一序列，见图 2-43 示例。

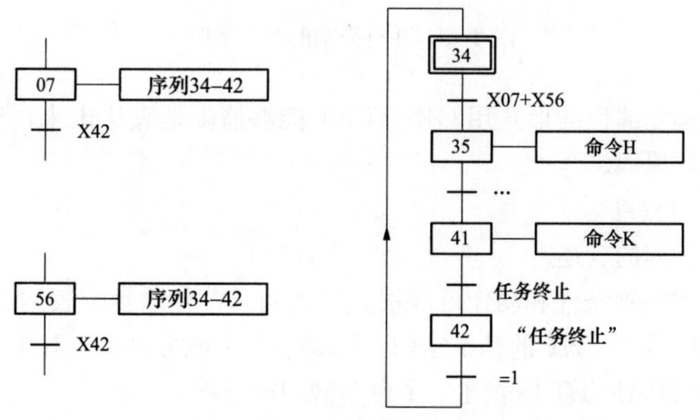

图 2-43 重复使用同一序列

3）宏观化。GRAFCET 表达顺控过程中，外部给予 SFC 的输入及向外部的输出被埋没在序列的转换条件和命令中，使得 GRAFCET 的输入输出变得模糊起来，为克服这个缺陷，便于与梯形图和 FBD 连接，GRAFCET 表达结合了宏观化的表示方法，如图 2-44 所示。

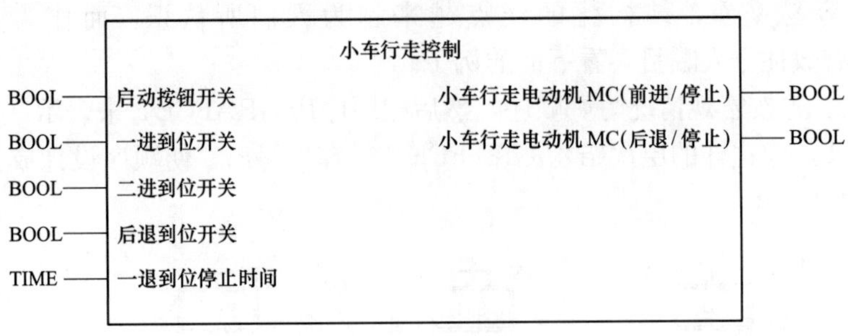

图 2-44 宏观化

4）并行分割。SFC 表述类似于流程图，能够把并行执行的顺序功能分割开来，使得顺序的流程变得清晰易懂。图 2-45 所示的运转、正常停止、非正常停止等运转模块的顺序，与上下层次化不同，表达了并行执行的顺序功能。

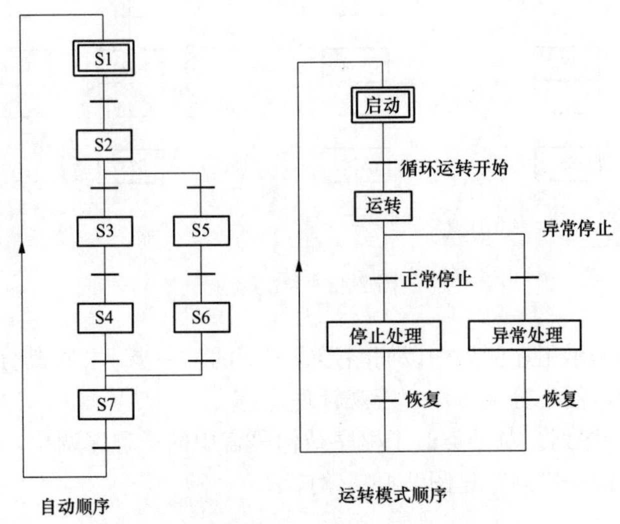

图 2-45 并行分割的 2 个举例

上述的几种结构化编程的形式用 GRAFCET 能够清晰地表达出来，这也是 GRAFCET 在应用中受到重视的原因。

3. GRAFCET 的应用

（1）用于顺控过程的表述。

GRAFCET 中的转换条件和动作可以用文字语句、符号语句等表达。只要了解 GRAFCET 的规则和掌握 GRAFCET 的基本结构，GRAFCET 就可以用于对顺控过程的表述。

【例 2-13】 用 GRAFCET 图表述一个台车的顺控过程

一个台车设备示意见图 2-46（a）所示。要求的顺控过程为两进两退，其工作过程用文字描述如下：

①按下启动按钮 PB，台车前进（驱动 MC1）。

②前进至限位开关 LS11 动作时（LS11 平常处于 ON 状态，只有台车前进到极限位置时才转为 OFF 状态，其他限位开关也是如此），台车后退（驱动 MC2）。

③台车后退至限位开关 LS12 动作，停止并计时 5s。

④计时时间到，台车前进。

⑤前进至限位开关 LS13 动作，台车后退。

⑥后退至限位开关 LS12 动作时，驱动台车的电机停止，顺控过程完成。

试运用 GRAFCET 图将这个顺控表达出来。

答：按 GRAFCET 的规则，将上述的顺控过程表达如图 2-46（a）所示。

可见用 GRAFCET 说明的顺控过程清晰直观。

在顺控设计和应用过程中，必须要解决两个问题：

1）对于复杂的机械生产过程，机械操作员如果仍像上述一样将动作过程用文字来正确表达的话，将是繁琐和困难的。需要有一套能够表达流程的图例符号及简捷的规则，使得机械操作员能够利用其规则表述需要的控制过程。

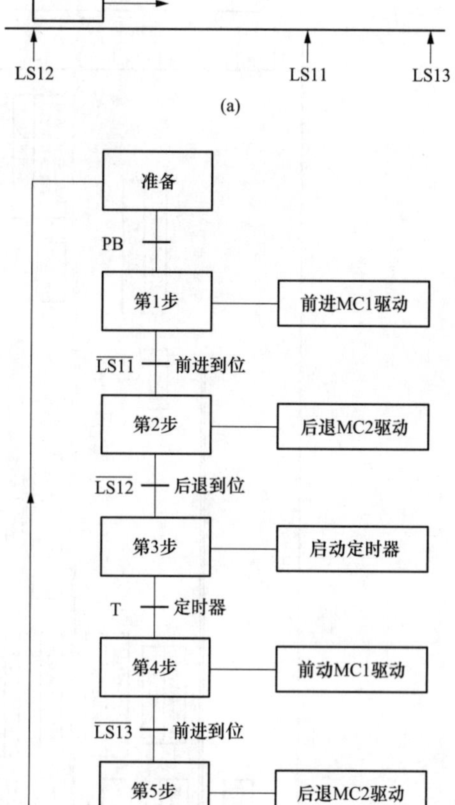

图 2-46 顺控过程的 GRAFCET 表达示例

2）控制程序的工序步设计是相当复杂的，需要具有相当编程经验的控制专业技术人员来完成。使用 LAD、FBD 或 IL 设计的逻辑图给他人阅读不但不容易理解和交流，而且在日后运行调试和故障检查时非常不方便，也给日后的维护改造带来困难。

因此采用 GRAFCET 是能解决这些顺控应用问题的优选方案。

另外若把管理过程视为控制过程，GRAFCET 也可以推广运用。

如为完成一个工作目标，编制项目综合进度计划是指导全部工作进度的纲领性内容。通常的表现形式有横道进度表、斜线进度表和网络进度表。其中网络进度表是应用网络模型发展起来的网络计划技术，它为项目进度管理提供了新的有效手段。它克服了横道图所存在的不足，使项目计划制订、进度安排和实施控制提高到了一个新的水平，在技术先进国家中得到大力推广，是管理数量化方法中得到最广泛应用的方法之一。网络图也有不足之处：它的直观性较差，表现形式较为复杂，因此常和横道图结合起来使用。

采用 GRAFCET 规则编制工程进度管理图则具有数量化和直观化二者的优势。图 2-47 所示为某电厂锅炉安装进度 GRAFCET 管理图。

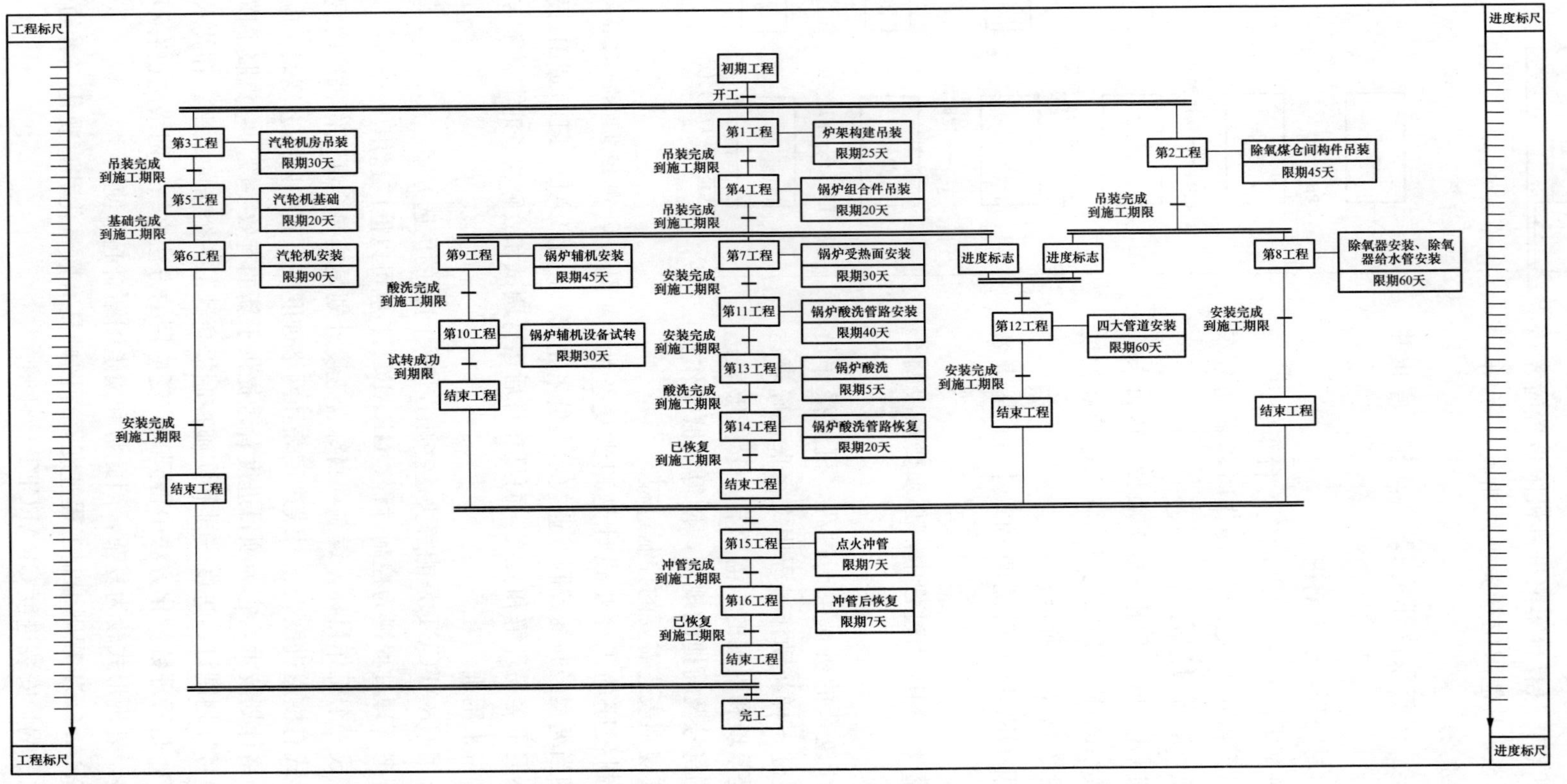

图 2-47　某电厂锅炉安装施工进度管理的 GRAFCET 图

基于 GRAFCET 表达的管理图优势尽显：首先，对项目作出系统整体的描述，清楚地表明了各工程之间相互联系和制约的关系。如开工时需进行 3 个分工程，最高峰时需同时进行 5 个工程项目。第 12 工程（四大管道安装）的开工必须在第 4 工程（锅炉组合件吊装）和第 2 工程（除氧煤仓间构件吊装）结束后进行。第二，表明了为保证不延误工期，工程的关键是哪些工作。本例中关键工作为主流程上的全部工程（在网络图中表示为主要矛盾线上的点），依次为第 1、4、7、11、13、14、15、16 工程。同主流程上的工程在时间上并行的工程也为关键工程，如第 2 工程。该工程进度图表明从炉架开始吊装到供汽转机共计划 154 天。第三，便于项目进展状况的检查，从而可以对项目进行统筹的计划和管理。根据 GRAFCET 规则一个单序列中的若干工程，只有一个在进行中，这便于综合反映工程进度、计算工程费用及各种资源需求的动态关系。第四，便于实现计算机管理，进行项目计划的建立、优化、控制和调整。

可见应用 GRAFCET 规则建立的进度图既直观描述了全局工程，又对各局部工程约束了开工条件和规定了完成日期，为工程管理提供了更为有效的手段。这样的进度管理图不仅进一步丰富了管理数量化的方法，也拓宽了 GRAFCET 的应用领域。

（2）与编程语言 SFC 对应，GRAFCET 作为编程语言，它的转换条件、动作必须用规范化的表达式或语句结构来表达。

【例 2-14】 用 SFC 语言进行例 2-13 的顺控系统编程

定义系统输入/输出变量。系统中涉及 4 个输入变量：START、LS11、LS12、LS13；2 个输出变量：SL0、SL1；一个定时器：TON/。各变量的说明如图 2-48（a）所示。

变量符号	内部符号	说明
START	1-1PBNO.START	启动按钮
SL0	.SL0	小车后退驱动
SL1	.SL1	小车前进驱动
LS12	1-1S6.LS12	初始位置信号
LS11	1-1S5.LS11	一进位置信号
LS13	1-1S7.LS13	二进位置信号
TON/	TON/1-1S6.LS12 /T#5s	输入为.LS12的5s定时器

(a)

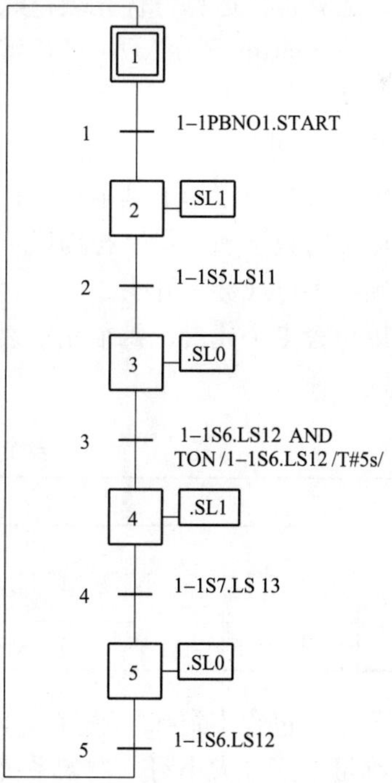

START
LS11
LS12
LS13
SL1
SL0

(c)

1
1 1-1PBNO1.START
2 .SL1
2 1-1S5.LS11
3 .SL0
3 1-1S6.LS12 AND TON /1-1S6.LS12 /T#5s/
4 .SL1
4 1-1S7.LS 13
5 .SL0
5 1-1S6.LS12

(b)

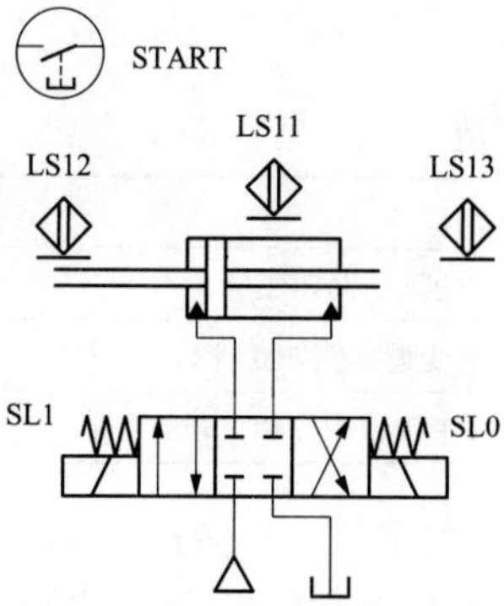

图 2-48 SFC 编程语言及应用

确定 SFC 的程序结构，按规范运用程序结构、变量和表达式编写 SFC 程序。例中采用同例 2-13 相同的单序列加循环的结构，转换条件和命令用标准的变量名或表达式表示，编写的 SFC 程序如图 2-48（b）所示。例中变量内部名由“.”号分隔的 2 部分名称组成：前一部分是程序自动分配的元件内部标识名，后一部分是用户自定义的变量名。如第 1 个转换的转换条件是变量 1-1PBNO1. START，表示内部标识名为 1-1PBNO1 的元件的变量 START，即用户定义的启动按钮信号；第 3 个转换的转换条件是语句 1-1S6. LS12 AND TON/1-1S6. LS12 /T＃5s/，表示变量 LS12 同输入为 1-1S6. LS12 的计时时间为 5s 的定时器的输出相与的逻辑结果。

为直观观察程序的执行过程，本例中设计了用液动系统模拟的被控对象，如图 2-48（c）所示。用 LS11、LS12、LS13 这三个位置开关测量油动机活塞杆的位移，表示小车的工作位置；用变量 SL0、SL1 通过换向阀控制油动机活塞杆的左右移动。控制程序同被控对象的信号通过变量指针的方式相连，则程序运行的结果由油动机活塞杆的位移直观表示，方便程序的调试和设计结果的验证。

五、可嵌入 SFC 中的结构文本语法

一个有效的 SFC 可以处理一个或多个表达式。表达式由变量、常量、数字和运算符构成。语法则定义了 SFC 必须遵守的符号的标识和表达式的构成规则。STC 中允许嵌入结构文本（ST）语句，因此 ST 语法规则也是 SFC 需遵守的语法规则。独立的结构文本程序执行方式与在 SFC 中转换条件和动作中执行类似，不同之处在于前者与步不相关。在执行完步相关的动作后，结构化文本随每个模拟周期进行更新。讨论如下主题：标识符命名规则；变量；常量；运算符；运算符优先级；赋值运算符；语法错误检查；定时。

以下以 Automation Studio 中 SFC 编程为例，在使用 SFC 组件、符号和过程中应遵从的结构文本语法。

1. 标识符命名规则。

（1）标识符必须遵守如下基本规则：

（2）由标准的数字和字母字符构成：“a-z，A-Z，0-9，_，＋，—”；

（3）必须以字母或数字开头。

（4）可以包含多个元素，每个元素之间使用句点（.）分隔开。多个元素的变量类型见表 2-14。

表 2-14　多个元素的变量类型

变量	类　型
变量	与一个项目相关联的变量。例如变量 a
. 变量	与当前的 SFC 相关联的变量。例如变量 . a
. SFC1. 变量	与一个不是当前 SFC 的 SFC（两个 SFC 都在同一个项目中）相关联的变量。例如变量 . SFC1. a

还要遵守：可包含 1 到 32 个字符；不能包含任何空字符（空格）；不能包含任何带重音的字符；名称可不区分大小写。例如系统识别出就将名称全部转换成大写字母。

如果 SFC 用来控制电-气动、梯形图、电气或数字电路，要确保这些电路中元素的命名法服从上述相同的规则。

（1）步。插入一个新步时，系统将为它分配一个唯一的数字编号。该编号用于明确指示特定 SFC 中的这个步，如图 2-49 所示。

另外，为每个新插入一个步创建两个新变量，并且用户可以使用这些变量。

一个变量表示步的逻辑状态：Xn. X；

另一个变量是跟踪自从上次激活步以来所经过的时间（单位是毫秒）。例如：Xn. T，其中 n 是步编号。

IEC 1131-03 国际标准规定激活期 Graph _ Name. Xn. T/以上升步 Xn 开始。只有在步停用后再次激活时才将激活期的长度重置为零。经过的时间是一个整数变量指示自从上次激活以来所经过的秒数。

当一个步和结构化文本使用相同的变量时务必要小心。因为与步相关联的动作是按照 SFC 的既定次序实施的，而结构化文本是随着每个模拟周期更新的。

（2）转换。插入一个新转换时，系统将为它分配一个唯一的编号。该编号用来明确指示特定 SFC 中的这个转换，如图 2-50 所示。

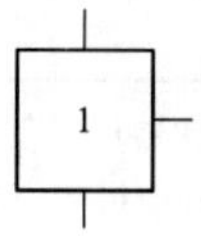

图 2-49　插入一个步

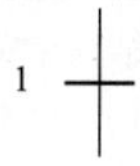

图 2-50　插入一个转换

另外，系统为每个新插入一个转换创建一个变量，并且用户可以使用这些变量：Yn. Y，其中 n 是转换编号，用于表示转换的逻辑状态。

（3）结构化文本。当插入一个新的结构化文本时系统为它分配唯一的编号，该编号指示在特定 SFC 中的这个结构化文本的唯一性，如图 2-51 所示。结构化文本随每个模拟周期进行更新。

按照约定，将结构化文本命名为 STn，其中 n 是结构化文本的编号。在执行完 SFC 的标准步后，系统按照编号的次序来处理结构化文本。

（4）注释。插入一个注释时，系统将会自动为它分配一个介于 1～999 之间的编号，如图 2-52 所示，用于用户对程序的标注，用户程序也不执行注释内容。

ST1
.OUT_A := .In_A
Comment of the ST

图 2-51　插入一个结构文本

C25
When the operator pushes on the START button, the initial conditions must be present.

图 2-52　插入一个注释

按照约定，将注释命名为 Cn，其中 n 是注释的编号。

（5）保留关键字。SFC 工作室含有一些保留关键字，用户不能使用它们用作标识符。①以 X 开头的名称是为步骤保留的；②关键字“OR，XOR，AND 和 NOT”是为布尔运算符保留的；③关键字“F/”和“T/”是为强制和定时器运算符保留的；④关键字“MOD，ABS，SQRT，LN，LOG，EXP，SHL，SHR，ROL，ROR，INC，DEC，SIN，COS，TAN，ASIN，ACOS，ATAN，RAD _ DEG，DEG _ RAD，DEC _ BCD，BCD _ DEC，SEL，MIN，MAX，LIMIT 和 MUX”限定于数学运算符；⑤关键字“IF”是为条件运算符保留的。

2. 变量

变量类型取决于系统提供的信息。表 2-15 示出了用于内部逻辑的基本变量类型。

表 2-15　　用于内部逻辑的基本变量类型

变量类型	说　明
布尔型变量（BOOLEAN）	布尔型变量的取值为 0 或 1、TRUE（ON）或 FALSE（OFF）
整型变量（INTEGER）	此变量值是一个介于－2，147，483，648 到＋2，147，483，647 之间的整数
实数型变量（REAL）	变量的值是一个实数
时间变量（TIME）	此变量的值是一个采用如下格式的时间段： T＃1d _ 23h _ 4m _ 56s _ 78ms 其中：d=天，h=小时，s=秒，ms=毫秒

注　借助于步/转换/结构化文本的属性对话框中的“新变量”按钮或通过变量管理器可以创建新变量，新变量的类型根据系统的差别不限于上述基本类型*（注：右上标有 * 的功能在较高版本中可用，如 AS6.0 以上版本，以下同）。借助步/转换/结构化文本的属性对话框中出现的“外部链接”按钮可以在变量上创建外部链接（OPC）。

3. 常量

常量是与变量具有相同类型的固定值。常量在 SFC 中的语法是：［类型］＃［值］。例如：

LREAL＃1.1；

INT＃25；

TIME＃1d2h3m4s500ms（D：天，H：时，M：分钟，S：秒，毫秒：毫秒）

DATE＃2011-12-31；

TIME _ OF _ DAY＃23：18：35 或 TOD＃23：18：35。

位类型常量有所差异：可以指定的进制（2，8 或 16）。如果没有指定，采用十进制。语法是：

［类型］＃［进制］＃［值］，例如：

BYTE＃2＃1001 或 BYTE＃9；

WORD＃8＃1234 或 WORD＃668；

DWORD＃16＃FFF 或 DRWORD＃65535。

对于字符串类型要使用双引号。

4. 运算符

运算符将函数应用到一个或多个实数型和（或）整数型变量上。

（1）基本的算术运算符。

算术运算符用来构造包含变量的简单数学表达式，必要时返回的值将自动转换成期望的类型。

表 2-16 描述了运算符类别、操作数类型，并列出了简要说明和示例。

表 2-16　　基本运算符及其说明

运算符	说明和示例
+	一元运算（正值）。例如：Val1：= +25
+	加法。例如：Val1：=Val2+Val3
−	一元运算（负值）．例如：Val1 ：= −25
−	减法。例如：Val1：=Val2−Val3
/	除法。例如：Val1。=Val2/Val3
MOD	除法运算的余数，操作数必须为整数。例如：Val1：=Val2/Val3
*	乘法。例如：Val1：=Val2 * Val3

（2）高级数学表达式运算符。

这些算术运算符用于包含变量的复杂数学表达式，必要时返回的值将自动转换成期望的类型。

表 2-17 描述了运算符类别、操作数类型，并列出简要说明和示例。

表 2-17　　高级运算符及其说明

运算符	说明和示例
ABS	绝对值，实数或整数：ABS（.Ls1）.
SQRT	平方根，仅适用实数：SQRT（.Ls1）.
LN	自然对数，仅适用实数：LN（.Ls1）.
LOG	底为 10 的对数，仅适用实数：LOG（.Ls1）.
EXP	自然指数，仅适用实数：EXP（.Ls1）.
SIN	正弦，仅适用实数：SIN（.Ls1）.
COS	余弦，仅适用实数：COS（.Ls1）.
TAN	正切，仅适用实数：TAN（.Ls1）.
ASIN	反正弦，仅适用实数：ASIN（.Ls1）.
ACOS	反余弦，仅适用实数：ACOS（.Ls1）.
ATAN	反正切，仅适用实数：ATAN（.Ls1）.
* *	指数，实数或整数：.Ls1 * * .Ls2.
SHL	左移位，仅适用整数：
	.Ls1 ：= SHL（.Ls2，1），左移 .Ls2 一个位置，结果保存到 .Ls1，.Ls2 保持原先的值
	.Ls1 ：= SHL（.Ls2，.Ls3），左移 .Ls2. Ls3 个位置，结果保存到 .Ls1，.Ls2 保持原先的值
	.Ls2 ：= SHL（.Ls2，.Ls3），左移 .Ls2. Ls3 个位置，结果保存到 .Ls2，.Ls2 取最终值
	示例：输入如下的整数：.A = [1 0 1 1 0 1 0 0]，如图所示： ← [(1 0 1) 1 0 1 0 0] 0 0 0
	左移 3 位得到：.B：= SHL（.A，3）= [1 0 1 0 0 0 0 0]
SHR	右移，仅适用整数：

续表

运算符	说明和示例
	. Ls1 ：= SHR (. Ls2，1)，右移 . Ls2 一个位置，结果保存到 . Ls1，. Ls2 保持原先的值
	. Ls1 ：= SHR (. Ls2，. Ls3)，右移 . Ls2. Ls3 个位置，结果保存到 . Ls1，. Ls2 保持原先的值
	. Ls2 ：= SHR (. Ls2，. Ls3)，右移 . Ls2. Ls3 个位置，结果保存到 . Ls2，. Ls2 取最终值
	示例：输入如下的整数：. A = [1 0 1 1 0 1 0 0]，如图所示： 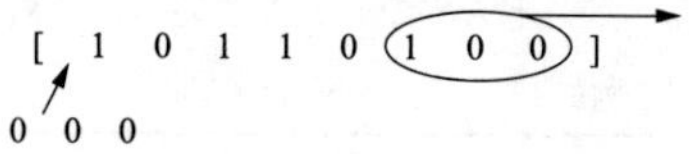 [1 0 1 1 0 (1 0 0)] 0 0 0
	右移 3 位得到：. B：= SHR (. A，3) = [0 0 0 1 0 1 1 0]
ROL	循环左移，仅适用整数：
	. Ls1 ：= ROL (. Ls2，1)，循环左移 . Ls2 一个位置，. Ls2 不变
	. Ls1 ：= ROL (. Ls2，. Ls3)，循环左移 . Ls2 . Ls3 个位置，. Ls2 不变 .
	. Ls2 ：= ROL (. Ls2，. Ls3)，循环左移 . Ls2 . Ls3 个位置，结果保存到 . Ls2，. Ls2 取最终值
	示例：输入如下的整数：. A = [1 0 1 1 0 1 0 0]，如图所示 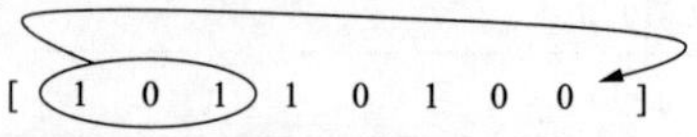 [(1 0 1) 1 0 1 0 0]
	A 循环左移 3 位得到：. B：= ROL (. A，3) = [1 0 1 0 0 1 0 1]
ROR	循环右移，仅适用整数：
	. Ls1 ：= ROR (. Ls2，1)，循环右移 . Ls2 一个位置，. Ls2 不变
	. Ls1 ：= ROR (. Ls2，. Ls3)，循环左移 . Ls2 . Ls3 个位置，. Ls2 不变
	. Ls2 ：= ROR (. Ls2，. Ls3)，循环右移 . Ls2 . Ls3 个位置，结果保存到 . Ls2，. Ls2 取最终值
	示例：输入如下的整数：. A = [1 0 1 1 0 1 0 0]，如图所示 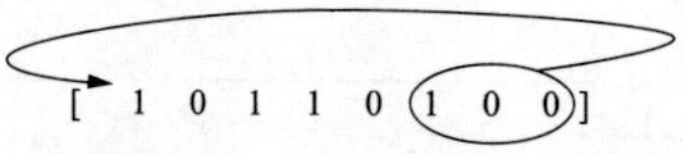 [1 0 1 1 0 (1 0 0)]
	A 循环右移 3 位得到：. B：= SHR (. A，3) = [1 0 0 1 0 1 1 0]
INC	递增，实数或整数值：
	. Ls1：= INC (. Ls2，1)，. Ls2 的值增加 1，结果保存到 . Ls1
	INC (. Ls2，. Ls3)，. Ls2 的值增加 . Ls3
DEC	递减，实数或整数值：
	. Ls1：= DEC (. Ls2，1)，. Ls2 的值减少 1，结果保存到 . Ls1
	DEC (. Ls2，. Ls3)，. Ls2 的值增加 . Ls3
SEL	按布尔值的二元选择，适用实数或整数 . ：
	. Ls1 ：=SEL (G，In1，In2)，二元选择。如果 G=1，输出是 In2 如果 G=0 output = In1
	选择变量 G 必须是布尔值
MIN	求最小值函数，适用实数或整数：

续表

运算符	说明和示例
	. Ls1：= MIN（In1，In2，…，In16），最多 16 个变量中的最小值
MAX	求最大值函数，适用实数或整数：
	. Ls1：= MAX（In1，In2，…，In16），最多 16 个变量中的最小值
LIMIT	限幅函数，适用实数或整数：
	. Ls1：=LIMIT（IN，MIN，MAX）
	如果输入小于 MIN 限值，输出是 MIN 限值
	如果输入大于 MAX 限值，输出是 MAX 限值
	如果输入值介于 MIN 和 MAX 门限值之间，输出等于 IN
	. Ls1 ：=LIMIT（. Ls2，. Ls3，. Ls4），输出是受限值影响的 . Ls2 的值
MUX	多输入选用函数，适用布尔、实数或整数值：
	. Ls1：= MUX（*K*，In1，In2，…，In16），. Ls1：= In*K*
	输出是由 *K* 选择的输入值，*K* 必须是 0～16 之间的整数
	如果 *K*=0，输出为 0（布尔值是假）
	指令 MUX（*K*，In1，In2，…，In16）：如果 *K*＞16 或＜0，该指令不执行并且会在消息窗口中给出提示信息
BCD _ TO _ DEC	将 BCD 转换成十进制数，仅适用整数：
	. Ls1：= BCD _ TO _ DEC（. Ls2）
DEC _ TO _ BCD	将 十进制数转换成 BCD，仅适用整数：
	. Ls1：= DEC _ TO _ BCD（. Ls2）
RAD _ TO _ DEG	从弧度转换成角度，仅适用整数：
	. Ls1：= RAD _ TO _ DEG（. Ls2）
DEG _ TO _ RAD	从角度转换成弧度，仅适用整数：
	. Ls1：= DEG _ TO _ RAD（. Ls2）

（3）布尔表达式运算符。

下面这些运算符用于求包含变量的逻辑表达式的值，返回值是布尔值。

表 2-18 列出这些运算符及说明。

表 2-18　　布尔运算符及其说明

运算符	说　明
OR	布尔值之间的逻辑或，例如：. Ls1 OR . Ls2
XOR	布尔值之间的逻辑异或，例如：. Ls1 XOR . Ls2
AND	布尔值之间的逻辑与，例如：. Ls1 AND . Ls2
NOT	布尔值的逻辑非，例如：NOT . Ls1

（4）边沿运算符。

包含边界运算符的表达式是布尔表达式。由状态的变化触发。

边界运算符是一种特殊类型的运算符，指示布尔变量或布尔表达式何时改变了它的值。

有两种边界运算符：上升沿运算符和下降沿运算符，见表 2-19 中的定义及说明。使用上升沿运算符的动作时序如图 2-53 所示。

表 2-19　　边界运算符及其说明

运算符	说　明
^B 或 R _ TRIG（B）	上升沿运算符。当操作数从 FALSE 变为 TRUE 时，边界运算符变成 TRUE 示例：A IF ^B。当 B 从 FALSE 变为 TRUE 时，A 变成 TRUE
！或 F _ TRIG（B）	下降沿运算符。当操作数从 TRUE 变为 FALSE 时，边界运算符变成 TRUE 示例：A IF ！B。当 B 从 TRUE 变为 FALSE 时，A 变成 TRUE

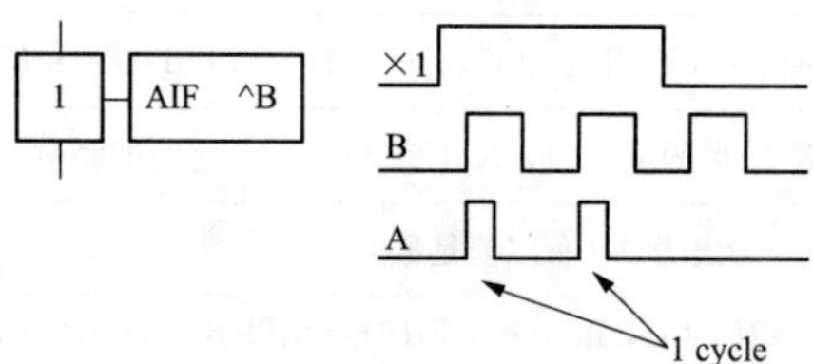

图 2-53　使用上升沿运算符的动作时序图

（5）关系运算符。这些运算符用来比较变量或数值（数字，常量），结果是布尔值。如果比较为真，输出是 TRUE，如果比较为假则输出为 FALSE，见表 2-20 中的定义及说明。

表 2-20　　关系运算符及其说明

运算符	说　明
>	如果 A 的值大于 B 的值，表达式 A>B 为真
>=	如果 A 的值大于或等于 B 的值，表达式 A>=B 为真
=	如果 A 的值等于 B 的值，表达式 A = B 为真
<=	如果 A 的值小于或等于 B 的值，表达式 A<=B 为真
<	如果 A 的值小于 B 的值，表达式 <B 为真
<>	如果 A 的值不同于 B 的值，表达式 A<>B 为真

（6）执行运算符*。语法：B1：= EXECUTE（H1，S1，…，S*n*）

可以接受 EXECUTE 运算符返回值的变量。执行运算符及其说明见表 2-21。

表 2-21　　执行运算符及其说明

语法元素	说　明
B1	可以接受 EXECUTE 运算符返回值的变量。它表明脚本没有运行错误
：=	赋值运算符
EXECUTE	操作启动 H1

续表

语法元素	说　明
H1	H1（变量或常量类型是超链接或 ANY _ STRING）总是包括一个协议，后跟一个冒号“:”，然后是命令。 下列协议可以使用： SYCSCR（SFC 同步脚本，SFC 等到脚本结束后运行接下来的步） SCRIPT（SFC 异步脚本，脚本运行。SFC 遵循其步骤运行） SYCMTH（SFC 同步方法，SFC 等到方法结束后运行接下来的步） METHOD（SFC 异步方法：方法运行，SFC 遵循其步骤运行） HTTP（URL 前缀：http：//www. automationstudio. com） FILE（URL 例：文件：// C：\ Projet1. pr5） FTP（URL 前缀：ftp：//ftp. rfc-editor. org/in-notes/rfc2396. txt ASREFISO（该协议用于使用标准和电气图及其内部标识符、ISO 代码或者使用衍生物为目标的组件、子组件或变量。它的优点是它的简单性，因为在 ISO 代码是唯一的，因此它隐含定义了文档的组件可以在不具有设置其路径中找到。文档的路径没有设置。） ASREF（这是一般的协议被用于指向任何文件的对象类型。它的优点是它的灵活性。在另一方面，该对象的完整路径必须被指定。搜索在一个项目的文件内完成的。）
S1	第一脚本参数（需要的字符串：它也可以使用转换运算符 TO _ STRING）
Sn	任意数量的其他脚本参数（需要的字符串：它也可以使用转换运算符 TO _ STRING）

EXECUTE 命令的范例如图 2-54 所示。

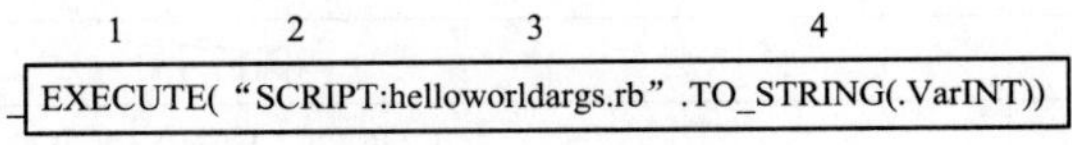

图 2-54　脚本案例

第 1 部分：执行命令；
第 2 部分：协议名称：SCRIPT；
第 3 部分：脚本名称：helloworldargs. rb；
第 4 部分：第一个脚本参数：变量“VarINT”将被转换成“字符串”。
多个执行命令的 SFC 案例如图 2-55 所示。
图示的 SFC 中：
对于步 2 和 7，EXECUTE 命令使用一个变量（超链接或字符串）；
对于第 3 步，EXECUTE 命令启动的方法；
对于第 5 步，EXECUTE 命令启动脚本。

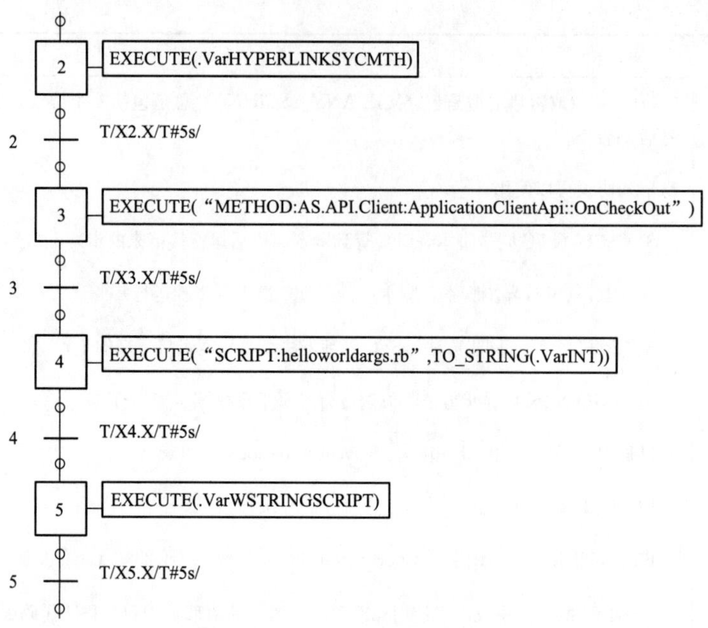

图 2-55　SFC 中脚本案例

5. 运算符优先级

运算符的优先级影响表达式求值的结果。

表 2-22 按照优先级顺序列出了运算符。最上面的运算符具有最高的优先级，而最底下的运算符的优先级最低。对于同一行的运算符来说，左边的运算符比右边运算符的优先级要高。改变这些优先级的唯一方法是使用圆括号。在这种情况下，处于最里层圆括号的表达式将具有最高优先级。

表 2-22　　运算符优先级

运算符	优先级
()	圆括号
+，-，NOT，^，!	正/负/非/上升沿/下降沿
*，/	乘法/除法运算符
+，-	加减运算符
<，<=，>，>=	关系运算符
=？<>	关系运算符
XOR	异或
AND	与
OR	或

6. 赋值运算符

赋值运算符定义了动作的类型及其结果。可以用于整数、实数和布尔型。可在动作和结构化文本中使用。以下说明不同数据类型的赋值运算符及其用法。

动作的执行是受转换和 SFC 的活动状态限制的，除非为转换选中无条件的选项。在这种情况下，动作的执行仅依赖于SFC的活动状态。

(1) 连续的布尔赋值。连续的布尔赋值（或步骤中的无条件动作）向变量返回值TRUE。连续布尔赋值不加运算符号。当步骤激活时变量变为TRUE，当步骤停用时变量变成FALSE。见图2-56的示例。

图2-56 连续布尔赋值

图2-57 数值赋值

. OUTPUT _ COIL是一个项目的全局布尔变量。当激活步4时，. OUTPUT _ COIL变为TRUE，然后持续保留该值直到步4结束；当步4结束时，. OUTPUT _ COIL返回到FALSE。

(2) 数值赋值。数值赋值运算符是给一个目标变量（变量、常量或计算的结果）赋一个数值。数字赋值运算符的符号是"：＝"。见图2-57的示例。

变量A，B，C，D和E都是实数变量。

当步4激活时，为变量A赋表达式（B＋C）/D的值；

当步4停用时变量A保存（B＋C）/D的最终值；

当步5激活时，变量E增加1。

(3) 条件布尔赋值。条件布尔赋值可以在某种条件下将一个变量或表达式的状态赋给一个布尔变量。在相反的情况下，给该布尔变量赋值FALSE。有条件赋值运算符的符号是"IF"。

见图2-58的示例。

当步4激活时，布尔变量. OUTPUT _ COIL的状态等同于R _ TRIG (X1. X) 表达式的状态；

当步4停用时，布尔变量. OUTPUT _ COIL的值为FALSE。

(4) 条件数值赋值。当指定的条件为TRUE时执行该类型的赋值。条件数值赋值运算符是"IF"和"：＝"，见图2-59的示例。

图2-58 条件布尔赋值

图2-59 条件数值赋值

当步4激活时，如果表达式NOT OUTPUT _ COIL的值为真则变量B等于3；

当步6停用时，B保持它的最终值。

(5) 储存式布尔赋值。储存式布尔赋值可以赋给一个变量TURE或FALSE的状态，这是它保留（储存）的状态。为了向一个变量赋上状态 TRUE 或 FALSE，赋值运算符分别为“：= 1”或“：= 0”。

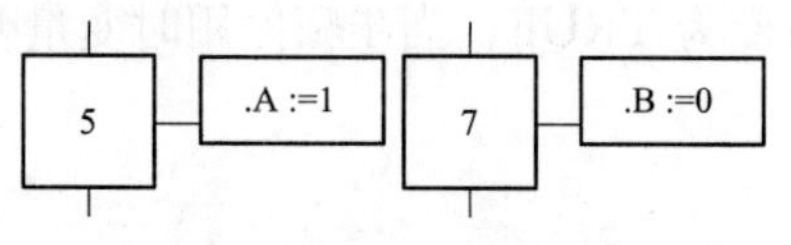

图 2-60　储存式赋值

见图 2-60 的示例。

当步 5 激活时变量 A 等于 TRUE 并且在步 5 停用时保持该值；

当步 7 激活时变量 B 等于 FALSE 并且在步 7 停用时保持该值。

（6）枚举赋值*。枚举赋值允许从可用值列表中给一个枚举型变量进行赋值。使用的语法如下：

VAR：= NameEnumerateType # Val

其中 VAR 是枚举类型变量的名称，NameEnumerateType 是枚举类型名称。Val 是枚举型变量取值列表中的一个特定值。

在图 2-61 中，已创建了一个名为《Line _ Function》用户定义枚举类型。这种类型的可以被赋予以下五个值之一：“Pressure”“Pilot”“Load _ Sense”“Drain”和“Return”。

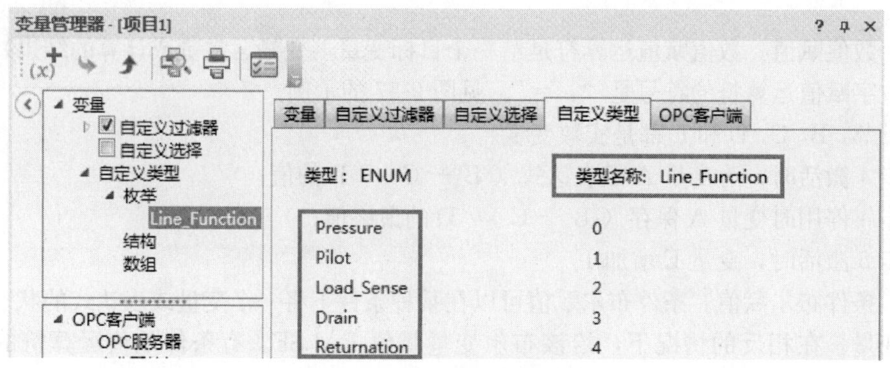

图 2-61　用户自定义枚举变量

“Line _ Function”类型的“Var1”赋值如图 2-62 所示：

在示例中当步 2 激活时“Var1”被赋值为“Drain”。此值保持有效，直到同一变量的通过 SFC 下一个任务或手动修改。

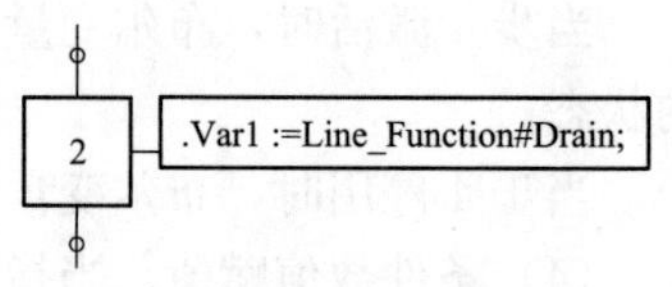

图 2-62　枚举赋值示例

（7）结构体赋值*。结构体赋值允许给结构体类型的组件部分进行赋值。组成部分的赋值是按照每个组成变量的类型（布尔、数值…）进行赋值的。结构体变量组成部分赋值，使用的语法如下：

VarStruct. Component1 ：= k

其中 VarStruct 是结构类型变量的名称，Component1 是希望赋值的组成部分名称，k 是需要分配的值。

在图 2-63 中，已创建了一个名为“SumOfTwoINT”用户定义的结构体类型。这种类型的包含“INT”类型的三个组成部分“Input1”“Input2”和“Output”。

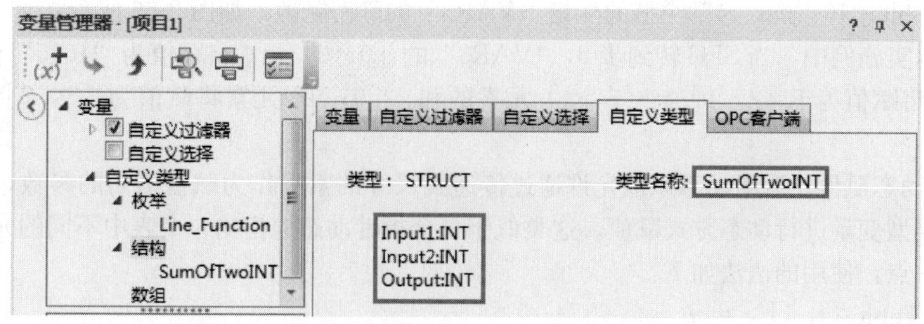

图 2-63 用户定义的结构体类型示例

"结构体类型"的变量"Var2"的赋值如图2-64所示：

在本示例中，当 SFC 进入到步 12 时，"Var2"的组成部分"Input1"和"Input2"分别被赋值为 10 和 43。"Output"等于两者之和。

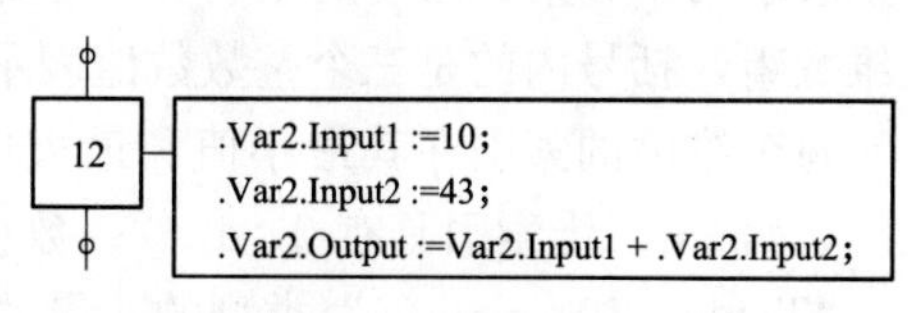

图 2-64 结构体赋值示例

(8) 数组赋值*。有两种数组赋值方式：静态赋值和动态赋值。

1) 静态赋值。数组静态赋值允许赋值给指定数组类型变量的特定元素。使用的语法如下：

VarArray [a, b]：= *k*

其中 VarArray 是数组类型的变量名称，a 和 b 分别表示第一和第二维度的索引。*k* 是需要分配的值。

上面语法使用的是二维数组，表示语法上面使用二维数组。对于一个三维数组，括号内的是三个整数数值表示三个维度。

每个维度的索引在其最小值和最大值之间。例如，5×3 的数组第一维索引具有 0、1、2、3、4，第二维索引具有 0、1、2。

在图 2-65 中，已创建了一个名为"Table_10_by_4"用户定义的数组。此类型具有 10×4 个元素，每个都是"LREAL"类型的数组。

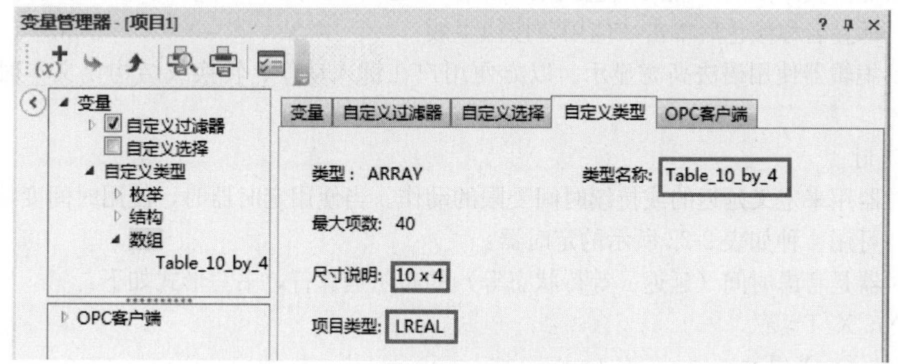

图 2-65 用户自定义的数组示例

“Table _ 10 _ par _ 4”类型的变量“VAR3”的静态赋值，如图 2-66 所示：

在本实施例中，当 SFC 转到步 8，“VAR3”的［0，0］元素将赋值为“10.5”值。［6，2］元素将赋值等于［4，1］与［5，3］元素的和。［9，3］元素将赋值为［8，2］元素乘以 5。

2）动态赋值。数组动态赋值允许通过传递其尺寸的索引作为赋值语句的参数，以完成对数组类型变量进行动态方式赋值。这类似于一个指针动态地指向一个表中不同的元件。要做到这一点，使用的语法如下：

VarTable［i，j］：= *k*

其中 VarTable 是数组类型变量的名称，*i* 和 *j* 是整数变量（其中的值是由用户给出）分别表示第一和第二维度的索引，*k* 是变量被分配的值。表示语法使用二维数组。对于一个三维数组，括号内的是三个整数数值表示三个维度。

每个维度的索引在其最小值和最大值之间。例如，5×3 的数组第一维索引具有 0、1、2、3、4，第二维索引具有 0、1、2。数组静态赋值如图 2-66 所示。

“Table _ 10 _ par _ 4”类型的变量“VAR3”的动态赋值（参考图 2-65：用户自定义的数组示例），如图 2-67 所示。

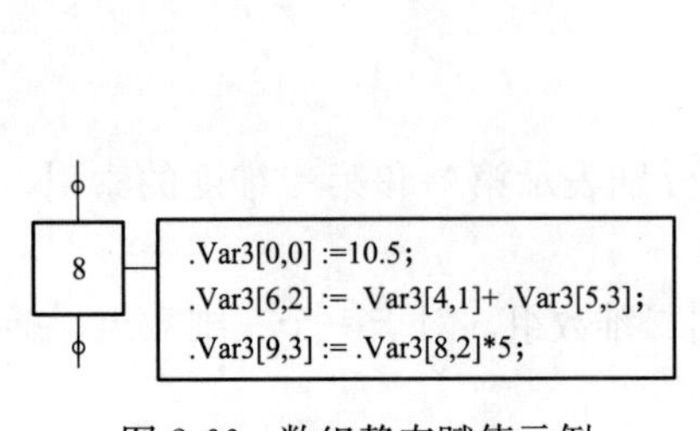

图 2-66　数组静态赋值示例

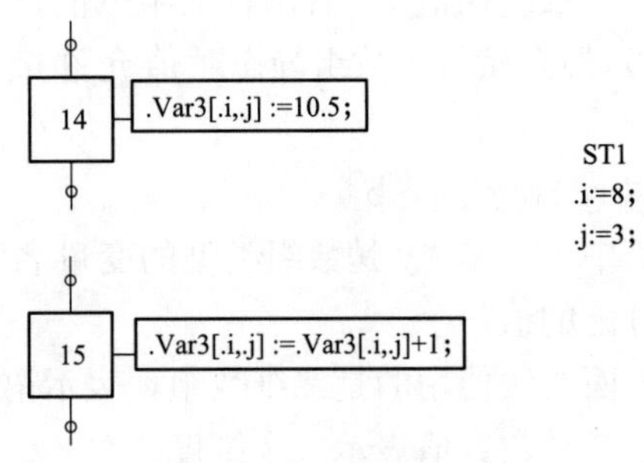

图 2-67　数组动态赋值示例

7. 语法错误检查

在编辑过程中系统将自动检查语法错误，并以不同颜色显示。

为了启用语法分析，确保在菜单命令“工具”→“选项”→“SFC 编辑器”对话框的 SFC 编辑器分支中激活“应用颜色到语法元素”选项，如图 2-68 所示。设置操作颜色、数字颜色、标签名称颜色后单击“应用”按钮生效。

SFC 编辑器使用语法高亮显示。以方便用户在键入动作、转换或结构化文本时识别语法错误。

8. 定时

定时器用来定义延迟的或持续时间受限的动作。当使用定时器时，使用时间变量确定时间信息。可用 4 种如表 2-23 所示的定时器：

定时器是考虑时间（延迟、等待状态等）的布尔运算符，书写形式如下：

T/Xn. X/T＃a/

TON/Xn. X/T＃a/

TOF/Xn. X/T＃a/

TP/Xn. X/T＃a/

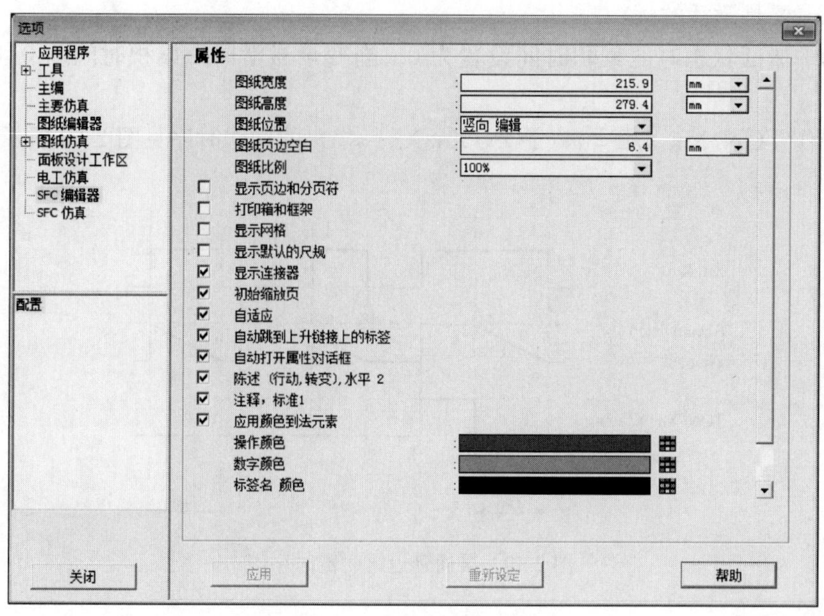

图 2-68 SFC 编辑设置对话框

对各段含义的说明见表 2-24。

表 2-23 定时器类型

类型	说明
(T/，TON/)	定时器接通延迟
(TOF/)	定时器关闭延迟
(TP/)	脉冲延迟定时器
(Xn. T)	步延时定时器

表 2-24 定时器语句的说明

字符	说明
T/，TON/，TOF/，TP/	定时运算符
Xn. X	触发定时器的输入变量、步骤或变量标识等
T＃a	持续时间。如 T＃3j21h45m30s500ms 其中：j—天，h—小时，m—分钟，s—秒，ms—毫秒

（1）定时器接通延迟。只有当以下条件都为真时定时操作 TON/Xn. X/T＃a 返回为布尔量 1：

T♯a 定义的时间结束；

变量 Xn. X 是激活的。

变量为非激活状态时的累积时间设置为 0。当变量激活时，累积时间从 0 增加直到 T♯a。

定时操作 TON/Xn. X/T♯a（TON/Xn. X/T♯a）的动作时序见图 2-69 所示。

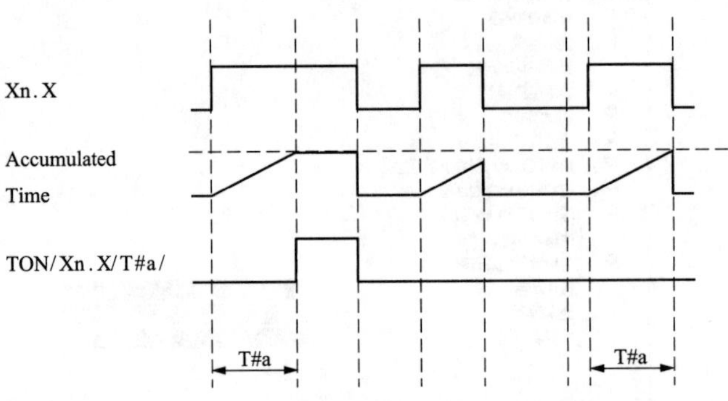

图 2-69　接通延迟定时器时序图

例如：

表达式“T/Var _ a/T♯3s/”，表明如果变量 Var _ a 为 ON，定时开始，布尔表达式“T/Var _ a/T♯3s/”的值为 FLASE，3s 后表达式“T/Var _ a/T♯3s/”的值由 FLASE 变为 TRUE；

表达式“NOT(T/Var _ a/T♯3s/）”的值是表达式“T/Var _ a/T♯3s/”的非；

表达式“STOP IF T/Var _ a/T♯3s/”，表明如果变量 Var _ a 的 ON 状态持续 3s，则变量 STOP 的状态变为 TRUE。

表达式“MOTEUR IF NOT(T/Var _ a/T♯3s/)”用于限定时间。变量 Var _ a 为 ON 并持续 3s，变量 MOTEUR 为 TRUE。变量 Var _ a 为 ON 状态的 3s 后，变量 MOTEUR 为 TRUE。一旦变量 Var _ a 的状态变为 OFF，则变量 MOTEUR 回到 TRUE 状态。

(2) 定时器关闭延迟。只有当以下任何一个条件为真时，定时操作 TOF/Xn. X/T♯a/计算为布尔值 1：

变量 Xn. X 是激活的；

T♯a 定义的持续时间没有结束。

当变量变为非激活状态时累积时间从 0 增加，直到 T♯a。当变量激活时复位累积时间。

定时操作 TOF/Xn. X/T♯a/的动作时序如图 2-70 所示。

(3) 脉冲延时定时器。只有当 T♯a 定义的持续时间没有结束时定时操作 TP/ Xn. X/T♯a/的计算结果为布尔值 1。

当变量变成激活状态时累积时间从 0 增加，直到 T♯a。只有当变量停用时累积时间才复位。

定时操作 TP/ Xn. X/T♯a/的动作时序如图 2-71 所示。

(4) 步延时定时器。依据国际标准 IEC 113103，步的执行时间“SFC _ Name. X*n*. T”计算到步 X*n* 的最后一个上升沿。当步 X*n* 失效后其值也不会改变。步 X*n* 进入新的激活周

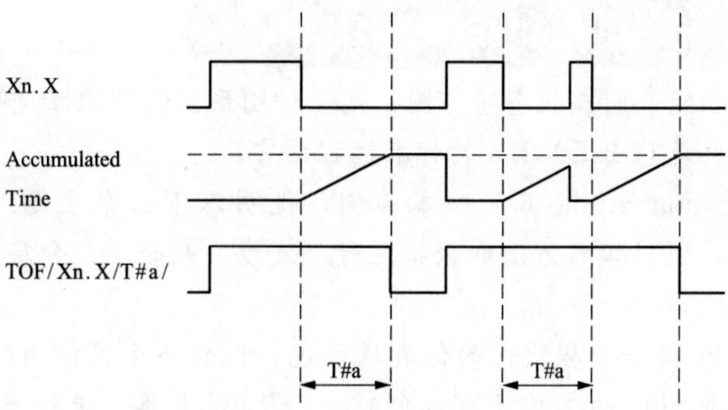

图 2-70 关闭延迟定时器时序图

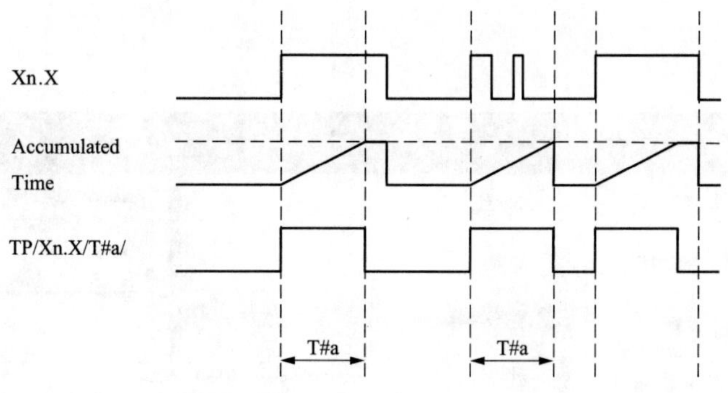

图 2-71 脉冲延迟定时器时序图

期后，其值复位为 0，计数器输出一个整数值来显示执行时间，单位为毫秒（ms）。图 2-72 所示的示例演示了步时间定时器的计数过程，如果在仿真期间步 X*n* 激活则计数器复位为 0。当步 X*n* 处于失效状态时，计数器停止计数并保持计数值，直到步 X*n* 再次激活。

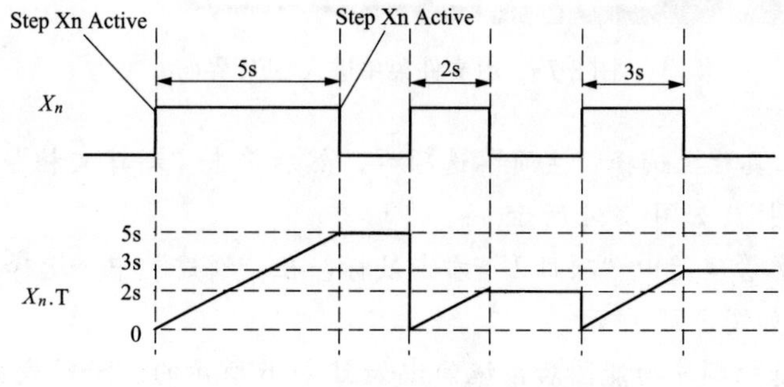

图 2-72 步延迟定时器计时过程

步定时器可用于定义延时、限定时限，也可借助于相关的操作符作为转移条件。

例如表达式 X1. T≥3000，表明 X1 步的持续时间大于或等于 3000ms 时，其值为 1。

应用阅读 Automation Studio中SFC编程方法和宏步

顺序功能图也称功能表图或状态转移图，是一种图形化的功能性说明语言，专用于描述工业顺序控制系统，也是 GB 15969.3 的标准编程语言。

本部分以 Automation Studio 6.1 版本为例，说明以下六个主题：进入 SFC 工作室、SFC 主页菜单栏简介、SFC 编程方法和模拟运行、宏步、嵌套步、分层强制。

一、进入 SFC 工作室

Automation Studio 是一个模块化的仿真软件包，包含多个可调用的仿真模块。每个模块称为一个工作室。在 SFC 的工作室可以创建一个 SFC 电路。进行 SFC 编程首先要进入 SFC 工作室。可以用以下方法进入 SFC 工作室：

(1) 在 Automation Studio 标准图纸界面，左键单击文件图标，在“新建文档”中→选择“顺序功能图”，进入 SFC 工作空间。如图 2-73 所示。

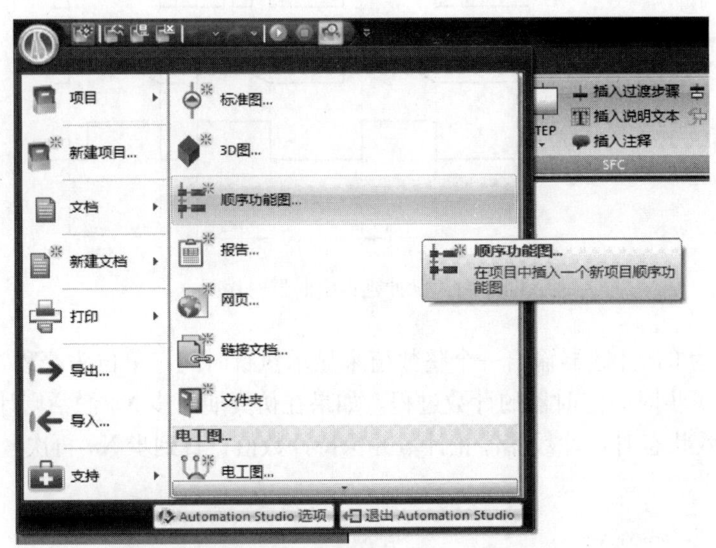

图 2-73　由文件菜单进入 SFC 界面

(2) 在 AS 的工具栏上选择“主页”选项卡，然后单击“新建文档”按钮，在下拉菜单中选择“顺序功能图”。如图 2-74 所示。

(3) 在项目资源管理器中“项目 1”右击鼠标，在“新建”中→选择“顺序功能图”，进入 SFC 工作空间，如图 2-75 所示。

以上 3 种方式选择顺序功能图后系统弹出如图 2-76 所示的“SFC 模板”对话框。

选择 SFC 模板，然后按“确定”关闭对话框。Automation Studio™ 将创建一个新的 SFC 文件。也可以用第 4 种方法建立 SFC 编辑环境。

(4) 打开已有的含有 SFC 语言编程的 .prx 文档，进入 SFC 工作室。在原有的 SFC 工作室中进行新的编程。

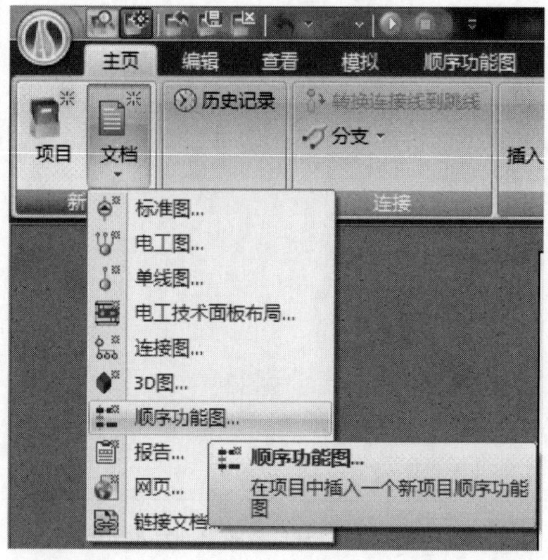

图 2-74　由“主页”中“文档”进入 SFC 界面

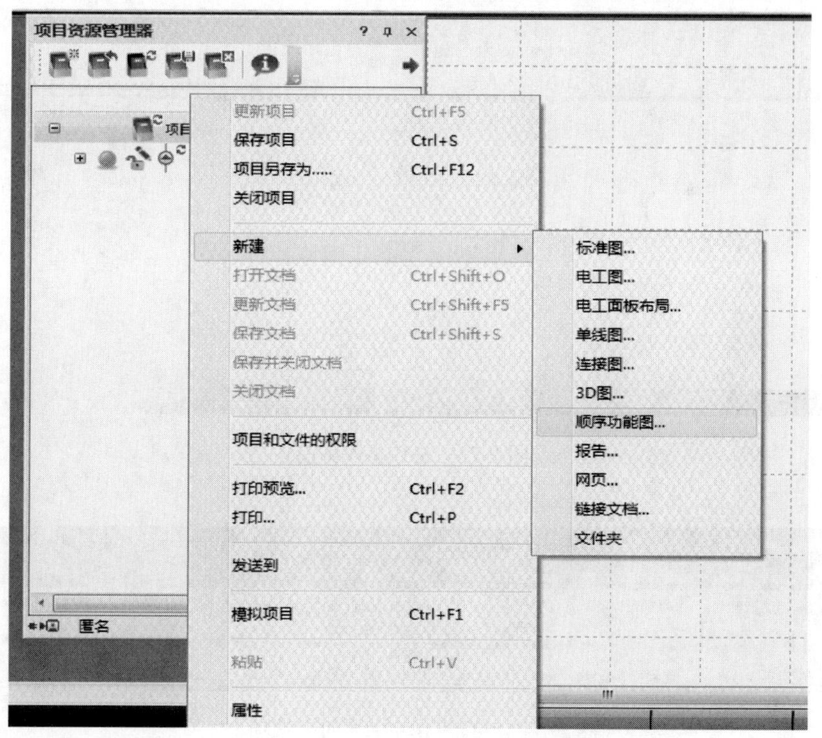

图 2-75　由项目资源管理器进入 SFC 界面

进入 SFC 工作室，出现如图 2-77 所示的 SFC 工作画面主页。

二、SFC 主页菜单栏简介

“主页”选项卡中包含了 SFC 标准编辑器的主要功能，如图 2-78 所示。

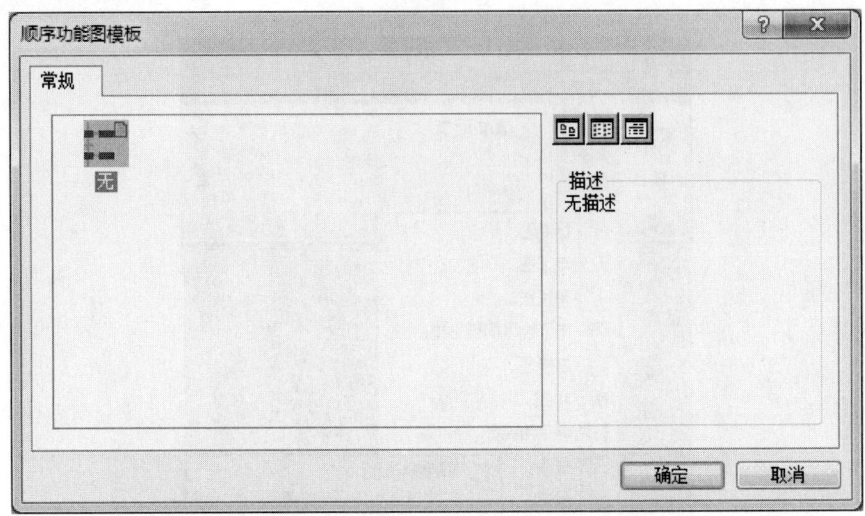

图 2-76 “SFC 模板”对话框

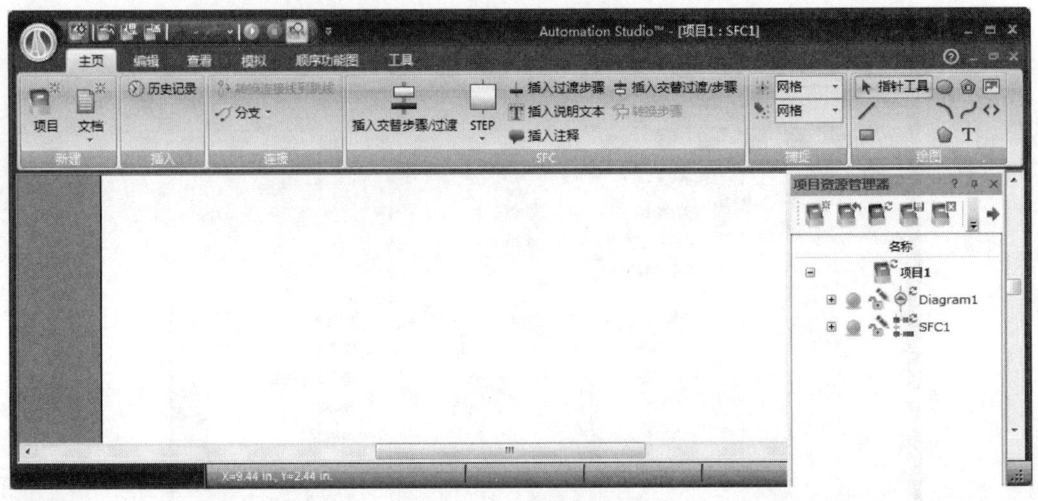

图 2-77 SFC 工作画面

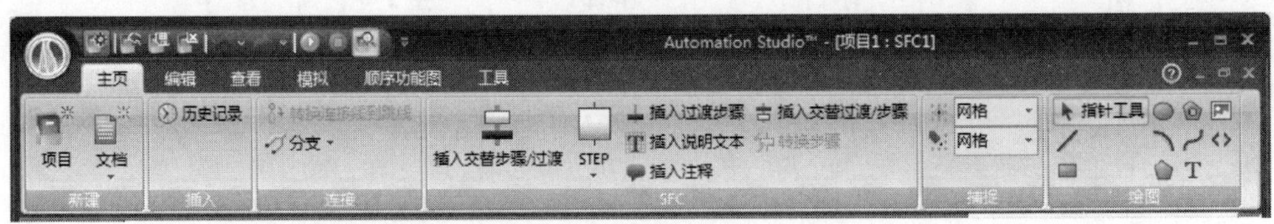

图 2-78 SFC 工作室“主页”选项卡

SFC 图的“主页”选项卡上的选项如下：

1. “连接”组

提供了访问连接和分支的操作，如图 2-79 所示。(分支指“并行”或者“分支选择”结构的开始或结束)

这些项目也可以通过分支、连接或分支的鼠标右键功能菜单访问，分别如图 2-80 和图 2-81 所示。

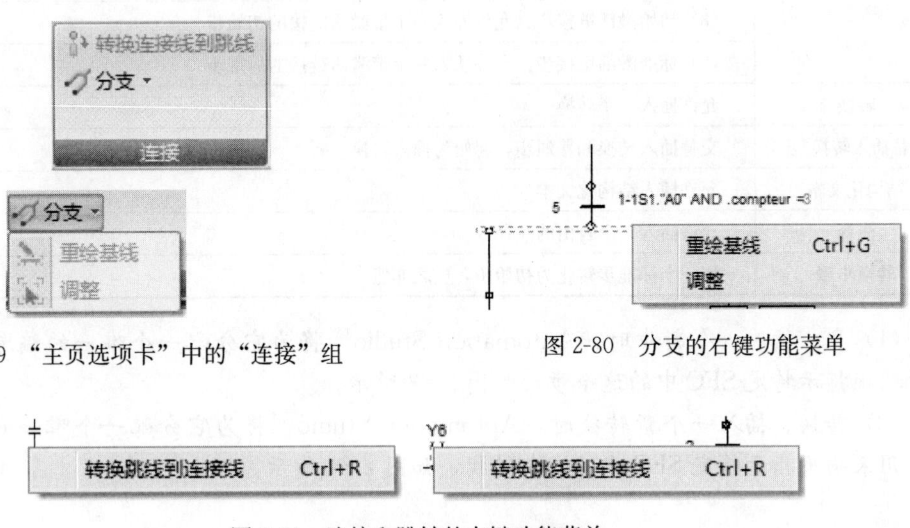

图 2-79 “主页选项卡”中的“连接”组

图 2-80 分支的右键功能菜单

图 2-81 连接和跳转的右键功能菜单

2. “SFC” 组

用于访问 SFC 中的组件插入工具。组件可以从功能区中选择，如图 2-82 所示。

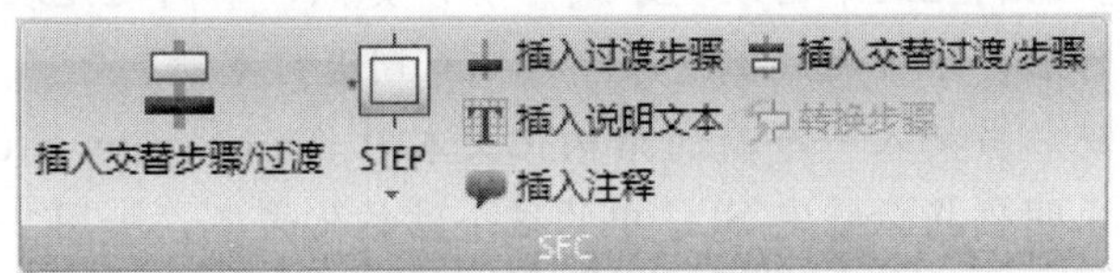

图 2-82 “主页”选项卡的“SFC”组选项

“主页”选项卡中的 SFC 命令如表 2-25 所示。

表 2-25 “主页”选项卡中的 SFC 命令

选项	说 明
交替插入步/转换	交替插入普通步和转换。起始为插入步
步	通过下拉列表插入所有类型的步
	此下拉列表包含以下几种类型：
	(1) 标准步：允许插入一个标准步
	(2) 初始步骤：允许插入初始步
	(3) 宏步：允许插入宏步
	(4) 输入步：允许在 SFC 中插入输入步定义为宏
	(5) 输出步：允许在 SFC 中插入输出步定义为宏
	(6) 初始嵌套步：允许插入一个初始嵌套步
	(7) 标准嵌套步：允许插入一个标准嵌套步

续表

选项	说　明
	（8）初始激活链接步：允许插入一个带激活链接的初始步
	（9）标准激活链接步：允许插入一个带激活链接的标准步
转换	允许插入一个转换
交替插入转换/步	交替插入转换和普通步，起始为插入转换
结构化文本	允许插入结构化文本
注释	允许插入一个自由的注释
转换步骤	将一个标准步转化为初始步，反之亦然

（1）步。插入一个新步时，Automation Studio™将为它分配一个唯一的编号。该编号用于明确指示特定SFC中的这个步，如图2-83所示。

（2）转换。插入一个新转换时，Automation Studio™将为它分配一个唯一的编号。该编号用来明确指示特定SFC中的这个转换，如图2-84所示。

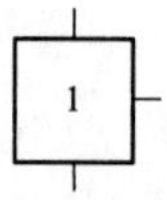

图2-83　插入转换 　　图2-84　插入结构文本

（3）结构化文本。结构化文本的表现方式与动作类似，不同之处在于前者与步不相关。在执行完步相关的动作后，结构化文本随每个模拟周期进行更新。

对于步和转换来说，当插入一个新的结构化文本时Automation Studio™将为它分配唯一的编号，该编号用来明确指示特定SFC中的这个结构化文本，如图2-85所示。

按照规定，将结构化文本被命名为STn，其中n是结构化文本的编号。在执行完SFC的标准步骤后，按照它们编号的次序来处理结构化文本。

（4）注释。插入一个注释时，软件将会自动为它分配一个介于1～999之间的编号。同一个SFC中的每个注释都具有一个唯一的编号，如图2-86所示。

按照规定，将注释命名为Cn，其中n是注释的编号。

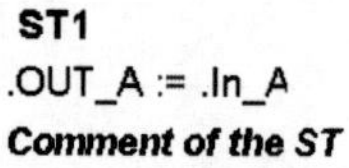

ST1
.OUT_A := .In_A
Comment of the ST

图2-85　插入结构

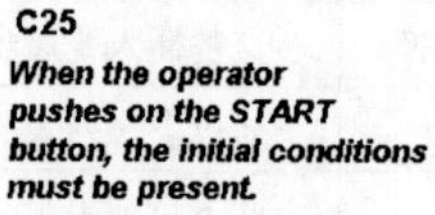

C25
When the operator pushes on the START button, the initial conditions must be present.

图2-86　插入步

三、SFC编程方法和模拟运行

1. 编程方法

本小节以图2-87所示的SFC为例列出编写SFC所需的步骤。SFC工作室中的组件参见“主页”选项卡的“SFC”组。在元件管理器中没有可以放到SFC文档上的组件。

（1）插入初始步。

①在SFC工具栏中，单击“插入初始步”；

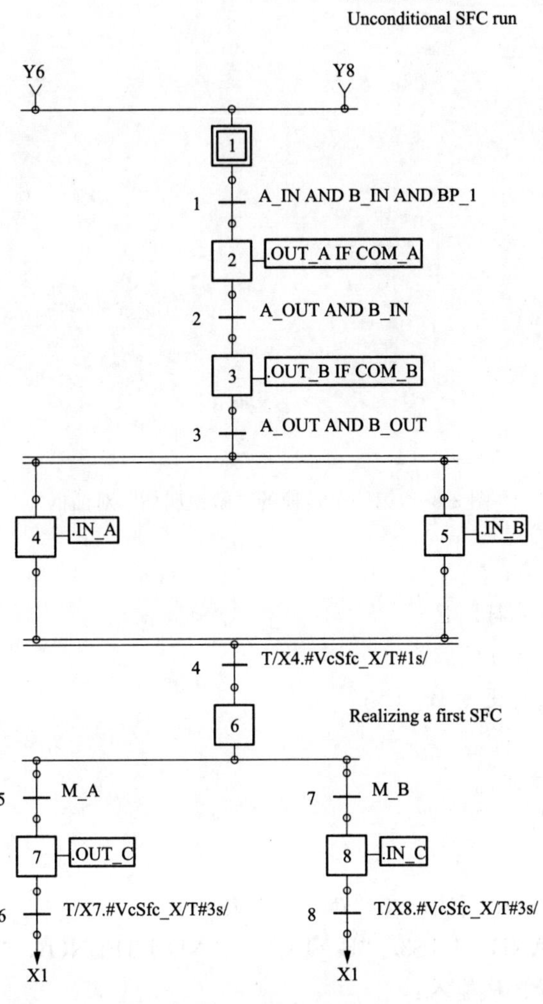

图 2-87 SFC 程序

②将鼠标指针移到希望放置新步的 SFC 文档上，并左击鼠标，初始步将被创建。

(2) 插入第一个转换。

①AS 工具栏“主页”选项卡，在“SFC”组中单击 “插入转换步”；

②将鼠标指针移动到步 1 的输出连接端口上；

③一旦两个连接端口重叠（初始步输出和转换端口），点击左键，两个组件连接完毕。单击右键可以取消插入状态。

④双击插入的转换，弹出如图 2-88 所示的转换“组件属性”对话框。

⑤确认编号是 1；

⑥编写转换语句。

a. 在变量列表中查找变量 A _ IN；

b. 双击该变量将它插入到“语句”字段中。插入变量时有“插入名称”和“插入别名”

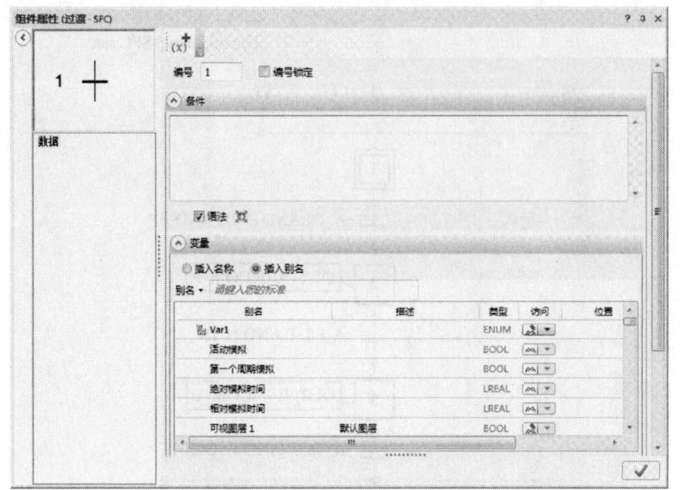

图 2-88　第一个转换的“转换属性”对话框

的选项以显示不同的命名；

c. 展开“语法和运算符”区；

d. 单击“AND”按钮；

e. 在变量列表中找到变量 B _ IN；

g. 双击该变量；

h. 单击“AND”按钮；

i. 找到变量 BP _ 1；

j 双击该变量；

至此公式已完成。该公式显示在“语句”字段中：

1-1S1.“A _ IN” AND　1-1S3.“B _ IN”　AND 1-1PBNO1.“BP _ 1”

k. 点击底部的注释区域输入：

A _ IN AND B _ IN AND BP _ 1

⑦单击应用图标并关闭“组件属性（转换 — SFC)”对话框。

(3) 编写首个动作。

①从 AS 工具栏“主页”选项卡，在“SFC”中单击“插入标准步”( )；

②将鼠标指针移动到转换 1 的输出连接端口上。一旦与转换 1 的输出连接端口重叠，点击左键，两个组件连接完毕；

③右键单击取消插入工具。左键双击打开如图 2-89 所示的“组件属性（步-SFC)”对话框。

④为步编写动作：

a. 选择布尔变量 OUT _ A；（若是新变量则需在变量管理器中按图标左键添加此变量，如图 2-90 所示。注意名称和别名可以不同。）

变量出现在“语句”字段中：

b. 展开“语法和运算符”区

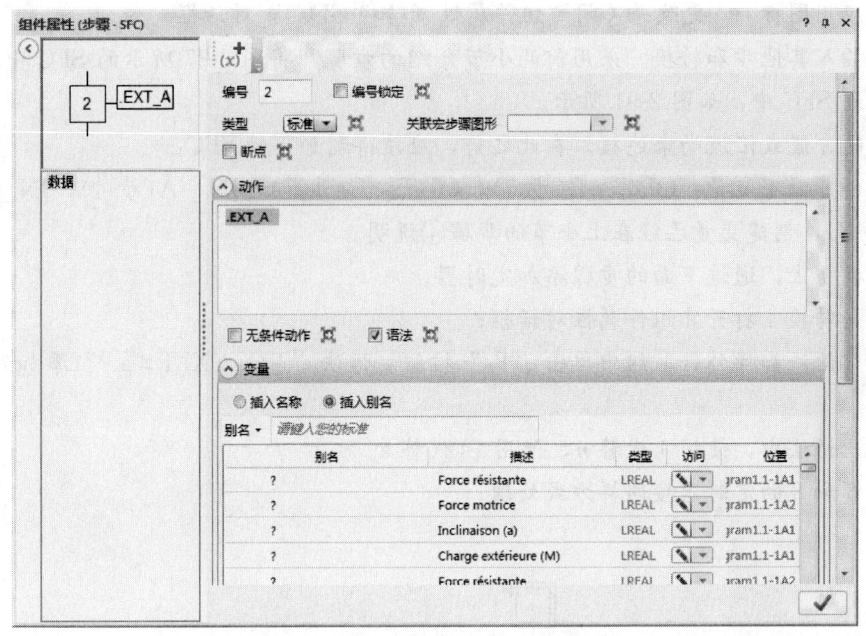

图 2-89 步“组件属性”对话框

图 2-90 在变量管理器中添加一个变量

c. 单击“IF”按钮

d. 在变量列表中找到变量 COM _ A；

e. 双击该变量；

至此公式已完成。该公式应该显示在“语句”字段中。

. OUT _ A IF ′1－1PBNO2. “COM _ A”′

f. 点击底部的注释区域输入：

OUT _ A　IF COM _ A

单击应用图标 ✓ 更改并关闭“组件属性（转换-SFC）”对话框。

(4) 插入其他步和转换。采用前两小节介绍的步骤，将图 2-87 所示的 SFC 中所有转换和步插入到 SFC 中，如图 2-91 所示。

程序的分流或汇流尚未连接。在此之前，应该得到如下的 SFC：

需要创建以下变量：OUT _ B(步 3)，OUT _ C(步 7)，IN _ A(步 4)，IN _ B(步 5) IN _ C(步 8)，创建变量已经在上小节的步骤④说明。

在转换 4 上，通过下面的步骤添加定时器。

①双击转换 4 打开其组件属性对话框；

②在“语法和操作符”组中单击“T/”按钮。语法“T/Xn. X/T＃a /”添加到“条件”第一区；

③在此语法中，使用 4 代替 n，使用 1s 代替 a。

转换 6 和 8 的定时器按同样方式处理。

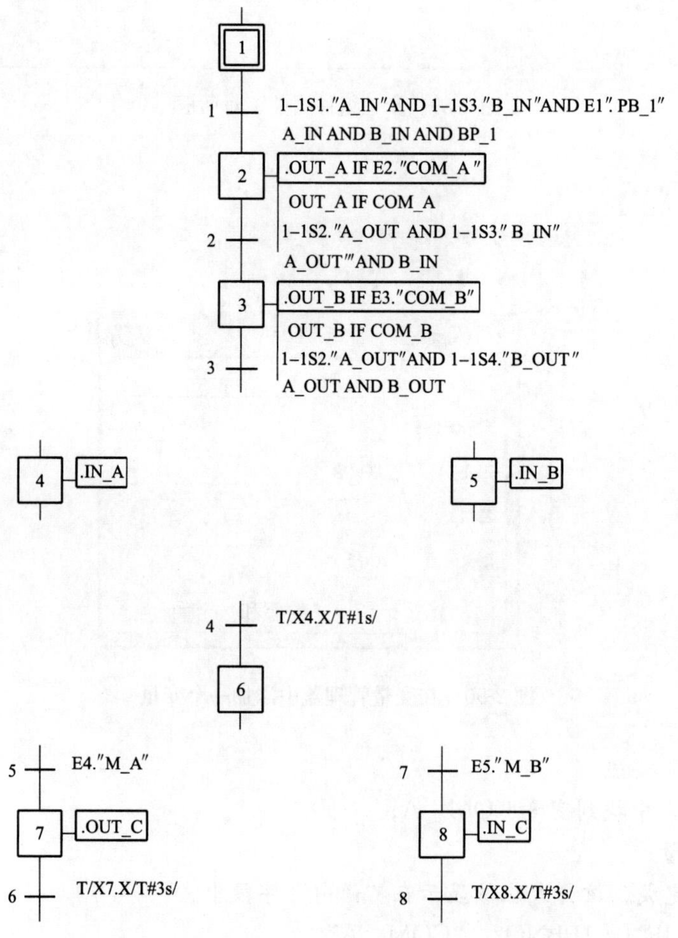

图 2-91　编写的尚未完成分支的 SFC 程序

(5) 插入连接。当一个组件插入到另一个组件的连接器上时，则新组件自动与第一个组件相连接。

如果一个组件没有插入到连接端口上，必须手动将它连接到另一个组件。

手动创建连接方法：

①AS 工具栏“主页”选项卡，在“绘图”组中单击“指针工具”（指针工具）；

②将鼠标指针放在组件的连接端口上，图标会变成⊕以指示连接工具是可用的；

③单击初始组件的连接端口，如图 2-92 和图 2-93 所示；

3

P22.TransmitterB AND P24.TransmitterB

A_OUT AND B_OUT

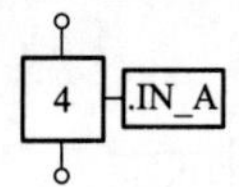

图 2-92　连接布局——第一个连接端口

3

P22.TransmitterB AND P24.TransmitterB

A_OUT AND B_OUT

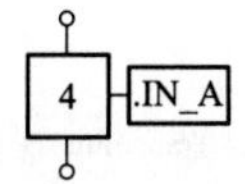

图 2-93　连接布局——第二个连接端口

④单击第二个组件的连接端口，如图 2-94 和图 2-95 所示；

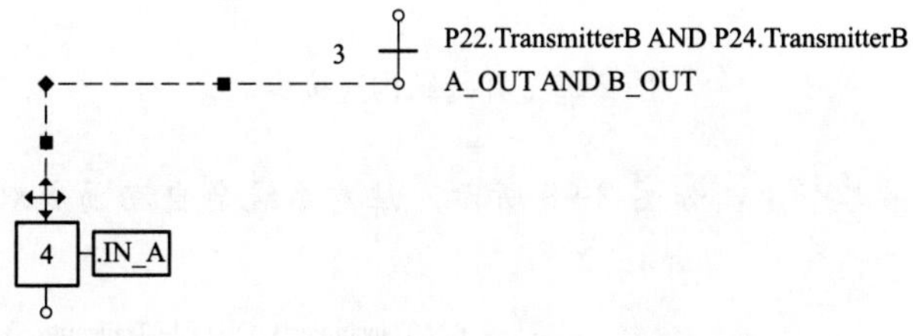

图 2-94　连接布局——创建和选定的连接

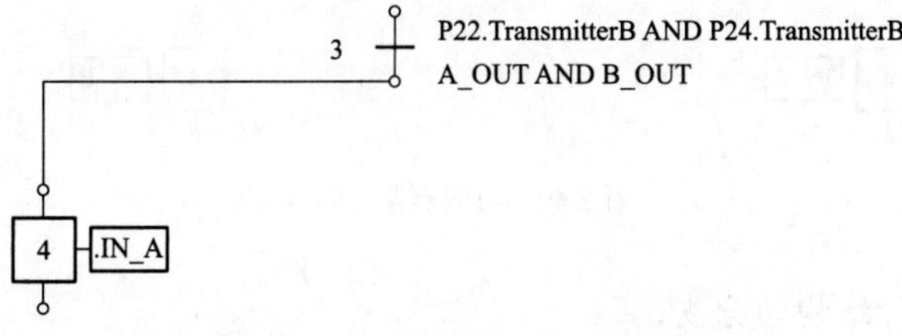

图 2-95　连接布局——创建连接

⑤单击文档上的空白处可以取消连接的选择。

连接的连线由 Automation Studio ™自动定义。若修改连线，参看本节二、1. 中“主页”中的“连接布局”。

指针是一种连接。如果在 SFC 选项中选定了“自动跳到上升链接上的标签”，则自动创建跳转指针。

(6) 插入分支。与创建常规的连接相比，插入分支并不困难。实际上常规连接是根据一套规则自动转换成分支结构。

创建分支，需要创建一个与如图 2-96 配置类似的 SFC：

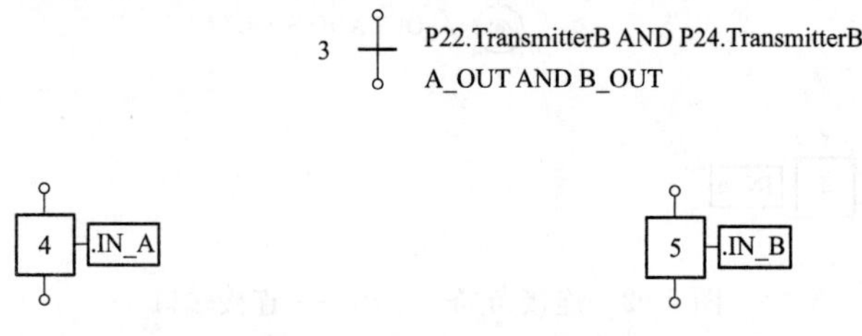

图 2-96 并行结构当前步

步骤如下：

①将转换连接到第一个步，如图 2-97 所示。

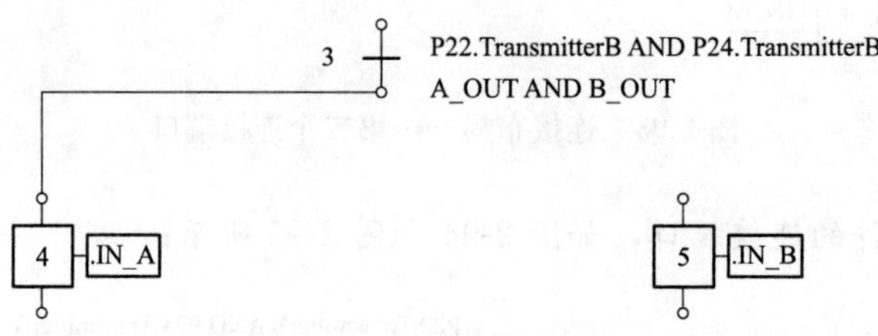

图 2-97 并行结构连接步

②将转换连接到第二个步，如图 2-98 所示。注意系统会自动画成双线的并行结构。

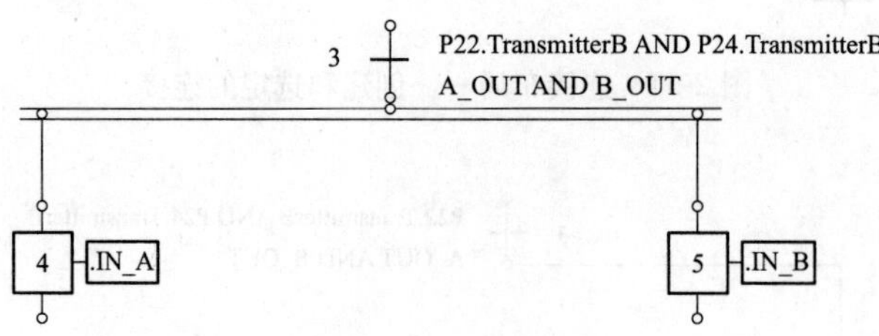

图 2-98 并行结构分支

系统自动创建并行结构的分支。

并行结构的合并创建方式与此类似，创建示例如图 2-99、图 2-100 所示。

若建立单选择结构需要创建从步到多个转换的连接，系统会自动画成单线的分支选择结构，如图 2-101、图 2-102 所示。

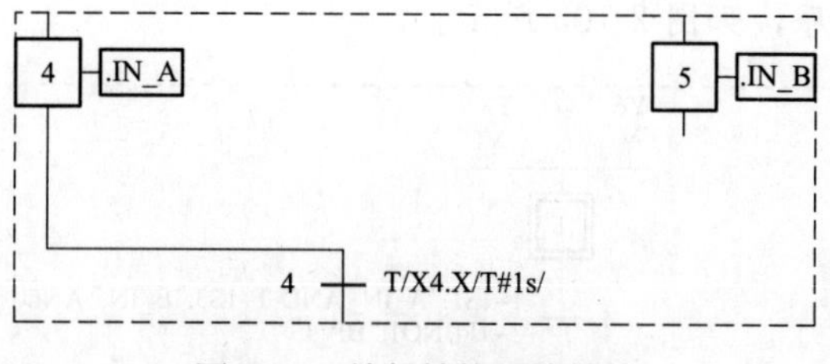

图 2-99 并行结构连接转换

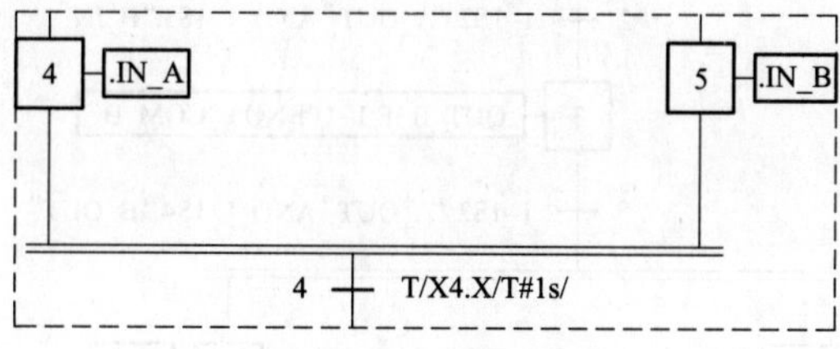

图 2-100 并行结构合并

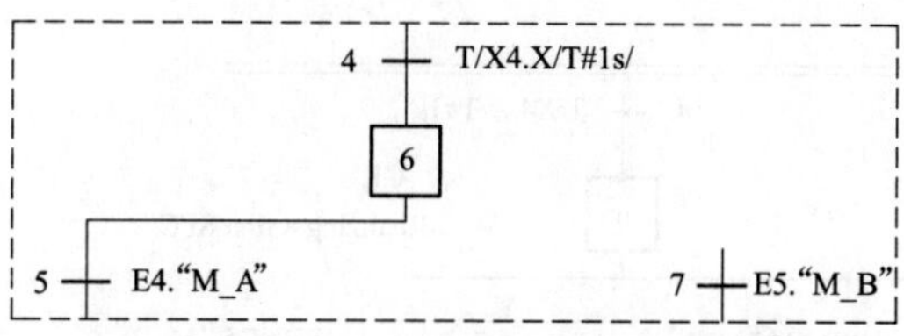

图 2-101 单选择结构连接转换

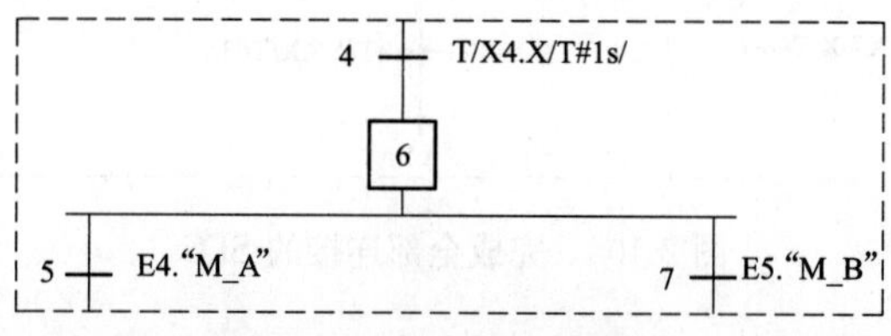

图 2-102 单选择结构分支

相应地单选择结构的合并与此类似。创建示例如图 2-103、图 2-104 所示。转换 6(Y6)和转换 8(Y6) 的输出端口到步 1(X1) 的输入端通过指针跳转的方式连接。若修改连线方式，参看本节二、1. 中“主页”中的“连接布局”或通过鼠标右键功能修改。

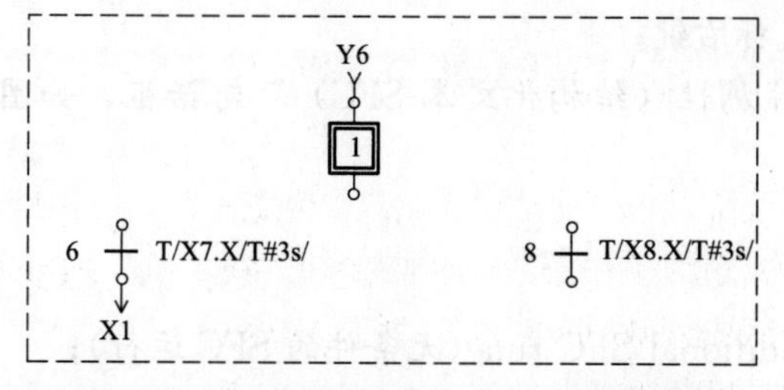

图 2-103 单选择结构连接步（指针跳转）

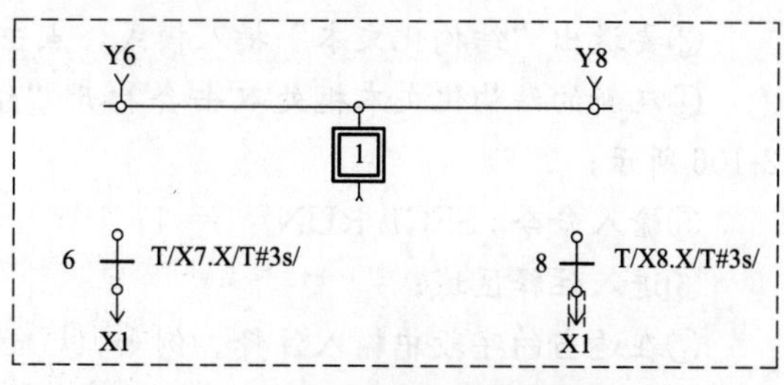

图 2-104 单选择结构合并（指针跳转）

现在完成的 SFC 程序，如图 2-105 所示。

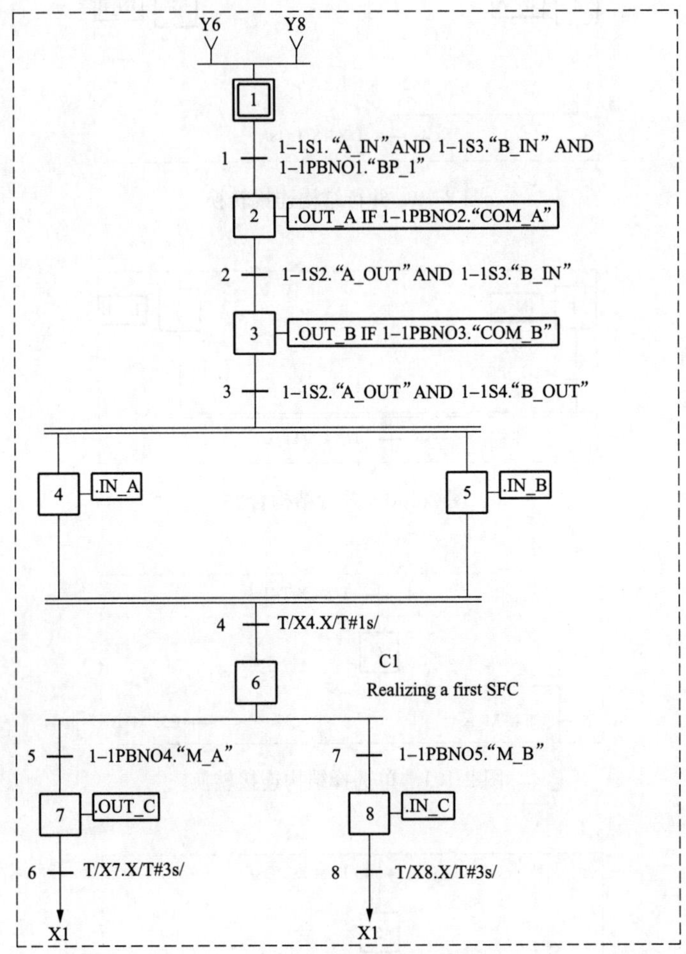

图 2-105　完成全部连接的 SFC

（7）插入结构化文本。结构化文本表示与步不相关的自主动作，在仿真激活时会执行这些动作。结构化文本使用的命令语法与步和转换中的应用相同。

插入结构化文本的步骤：

①AS 工具栏“主页”选项卡，在“SFC”中单击“插入结构化文本”（T）；

②将鼠标指针移动到希望放置结构化文本的地方；

③要退出“结构化文本”插入模式，点击鼠标右键；

④在新的结构化文本框处双击会打开“组件属性（结构化文本-SFC）”对话框，如图 2-106 所示；

⑤输入命令 . SFC1. RUN ：＝ 1；

⑥进入注释区域；

⑦在适当的字段中输入注释。例如，Unconditional SFC run（无条件的 SFC 运行）；

⑧单击“✓”。对话框关闭并显示结构文本语句。

显示结构化文本如图 2-107 所示。

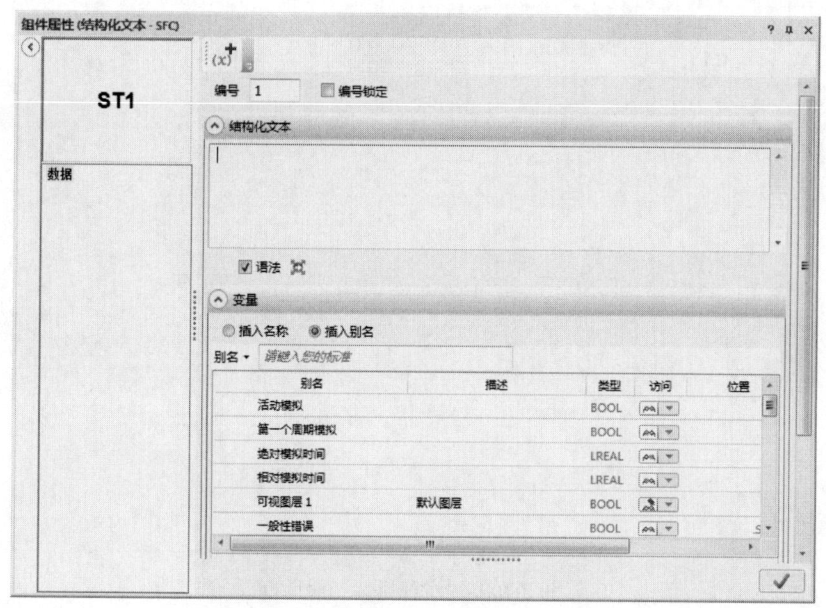

图 2-106 “结构化文本属性”对话框

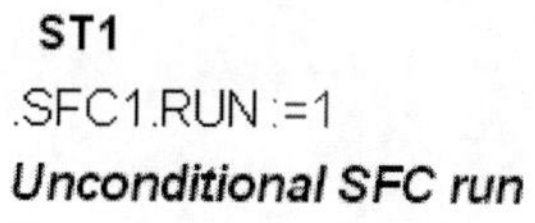

ST1

.SFC1.RUN :=1

Unconditional SFC run

图 2-107 结构化文本的示例

(8) 插入自由注释。自由注释不连接到任何转换或步上。

插入注释的步骤：

①AS 工具栏“主页”选项卡，在“SFC”中单击“插入注释”( )；

②将鼠标指针移动到希望放置新注释的地方；

③点击鼠标右键可退出“注释”插入模式；

④在新的注释处．双击会打开“组件属性（注释-SFC)”对话框，如图 2-108 所示；

⑤在注释字段中输入 Building a first SFC（构建的第一个 SFC)；

⑥单击“ ”。

对话框关闭并显示注释，如图 2-109 所示。

2. 模拟运行

在标题栏中按正常模拟按钮或在模拟菜单中选择正常模拟，SFC 进入模拟运行模式。

(1) 模拟期间 SFC 的状态。在模拟过程中，逻辑值为 TRUE 的 SFC 的所有状态都显示在原理图中的元件框中。当逻辑值变为 FALSE 时横条中的这些状态会消失，如图 2-110 所示。

(2) 模拟期间步和转换的状态。使用在“激活组件颜色”属性中定义的颜色来显示激活的组件。可以在选项菜单的“SFC 模拟”分支中修改此属性。默认的颜色为红色。

表 2-26 给出了模拟期间步的状态和说明。

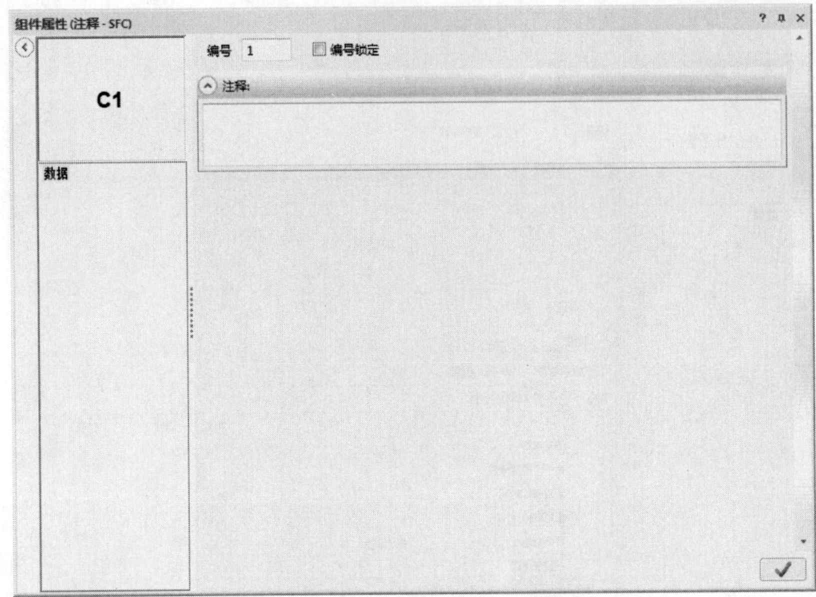

图 2-108 “注释属性”对话框

C1

Building a First SFC

图 2-109 注释的示例

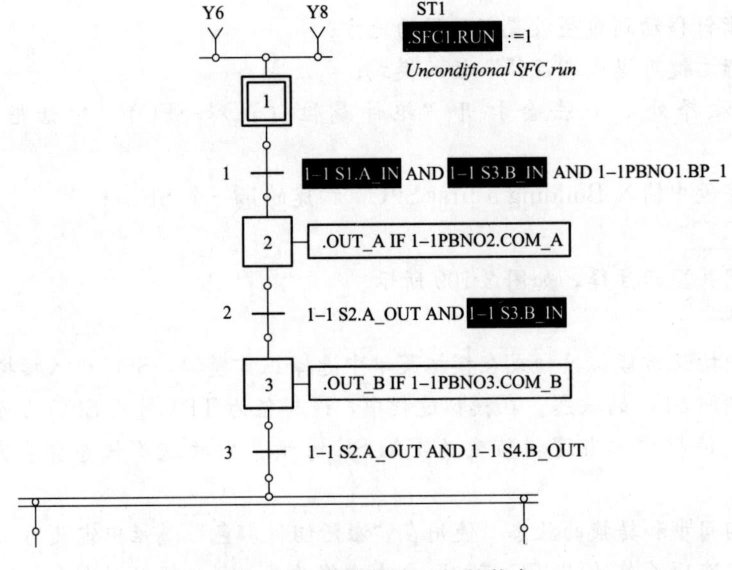

图 2-110 模拟期间 SFC 的状态

表 2-26　　模拟期间步的状态

SFC 组件	表示	说　明
激活的步	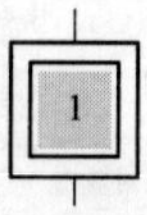 1	激活的步使用固定的红色正方形来表示
强制激活的步	 2	强制的步显示为闪烁的红色正方形
激活的宏步	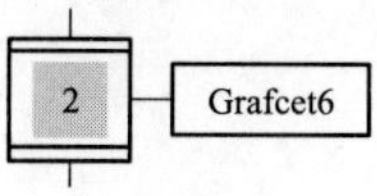 2　Grafcet6	激活的宏步显示为在步符号顶部带有一个红色的矩形
激活的输入步	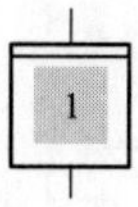 1	宏步 SFC 的入口步随同父 SFC 的宏步同时激活。实际上它包含一个隐式的 AND 分支
激活的输出步	 3	宏步 SFC 的出口步随同父 SFC 的宏步同时停用。实际上它包含一个隐式的 AND 合并
带有中断点的步	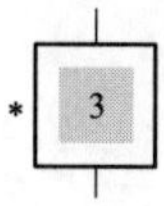 * 3	当激活带有中断点的步时，模拟将暂停，包括所有并发的相关组件
带有锁定编号的步	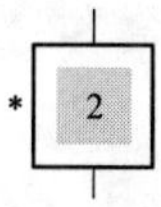 * 2	当步编号锁定时，执行重新编号功能则不能对它重新编号
激活的转换	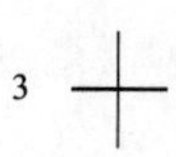 3	带有转换条件验证为 TRUE 的转换
激活的变量	 1–1S1.PR_B0	变量状态为 TRUE 时

注意：转换是一种即时事件，在逐步执行的模拟模式下才能看到。在变量管理器中可以实时显示 SFC 的每个变量的当前值。

四、宏步

宏步是简明地表示在单个步中的一段 SFC。对于每个宏步都有一张含有若干宏步的 SFC 图纸，SFC 图纸的名称书写在宏步右手边的动作框中。同时将 SFC 图纸的文档属性中的等级定义为宏，如图 2-111 所示。

在使用的宏步组件属性中，从关联宏步骤图形的下拉菜单中选择为含有宏步的 SFC 图

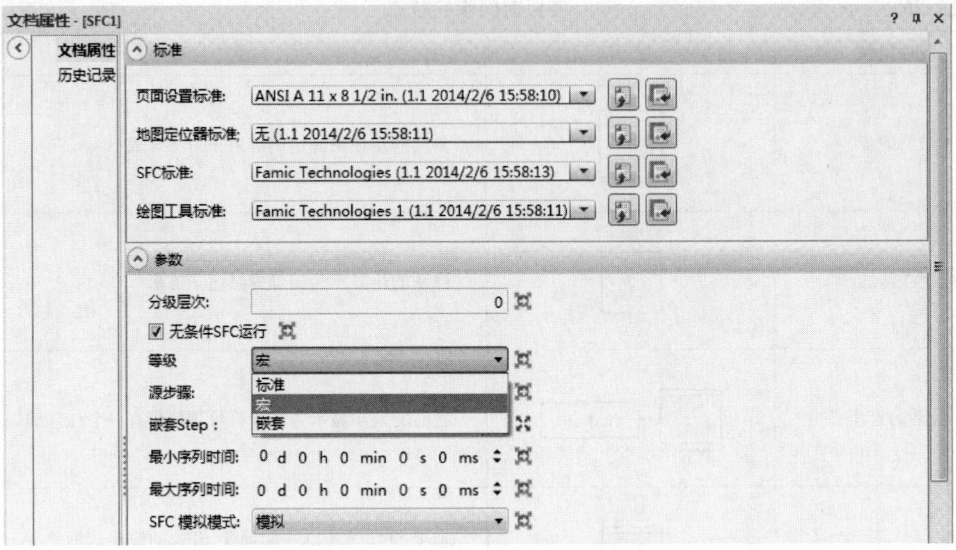

图 2-111　定义 SFC 为一个宏

纸名称，如图 2-112 所示。与宏步关联的 SFC 图纸名称被写在宏步右侧，如图 2-113 所示，宏步就可以使用了。

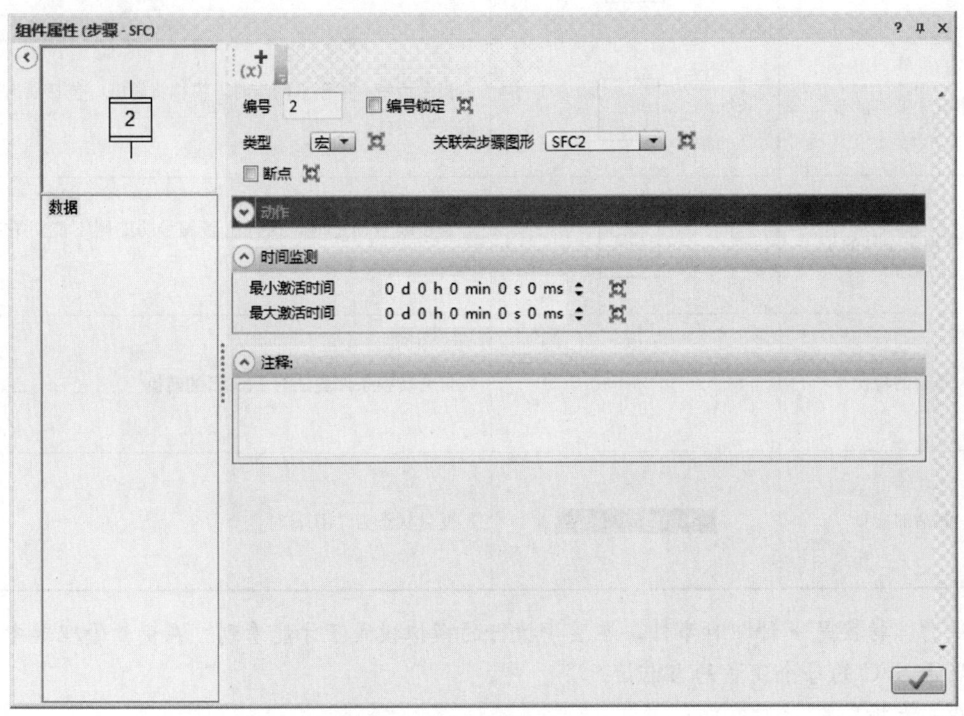

图 2-112　定义一个宏步

在图 2-113 中，激活宏步（步 2，为父宏步）时 SFC 图纸中的 in 步（步 1）同时被激活，这实际上是一个隐式的并行分流。

SFC 图纸中的 out 步（步 3）激活时，在父宏步（步 2）后的转换条件为 TRUE 时，out 步和父宏步同时停用。这实际上是一个隐式的并行汇流。

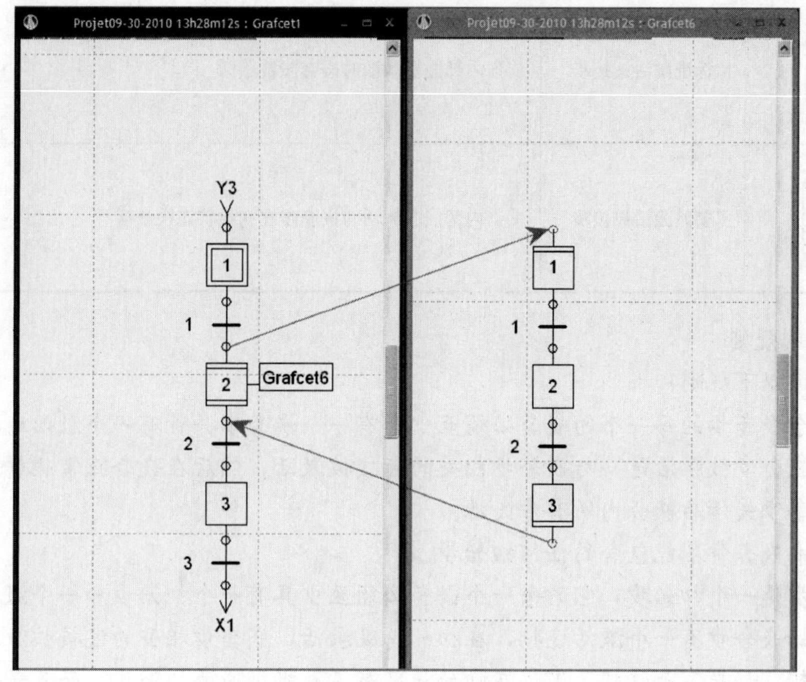

图 2-113 使用宏步

五、嵌套

嵌套是一种工具允许在一个嵌套步中对步的状态进行组合(“封装”)。嵌套用于完成顺序功能图的结构层次。

1. 嵌套的元素

表 2-27 列出了可以在嵌套中使用的主要组件。

表 2-27 **嵌套步的组件**

符号	名称	说　明
1	标准嵌套步	在一个嵌套步中可以包含一个或多个其他的嵌套步，包括自身。 嵌套步具有步的所有属性。 嵌套步执行后可以导致一个或多个激活链接有效
2	初始嵌套步	嵌套步，参与初始步情况。在这种情况下，它的每一个嵌套应至少具有一个初始封闭步骤

续表

符号	名称	说　明
* 3	标准激活链接步	当内部嵌套激活时嵌套步被激活
* 4	初始激活链接步	当内部嵌套激活时嵌套步在初始状态被激活

2. 嵌套的规则

嵌套遵循以下规则：

(1) 一个嵌套步的每一个的嵌套必须至少含有一个嵌套步并带有一个激活连接。

(2) 在嵌套步被激活是，与嵌套步相关的连接被激活，然后在嵌套正常跳转。

(3) 嵌套步失活后嵌套内所有步失活。

(4) 标准嵌套步不能包含的任何初始步。

当嵌套步是一个初始步，它的每一个嵌套必须至少具有一个初始步和一个激活连接。

如果初始嵌套步有一个激活连接，在初始情况激活，嵌套步相关的连接被激活，然后在嵌套正常跳转。如果不是这样，则仅在初始状况激活并根据嵌套的演变，而不是在嵌套封闭步内激活。

例如图 2-114 所示的带有两个嵌套的初始嵌套步。

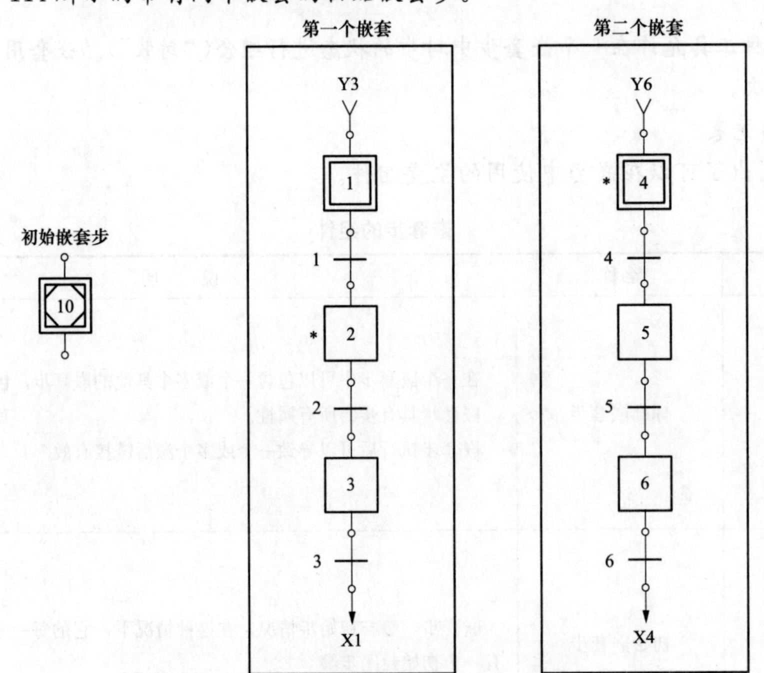

图 2-114　带有两个嵌套的初始嵌套步

步 10 是一个初始嵌套步。

对于第一嵌套：步 1 是初始步，它被激活时，模拟启动并根据嵌套被运行（当它被激活）。在每一个激活步 10 中，除了模拟开始时，第 2 步（附一步标准激活连接）被激活。

对于第二嵌套：步 4 是一个初始激活链接步，则当模拟开始时，在嵌套的步 10 的每一个激活，并根据嵌套运行激活（当它被激活时）。

当嵌套步 10 失活时，在第一嵌套（1，2 和 3）和第二嵌套（4，5 和 6）中所有的步被停用。

3. 嵌套步的组织

在 Automation Studio™中可以方便的使用嵌套，以便更好地运用 SFC。有两种方法可以定义步的类型：

在插入步之前选择类型。要做到这一点，你可以在“SFC”组中的“主页”→功能区点击“步”命令，选择所需的步类型插入到您的 SFC 文件中，如图 2-115 所示。

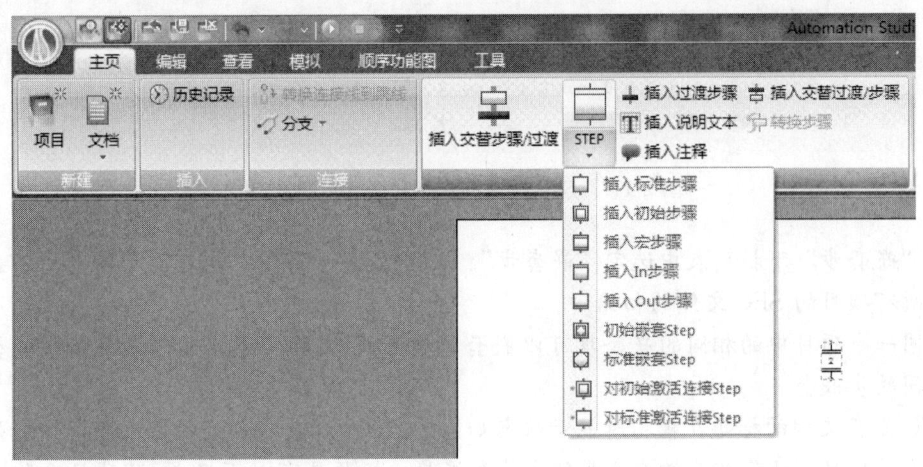

图 2-115　从“主页”功能区中选择“步”命令

在 SFC 文件中插入步后，步的类型可以修改。这可以通过在步的属性对话框中的“类型”下拉列表来完成，如图 2-116 所示。

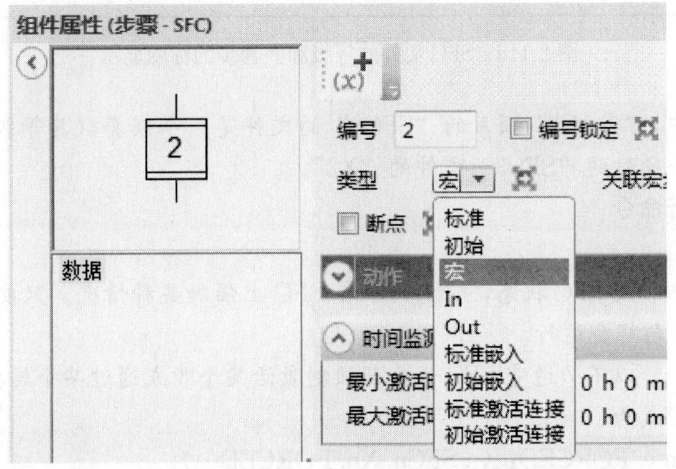

图 2-116　从步属性对话框“类型”中的下拉列表选择步类型“主页”功能区中选择“步”命令

有关嵌套的类型有："标准嵌套步""初始嵌套步""标准激活链接步"和"初始激活链接步"，参见表2-27嵌套步的组件。

一个嵌套步的嵌套必须在SFC文档属性的等级中创建"嵌套"。要画出在一个单独的SFC文件中绘制嵌套的图纸，以及定义的嵌套措施的类型，然后打开该文档的属性对话框，选择等级"嵌套"级，并确定嵌套的步，如图2-117所示。

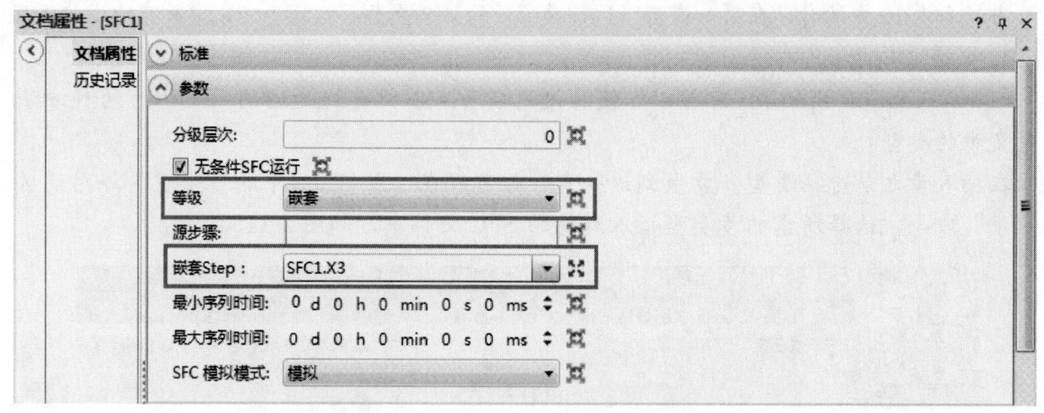

图 2-117　SFC文件的等级和嵌套步的选定

在"嵌套步"下拉列表中选定"嵌套步"。此外，这份列表中也可用于检查所有嵌套的标准和所有项目的SFC文件的初始步。

在同一个项目中的相同的嵌套步可以嵌套多个SFC文件和步。也就是说多个嵌套步可以用相同的步嵌套。

SFC嵌套文档的标题在模拟时显示状态如图2-118所示。在嵌套的情况下，该标题表示除了标准的信息，还有相应的嵌套步的文件和编号。标题具有以下格式："项目名称"："文件名"("嵌套步的文件名" * "所包含的步")。

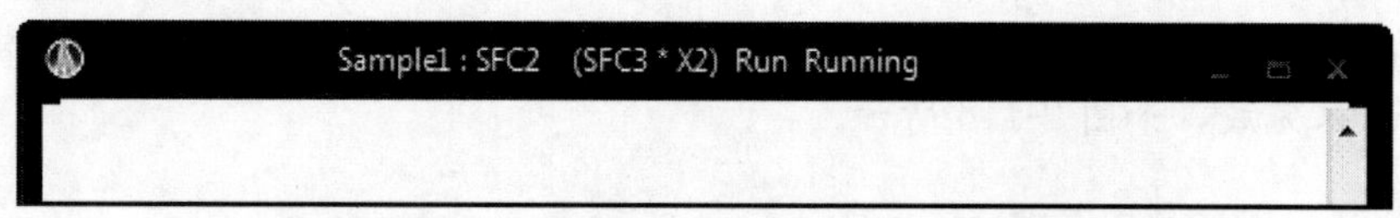

图 2-118　SFC文件的等级和嵌套步的标题显示

在上面的图中，"案例1"项目的"SFC2"的文件是一个嵌套（其等级是"嵌套"）。其嵌套步是在同一个项目的"SFC3"文件的"X2"。

六、强制执行命令

1. 强制分级

强制语句允许修改SFC状态，它们用来在SFC上强加某种情况。只要它的激活条件为TRUE，则强制语句将会运行。

在模拟期间，可以不必遵守SFC语法而强制激活某个步或通过某个转换。

强制的一般形式为：

F/ SFC _ Name. FORCED：(. SFCn. Xn. FORCED…)。

其中各符号的含义如表2-28所示。

表 2-28 强制命令的说明

符号	说明
F/	强制运算符
. SFCn. FORCED	强制执行的 SFC 的名称
:（SFCn. Xm. FORCED，…）	列出强制的步，与期望的 SFC 情况相对应。可以为一个 SFC 指定一个或由逗号分隔开的多个步。如果没有指定步（），那么 SFC 的所有步都处于停用状态

在强制执行期间，激活指定的步并停用其他所有步。

2. 分级强制的规则

（1）一个 SFC 不能强制自身；

（2）一个 SFC 不能强制处于相等分级层次上的另一个 SFC；

（3）一个 SFC 不能强制处于更高分级层次上的另一个 SFC；

（4）相同分级层次上的两个 SFC 不能强制同一个 SFC；

（5）如果有更高且不同的分级层次上的两个 SFC 强制一个 SFC，那么两个指令中指定的所有步都将强制执行。当指令停用时，最后激活的指令将决定 SFC 的状态；

（6）一个 SFC 即使没有运行也可以被强制。

图 2-119 描述了合法和非法的强制动作。

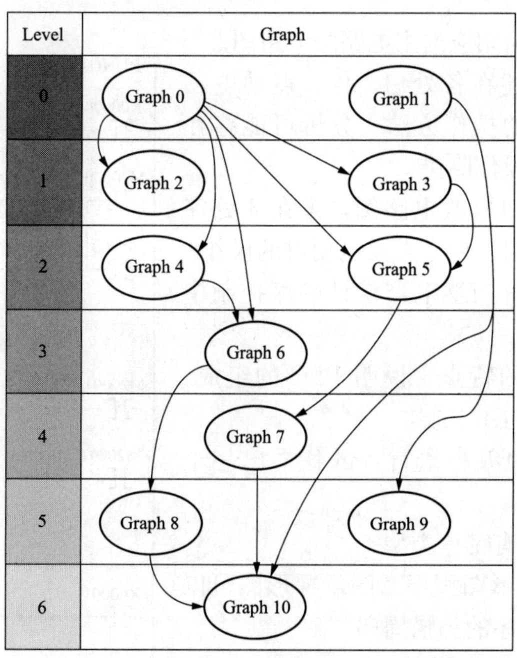

图 2-119 允许的分级强制

2-1 说明自动电器类中动合触点及动断触点的区别。它们在逻辑处理上有什么含义？

2-2 说明图示的操作开关在不同位置时的触点状态。

2-3 何为电气元件的“原始状态”？对继电器触点的“原始状态”如何在原理图画出？

2-4 如下图继电器逻辑可在两处控制一台电机的起、停和点动的控制。分析如下电动机控制电路的逻辑。

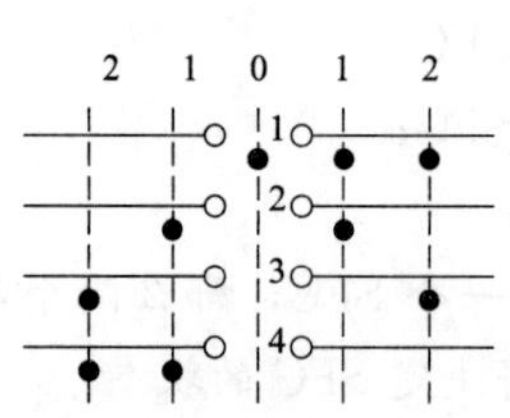

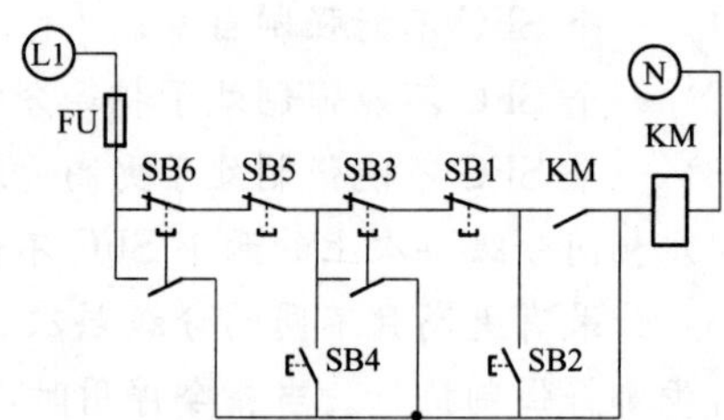

(1) 画出相应的主电路的电路图。

(2) 简述在各处启、停、点动电动机的操作方法。分析可能存在的操作隐患。

(3) 如何修改电路图，可在 3 处完成启、停、点动电动机的操作？

2-5 使用锁存-解锁继电器设计顺序控制中的步序电路。

2-6 简述 PLC 的特点。说明 PLC 的组成、工作过程和工作方式。

2-7 PLC 有几种编程语言？试各举出一个例句。

2-8 梯形图指令有哪些类型？

2-9 分析下列梯形图程序。图示梯形图可以测量用户程序的扫描周期。

(1) 分析其工作原理。

(2) 将程序移植到 AS 中，观察运行结果并计算出此扫描周期。

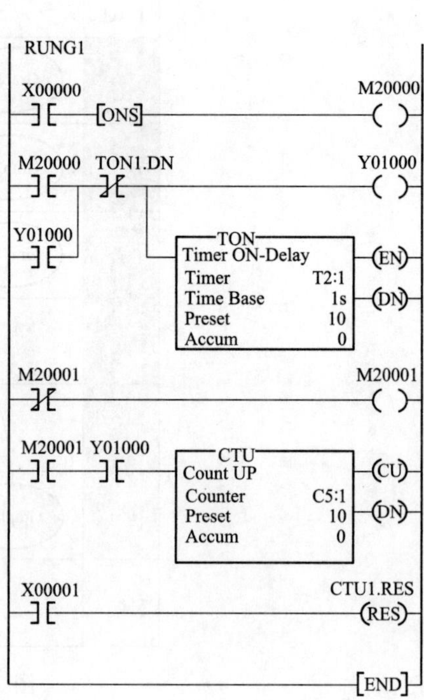

2-10 按 PLC 工作原理分析并画出下面 2 个程序的输出波形图。

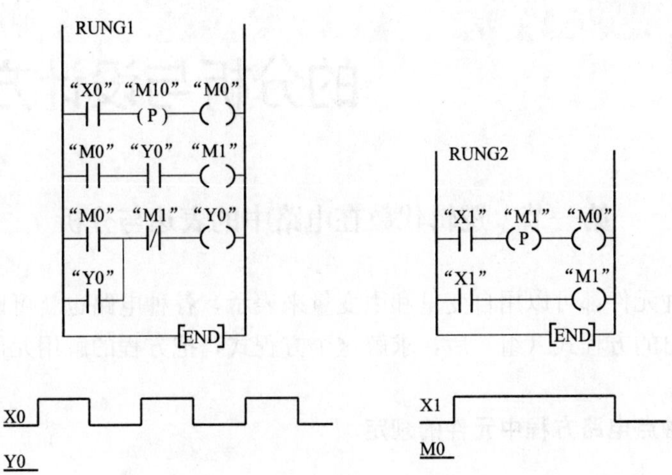

2-11 用S、R和上升沿、下降沿指令设计满足图示波形的梯形图。

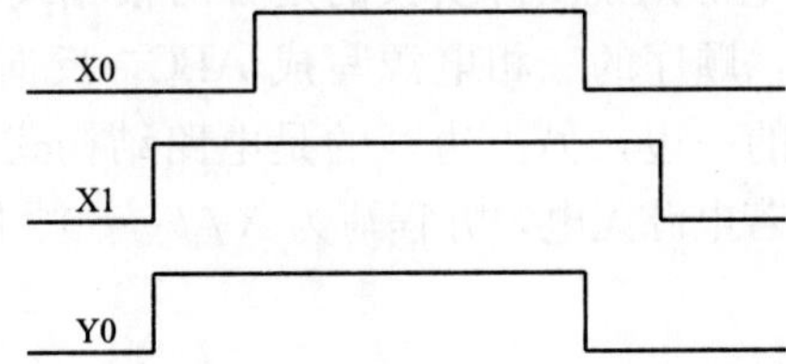

2-12 已知逻辑方程 $Y=(x_1x_2+y)\cdot\overline{x}_3$（注 y 为 Y 的前态），分别用继电器逻辑电路、梯形图、功能模块图（或逻辑门电路）三种设计方法实现（解算）这个方程。

2-13 GRAFCET的重要符号概念和转换规则是什么？步和动作的持续时间关系有哪些？

2-14 在结构文本中各步、转换的变量符号如何表示？

2-15 指出所示顺序功能图的错误（不少于5处）并说明原因。

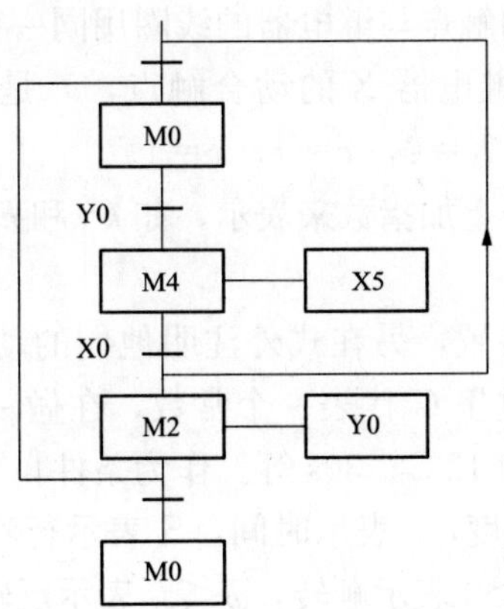

2-16 结构文本ST语句中连续布尔赋值、条件布尔赋值和存储式布尔赋值有何不同？各举一个例句。

第三章 开关量控制系统的分析与设计方法

第一节 逻辑代数在电路中的表达与分析

电路中的各种元件都可以用自变量和因变量来表示，各种电路也就可以用各种代数式来表达。按规定写出的方程式（组）后，求解这个方程式，把方程的解用元件状态来解释，这就是电路分析。

一、表达有触点电路方程中元件的规定

1. 电源

电源符号分为直流、交流两种。交流又有单相、两相和三相的区别。直流和单相的交流电都用字母 E 表示。两相电源则视实际所接的是哪两根相线而写成 AB、BC 或 CA。三相交流电源又分顺序和反序，顺序的三相电源写成 ABC，反向的三线电源写成 CBA。这类电源符号写在方程式等号的一边，另一边写的是电路结构式，如 $X/f_X=E$。若电源有电则分析方程为 $X/f_X=1$；若电源无电，方程写为 $X/f_X=0$。因此，分析电路时的方程为 $X/f_X=1$。

2. 负荷

电阻性的负荷用 R 表示；电感性的负荷用 X_L 表示；但对于继电器的线圈，则可以用 X_1、X_2、X_3 或 X、Y、Z、T、U、V、W 等来区别，对于三相绕组式实际情况以 Y 或 Δ 来表示，这些都作为因变量来看待。

3. 开关

一般开关用 k 来代表，$k=1$ 表示合，$k=0$ 表示分。按钮用 α 来代表，正量（α）表示动合按钮，反量（$\bar{\alpha}$）表示动断按钮，按下动合按钮时，$\alpha=1$，松开动合按钮时，$\alpha=0$。动断按钮的情况则相反。继电器的触点与继电器的线圈用同一字母，前者小写后者大写，前者的数值随后者变化。例如 x 是继电器 X 的动合触点，$\bar{x}$ 是它的动断触点。在线圈通电时 $X=1$，$x=1$，$\bar{x}=0$；在失电时 $X=0$，$x=0$，$\bar{x}=1$。

二相或三相开关在开关记号上加指数来表示，如 k^2 和 k^3。

4. 保护装置

以希腊字母代表各种保护装置，另在式外注明他们的动作条件。例如 α 代表 $I>C$；β 代表 $T>C$；γ 代表 $t=C$ 等，这里 C 代表一个常数，在做一般讨论时使用。在具体应用中要写出数量和单位，例如 5mA、12℃、30s 等。作为条件自变量的条件所用的符号有：U 表示电压，I 表示电流，T 表示温度，t 表示时间，S 表示行程，θ 表示转角，ν 表示线速度，ω 表示角速度，n 表示转速，$\omega>0$ 表示顺转，$\omega<0$ 表示反转等。

5. 电路通畅/中断

代表电路通畅的表达式为 1；代表电路中断的表达式之值为 0。

6. 串/并联

自变量与自变量之间的加号意味着他们所代表的原件之间的并联，乘号意味着串联。

7. 正/反比号

自变量与因变量之间的正反比好意味着串联；反比号意为并联，在方程组中不用反比号。有时也将不同的因变量的比式用加号相连来代表它们的并联。

二、电路分析实例

【例 3-1】 分析图 3-1 所示的照明供电线路。

解：按规定写出此电路的方程式如下：

$$E=k^2\bar{\tau}^2(R_1/k_1+R_2/k_2+R_3/k_3)$$

式中 τ 表示 $I>C$。当 $I>C$ 时，$\tau=1$，$\bar{\tau}=0$，表示熔断器保险熔断使电路不通。

当 $E=0$ 时，$R_1=0$，$R_2=0$，$R_3=0$（见正反变记法规定），表示电源无电时，三灯都不亮。

当 $E=1$ 时，如 $k^2=0$ 或 $\tau^2=1$，则各 R 皆为 0，表示电源有电，但闸刀未合上或熔断器作用（电流超过限度）时，三灯都不亮。

当 $E=1$ 时，如 $k^2=1$，$\tau^2=0$ 时，则有：

$$R_1/k_1+R_2/k_2+R_3/k_3=1$$

方程可拆开为，$R_1/k_1=1$，$R_2/k_2=1$，$R_3/k_3=1$。它们的解是 $R_1=k_1$，$R_2=k_2$，$R_3=k_3$。即三灯各受一个开关控制，开关合上（$k_n=1$）则灯亮（$R_n=1$），开关断开（$k_n=0$）则灯熄（$R_n=0$）。解毕。

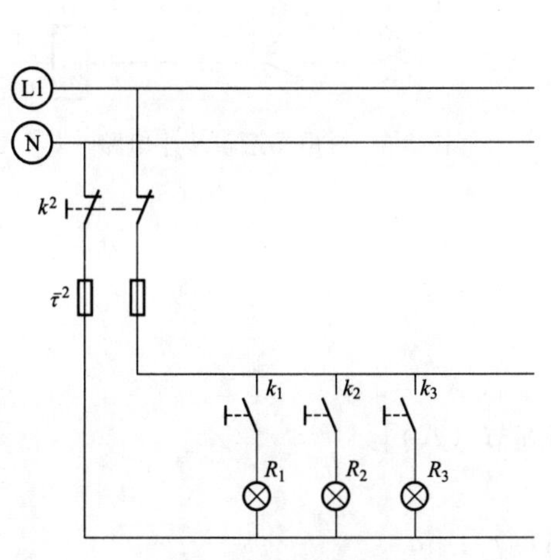

图 3-1 照明供电线路

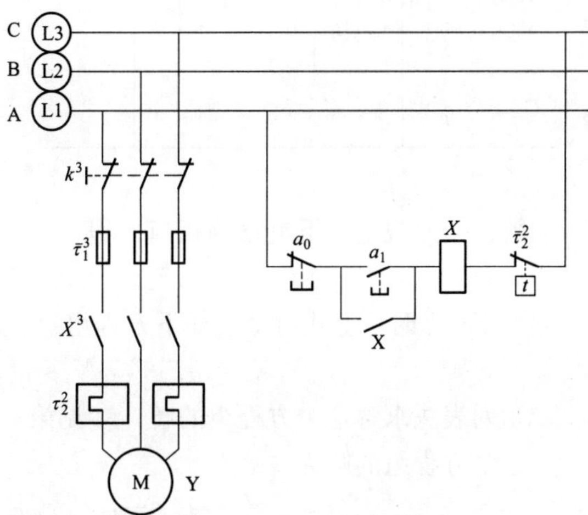

图 3-2 三相电动机控制电路

【例 3-2】 分析如图 3-2 所示的三相电动机启停电路。

解：按照规定写出电路和控制电路的方程式：

主电路：$(ABC)=Y/k^3\bar{\tau}_1^3x^3$

控制电路：$(AC)=X/\bar{\alpha}_0(a_1+x)\bar{\tau}_2^2$

当 ABC 和 AC 都是 1 时（意为电源有电），则主电路上

$$Y=k^3\bar{\tau}_1^3x^3$$

此式表示只有当三相闸刀合上（$k^3=1$）、熔断器未作用（电流未超过限值，$\tau_1=0$），与继电器的触点吸合（$x^3=1$）时，电动机定子中的三相绕组才会通电，使电动机启动。

在控制电路中，当 $AC=1$ 时，有

$$X=\bar{\alpha}_0(\alpha_1+x)\bar{\tau}_2^2$$

此式在热继电器未作用时，与例 1-16 所示的方程式，形式上相同，于是它的解就是，

$$C_X=|:a_1X\bar{a}_1a_0\overline{X}\bar{a}_0:|$$

表示：当按下启动按钮（$\alpha_1=1$），线圈即通电（$X=1$）；按钮松开（$\bar{\alpha}_1=1$）后，线圈电流仍能自保不失。因而触点 x 也保持吸合，使电动机继续运转。只当按下停止按钮（$\alpha_0=1$）后，线圈电流才断开（$\overline{X}=1$），以后停止按钮松开，线圈也仍然失电，直至再度按下启动按钮，又重复上述的变化程序。这是一个间歇动作过程。解毕。

【例 3-3】 试分析图 3-3 所示的继电器逻辑步序电路图。列表法求解步序电路见表 3-1。

表 3-1　列表法求解步序电路

步序	0	1	2	3	4	5	6	7	…	0
α	0	$\underline{1}$	1	1	1	1	1	1		$\underline{0}$
X_1	0	0	$\underline{1}$	1	$\underline{0}$	0	0	0		0
X_2	0	0	0	$\underline{1}$	1	1	$\underline{0}$	0		0
X_3	0	0	0	0	0	$\underline{1}$	1	$\underline{0}$		0
C_X	a		$\|:x_1x_2\bar{x}_1x_3\bar{x}_2\bar{x}_3:\|$							$\bar{a}$

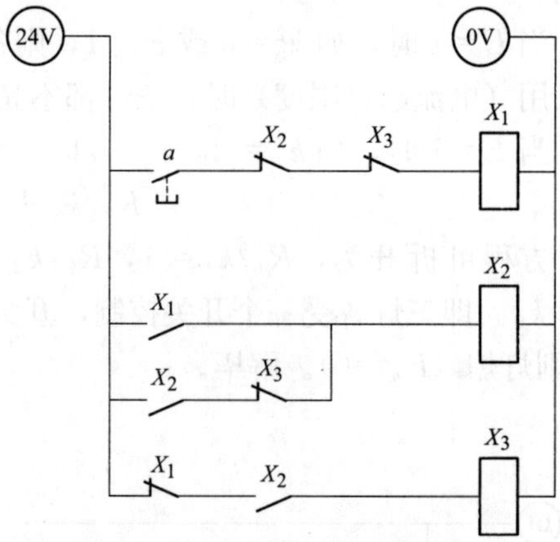

图 3-3　继电器逻辑步序电路

解：按照规定写下电路的相当方程：

$$E=X_1/\alpha\bar{x}_2\bar{x}_3+X_2/(x_1+x_2\bar{x}_3)+X_3/\bar{x}_1x_2$$

当 $E=1$ 时，上式可分成如下方程组：

$$X_1=\alpha\bar{x}_2\bar{x}_3,\ X_2=x_1+x_2\bar{x}_3,\ X_3=\bar{x}_1x_2$$

用列表法求解这个方程组的解［参见第一章第五节（八）］：

这个方程组的解为：

$$C_X=a\ |:x_1x_2\bar{x}_1x_3\bar{x}_2\bar{x}_3:|\ \bar{a}$$

这个方程式说明，当按下按钮 α 后，各继电器按照程序：$|:x_1x_2\bar{x}_1x_3\bar{x}_2\bar{x}_3:|$ 循环变化，直到放松按钮为止，解毕。

第二节　顺序控制系统的设计方法和步骤

顺序控制设计法的基本原理是步进式原理。它将系统的一个工作周期划分为若干个顺序相连的阶段，这些阶段标记为步（Step）。步一般根据输出量的状态变化来划分，在任何一步之内，各输出量的 ON/OFF 状态结果一般保持不变，但是相邻两步输出量的状态是不同的。步和步间的转换依赖于外部或内部的条件进行。步的这种划分方法使代表各步的编程元件的状态与各输出量的状态之间有着简洁的逻辑关系。这样顺序控制的过程根据步的转换过

程得以执行。

无疑实现步进式原理的最佳语言是顺序功能图（SFC）语言，这是国际电工委员会（IEC）将顺序功能图推荐为PLC编程的首选语言的原因。

顺序功能图（SFC）毕竟是一门高级的专业语言，它的受众面不如梯形图和功能模块图广泛，为此在许多场合及没有提供顺序功能图编程语言的产品中，往往采用梯形图或功能模块图语言，依赖于步进式原理进行编程。

一、用梯形图进行顺序控制系统的设计方法

用梯形图依据步进式原理进行顺序控制系统设计的方法有以下6种：

（1）按转换条件进展的编程方法；

（2）用辅助继电器代表步状态的编程方法；

（3）用具有保持功能的指令或闩锁继电器指令的编程方法；

（4）用步进指令的编程方法；

（5）用移位寄存器的编程方法；

（6）用跳转指令的编程方法。

以下对照顺序功能图，从单序列循环、单选择带循环和并行选择带循环3种结构形式分别讨论用梯形图实现的编程方法。

1. 按转换条件进展的编程方法

按转换条件为依据的编程方法是把步状态接点和该步连接的转换条件串联起来判断，当它们的条件满足时，实现从步 M_i 到步 M_{i+1} 的转换。因此，对转换后的步采用置位命令，例如用L（锁存）、S或SET（置位）指令对步 M_{i+1} 进行置位；对转换前的活动步采用复位命令，例如用U（解锁）、R或RST（复位）指令对步 M_i 复位。在任何情况下，代表步的辅助继电器的控制电路都可以用这一规则来设计，每一个转换均对应这样的控制置位和复位的电路块，有多少个转换就有多少个这样的电路块。这种设计方法很有规律，在设计复杂的顺序功能图的梯形图时既容易掌握，又不容易出错。

（1）单序列带循环结构。

单序列带循环结构的顺序功能图如图3-4（a）所示（以三菱 FN_{2N} 系列PLC为原型机）。

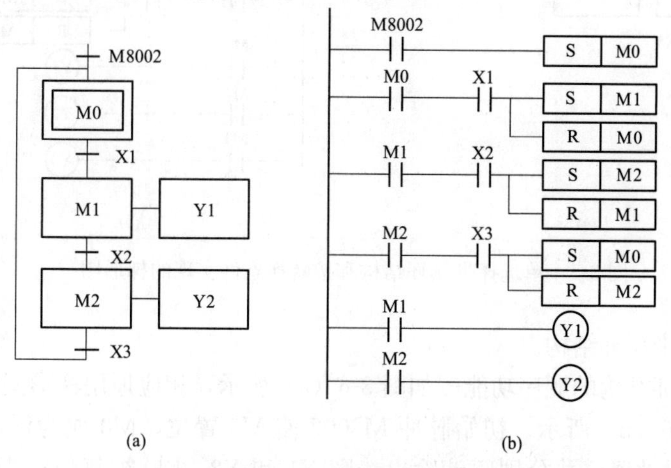

图3-4 单序列带循环结构和按转换条件实现的梯形图

初始脉冲 M8002 使 M0 置位，M0 成为活动步；当 X1=1 时，M1 被置位为活动步并驱动输出线圈 Y1，M0 被复位；当 X2=1 时，M2 被置位为活动步并驱动输出线圈 Y2，M1 被复位；当 X3=1 时，M0 被置位，M2 被复位，程序进入下一个循环。

用梯形图实现的单序列带循环结构如图 3-4（b）所示。实际是进行使能转换（如 M0）和转换条件（如 X1）的与判断，结果为 TRUE，则进行下一步的置位和上一步的复位（如置位 M1 复位 M0）。这种方法要另外设置语句进行动作的设计（如 M1 置位为活动步时，驱动输出 Y1，这是非存储型命令。若需存储型命令可使用置位语句）。这样输出的动作可以集中起来编制。

（2）单选择带循环结构。

单选择带循环结构的顺序功能图如图 3-5（a）所示，相应地用梯形图实现的单选择带循环结构如图 3-5（b）所示。初始脉冲 M8002 使 M0 置位，M0 成为活动步；当 X1=1 时，M1 被置位为活动步并驱动输出线圈 Y1，M0 被复位，如果 X3=1，则 M3 被置位并驱动输出线圈 Y3，M1 被复位；当 X2=1 时，M2 被置位为活动步并驱动输出线圈 Y2，M0 被复位，如果 X4=1，则 M3 被置位并驱动输出线圈 Y3，M2 被复位。对单选择结构，X1 和 X2 只能判断一个为真。当 M3 为活动步时，如果 X5=1，M0 被置位，M3 被复位，程序进入下一个循环。

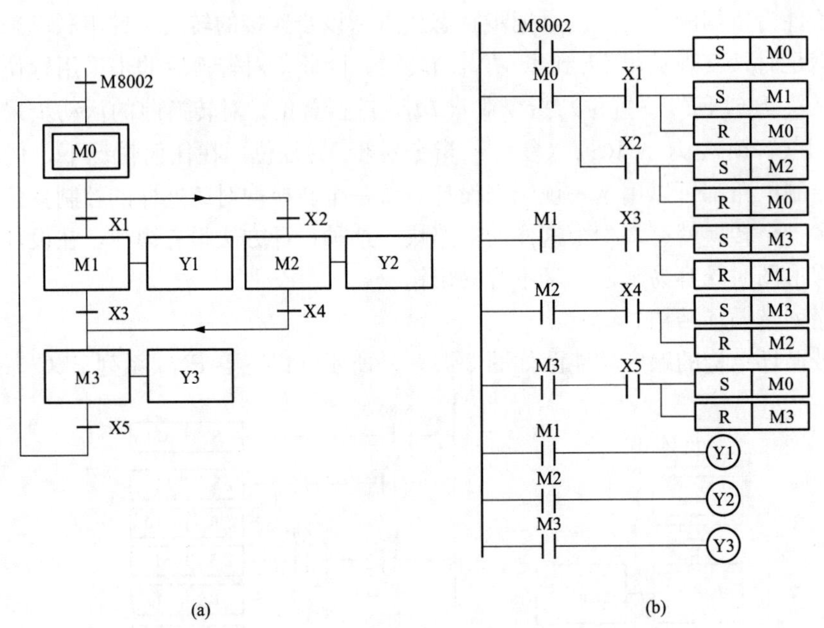

图 3-5　单选择带循环结构和按转换条件实现的梯形图

（3）并行选择带循环结构。

并行选择带循环结构的顺序功能图如图 3-6（a）所示，相应地用梯形图实现的并行选择带循环结构如图 3-6（b）所示。初始脉冲 M8002 使 M0 置位，M0 成为活动步；当 X0=1 时，M1 和 M2 同时被置位并分别驱动输出线圈 Y1 和 Y2，M0 被复位；当 X3=1 时，M3 被置位，M1 被复位；当 X4=1 时，M4 被置位，M2 被复位；当 M3、M4 和 X5 同时为 1

时，M5 被置位并驱动输出线圈 Y5，M4 和 M5 同时被复位；当 X6＝1 时，M0 被置位，M5 被复位，程序进入下一个循环。

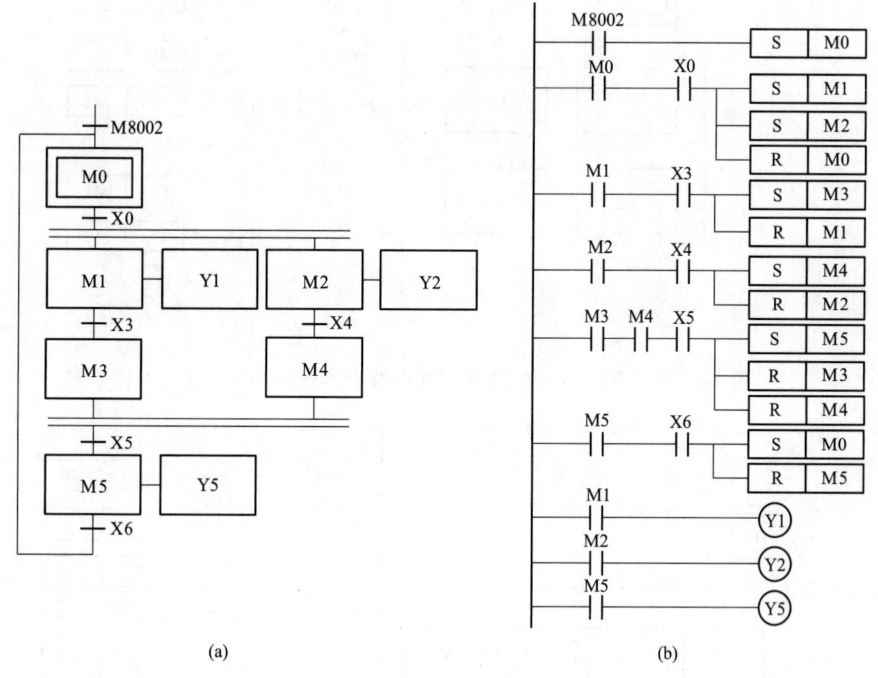

图 3-6 并行选择带循环结构和按转换条件实现的梯形图

按转换条件进展的编程方法中输出继电器的线圈不宜在转换判断的语句中与 SET、RESET 指令并联，因为转换条件满足后要进行后续步的置位和本级步的复位，在后续的周期内存在造成矛盾结果的条件，而宜于把步的状态触点驱动的动作集中起来编制。

活动步连接的动作要用该步的状态接点另行设计语句驱动。当多个步要对同一继电器线圈激励时，可直接将这些步的状态接点并联，再与该线圈串联。这种编程方法与顺序功能图的对应上有明显的优势。

2. 用辅助继电器代表步状态的编程方法

采用辅助继电器代表步状态的编程方法，是用转换条件置位后续步，用后续步状态复位前级步实现顺序功能图的编程方法。下面用 FX_{2N} 系列 PLC 为例介绍这种编程方法。

（1）单序列带循环结构。单序列带循环结构的顺序功能图如图 3-7（a）所示，相应地用梯形图实现的单序列带循环结构如图 3-7（b）所示。初始脉冲 M8002 使 M0 置位，M0 成为活动步；如果转换条件 X1＝1，则 M1 被置位，实现从 M0 到 M1 的转换；当 M1 成为活动步后，M0 被复位，同时 M1 驱动输出线圈 Y1，如果转换条件 X2＝1，则 M2 被置位，实现从 M1 到 M2 的转换；当 M2 成为活动步后，M1 被复位，同时 M2 驱动输出线圈 Y2，如果转换条件 X3＝1，则 M0 被置位，实现从 M2 到 M0 的转换，M0 成为活动步，程序进入下一个循环。

（2）单选择带循环结构。单选择带循环结构的顺序功能图如图 3-8（a）所示，相应地用梯形图实现的单选择带循环结构如图 3-8（b）所示。初始脉冲 M8002 使 M0 置位，M0 成为

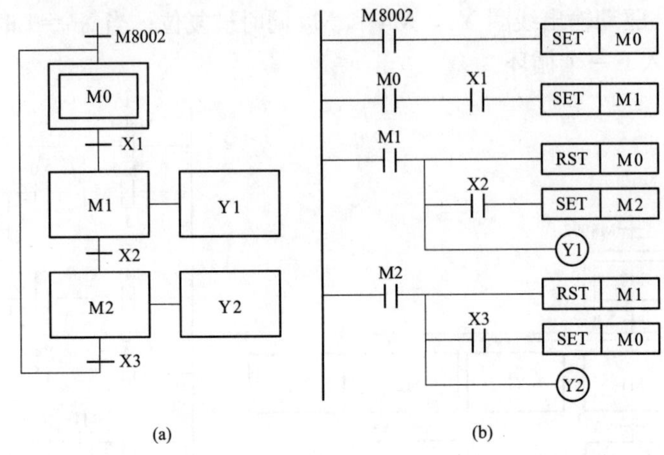

图 3-7 单序列带循环结构和用辅助继电器代表步状态实现的梯形图

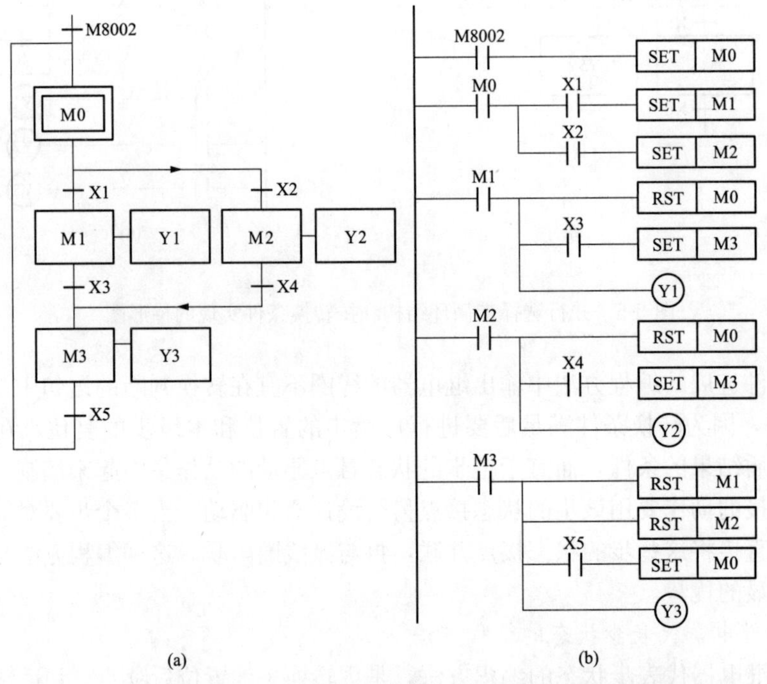

图 3-8 单选择带循环结构和用辅助继电器代表步状态实现的梯形图

活动步；如果转换条件 X1=1，则 M1 被置位，实现从 M0 到 M1 的转换；当 M1 成为活动步后，M0 被复位，同时 M1 驱动输出线圈 Y1，如果转换条件 X3=1，则 M3 被置位，实现从 M1 到 M3 的转换，M3 成为活动步；如果转换条件 X2=1，则 M2 被置位，实现从 M0 到 M2 的转换；当 M2 成为活动步后，M0 被复位，同时 M2 驱动输出线圈 Y2，如果转换条件 X4=1，则 M3 被置位，实现从 M2 到 M3 的转换，M3 成为活动步，一般来说，X1 和 X2 只能有一个为真。当 M3 成为活动步后，复位它的前级步 M1 或 M2，同时 M23 驱动输出线圈 Y3，如果转换条件 X5=1，则 M0 被置位，实现从 M5 到 M0 的转换，M0 成为活动步，程序进入下一个循环。

（3）并行选择带循环结构。并行选择带循环结构的顺序功能图如图 3-9（a）所示，相应地用梯形图实现的并行选择带循环结构如图 3-9（b）所示。初始脉冲 M8002 使 M0 置位，M0 成为活动步；如果转换条件 X0＝1，则 M1 和 M2 同时被置位；当 M1 和 M2 均成为活动步后，M0 被复位，同时分别驱动输出线圈 Y1 和 Y2；如果转换条件 X3＝1，则 M3 被置位，实现从 M1 到 M3 的转换；如果转换条件 X4＝1，则 M4 被置位，实现从 M2 到 M4 的转换；当 M3、M4 和转换条件 X5 同时为 1 时，M5 被置位；当 M5 成为活动步后，M3 和 M4 同时被复位，M5 驱动输出线圈 Y5，如果转换条件 X6＝1，则置位 M0，程序进入下一个循环。

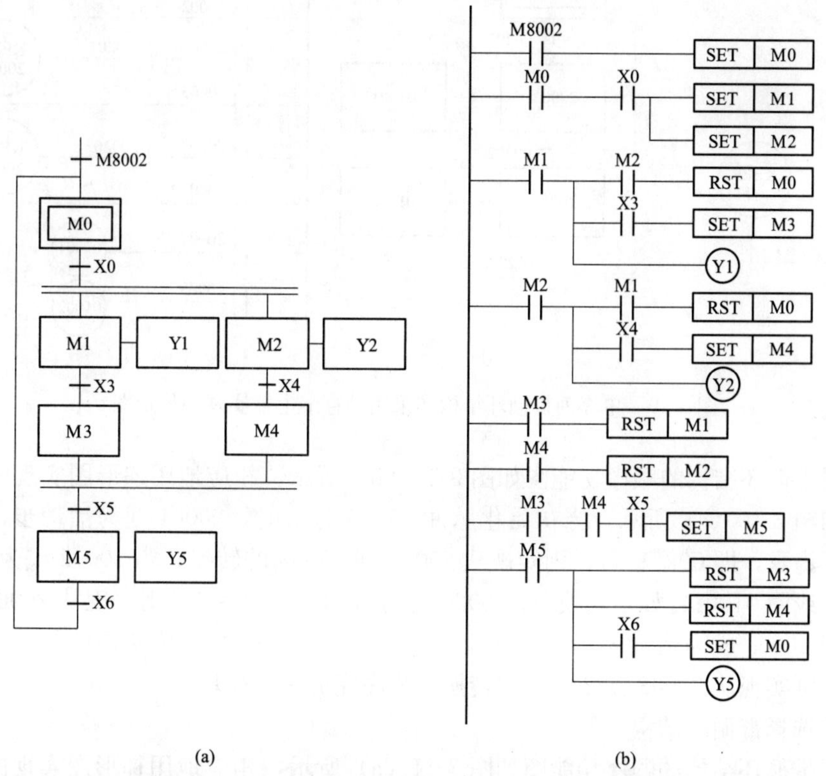

图 3-9 并行选择带循环结构和用辅助继电器代表步状态实现的梯形图

使用辅助继电器代表步状态时有以下特点：

（1）步的置位（S）指令是对后续步进行置位，因此置位的条件是：本步为活动步，同时转换条件满足。

（2）步的复位（R）指令是对前级步进行复位，因此复位的条件是：本步成为活动步。

（3）与步连接的动作和命令直接与该步的状态接点连接，用 OUT 指令实现。

把步的动作设计分散在各个转换步的驱动时常采用这种方法。

3. 用具有保持功能的指令或锁存继电器指令的编程方法

采用锁存继电器指令的编程方法与采用辅助继电器代表步状态的编程方法的基本思想一致。活动步置位指令条件是前级步向本步转换条件满足和前级步是活动步的条件满足，而复位指令条件来自后续步转换条件的满足。图中以 OMRON 公司的 CPM1A 系列 PLC 为例来介绍这种编程方法，CPM1A 有保持继电器指令 KEEP，可以直接使用。KEEP 指令的梯形图符号如图 3-10（a）所示。其中 S 是置位端，R 是复位端，N 是 CPM1A 中以位为单位的继电器区地址。当 S 端输入为 ON 时继电器 N 被置为 ON 且保持；当 R 端输入为 ON 时 N 被置为 OFF 且保持；当 S、R 端同时为 ON 时 N 为 OFF。

（1）单序列带循环结构。

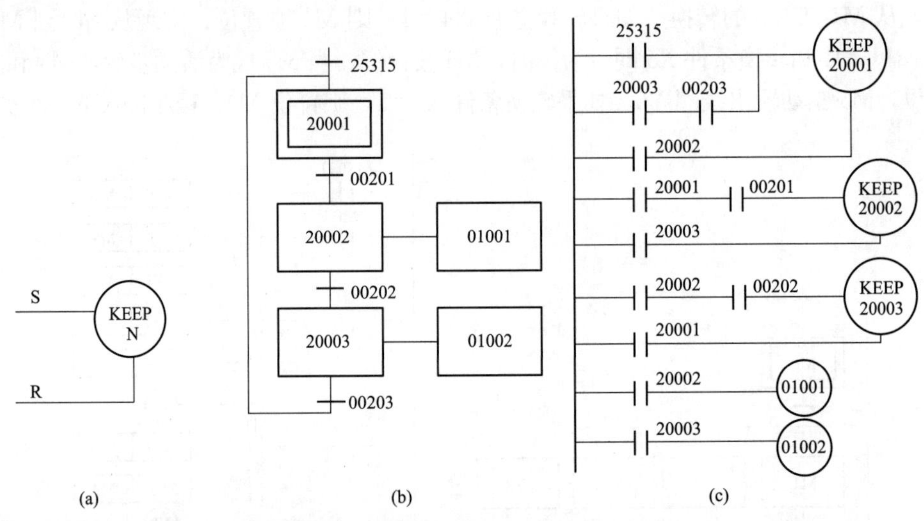

图 3-10　单序列带循环结构和采用锁存继电器实现的梯形图

单序列带循环结构的顺序功能图如图 3-10（b）所示，相应地用梯形图实现的单序列带循环结构如图 3-10（c）所示。当初始化脉冲 25315 为 1 时，20001 变为活动步，如果转换条件 00201 为真，即 00201＝1，则实现从 20001 到 20002 的转换，当 20002 成为活动步后，就驱动输出线圈 01001；如果转换条件 00202 为真，即 00202＝1，则实现从 20002 到 20003 的转换，当 20003 成为活动步后，就驱动输出线圈 01002；如果转换条件 00203 为真，即 00203＝1，则实现从 20003 到 20001 的转换，程序完成一个循环。

（2）单选择带循环结构。

单选择带循环结构的顺序功能图如图 3-11（a）所示，相应地用梯形图实现的单选择带循环结构如图 3-11（b）所示。当初始化脉冲 25315 为 1 时，20000 变为活动步，如果转换条件 00201＝1 时，则实现从 20000 到 20001 的转换，20001 成为活动步，驱动输出线圈 01201，当转换条件 00203＝1 时，实现 20001 到 20003 的转换，20003 成为活动步；如果转换条件 00202＝1 时，则实现从 20000 到 20002 的转换，20002 成为活动步，驱动输出线圈 01202，当转换条件 00204＝1 时，实现 20002 到 20003 的转换，20003 成为活动步，一般来说 00201 和 00202 只有一个为真。当 20003 成为活动步后，转换条件 00205＝1 时，实现从 20003 到 20000 的转换，20000 变为活动步，程序完成一个循环。

（3）并行选择带循环结构。

并行选择带循环结构的顺序功能图如图 3-12（a）所示，相应地用梯形图实现的并行选择带循环结构如图 3-12（b）所示。初始脉冲 25315 使 20000 成为活动步，如果转换条件 00200＝1，则同时实现从 20000 到 20001 和 20002 的转换，20001 和 20001 均成为活动步，分别驱动它们的输出线圈 01201 和 01202；当转换条件 00203＝1 时，实现从 20001 到 20003 的转换，当转换条件 00204＝1 时，实现从 20002 到 20004 的转换；如果 20003、20004 和转

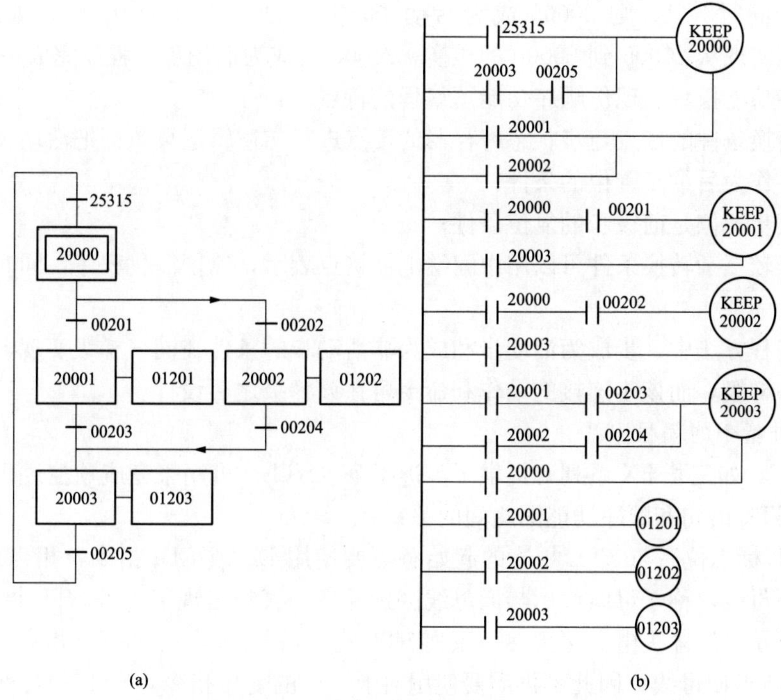

图 3-11 单选择带循环结构和采用锁存继电器实现的梯形图

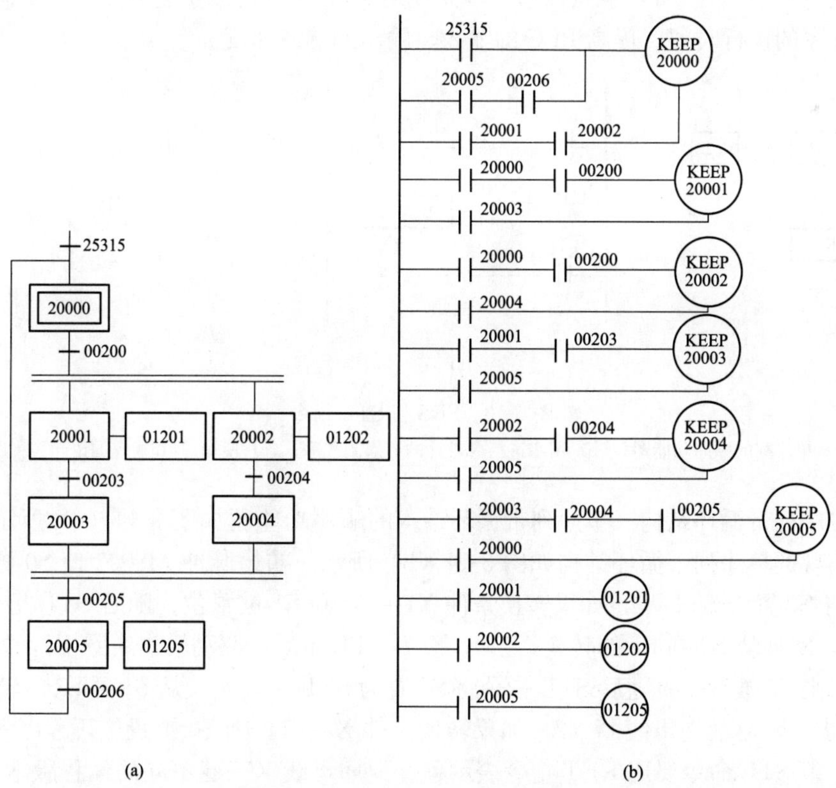

图 3-12 并行选择带循环结构和采用锁存继电器实现的梯形图

换条件 00205 同时为 1，则 20005 成为活动步，并驱动输出线圈 01205；如果转换条件 00206＝1，则实现从 20005 到 20000 的转换，20000 又成为活动步，程序完成一个循环。

采用保持功能指令实现仿顺序功能图编程的特点是：

（1）步转换条件的接点与步状态寄存器的接点进行与逻辑运算，即把活动步和转换条件联系在一起，作为后续步置位的条件；

（2）后续步置位是前级步的复位条件；

（3）对于较复杂转换条件可以用中间继电器接点表示，以便简化程序，同时也有利于对程序的理解；

（4）本编程方法中，步成为活动步和成为非活动步的条件在同一梯级实现，即置位和复位条件在同一梯级，而该步连接的动作和命令可在该梯级之后设计。

4. 用步进指令的编程方法

一些 PLC（如三菱 FX 系列）提供了步进指令（STL）可用来完成顺控过程的编程。图 3-13 说明了 STL 语句和顺序功能图之间的关系。

建立 STL 标志位后与 STL 相连的起始触点要使用 LD 或 LDI 指令，相当于 STL 语句建立了一条新母线，称子母线以示与原母线区别开来。直到出现下一条 STL 指令或者 RET 指令后，这条子母线才失电。至少在一系列 STL 指令后要编写一条 RET 指令，表示步进功能结束，LD 点返回母线。因此不再需要使用对上一步的复位指令，STL 的特性包含了这个操作。CPU 仅执行处于有电状态的 STL 触点驱动的电路块中的指令，在没有并行结构时，STL 步进程序只有一个 STL 触点接通，因此使用 STL 指令可以重复利用元件资源，显著的缩短用户程序的执行时间，提高 PLC 的输入、输出的响应速度。

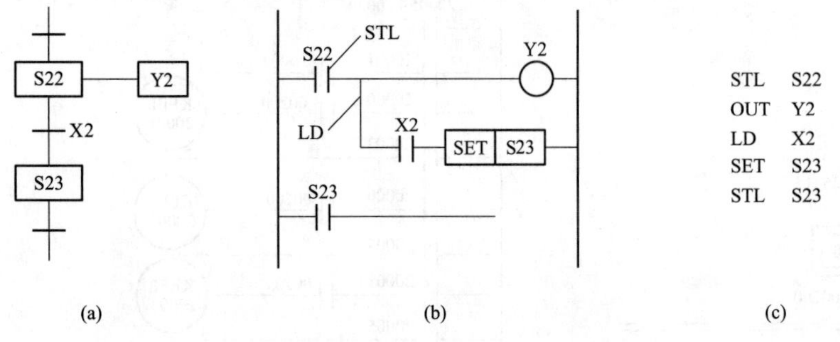

图 3-13　SFC 与 STL 指令

（a）单序列的顺序功能图；（b）用步进指令设计的梯形图程序；（c）使用 STL 指令的语句表程序

（1）单序列带循环结构。单序列带循环结构的顺序功能图如图 3-14（a）所示，相应地用梯形图实现的单序列带循环结构如图 3-14（b）所示。初始脉冲 M8002 使 S0 置位；随后 STL 指令将 S0 置为 STL 步，如果转换条件 X1＝1，则 S1 被置位；随后 STL 指令将 S1 置为 STL 步，实现从 S0 到 S1 的转换。当 S1 成为 STL 步后，驱动输出线圈 Y1，如果转换条件 X2＝1，则 S2 被置位；随后 STL 指令将 S2 置为 STL 步，实现从 S1 到 S2 的转换。当 S2 成为 STL 步后，驱动输出线圈 Y2。如果转换条件 X3＝1，则 S0 被置位，程序完成一个循环。最后一条 STL 命令要用 RET 指令表示程序返回母线（三菱不同的编程版本 STL 语句的应用形式有不同）。

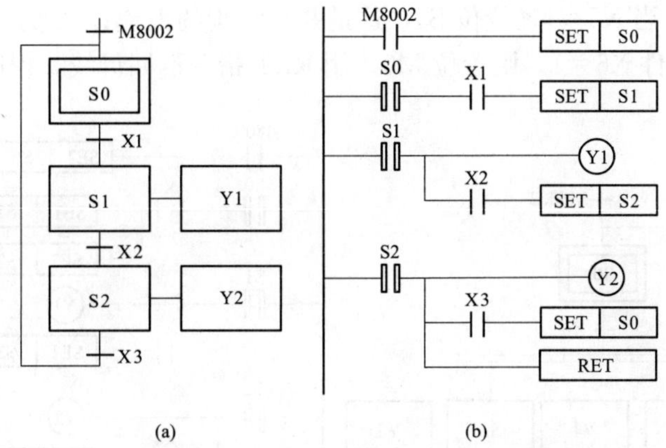

图 3-14　单序列带循环结构和用步进指令实现的梯形图

（2）单选择带循环结构。单选择带循环结构的顺序功能图如图 3-15（a）所示，相应地用梯形图实现的单选择带循环结构如图 3-15（b）所示。初始脉冲 M8002 使 S0 置位；随后 STL 指令将 S0 置成 STL 步。如果转换条件 X1=1，则 S1 被置位，转换条件 X2=1，则 S2 被置位；这是单选择结构的开始。随后若 S1 置位则 S1 被置成 STL 步，实现从 S0 到 S1 的转换，同时驱动输出线圈 Y1。若转换条件 X3=1，则 S3 被置位；若 S2 置位则 S2 被置成 STL 步，实现从 S0 到 S2 的转换，同时驱动输出线圈 Y2。若转换条件 X4=1，则 S3 被置位；两个 STL 步都置位 S3，完成分支的汇合。当 S3 成为 STL 步后，驱动输出线圈 Y3。如果转换条件 X5=1，则 S0 被置位。用 RET 指令表示程序步的返回，程序完成一个循环。

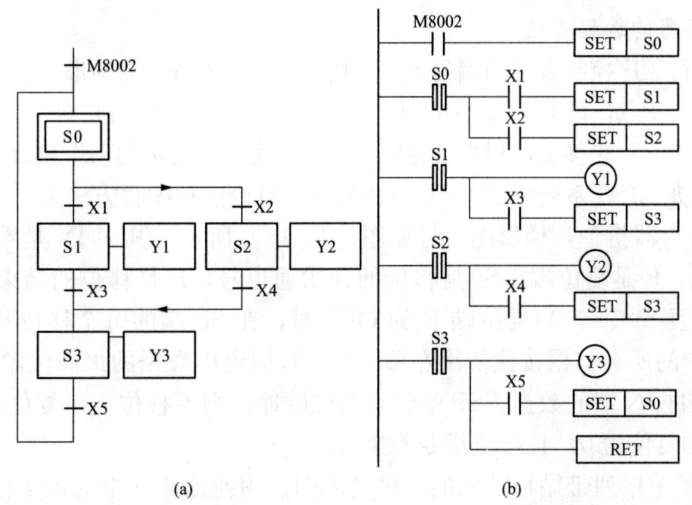

图 3-15　单选择带循环结构和用步进指令实现的梯形图

（3）并行选择带循环结构。并行选择带循环结构的顺序功能图如图 3-16（a）所示，相应地用梯形图实现的并行选择带循环结构如图 3-16（b）所示。初始脉冲 M8002 使 S0 置位；随后 STL 命令将 S0 置为 STL 步。如果转换条件 X0=1，则 S1 和 S2 同时被置位，这是并行结构的开始；STL 指令将 S1 置成 STL 步，驱动输出线圈 Y1，当转换条件 X3=1，置位 S3；STL 指令将 S2 置成 STL 步，驱动输出线圈 Y2，当转换条件 X4=1，置位 S4；S3 和

S4 同时为 STL 步时，当 X5=1，置位 S5，这是并行结构的汇流；S5 为 STL 步后驱动输出线圈 Y5。如果转换条件 X6=1，则置位 M0。用 RET 指令返回母线，程序完成一个循环。

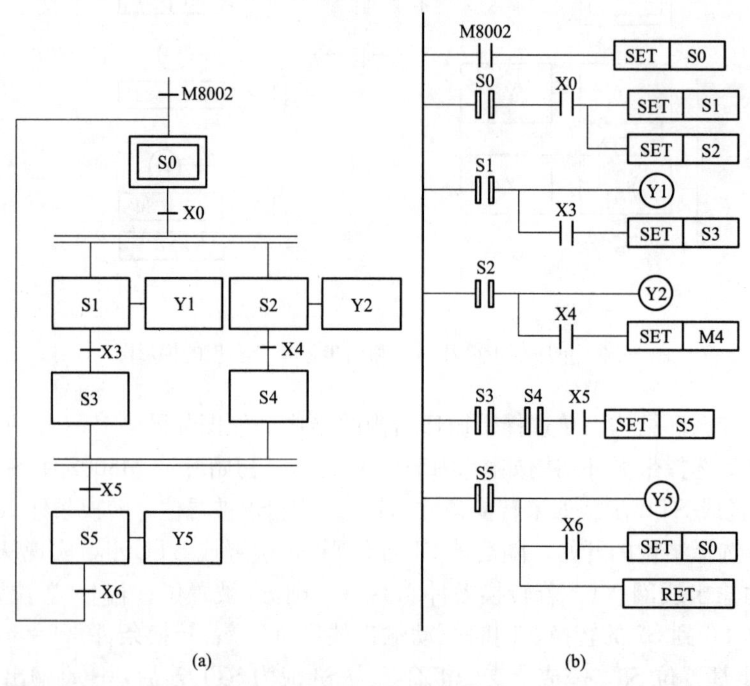

图 3-16 并行选择带循环结构和用步进指令实现的梯形图

5. 用移位寄存器的编程方法

移位寄存器进行顺序控制设计的编程思想是用移位寄存器的位对应顺序功能图中的步。根据移位寄存器的指令特点，设它的某一位为 1 时，其余为 0。这样与它对应的步成为活动步。根据转换条件控制“位”的移动，相当于完成了步的转换，步连接的动作和命令将被执行。

下面采用欧姆龙 CPM 系列中的 SFT 指令为例，讨论这种编程方法。

SFT 是移位寄存器指令，梯形图符号如图 3-17（a）所示。其中 IN 是数据输入端，SP 是移位脉冲输入端，R 是复位端，St 是移位的开始通道号，E 是移位的结束通道号，St 和 E 必须在同一区域且 St≤E。当复位端 R 为 OFF 时，在 SP 端的每个移位脉冲的上升沿时刻，St 到 E 通道中的所有数据按位依次左移一位，E 通道中数据的最高位溢出丢失，SP 通道中的最低位则移进 IN 端的数据，SP 端没有移位脉冲，则不移位。当复位端 R 为 ON 时，St 到 E 所有通道均复位为 0，且移位指令不执行。

图 3-17（b）是单序列带循环结构的顺序功能图。用通道 200 中的低 4 位表示步，其中 200.0 表示初始步，由初始脉冲 25315 置位。转换条件分别是输入通道 0 中的 0.1—0.4。步命令的输出是输出通道 10.1—10.3。

图 3-17（c）是用移位寄存器实现的梯形图程序。采用移位寄存器以通道 200 为操作数，用通道 200 的前四位 200.0—200.3 代表 4 个步，组成 1 个环形移位寄存器。25315 是初始启动信号，将初始步 200.0 置成 1。25314 是常态 0，表示在移位时最低位补 0。在 200.0 为活动步且转换条件 0.1 为 1 时，输入一个移位脉冲，左移结果使 200.0 为 0，200.1 为 1；因此 200.1 为活动步；当转换条件 0.2 为 1 时，输入第二个移位脉冲，移位结果使 200.0 为 0，

200.1 为 0，200.2 为 1，因此 200.2 为活动步；当转换条件 0.3 为 1 时，输入第三个移位脉冲，移位结果使 200.0 为 0，200.1 为 0，200.2 为 0，200.3 为 1，因此 200.3 为活动步。当转换条件 0.4 为 1 时，二者的与条件使通道 200 复位为 0，200.3 由 1 变 0；在 200.3 由 1 变 0 时利用下降沿微分指令在 201.0 产生一个脉冲信号，重新置位 200.0，程序进入下一个循环。在 200.1—200.3 为活动步时分别驱动输出线圈 10.1、10.2、10.3，输出控制命令。

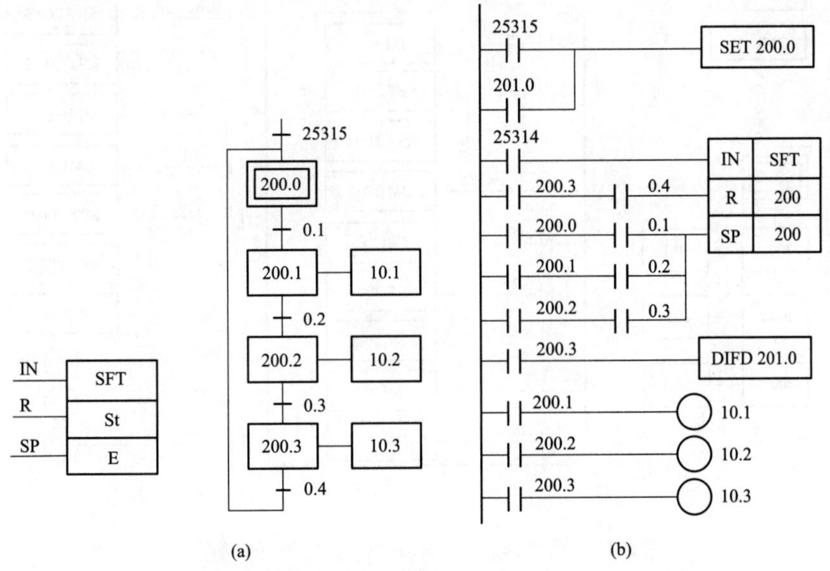

图 3-17　用移位寄存器的方法实现单序列带循环的梯形图

因此移位寄存器移位脉冲信号的设计原则是：

（1）把步的状态与该步向后续步转换的条件串联。因此，它既是向后续步实现转换的条件，也是本活动步成为非活动步的实现条件。

（2）各步的移位都遵循上述原则，各步的状态和对应的转换条件接点串联连接后应采用并联的方式连接，组成或逻辑线路。

（3）移位寄存器输入信号的设计应满足初始步时为 1，其他任一活动步时，输入信号为 0，以保证移位寄存器的启动；同时，不能因其他步成为活动步而使移位寄存器重新启动。

（4）移位寄存器复位信号的设计可根据程序要求，采用不同的连接方式，对于只运行一次的程序，用程序结束条件作为复位信号；对于大多数应用场合，为实现循环运行，可将最后一步的转换条件作为复位信号。

该方法设计的梯形图比较简洁，所用指令也较少，但对较复杂控制系统设计就太不方便，大多数应用在彩灯等规律性单一的顺序控制电路中。

6. 用跳转指令的编程方法

顺序功能图在控制过程中在没有并行结构时的情况下只有一个活动步，在有并行结构时活动步也是有限的几个。这样利用跳转指令按步的进展仅执行几个活动步的程序，可以缩短程序的执行时间，提高 I/O 的相应速度。

利用欧姆龙 CPM 系列中的 JMP/JME 指令完成的单序列带循环结构的程序如图 3-18 所示。

JMP/JME 指令的梯形图符号如图 3-18（a）。JMP 是跳转开始指令，JME 是跳转结束指令。当JMP的执行条件为OFF时，跳过JPP和JME之间的程序去执行JME之后的程序。当JMP的执行条件为ON时，JMP和JME之间的程序被执行。N为跳转号，范围0～49。发生跳转时JMP N和JME N之间的程序不执行且不占用扫描时间。发生跳转时，所有继电器、定时器、计数器均保持跳转前的状态不变。

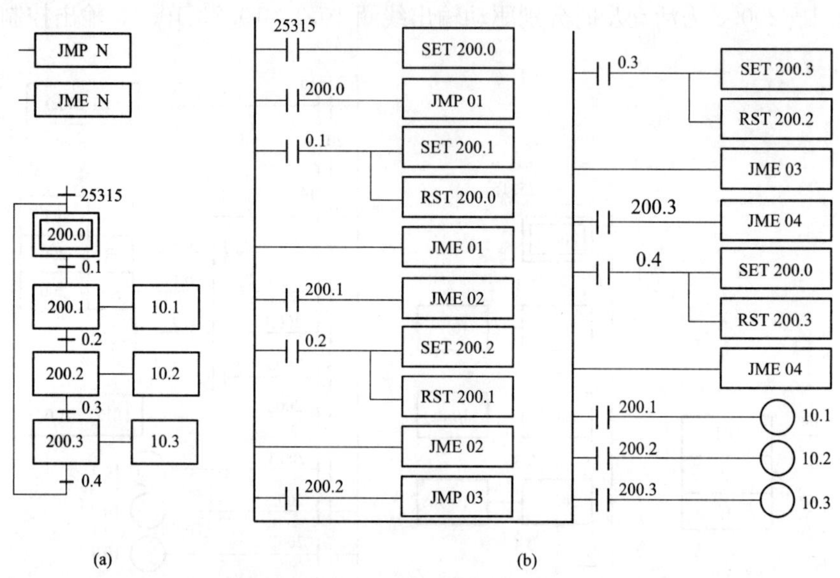

图3-18　用跳转指令实现单序列带循环的梯形图

图3-18（b）是单序列带循环结构的顺序功能图，图3-17（b）是用跳转指令实现的梯形图程序。梯形图中用步状态作为跳转的执行条件。当步为活动步时，执行JMP和JME之间的程序，即监视转换条件，转换条件为1时进行后续步置位和当前步复位的操作。其余步状态为0，对应的程序不执行。步驱动的命令在程序最后集中处理。

二、用功能模块图进行顺序控制系统的设计方法

功能模块图（FBD）用图形的形式表达功能，具有直观性强的特点。对于具有数字逻辑电路基础的设计人员很容易理解和掌握功能模块图的分析和编程；功能模块图以功能模块或组合的功能为单位，每个模块的信号左入右出，流动有序，逻辑关系清晰，其控制方案便于分析容易理解；对于规模大、控制逻辑关系复杂的顺序控制系统由于功能模块图能够清楚表达逻辑顺序关系，使得功能模块图语言得以广泛运用。

用功能模块图实现逻辑控制的步进式原理，概括起来有以下3种：

（1）用基本逻辑实现的顺序控制方法。

（2）用记忆模块实现的顺序控制方法。

（3）用专用步模块实现的顺序控制方法。

以下分别讨论这些方法。

1. 用基本逻辑实现的顺序控制方法

图3-19是用与门逻辑实现的给水泵顺序停止的功能模块图。

这个顺控过程分成2步，前一步的结果是下一步动作的必要条件，也就安排了动作的顺序关系。这样设计的FBD图信号的流向同顺控过程中动作的流程一致，便于理解和分析。

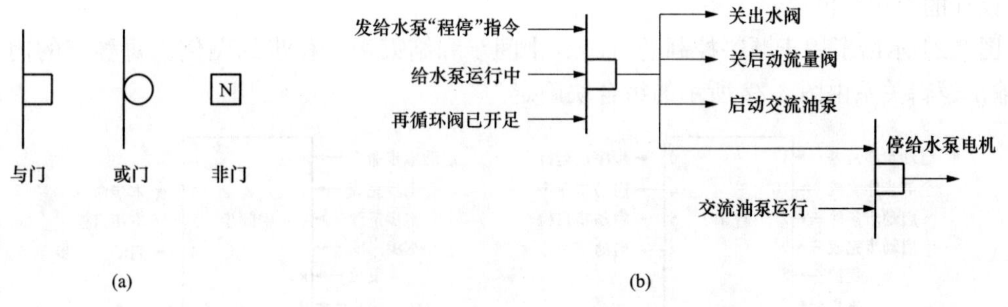

图 3-19 用基本逻辑实现顺控的功能模块图

(a) 基本逻辑的图形；(b) 用 FBD 表示的一个给水泵停止的顺控过程

2. 用记忆模块实现的顺序控制方法

用记忆模块按严格的步转换要求设计顺序控制的功能模块图如图 3-20 所示。图中设计了 3 个组合块作为 3 种类型的步：初始步、中间步和结束步。顺控启动时给结束步复位，初始步状态是"未在顺控中"。若启动允许条件满足，顺控启动开始。顺控第一步置位，初始步状态变为"顺控中"；第一步信号作为中间步的输入信号，在转换条件满足（一次条件和二次条件均为 1），置位中间步，并复位第一步的输出。这样的中间步可以有若干个；顺控启动结束后把结束步置位，表示顺控过程结束，允许顺控再一次启动。中间步时，初始步状态是"顺控中"，程序不允许再次启动。

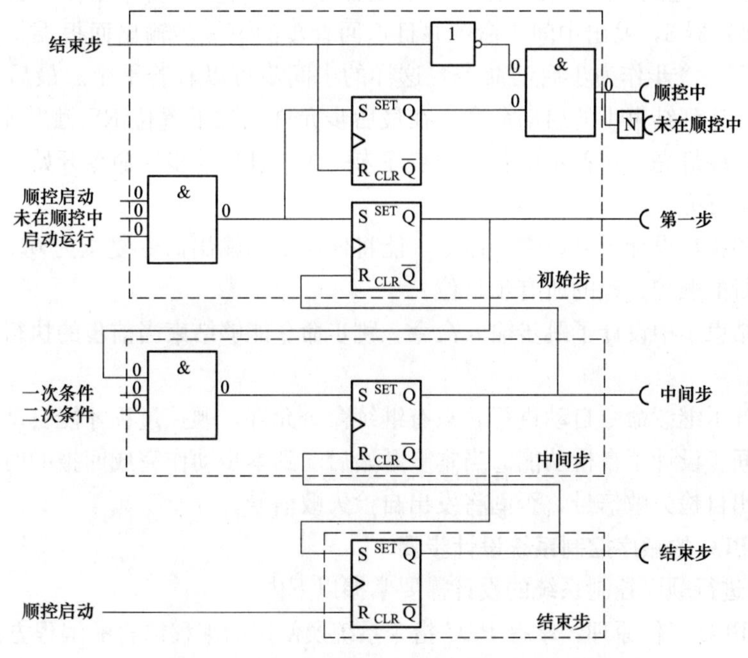

图 3-20 用记忆模块实现顺控的功能模块图

3. 用专用步模块的编程

大型顺控系统中对顺控过程提出了更高要求，表现在两个方面：要求控制模式灵活多样；能够跟踪步的进展，监视每一步的运行状态并发出报警。因此许多厂商提供了用于顺控系统设计的专用步模块。

图 3-21 示出了用于顺序控制的首步、中间步和结束步 3 种步的图例。每种步的内部输入/输出逻辑关系由图 3-22 所示的组合块确定。

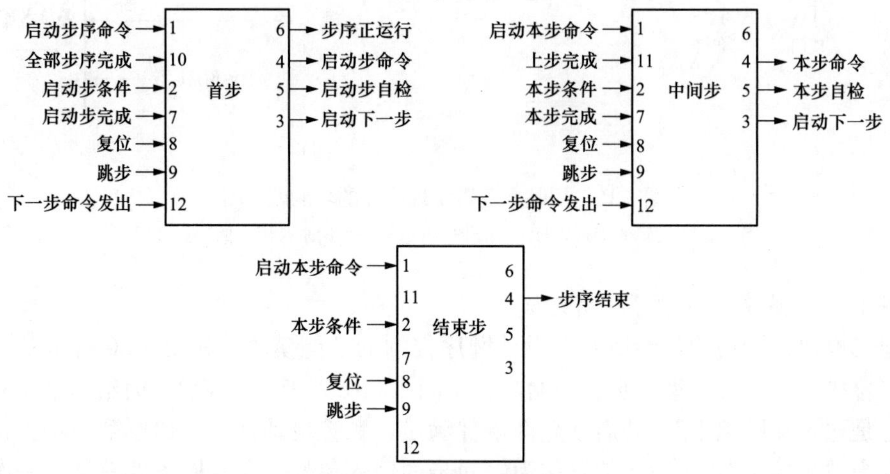

图 3-21　专用步模块及引脚信号

首步逻辑中启动步序命令并且具备启动允许条件，RS 触发器 2 置位，发出第一步命令。发出命令延时 2s 后连到中间步作为中间步启动命令。中间步启动命令在具备中间步允许条件下置位 RS 触发器 3，发出中间步命令并且返回首步的下一步输出回报端，复位第一步命令。2s 后连到下一个步作为步启动命令，这样的中间步可以有若干个。最后一个中间步将启动下一步命令连到结束步的启动命令，在最后步允许条件下置位 RS 触发器 4，发出启动步序结束命令，绿灯亮。在首步中若启动步序未完成并且启动步序命令开始，则表示启动步序在运行中，红灯亮。

每种类型的步均设计了复位输入命令，能将任一步的输出命令复位为 0。利用复位命令可以把正在进行的顺控过程的所有步复位。

中间步和结束步中设计了跳步输入命令。跳步命令能够结束当前步的执行，并把活动步转换到后续步。

中间步设计了继续命令自动进行。只有继续命令允许，顺控过程才能自动进行。

首步和中间步设计了自检功能。当本步开始启动到本步动作完成回报的时间在规定的时间内则不会发出自检失败信号，否则将发出自检失败信号。

三、基于 PLC 的顺序控制系统设计步骤

基于 PLC 进行顺序控制系统的设计需要掌握以下内容：

（1）熟知 PLC 工作原理，掌握 PLC 指令系统及使用的编程语言的编程方法；

（2）了解 PLC I/O 接口的信号转换过程和提高可靠性的针对性措施；

（3）了解工艺过程和确定控制模式的要求；

（4）掌握对顺序过程进行功能性说明及实现的方法。

在此基础上归纳的基于 PLC 的顺序控制系统设计步骤如图 3-23 所示：

（1）首先要全面了解被控对象、控制过程与控制要求，了解工艺流程，列出该控制系统

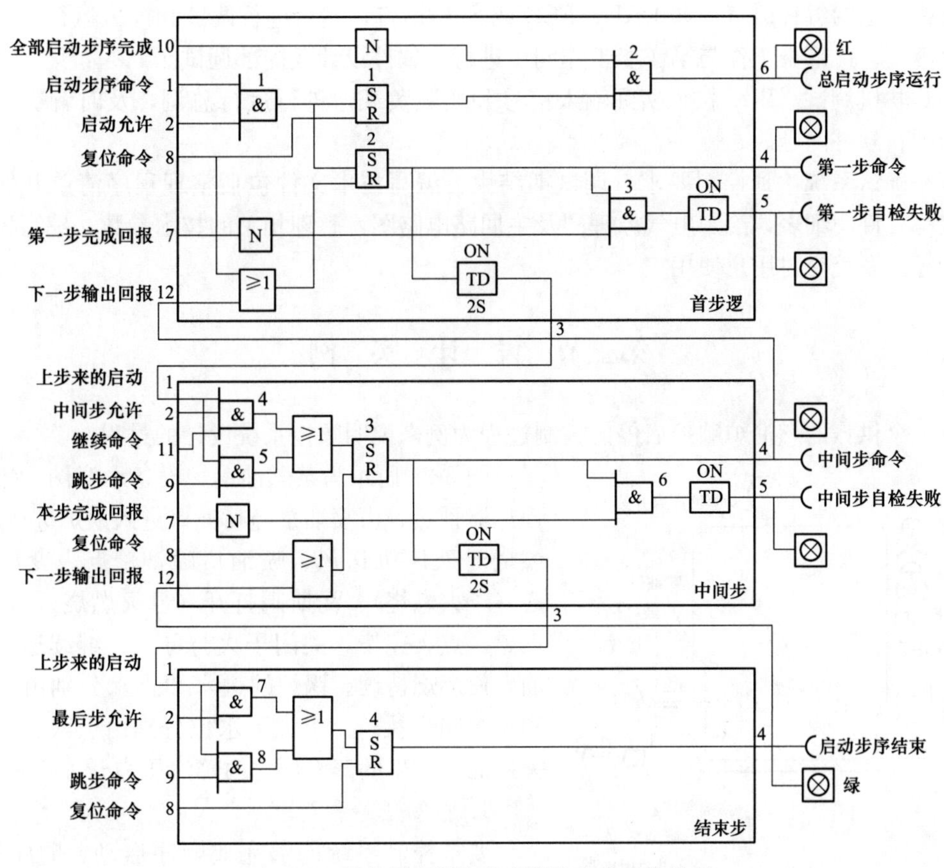

图 3-22　用专用步模块实现顺控的功能模块图

的全部功能和要求。这是设计 PLC 应用系统的依据，必须仔细地分析和掌握。在此基础上再制订控制方案。

(2) PLC 机型选择。应根据系统所需要的功能、I/O 点数或通道数、I/O 信号类型与特性要求、程序存储器容量以及输出负载能力选择适当规模和网络结构的 PLC。然后具体安排输入、输出的配置，并对输入、输出端点和 PLC 元件进行编号分配。

(3) 控制流程的设计。画出控制系统功能性流程图，说明各信息流之间的关系，确定实现顺控步序的语言和方法。

(4) 进行外围设备、I/O 配线的设计，制作电气控制柜并进行现场安装施工工作。

(5) PLC 所有的控制功能都是以程序的形式来体现的，大量的工作时间将用在程序设计

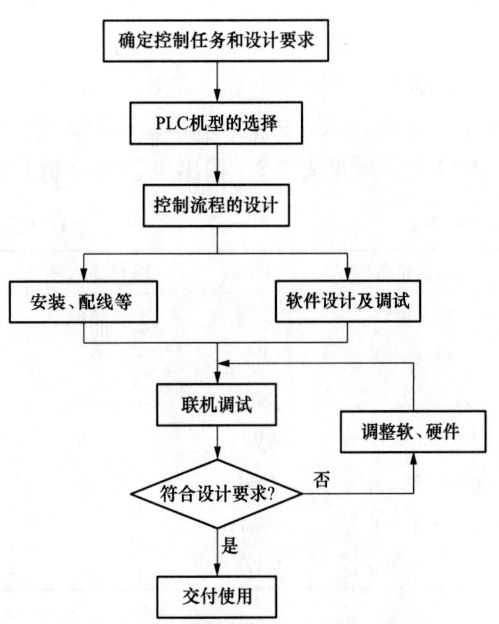

图 3-23　PLC 设计顺控系统的应用步骤

上。选择合适的编程语言，如 LAD、FBD 或 SFC 语言，然后进行调试和模拟运行，发现错误及时修正。此部分工作与第 4 步工作同步进行。软件设计及内部调试。

（6）联机调试。PLC 接入实际输入信号和实际负载，进行运行总调，及时解决调试中发现的硬、软件问题。

（7）确认系统达到控制要求，调试期结束。编写技术文件包括整理程序清单并保存程序，编写元件明细表，绘制电气原理图及主回路电路图，整理相关的技术参数，编写控制系统说明等。系统交付用户使用。

第三节 设 计 实 例

以一个供汽的燃油炉顺控启停的控制过程为例来说明顺控系统设计的过程。

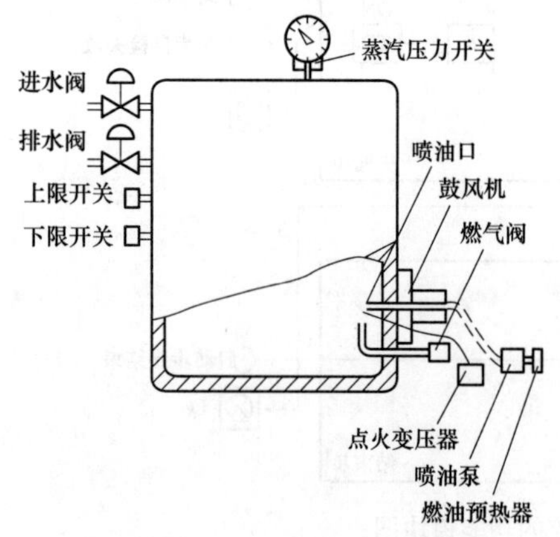

图 3-24 燃油炉设备示意图

图 3-24 所示为某燃油锅炉设备示意图。燃油经预热器预热，由喷油泵经喷油口进入锅炉进行燃烧。燃烧时鼓风机送风、喷油口喷油、点火变压器接通（子火燃烧）、瓦斯阀打开（母火燃烧），将燃油点燃。点火完毕，关闭子火与母火，继续送风、喷油，使燃烧持续。锅炉的进水和排水分别由进水阀和排水阀来执行。上、下水位分别由上限、下限开关检测。产生的蒸汽压力由蒸汽压力开关检测。

1. 控制任务和要求

要求控制系统能够完成顺序启动、顺序停止，正常运行时能够进行异常状态（水位高Ⅱ值、水位低Ⅱ值、蒸汽压力高）保护。

2. PLC 机型选择和 I/O 点编号

控制系统有输入 5 点，输出 5 点，根据控制任务及 I/O 点数选用 14 点的三菱 FX1N-14MR（8 点输入，6 点继电器输出型）系列小型 PLC 能够满足控制要求。I/O 设备及分配的 I/O 端子号见表 3-2。输出设备的控制方式接受单点长信号的非存储型控制方式。

表 3-2　I/O 点编号的分配

输入设备名称	标号	PLC 输入端号	输出设备名称	标号	PLC 输出端号
启动按钮	PS0	X0	燃油预热器接触器	OIC	Y0
停止按钮	PS1	X1	鼓风机接触器	FAC	Y1
蒸汽压力开关	SPW	X2	点火变压器接触器	FIT	Y2
水位上限 2 开关	WWH2	X3	瓦斯阀	GAV	Y3
水位下限 2 开关	WWL2	X4	喷油泵接触器	TOC	Y4
水位上限 1 开关	WWH1	X5	进水阀门	FWV	Y5
水位下限 1 开关	WWL1	X6	排水阀门	EWV	Y6

3. 控制过程的设计说明

（1）顺控功能。用顺序控制功能图的层次化方法说明顺控功能。

顺控启停的总过程如图 3-25 所示。步 1 和步 3 分别表示启动过程和停止过程，可当成宏步处理。两个过程交替进行，构成一个循环，描述了控制过程的总体功能，是控制功能的首层。

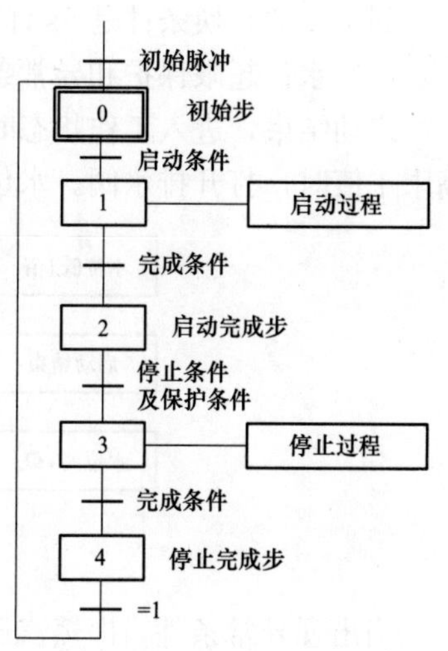

图 3-25　燃油炉顺控的总功能图

对启动过程步 1 和停止过程步 3 功能的详细描述是控制功能的第二层，分别如图 3-26、图 3-27 所示。

图 3-26 启动过程中步 1.1 的启动条件满足下列条件：

①启动指令 PS1；

②蒸汽压力未超限；

③水位正常（水位低于高限，水位高于低限）。

步 1.1 的动作是启动燃油预热器并保持，启动 1min 定时器。

到步 1.2 的转换条件是预热 1min 计时到；

步 1.2 的动作是启动鼓风机送风并保持；启动点火变压器点子火（非存储型）；打开燃气阀点母火（非存储型）；延迟 5s 启动喷油泵并保持；启动 10s 定时器。

到步 2 的转换条件是 10s 计时到；

步 2 活动状态关闭了上一步中的子火和母火，表示启动过程结束，系统在工作状态。

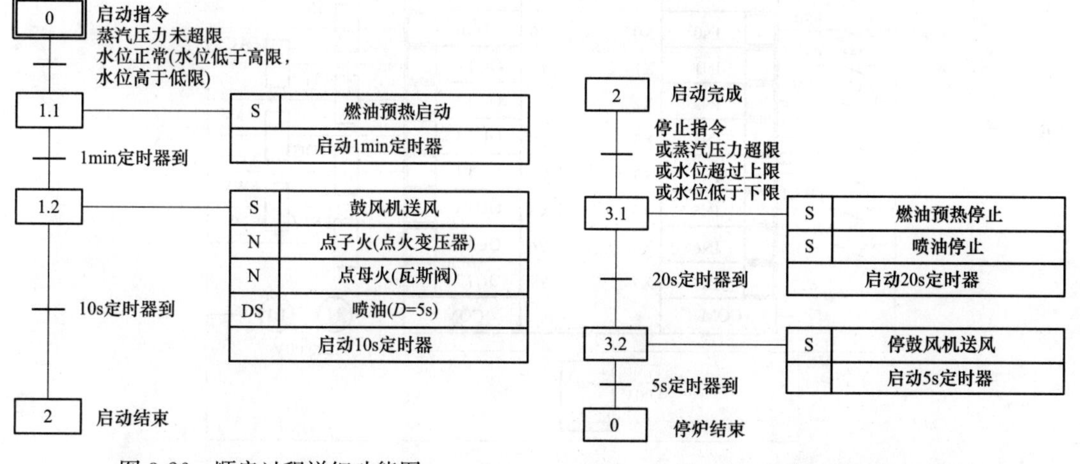

图 3-26　顺启过程详细功能图

图 3-27　顺停过程详细功能图

在工作状态时，若以下任一条件满足系统开始进入顺停过程，如图 3-27 所示：

①发出停止指令 PS0；

②蒸汽压力超限；

③水位高于高限Ⅱ值；

④水位低于低限Ⅱ值。

步 3.1 的动作是停止燃油预热器并保持；停止喷油泵并保持；启动 20s 定时器。

到步 3.2 的转换条件是 20s 计时到；

步 3.2 的动作是停止鼓风机运行并保持。

到步 4 的转换条件是 5s 计时到，表示停止过程结束，并进展到初始步 0。

(2) 水位超限保护和异常条件退出。

启动结束，进入工作状态时，保护系统在水位低于低限Ⅰ值时，打开进水阀；水位高于高限Ⅰ值时，打开排水阀。水位高低Ⅰ值保护逻辑框图如图 3-28 所示。

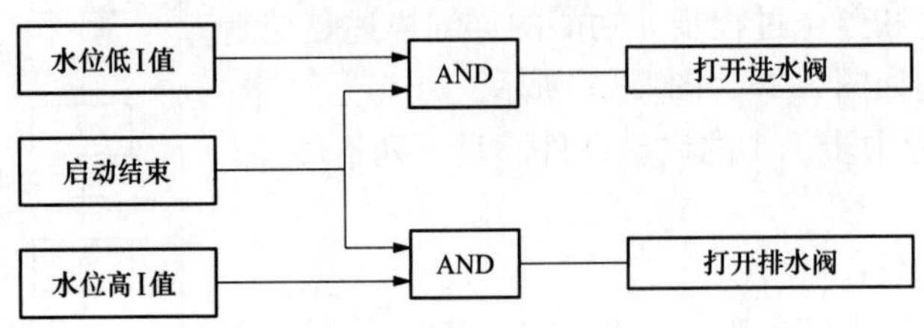

图 3-28　水位超限保护逻辑图

当出现异常条件，即蒸汽压力超限、水位高于高限Ⅱ值或水位低于低限Ⅱ值时，启动顺停过程。图 3-27 步 3.1 所示为活动步条件。

4. 外围设备 I/O 配线的设计

根据外围设备和 PLC 的 I/O 型号设计原理接线图供端子排出线图、机柜布置图等参考。本 PLC 的 I/O 为继电器型，按表 3-2 所示的 I/O 编号，设计的 I/O 配线的原理图如图 3-29 所示。

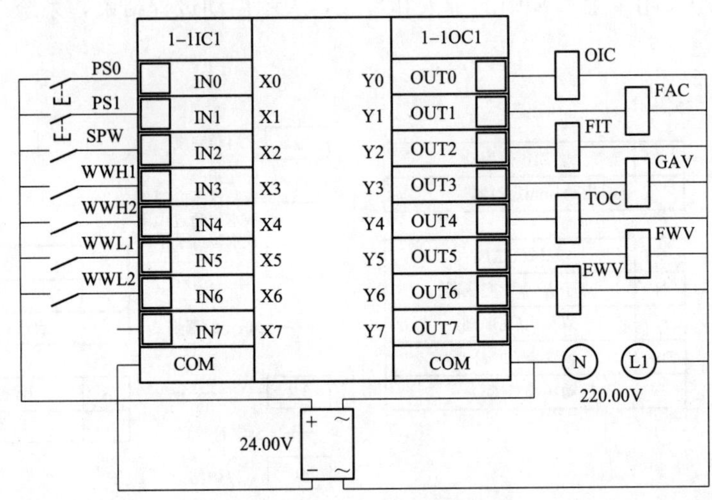

图 3-29　I/O 配线原理图

5. 程序设计

第 3 步中已详细说明了顺控过程和控制功能，在程序设计中要采用适当的编程程语言予以实现。采用的 FX 系列小型 PLC 提供了步进指令（STL）可作为顺控设计编程方法的选择。本例中采用以辅助继电器代表步状态的梯形图编程方法进行顺控系统的设计。

对照图 3-26 顺启过程详细功能图，按辅助继电器代表步状态的编程方法，设计的顺启程序如图 3-30（a）所示。对照图 3-27 顺停过程详细功能图的顺启程序如图 3-30（b）所示。

以辅助继电器代表步状态的梯形图设计方法步序突出，便于程序步的阅读和分析。

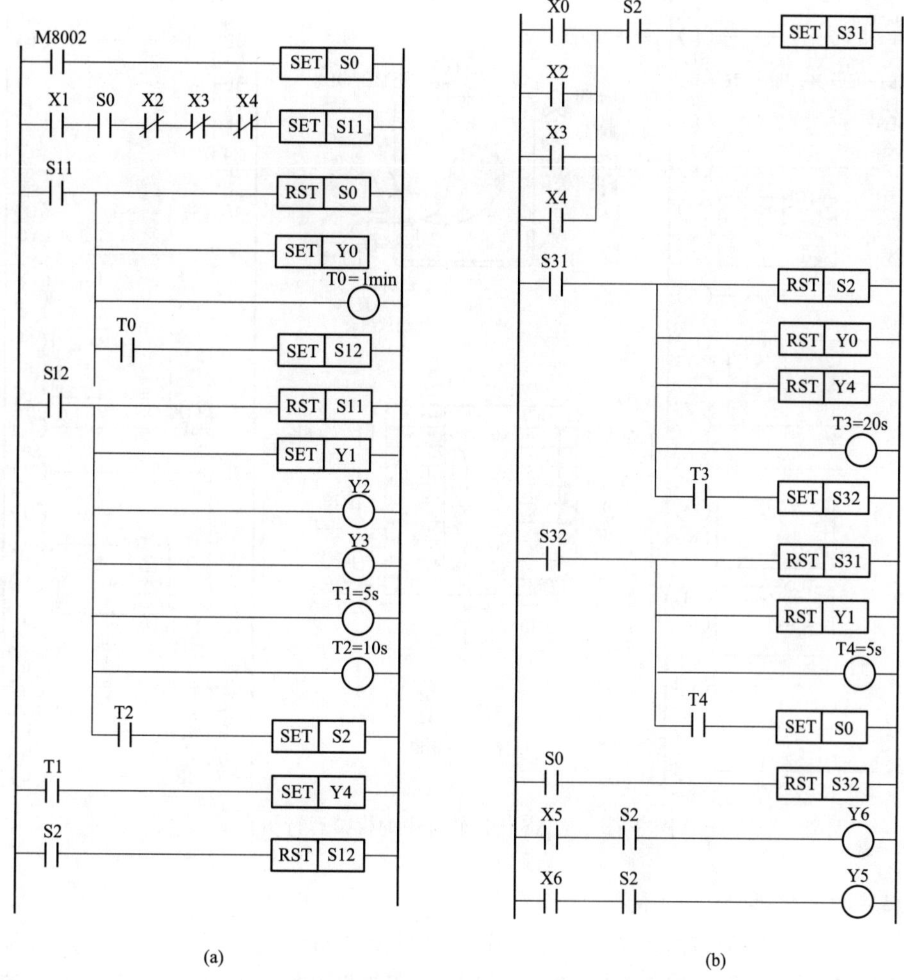

图 3-30 采用辅助继电器代表步状态的顺控程序

(a) 顺启程序；(b) 顺停和保护程序

程序设计结束要进行程序的检查和修改工作。可以利用编程软件自带的离线仿真功能，强制设定一些输入或内部变量，检查程序的运行结果。也可以把程序移植到仿控软件中构造被控对象，模拟运行工况，提前发现问题，优化控制逻辑和方案，提高后期调试的效率，减少程序的后期调试时间。

图 3-31 示出了在 Automation Studio 中进行燃油炉顺控系统设计和监控的仿真运行结果。在 AS 中仿真运行了以下设计部分：梯形图程序的设计和仿真、PLC 的 I/O 接口的设计和仿真、人机接口设计和模拟、被控过程的状态显示和模拟，使自动控制过程实现可视化、设计控制系统功能预期可见。

6. 联机调试

现场设备 I/O 信号和 PLC 逻辑信号相连为一个系统进行试运行调试直至满足设计功能要求。

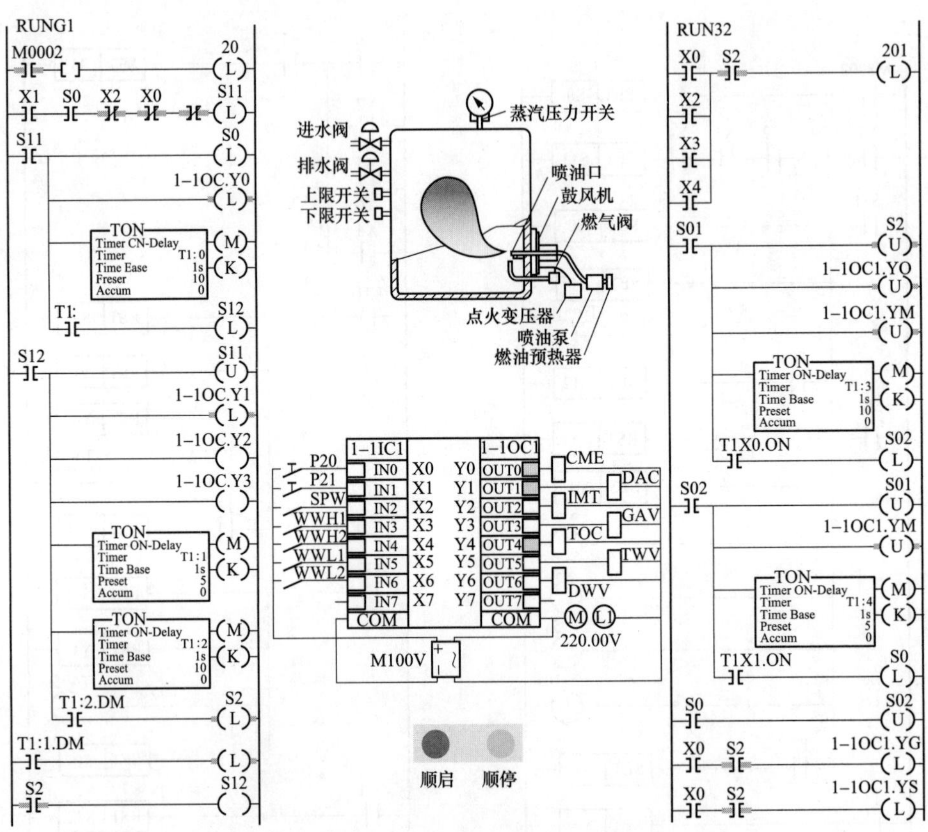

图 3-31　在 AS 仿控软件中的模拟运行仿真

7. 编写技术文件

这些内容包括整理程序清单并保存程序，编写元件明细表、PLC 的 I/O 点分配表，绘制电气原理图、主回路电路图及 PLC 的 I/O 接线原理图，整理相关的技术参数，编写控制系统说明书等。

应用阅读　Automation Studio 中人机界面和动画设计

Automation Studio™“人机界面和控制面板”是一个便捷工作平台，为人机界面的创建提供了丰富的元件库支持，用于创建动画对象和控制面板，并实现一组动作的二维或三维可视化效果。用户可以利用基本绘图功能完成各种设备和生产流程组件的创建，支持与原理回路图中组件的动画连接以及变量管理器中的变量连接，用户可以不需要脚本的编写，快速创建各种基础器件的动画。同时也具备类似 C 语言的 ST 结构文本，可用于编写人机动画的执行脚本，以达到更为灵巧的动画效果。

动画设计是建立画面中图形对象与数据变量或表达式的对应关系。实际上是将用户窗口内创建的图形对象与实时数据库中定义的数据对象建立对应连接关系，通过对图形对象在不同的数值区间内设置不同的状态属性（如颜色、大小、位置移动、可见度、闪烁效果等），用数据对象值的变化来驱动图形对象的状态改变，使系统在运行过程中，产生形象逼真的动画效果。这样图形对象可以根据数据变量或表达式的变化，按动画连接的要求进行改变。

一、人机界面和控制面板

AS针对控制面板和控制机柜的设计提供了独立元件库支持，如图3-32所示的人机界面和控制面板工作室。在“人机界面和控制面板”中，用户可以找到按钮、开关、设定点装置和数字输入设备等，可以控制其他库中的大量部件，如“电工”“气动”和“液压”中的部件。此外，用户也可以使用指示灯、蜂鸣器、模拟显示（VU）表、人机接口（MMI）进度条、MMI数字显示框等信号装置来执行监视任务。将这些元件拖到标准图纸的工作区中即可进行功能设计。

如对工作区中的瞬时按钮双击，跳出如图3-33所示的瞬时按钮组件属性。

在数据项中可以命名或修改按钮名称、预定义元件的尺寸、选择按钮颜色等。

打开按钮组件属性的内部连接项，如图3-34所示，可以对按钮信号进行内部连接。有2种应用方式：变量分配和组件连接。变量分配是与对应布尔变量建立连接。组件连接是与电气控制或电工图纸中的按钮进行连接。

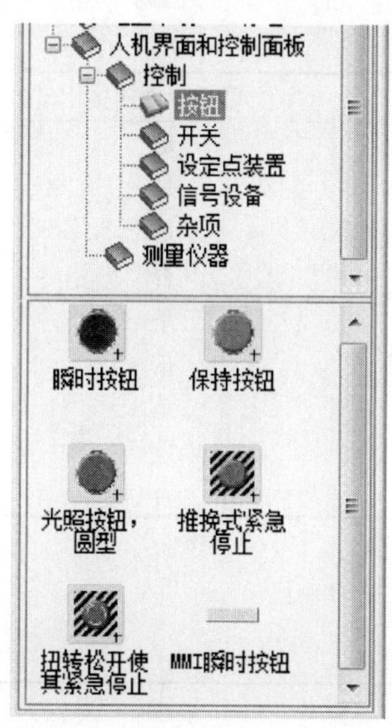

图3-32 人机界面和控制面板工作室

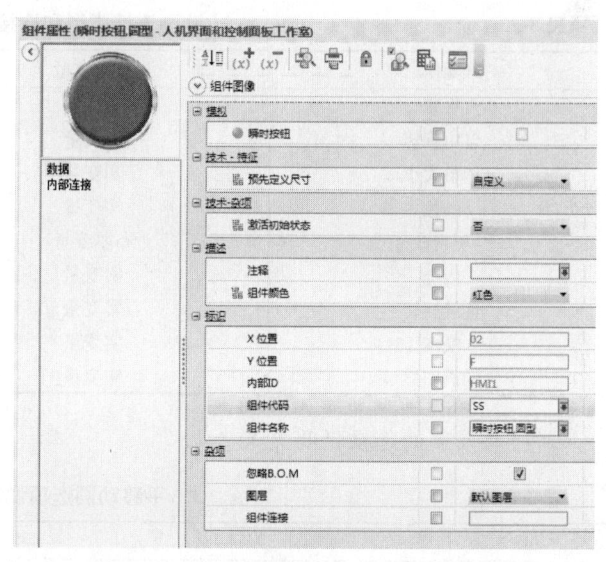

图3-33 瞬时按钮组件属性窗口中的数据项

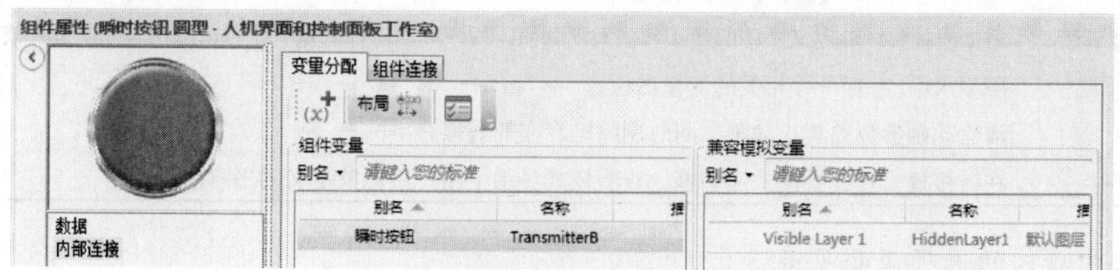

图3-34 瞬时按钮组件属性窗口中的内部连接

二、图元的动画设计

针对绘制的基础图形Automation Studio提供了几何图形的基础动画，包含常用的平移、旋转、闪烁等动画效果。

如选定工作区中已编辑的图元并双击，跳出如图 3-35 所示的瞬时按钮组件属性。

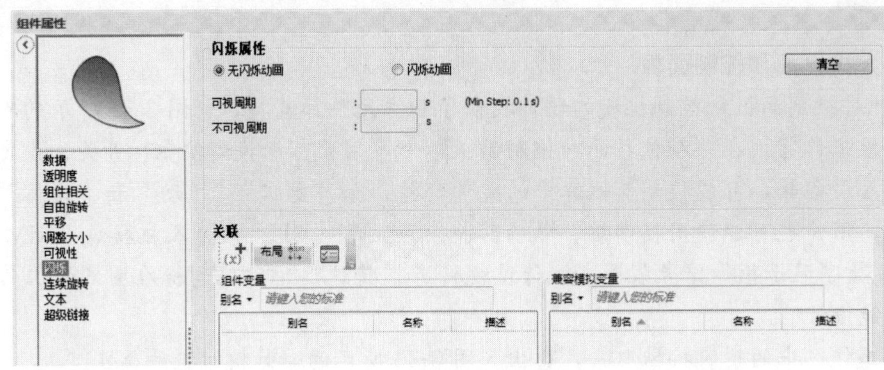

图 3-35　图元组件属性窗口

对图元的动画设计类型平移、自由旋转、调整大小、颜色、可视性、闪烁、连续旋转、文本和动画图案。表 3-3 说明了对这些动画类型的变量连接时的变量类型以及是否允许组件连接。

表 3-3　动画连接类型和连接方式

操作	变量类型	可否组件连接
平移	实变量	是
自由旋转	实变量	是
调整大小	实变量	是
颜色	实变量	否
可视性	布尔变量	是
闪烁	实变量	是
连续旋转	实变量	是
文本	实变量	是
动画图案	实变量	否

对平移动画的选项说明见表 3-4。

表 3-4　平移动画选项说明

字段	说　明
无平移动画	禁止平移动画。动画参数变为不可用但保持不变。
平移动画	启动平移动画。允许访问动画参数。
水平/垂直平移	根据横轴和纵轴定义平移的最小和最大限制值。用户可以选择测量单位（m，cm，mm，inch 或 foot）。
对应变量限制	限制水平/垂直平移相关的变量的值。
清除	清除动画参数并禁止动画。同时删除已存在的链接。
查看/链接	在链接模式和查看模式间切换。查看模式显示了用户对对象定义的平移限制值

对自由旋转的选项说明见表 3-5。

表 3-5　自由旋转动画选项说明

字段	说　明
无旋转动画	禁止自由旋转动画。动画参数不可用但保持不变。
旋转动画	启用自由旋转动画。允许访问动画参数。

续表

字段	说　明
最小/最大旋转角度	最小和最大旋转角度。用户可选择角度单位（弧度 radians，梯度 gradians 和度数 degrees）。一个正角度是指三角方向的旋转（逆时针方向）。
对应变量限制	限制旋转相关变量的值。
旋转中心	定义旋转中心的位置。用户可以选择测量单位（m，cm，mm，inch 或 foot）。旋转中心是由包含动画对象的容器中心确定的。对于自由旋转和连续旋转来说，旋转中心是一样的。
清除	清除动画参数并禁止动画。同时删除已存在的链接。
查看/链接	在查看模式和链接模式间切换。查看模式显示了用户对对象定义的旋转限制值

对调整大小的选项说明见表 3-6。

表 3-6　　调整大小动画选项说明

区域	说　明
无比例动画	禁止比例动画。动画参数不可用但保持不变。
比例动画	启动比例动画。允许对动画参数的访问。
水平/垂直比例	定义对于横轴和纵轴的最小和最大比例因数。
相关变量限制	变量关于水平/垂直比例因数的限制值。
比例中心位置	定义比例中心的位置。用户可以选择合适的单位（m，cm，mm，inch 或 foot）。比例中心是由包含动画对象的容器中心确定的。
清除	清除动画参数并禁止动画。同时删除已存在的链接。
查看/链接	在查看模式和链接模式间切换。查看模式显示了用户对对象定义的旋转限制值

对颜色调整的选项说明见表 3-7。

表 3-7　　颜色调整动画选项说明

字段	说　明
无颜色动画	禁止颜色动画。动画参数不可用但保持不变。
颜色动画	启用颜色动画。允许访问动画参数。
阈值	定义动画所需阈值的数目。阈值的数目必须大于 0，用户可定义的最大值为 20。字段依区段显示于所有基于区段的动画对话框中。
阈值 1，2，…	对应于前面字段定义的阈值数 n，用户会有同样多的条目来输入每一个阈值。阈值必须是严格增长的，这意味着阈值 i 的值必须比阈值 $i-1$ 的值大。本字段依区段显示于所有基于区段的动画对话框中。
前景色	本字段显示由阈值定义的每个区段的前景色。
线条色	本字段显示由阈值定义的每个区段的线条色。
清除	清除动画参数并禁止动画，同时删除已存在的链接

对可视性动画的选项说明见表 3-8。

表 3-8　　可视性动画选项说明

字段	说　明
无可见动画	禁止可见动画。动画参数不可用但保持不变。
可见动画	启用可见动画。允许访问动画参数。
阈值	定义动画所需阈值的数目。阈值的数目必须大于 0，用户可定义的最大值为 20。
阈值 1，2，…	对应于前面字段定义的阈值数 n，用户会有同样多的条目来输入每一个阈值。阈值必须是严格增长的，这意味着阈值 i 的值必须比阈值 $i-1$ 的值大。
下拉菜单	允许用户为每个区段选择可见模式："可见 Visible""不可见 Invisible""周期 Periodic"或"Stand by"。
周期	允许用户以秒为单位为每个区段定义循环的时长，此时区段的模式必须是"Periodic"或"Stand by"。
开始可见/不可见	在"Periodic"或"Stand by"模式的区段中，允许用户在上一步骤中定义的循环中定义时间间隔，此时动画对象变为可见（如果"Reverse"复选框被选中，则为不可见）
结束可见/不可见	在"Periodic"或"Stand by"模式的区段中，允许用户在此前步骤中定义的循环中定义时间间隔，此时动画对象不再是可见状态（如果"Reverse"复选框被选中，则为不可见）。
相反	在"Periodic"或"Stand by"模式的区段中，用户可在周期中反转可见性。
清除	清除动画参数并禁止动画（除了阈值的数目），同时删除已存在的链接

通过对图元平移、旋转、可视化等动画设计的基础上，再结合图元间图层及图元成组的技术处理，可以完成复杂的动画设计。

3-1　画出逻辑方程 $Y/\bar{x}_1/x_2=1$ 的电路图。由方程推导出能实现相同逻辑关系的其他逻辑方程并画出对应的电路图。

3-2　由方程组的解 $C_X=a\ |\ :\ x_1x_2\bar{x}_1x_3\bar{x}_2\bar{x}_3:|\ \bar{a}$，画出 $a=1$ 时各变量的时序图。

3-3　如图所示一个输料过程，要求三条皮带按安全启停顺序，启停间隔为 5s。

（1）试用 GRAFCET 图详细说明此系统的顺启和顺停过程。

（2）用辅助继电器代步状态的梯形图编程方法编制此程序。

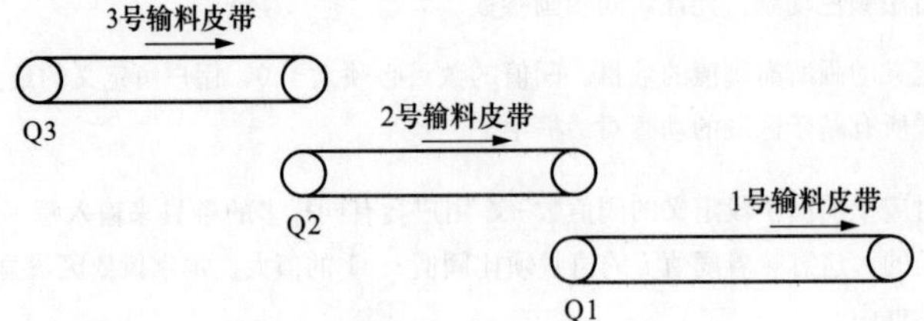

3-4　某被控对象的液动模拟图如图所示。

要求的顺控过程如下：

顺启过程。驱动设备 A 延伸到位；驱动设备 B 延伸到位并往返动作 3 次；驱动设备 C 延伸到位。

顺停过程：驱动设备 C 返回到位；驱动设备 B 返回到位；驱动设备 A 返回到位。

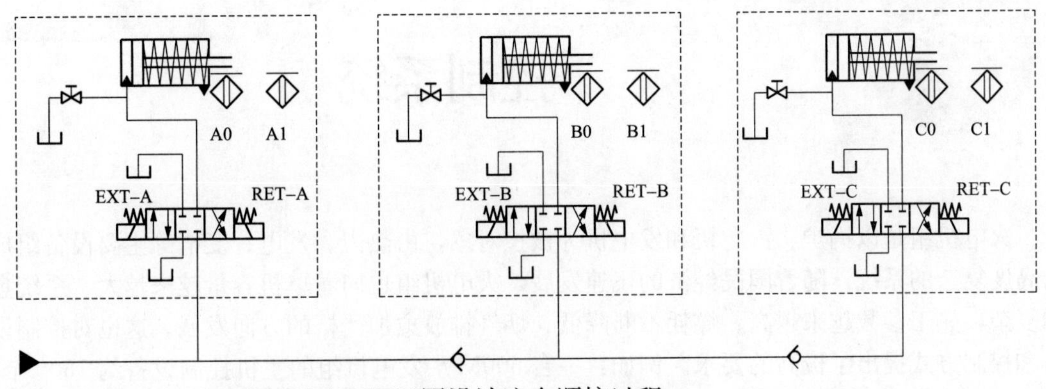

（1）用 GRAFCET 图设计这个顺控过程。

（2）用 SFC 图编制这个程序并在 AS 中仿真验证并模拟运行。

第四章 火电机组顺序控制系统

火电机组是以锅炉、汽轮机和发电机为被控对象，由热力、发电、变电等主要设备组成的高度复杂的系统。随着国民经济的飞速发展，火电机组也向着单机容量越来越大、系统愈加复杂，热工参数越来越高、煤耗不断降低、烟气排放愈加严格的方向发展。这也对控制设备和控制方式提出了极高的要求。例如：一台500MW发电机组的主机控制设备约1600个，从启动到并网开关量操作项目有400～600个，监视动作500～700次。紧张时每5min要完成40多个动作。在机组启停阶段或事故处理时，需要根据许多参数及运行条件的综合判断进行繁琐的操作，很容易造成误操作，造成事故或使事故进一步扩大。如对被控设备采用顺序控制策略后，运行人员只需启动一个或几个操作按钮，就能完成某一辅机系统、主要设备甚至整个机组的启停任务。例如某500MW机组原有445个操作项目，使用顺控后需运行人员操作的项目可减少到40多个，只需几个人即可完成机组的启停操作。这不仅减轻了运行人员的劳动强度，提高了机组的自动化水平，更为重要的是防止由于人为因素造成的误操作，有利于机组的安全运行。

顺序控制系统是将生产过程中关系密切的若干控制对象集中起来，根据一定的生产规律，按照预先拟定的次序、依据时间或条件，有计划有步骤地使生产工艺中各有关设备自动地依次进行一系列逻辑操作的组织。火电机组顺序控制系统指火电机组在生产过程中主、辅机的自动启停操作以及局部或全部工艺系统的顺序控制系统。

火电机组中顺序控制系统按生产过程的主、辅工艺流程划分了顺控范围。将同锅炉、汽轮机和发电机密切相关的所有辅机、阀门、挡板、断路器等设备的顺控称为火电厂顺序控制系统，包括燃烧器管理系统（BMS）、锅炉顺序控制系统（BSCS）、汽轮机顺序控制系统（TSCS）、公用顺序控制系统和电气顺控系统；将相对独立的全厂辅助系统（车间）的控制对象，按相对完整的工艺流程划出各顺控系统，称为电厂辅助系统顺控，主要包括化学水处理系统、输煤系统、锅炉定期排污、锅炉吹灰、凝汽器胶球清洗、锅炉除灰等顺控系统，范围划分见表4-1。

表4-1　火电厂顺序控制系统范围

热工顺控	电气顺控	辅助系统顺控
1. 燃烧器管理系统（BMS）	1. 厂用6kV顺控	1. 化学水系统顺控
2. 炉侧顺控（BSCS）	2. 发变组励磁系统顺控	2. 燃料系统顺控
3. 机侧顺控（TSCS）		3. 局部独立工艺系统
4. 公用系统顺控		

第一节　火电机组顺序控制系统的控制方式

顺序控制系统在火电厂应用的长期实践中逐渐形成了以基础设备为中心构成设备级控制

和保护回路、以辅机和局部流程为中心组织设备级构成功能组、以工艺流程为中心组织功能组构成机组级的分级控制方式。这种控制方式在实践中被验证具有很多优点，已被广泛采用作为顺序控制的设计原则。

大型火电机组中对涉及控制设备众多的复杂顺控系统采用的即是分级控制的思想。分机组级控制、功能组级控制和设备级控制。图 4-1 为其控制分级示意图。

一、对设备级控制的要求

设备级控制是顺控系统的基础级，是控制过程的控制对象。对现场设备的操控均是通过设备级进行。对设备级控制电路应具有如下功能：控制电路具有较完善对控制设备的安全保护；具备接受运行人员的手动操作指令的能力；能够接受上一级或其他设备来的自动指令；能够接受来自保护系统的指令；具有全面的设备工作状态的指示。

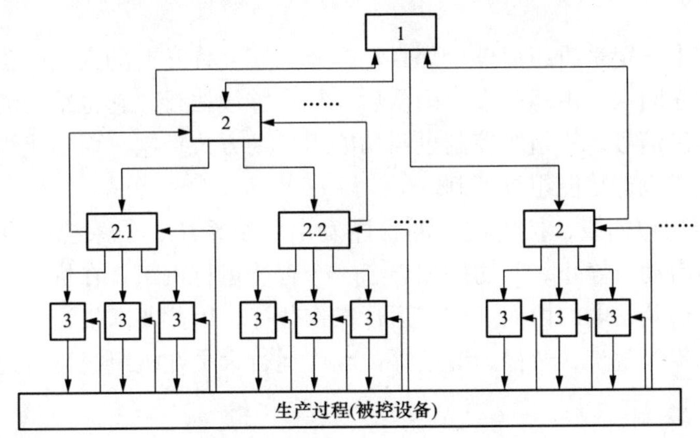

图 4-1 顺序控制分级示意图

1—机组级；2—功能组级；2.n（n=1，2，…）—功能子组；3—设备级

二、对功能组控制的要求

功能组是将具有连续不断的顺序性控制特征的一系列设备作为一个整体，按工艺流程要求按预定的顺序将这些设备相对集中地进行启动或停止。如某台引风机功能组级顺控包括了引风机及其相对应的冷却风机，风机油站和电动机油站，入口/出口烟风道挡板等设备，在功能组启动或停止时，按预先设计好的程序，自动完成整个启停过程；又如电动泵功能组级顺控，包括电动泵、辅助润滑油泵，电动泵出口门、入口门和电动泵再循环截止门等的控制。

一个功能组是对若干个设备级的顺控组织。若干个功能组可以组成一个控制范围更大的功能组，原来的功能组就称为功能子组，也就是说功能组中允许设置功能子组。功能组级控制意味着设备级必须要处于自动状态，功能组级操作也称设备级自动。设备级自动时运行人员是对功能组进行操控，这样实际操作的动作大为减少。如某 1000MW 机组设计功能组级的热工顺序控制系统共 15 个，其中炉侧 5 个，公用及辅助系统 3 个，机侧 7 个，具体为：①风烟顺控系统；②减温水顺控系统；③锅炉疏水顺控系统；④锅炉吹灰顺控系统；⑤燃油泵顺控系统；⑥锅炉制粉顺控系统；⑦空压机顺控；⑧凝结水精处理再生顺控系统；⑨凝结水顺控系统；⑩给水及加热顺控系统；⑪汽轮机疏水顺控系统；⑫循环水顺控系统；⑬蒸汽顺控系统；⑭真空顺控系统；⑮机侧油顺控系统。

功能组控制系统设计时，必须对属于这一组的全部设备的操作顺序、相互关系、关联条件、异常情况时的程序返回和人工干预等情况作出准确的分析和划分。设计的功能组级控制要有多种运行模式，如单步、暂停、解除、超驰等，允许运行人员在功能组运行过程中进行干预。

三、对机组级控制的要求

机组级控制为火电机组最高一级的控制。它能在最少人工干预下完成整套机组的启动和停止，也称为机组自启停系统（APS）。APS 是一个单元机组高度自动化的控制系统，它是基于单元机组自动启停控制的思想上，管理锅炉、汽轮机、发电机及相应辅机等顺序控制系统（SCS）以及单元机组自动控制系统（MCS）、汽轮机电液调节系统（DEH）、锅炉燃烧管理系统（BMS）、锅炉给水泵小汽轮机调节系统，是机组启停、调度、信息管理与指令控制中心。

机组级控制并不一定是机组启停全部自动控制，它允许必要的人工干预，即在执行过程中设置最少量的程序断点，由运行人员确认后，程序继续执行。它也给功能组自动控制方式及其他控制系统提供信号。机组级控制也叫功能组自动方式控制。而功能组接受运行人员指令为功能组手动方式也称功能组级控制。

APS 根据机组启停曲线、按规定好的程序发出各个系统、子系统的启停指令，从而实现单元机组的自动启动或停止。其功能相当于一个智能运行班组，在机组启停阶段承担着运行值长、司炉、司机及司电的协同工作与运行操作任务。因此要求机组级控制有全面、灵活的运行模式，如单步、跳步、暂停、继续等，允许运行人员在机组级运行过程中随时干预控制过程。

第二节 顺序控制系统设备级控制

一、设备级控制的功能

设备级控制是对生产过程中的单一执行设备实施操作的接口电路，应具备下列控制功能：

（1）手动模式：接受运行人员在操作员站或 BTG 盘上发出远控启停指令；

（2）自动模式：接受功能组的启停指令；

（3）保护模式：接受保护装置的指令，参与保护过程的动作；

（4）对本体设备的故障判断、报警和保护的功能；

（5）有设备状态和运行模式的指示或报警。

二、实例说明

以凝汽器真空泵 A 的控制为例，其控制模块连接信号如图 4-2 所示，控制模块内部逻辑如图 4-3 所示。

当满足下列条件之一时，则自动启动真空泵 A：

（1）功能组启动命令。

（2）真空泵 B 自动跳闸。

（3）真空泵 B 运行 30s 后，凝汽器真空仍低。

（4）手动启动。

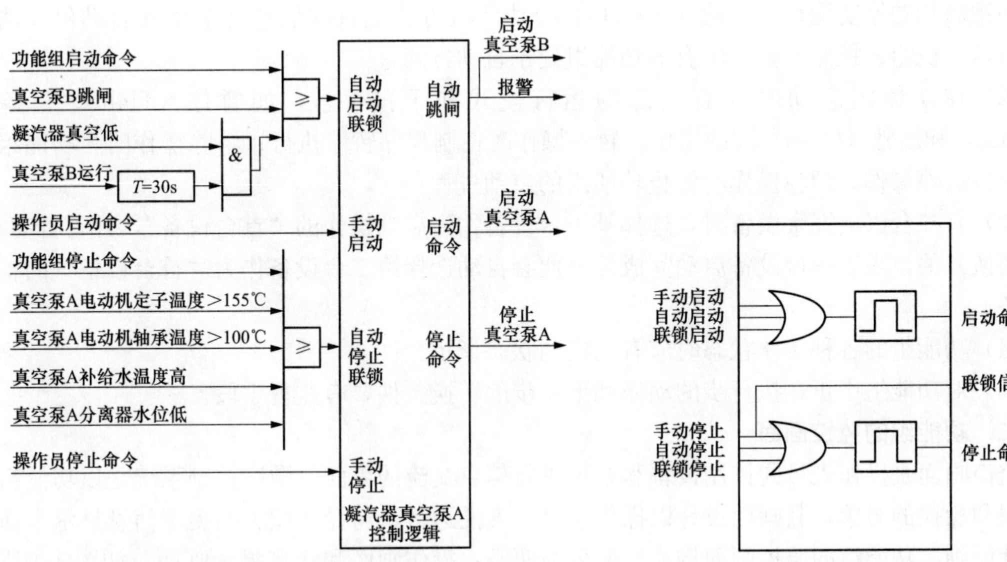

图 4-2 凝汽器真空泵 A 控制逻辑控制分级示意图　　图 4-3 控制模块内部逻辑

当满足下列条件之一时，则自动停止真空泵 A：

(1) 功能组停止命令。

(2) 真空泵 A 电动机定子温度大于 155℃，或电动机轴承温度大于 100℃。

(3) 真空泵 A 补给水温度高。

(4) 真空泵 A 分离器水位低。

(5) 手动停止。

现场这样的执行设备多，对应的设备级电路数量也同样众多，但控制对象和电路类型却有限。以某 300WM 机组为例，它有下面 6 种设备级控制类型：

(1) 6kV/400V 电动机自锁启停（存储型设备）。

(2) 6kV/400V 电动机单向启停（非存储型设备）。

(3) 400V 电动机可逆启停（非存储型设备）。

(4) 气动单向操作阀门/挡板。

(5) 电磁操作阀门/挡板。

(6) 直流电动机启停。

大型火电机组中设备级控制通常在可编过程控制器或 DCS 等控制装置中实现。大型控制装置甚至提供了可用于设备级控制的模块，如典型电动机控制模块、典型电动门控制模块等（参见图 2-35 典型电动门的功能模块图），很大程度上方便了顺序控制系统的设计。

第三节 顺序控制系统功能组控制

一、功能组控制功能

完善的功能组一般具有如下控制功能：

(1) 功能组运行的自动/手动切换。手动时按启动键（START）和停止（STOP）键可以启动顺启和顺停功能组。自动（AUTO）时功能组可接受自动启动功能组和自动停止功能组信号。机组级控制时要求所有的功能组处于自动方式。

（2）在功能组启动时要有适当的运行模式和干预手段，如暂停（Halt）、解除（Release）和超驰（Ovro）等的操作。暂停操作时控制程序暂停执行；解除操作时，功能组继续进行启停操作。超驰操作时停止功能组的启动过程。

（3）有二台以上冗余设备时，选择某一台设备作为启动操作的“首台设备”，并有自动/手动切换开关。当第一台设备启动完成后，便会自动选择第二台设备作为“首台设备”的备用设备。

（4）功能组的各种工作状态时应有相应的状态指示。

（5）对功能组中正在执行步的动作和下一步的转换条件要有监视手段。

二、功能组的监控画面

监控画面是操作人员同控制设备和系统进行信息交流的界面。顺序控制系统是以功能组为组织和操控的对象，其画面设计以操作简介、方便运行、与操作相关的提示信息显示全面为设计原则。功能组的监控画面构成一般分为两类：操作画面和状态提示画面，如图 4-4 所示。操作画面又分正常操作画面和异常操作画面。正常操作画面包括顺控启动操作、冗余设备投切、具有示意指导的单操/组操以及各驱动级手动联锁开关投切的画面。异常操作画面包括事故报警、确认操作等画面。顺控提示画面包括顺控允许条件、步动作状态、联锁及保护跳闸提示画面等。

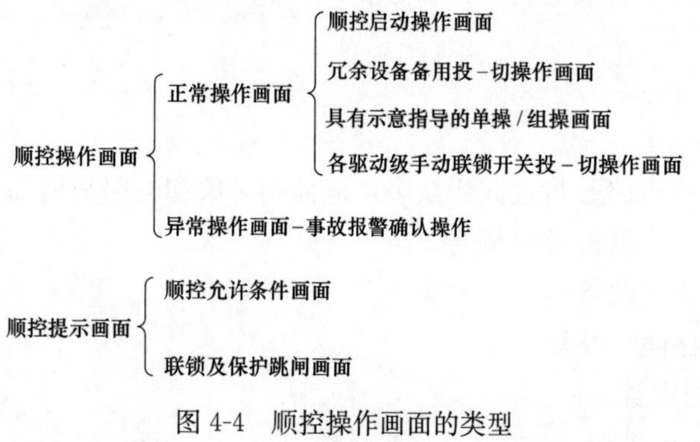

图 4-4　顺控操作画面的类型

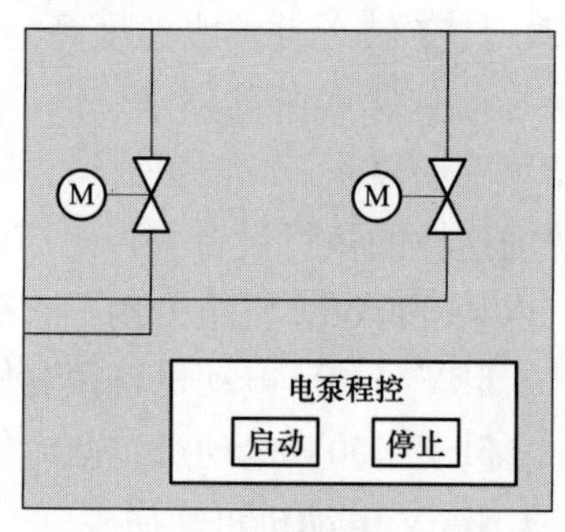

图 4-5　功能组启动画面

如某电厂一台 1000MW 机组电动给水泵顺控启动画面布置在流程图主画面的主设备旁，如图 4-5 所示。选择功能组启动或停止的按钮，相应的功能组开始启动运行并弹出对应的如图 4-6 所示的程控监控画面。显示或操控的内容包括：当前步至后续步具备的条件、不具备的条件、运行模式选择、顺控步序的指示、顺控状态的指示、顺控过程的干预手段、转换条件汇总、步动作的性质及说明等。

在顺控系统的监控画面中步的进展状态、设备工作状态等要通过颜色信息表示出来。需要定义状态和颜色的对照关系。如操作步有 4 种状态，与颜色的定义关系为：初始状态——白色；本步指令正在执行——黄色；步执行完成——绿色；执行超时——黄色闪烁。

设备的工作状态与颜色的对应关系定义参考表 4-2。

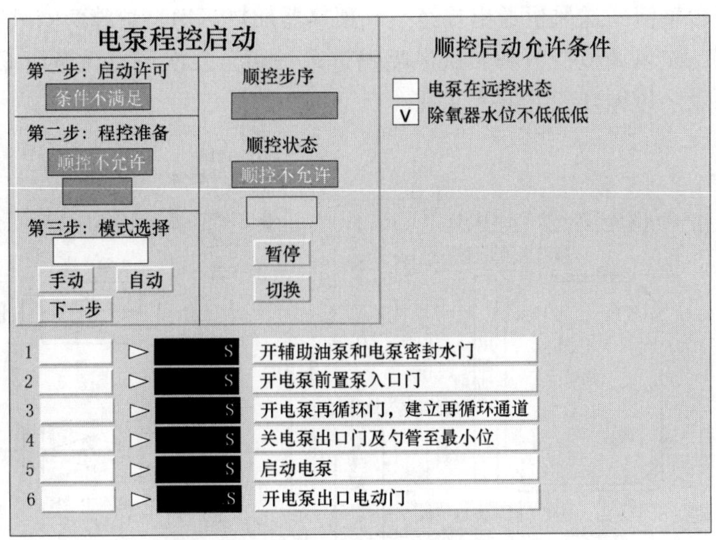

图 4-6　功能组监控画面

表 4-2　　　　**被控对象的状态与颜色对照一览表**

状态 / 颜色 / 对象	运行/开	停止/关	开/关过程	故障		事故跳闸		投备用开关	备用投运		备用投运失败		自动
				未确认	确认	未确认	确认		未确认	确认	未确认	确认	
电动机	红	绿		白闪	白	绿闪	绿	蓝	红闪	红	白闪	白	
电动门	红	绿	黄	白闪	白								
挡板	红	绿	黄	白闪	白								
电磁阀	红	绿	黄	白闪	白								
电磁调节阀	红	绿	黄	白闪	白								

三、锅炉烟风系统功能组的设计说明

1. 锅炉烟风系统功能和构成

为锅炉连续地送风和排出烟气的过程，称为锅炉通风，由此组成的系统称为烟风系统。烟风系统结构复杂，它与制粉系统共同来维持燃烧系统的运行，是保证锅炉燃烧运行的基本系统。

600WM 机组的烟风系统主要包括以下设备：两台三分仓回转式空气预热器、两台轴流式送风机、两台轴流式引风机和两台离心式一次风机以及它们各自的附属设备（电动机、润滑油及液压油系统等）和风烟道挡板等。锅炉风烟系统如图 4-7 所示。

烟风系统有 A、B 两套，并且在引风机入口、送风机出口、一次风机出口等处设有联络通道，保证了个别设备异常时实现单侧运行而不会造成停炉，由图 4-7 可以看出，送风机出口、一次风机出口、引风机进出口和空气预热器烟气入口、一次风出口均设有电动挡板门，以便当设备发生故障时，将该设备从运行系统中隔离出来，便于检修，烟风系统仍可单侧运行。两台送风机出口风道之间、两台一次风机出口风道之间和两台引风机入口烟道之间均设有电动联络挡板，以平衡两侧风道压力或烟道压力。

二次风由两台轴流式送风机送出，经空气预热器加热，送至炉膛两侧风箱后进入 4 个角风箱，通过各层二次风调节挡板和二次风喷嘴进入炉膛。二次风总风量由 CCS 通过调节送风机动叶开度以及热风循环门开度来实现。

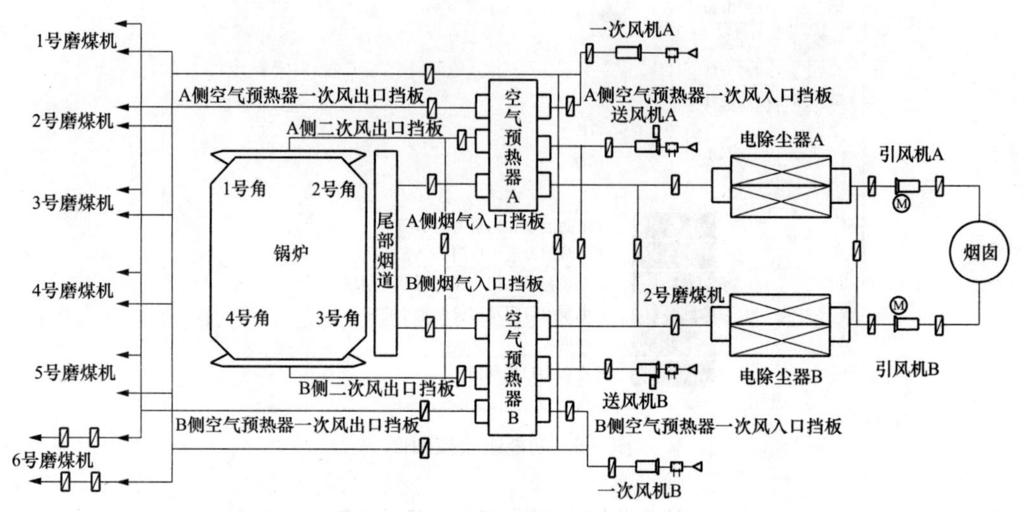

图 4-7 锅炉烟风系统图

一次风由一次风机出来分成两路。一路通过空气预热器加热为一次风，另一路不经过空气预热器为一次冷风，两路风分别经过调节挡板后混合至适当温度，进入磨煤机。磨煤机出口的煤粉由一次风输送，经过制粉系统管路，分别送至炉膛四角的该磨煤机层的 4 个磨煤机喷嘴后，吹入炉膛。正常运行时，一次风总风量由 CCS 通过调节一次风机静叶开度及热风再循环门开度来实现。

两台引风机为锅炉提供抽吸烟气的动力。从炉膛出来的高温烟气经过过热器、再热器、省煤器和空气预热器释放热量后，进入静电除尘器除尘，再经引风机排除烟囱。烟气流量由 CCS 通过调节引风机动叶开度实现。

2. 烟风系统功能组的启停

为适应机组 APS（机组自启停控制系统）的要求，往往需要按工艺流程划分功能组。按风烟系统的流程，可以将空气预热器、引风机、送风机、一次风机等辅机设备构成风烟系统功能组，这样风烟系统功能组由空气预热器启停功能子组、引风机启停功能子组、送风机启停功能子组、一次风机启停功能子组等组成。

烟风通道分为 A、B 两个通道。连接送风机 A、空气预热器 A 和引风机 A 的风烟通道称为 A 通道，连接送风机 B、空气预热器 B 和引风机 B 的风烟通道称为 B 通道。A 通道和 B 通道是完全相同的两个烟道，在通道 A（或 B）上所有的风机入口、出口和空气预热器烟、风侧入口、出口以及除尘器入口均装设有截止挡板或调节挡板。在送风机出口，空气预热器二次风出口均分别装设有连通风道的挡板。空气预热器烟道出口设有 A、B 侧连通烟道和挡板。上述这些风、烟截止挡板，风烟调节挡板及连通挡板，在锅炉运行或停止中都应该放在适当位置或适当组合，以满足单侧空气预热器、送风机、引风机运行或交叉运行需要。

各个功能组的启/停顺序根据风烟系统的设备特点和运行要求，必须遵循一定的启/停顺序，满足规定的安全联锁条件。一般情况，风烟系统投入运行时，首先开通整个风烟通路，把 A、B 侧风烟系统的所有截止挡板和调节挡板均打开，然后依次启动空气预热器子功能组——启动引风机子功能组——启动送风机子功能组——启动一次风机子功能组。风烟系统退出运行时，则依次停一次风机子功能组——停送风机子功能组——停引风机子功能组——停空气预热器子功能组，最后打开 A、B 两侧风烟通道的所有的截止挡板和调节挡板。这样的过程以顺序功能图按层次化展开说明。顺控过程的总图如图 4-8 所示。

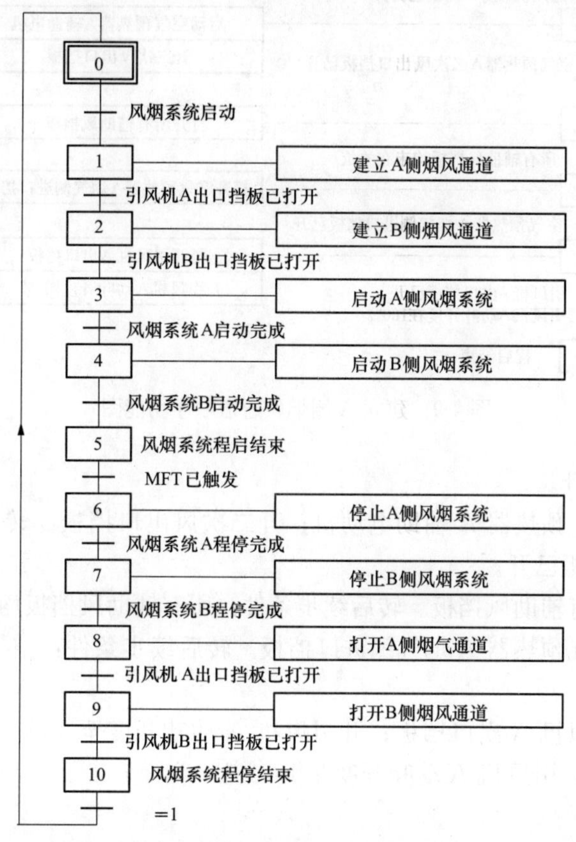

图 4-8　烟风系统功能组启停总图

烟风系统功能组级控制是烟风系统的顺序启动和顺序停止两个过程的交替启动。由于 A 烟风系统和 B 烟风系统控制功能完全相同，本例仅以 A 侧烟风系统为例，采用顺序功能图描述的规范，按层次化原则分层加以说明并以“.”分隔的数字说明步的层次。

(1) 烟风系统的启动。

1) 建立 A 侧烟风通道。

建立烟风通道的目的是排除锅炉或稀释通道内剩余的可燃混合物，在各功能（子）组启动前统一必要的各控制状态。建立烟风通道的顺序功能图如图 4-9 所示。

建立 A 侧烟风通道的过程如下：

允许启动条件：两台送风机及两台引风机均停止，通路 A 功能组在自动。

顺控启动步序：

①指令：打开送风机 A 出口挡板；开送风机 A 动叶开度至 100%。转后续步条件：送

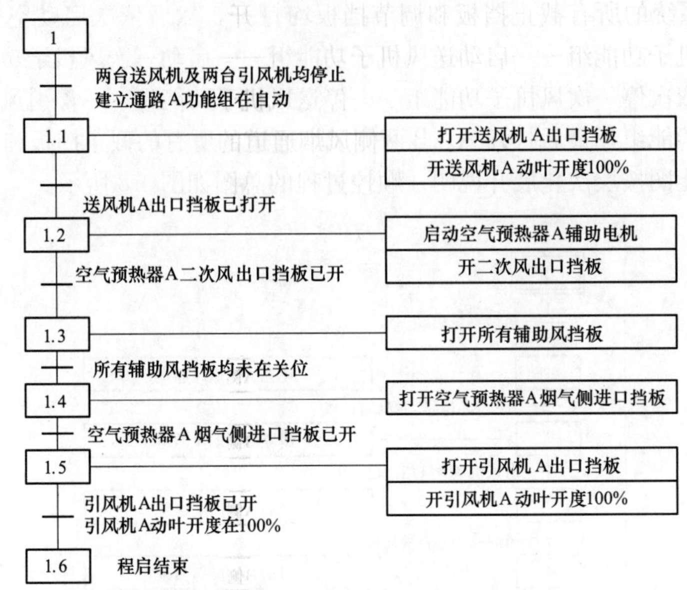

图 4-9　建立 A 侧烟风通道顺序功能图

风机 A 出口挡板已打开。

②指令：启动空气预热器 A 辅助电动机；开二次风出口挡板。转后续步条件：空气预热器 A 二次风出口挡板已开。

③指令：打开所有辅助风挡板。转后续步条件：所有辅助风挡板均未在关位。

④指令：打开空气预热器 A 烟气侧进口挡板。转后续步条件：空气预热器 A 烟气侧进口挡板已开。

⑤指令：打开引风机 A 出口挡板；开引风机 A 动叶开度至 100%。转后续步条件：引风机 A 出口挡板已开；引风机 A 动叶开度在 100%。

⑥程启结束。

2）启动 A 侧烟风系统。

烟风系统的启动的顺序功能图如图 4-10 所示。

允许启动条件：风烟系统已选择 A 侧或 B 侧运行；无风烟系统启动完成条件。

顺控启动步序

①指令：程启选择的火检冷却风机子组。转后续步条件：A 或 B 火检冷却风机已运行；A、B 空气预热器都未全部运行。分支条件：A 或 B 火检冷却风机已运行；A、B 空预器均运行。

②指令：程启空气预热器 A 功能子组。转后续步条件：空气预热器 A 功能子组启动完成；或未选择 A 侧空气预热器。

③指令：程启空气预热器 B 功能子组。转后续步条件：空气预热器 B 功能子组启动完成；或未选择 B 侧空气预热器；A、B 空气预热器至少一台启动。

④分支合并指令：程启引风机 A 功能子组；投引风机 A 自动。转后续步条件：引风机 A 功能子组启动完成；引风机 A 动叶在自动位。

⑤指令：程启送风机 A 功能子组。转后续步条件：送风机 A 功能子组启动完成。

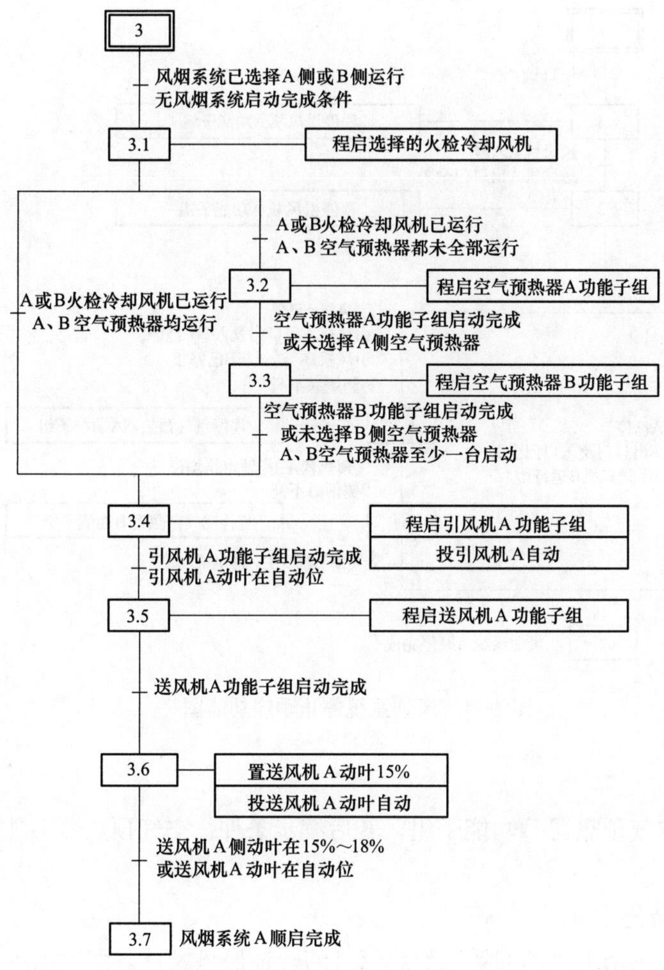

图 4-10　风烟系统启动顺序功能图

⑥指令：置送风机 A 动叶 15%；投送风机 A 动叶自动。转后续步条件：送风机 A 侧动叶在 15%～18%；或送风机 A 动叶在自动位。

⑦程启结束。

(2) A 风烟系统的停止。

A 风烟系统的停止的顺序功能图如图 4-11 所示，是启停总图 4-9 中的第 6 步。

允许停止条件：MFT 已触发。

顺控停止步序：

①指令：程停送风机 A 功能子组。转后续步条件：送风机 A 已停；送风机 A 出口门全关。

②指令：程停引风机 A 功能子组。转后续步条件：引风机 A 已停；引风机 A 出口门及入口门全关；引风机 B、送风机 B 已停止；A 侧烟温不高。分支条件：引风机 A 已停；引风机 A 出口门及入口门全关；引风机 B、送风机 B 运行中。

③指令：程停空气预热器 A 功能子组。转后续步条件：空气预热器 A 主、辅电机均停；

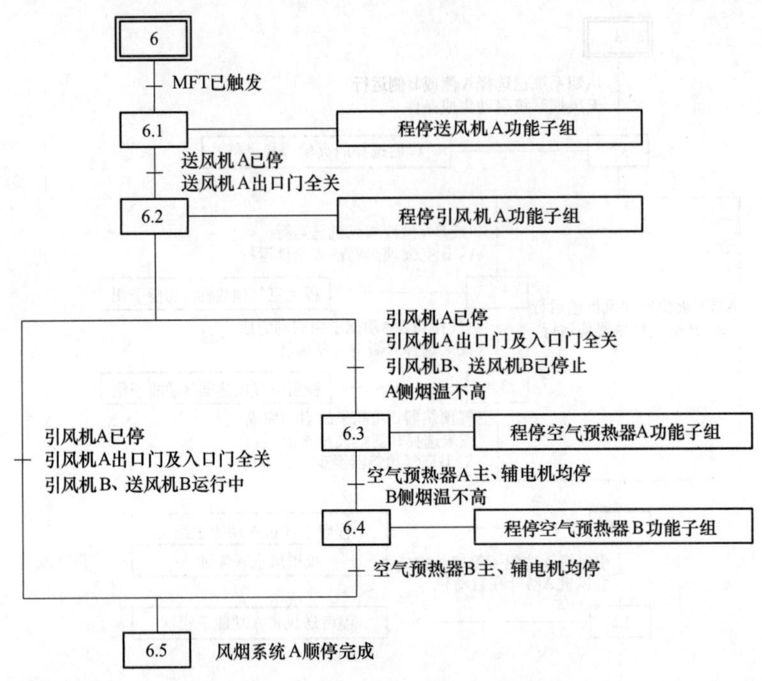

图 4-11　风烟系统停止顺序功能图

B 侧烟温不高。

④指令：程停空气预热器 B 功能子组。转后续步条件：空气预热器 B 主辅电机均停。

⑤程停结束。

3. 空气预热器功能子组

空气预热器是利用锅炉尾部的烟气加热空气的一种换热设备。空气预热器有以下几个方面的作用：

(1) 降低排烟温度，提高锅炉效率，节省燃料。在现代发电厂中，由于采用回热循环，给水经各级加热器后，温度比较高，因此省煤器出口的烟温还比较高。安装空气预热器后，利用排烟热量加热冷空气，可以使排烟温度降低。试验表明，排烟温度每降低 100℃，可使锅炉效率提高 1%。

(2) 提高空气温度，改善燃烧条件，降低不完全燃烧损失。空气被加热到一定温度后送入炉内，提高了炉膛的温度水平，使燃料的着火与燃烧条件有所改善，可使炉内的着火与燃烧迅速，燃烧完全，使机械不完全燃烧损失和化学不完全燃烧损失都有所降低，使锅炉效率提高。

(3) 提高炉膛温度，增加炉膛传热。较高温度的热空气送入炉膛内，使炉膛温度水平提高，从而增加炉内的辐射热量，使锅炉的蒸发量增加。在一定的蒸发量下，可以减少炉膛内的蒸发受热面，降低锅炉的金属消耗量。

(4) 改善引风机的工作条件。由于锅炉的排烟温度降低，使引风机的入口烟温降低，这就改善了引风机的工作条件，也降低了引风机的电耗。

大容量机组中多采用结构紧凑、质量较轻的回转式空气预热器。回转式空气预热器是再生式空气预热器最常见的形式，它是利用烟气和空气交替地通过金属受热面来加热空气。本风烟系统配置的是两台回转式空气预热器。每台转子的整个横截面分为烟气、一次风和二次风三个通流区，因此又称为三分仓回转式空气预热器。空气预热器借助转子的旋转使烟气和空气相互交替地通过受热面来进行热交换，如图 4-12 所示。其大致工作过程如下：电动机通过传动装置带动转子以 1.6～2.4r/min 的速度转动，转子中布置有很多受热元件（或称传热元件），空气通道在转轴的一侧，空气自下而上通过预热器。烟气通道在转轴的另一侧，烟气自上而下通过预热器。当转子上的受热元件转过烟气侧时，较高温度的烟气通过受热面，将热量传递给热元件并积蓄起来；当受热面旋转到冷空气侧（先是一次风，后是二次风）时，传热元件将积蓄的热量传递给空气，使空气温度升高，从而完成对一、二次风的加热作用。

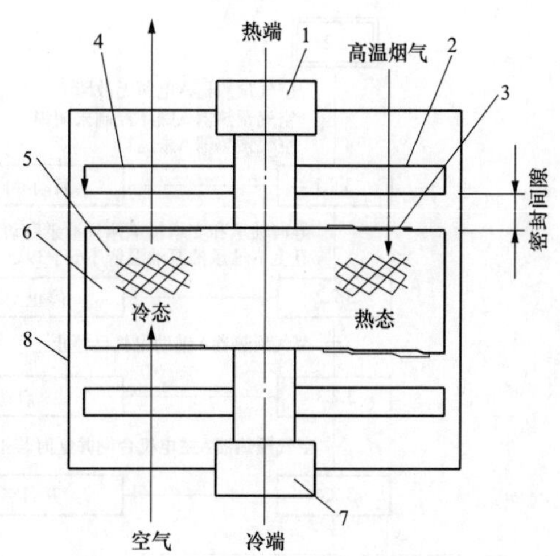

图 4-12 回转式空气预热器结构示意

1—导向轴承；2—右扇形板；3—径向密封；4—左扇形板；5—转子；6—蓄热网板；7—支撑轴承；8—壳体

为确保转子运转的可靠性，每台空气预热器配有两套转子传动装置，正常运行时由主电机驱动，而转子从静止启动或主电动机发生故障时有辅助电机驱动。空气预热器由热态紧急停运时，为防止大温差引起的转子热变形，必须启动辅助电机，使预热器按盘车转速运行，待预热器冷却到允许温度时才可停止转动。

（1）空气预热器功能子组的被控设备。

空气预热器功能子组的主要被控对象有：①主驱动电机。②辅助驱动电机（盘车电机）、③导向轴承润滑油泵。④支承轴承润滑油泵。⑤烟气入口挡板。⑥空气预热器一次风入口挡板。⑦空气预热器一次风出口挡板。⑧空气预热器二次风出口挡板等设备。

（2）空气预热器功能子组的顺序功能图。

1）空气预热器功能子组的程启过程。

空气预热器功能子组程启过程的顺序功能图如图 4-13 所示。

空气预热器 A 顺序启动允许条件：①空气预热器 A 电源无故障；②空气预热器 A 顺序控制未闭锁；③空气预热器 A 未运行。

在满足上述条件的情况下，当按下空气预热器 A 子功能组启动按钮或有来自风烟系统功能组的启动命令时，则按下列次序发出一系列指令：

①指令：启动导向轴承和支承轴承的润滑油泵。转后续步条件：导向轴承和支承轴承两只油泵启动且上下轴承油泵油温皆不小于 39℃。

②指令：停止空气预热器 A 辅助电机。转后续步条件：空气预热器 A 辅助电机已停止。

③指令：启动空气预热器 A 主电机。转后续步条件：空气预热器 A 主电机合闸，并延时若干秒时间。

④指令：开启空气预热器 A 二次风出口挡板。转后续步条件：空气预热器 A 二次风出口挡板已开且至少有一台一次风机运行。分支条件：空气预热器 A 二次风出口挡板已开且

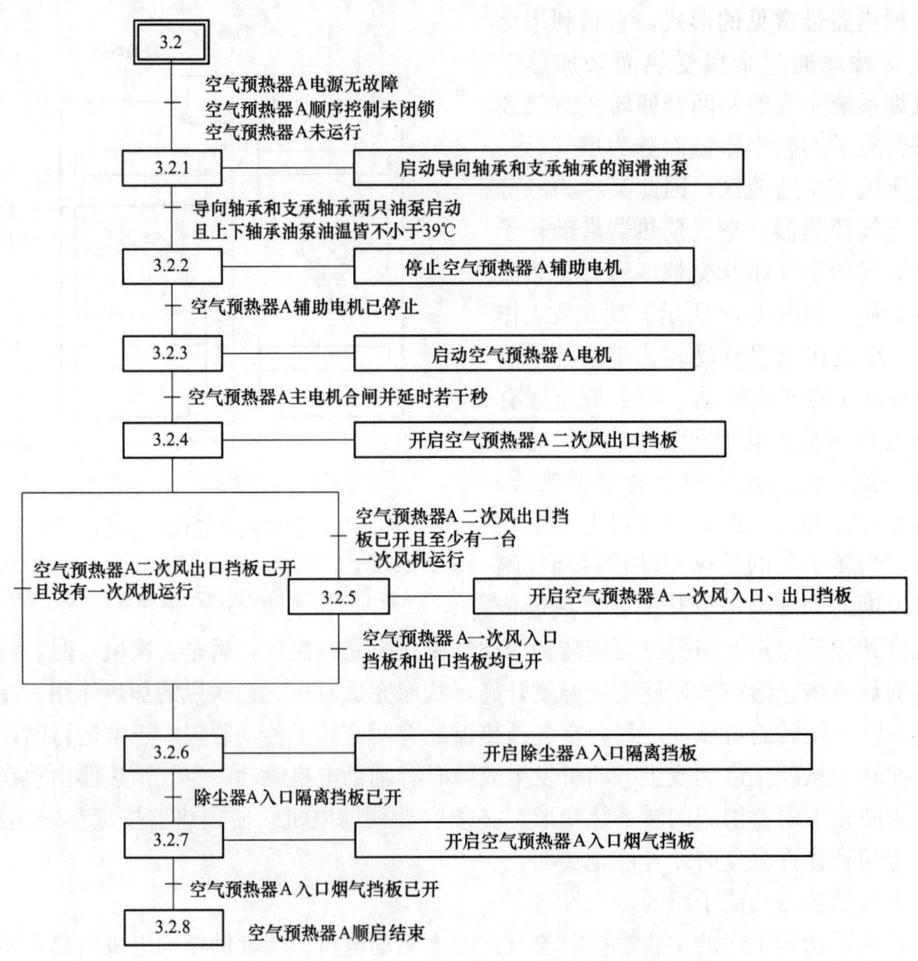

图 4-13　空气预热器功能子组程启顺序功能图

没有一次风机运行。

⑤指令：开启空气预热器 A 一次风入口和出口挡板。转后续步条件：空气预热器 A 一次风入口和出口挡板已开。

⑥合并指令：开启除尘器 A 入口隔离挡板。转后续步条件：除尘器 A 入口隔离挡板已开。

⑦指令：开启空气预热器 A 入口烟气挡板。转后续步条件：空气预热器 A 入口烟气挡板已开。

⑧程启结束。

2）空预器功能子组的程停过程。

空气预热器功能子组程停过程的顺序功能图如图 4-14 所示。

空气预热器 A 顺序停止允许条件：①空气预热器 A 电源无故障；②空气预热器 A 程控未闭锁；③空气预热器 A 正在运行；④空气预热器 A 出口排烟温度不大于 120℃；⑤满足下列条件其中之一：(a) 空气预热器 B 正运行，且负荷不大于 50%MCR；(b) 空气预热器 B 未运行，且引风机 A、B 皆已分闸。

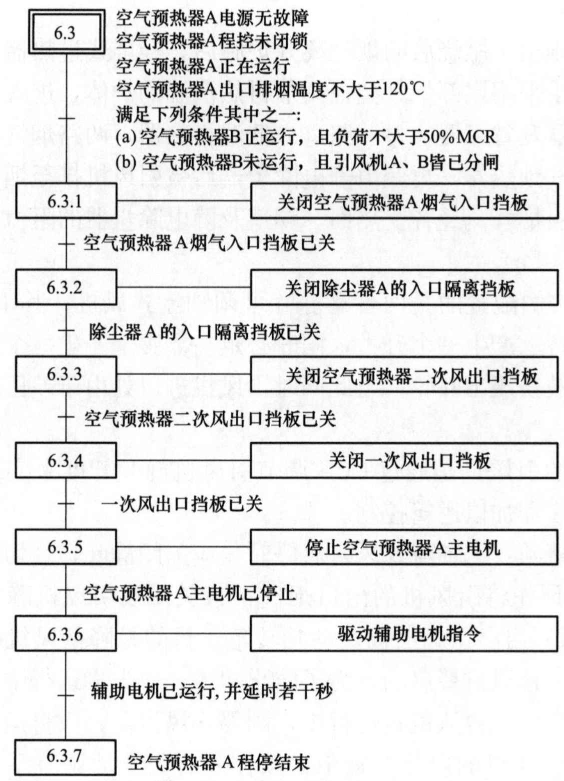

图 4-14 空气预热器功能子组程停顺序功能图

在满足上述条件的情况下，当按下空气预热器 A 子功能组停止按钮或有来自风烟系统功能组的停止命令时，则按下列次序发出一系列指令：

①指令：关闭空气预热器 A 烟气入口挡板。转后续步条件：空气预热器 A 烟气入口挡板已关。

②指令：关闭除尘器 A 的入口隔离挡板。转后续步条件：除尘器 A 的入口隔离挡板已关。

③指令：关闭空气预热器二次风出口挡板。转后续步条件：空气预热器二次风出口挡板已关。

④指令：关闭一次风出口挡板。转后续步条件：一次风出口挡板已关。

⑤指令：停止空气预热器 A 主电机。转后续步条件：空气预热器 A 主电机已停。

⑥指令：发出驱动辅助电机指令。转后续步条件：辅助电机已运行，并延时若干秒（时限到自动停止辅助电机，亦可手动停止。主、辅电机均停止后，导向轴承和支承轴承油泵自动联锁停）。

⑦程启结束。

空气预热器 A 保护停止条件：①空气预热器 A 液力偶合器内油位过低；②空气预热器 A 电气回路故障；③空气预热器 A 严重卡涩；④加速箱损坏；⑤电气原因保护动作；⑥事故按钮跳闸或误操作。

4. 引风机功能子组

引风机是将烟气吸入由烟囱排出。燃烧后的烟气离开炉膛后，经屏式过热器、高温过热器和高温再热器进入后烟井。对于采用尾部烟气挡板调节再热汽温的炉体，进入后烟井的烟气分为两路：一路进入低温过热器及省煤器，另一路进入低温再热器，两路烟气在调温挡板后混合，进入两台并列运行的空气预热器，再经由静电除尘器后被引风机排至烟囱，续排入大气。引风机的抽力应充足以克服烟气流经各受热面、烟道及静电除尘器的阻力，并使炉膛出口维持微负压（一般为－30～50Pa）。

本例 600MW 机组引风系统实例配置的是两台是静叶可调轴流式风机，其工作原理是：气体以一个冲角进入叶轮，在翼背上产生一个升力，同时必定在翼腹上产生一个大小相等方向相反的作用力，使气体沿轴向被挤压出叶轮，与此同时，风机进口处由于差压的作用，使气体不断地被吸收。

在锅炉正常运行中，引风机的引风量是通过 CCS 调节引风机静叶开度来实现的。而在启动或停止过程中引风机静叶开度需加以逻辑控制。

引风机启、停时应注意以下事项：①轴流式风机启停时，应关闭静叶，且切断风道。为避免引风机启动时负载过重，应预先将引风机的出口烟气挡板关闭及引风机静叶转角关至 0%，待引风机空载启动后，然后开启出口烟挡板及动叶转角，目的是降低风机电机的启动电流。②一台风机在运行中，另一台风机要启动，为了防止喘振，应先将运行中风机的负荷降低；停炉时，一台风机要停止，另一台风机在运行中，则停止风机前，应将运行中的风机的风量关小，再停止本风机。③引风机的启停过程中必须控制有关自动调节系统，如通过 CCS 闭锁炉膛大风箱压差自动、引风机 A/B 的静叶自动和引风机热风循环门的自动等。④引风机采用冷却风机为其提供液压系统、密封及轴封冷却风源，冷却风机在引风机启动前先行启动。

（1）引风机功能子组的被控设备。

引风机功能子组的主要被控设备有：

①每台引风机有 A、B 两台油冷却风机，给供油系统冷却用；

②每台引风机有 A、B 两台轴冷却风机，供引风机的轴承冷却使用；

③每台引风机有两台静叶油泵，一台工作，另一台备用。静叶油泵产生不小于 1.0MPa 压力，提供静叶转矩动力；

④每台引风机有两台润滑油泵，供风机或电动机轴承润滑用；

⑤引风机的驱动电机；

⑥引风机出口烟气挡板以及除尘器入口烟道挡板；

⑦空气预热器烟气出口连通挡板。

（2）引风机功能子组顺序功能图。

1）引风机功能子组的程启过程。

引风机功能子组程启过程的顺序功能图如图 4-15 所示。

引风机功能子组顺序启动允许条件：①引风机 A 未运行；②空气预热器 A 或 B 已合闸且相应的入口烟气挡板已打开；③无 FSSS 自然通风请求。

在满足上述条件的情况下，当按下引风机 A 子功能组启动按钮或有来自风烟系统功能组的启动命令时，则按下列次序发出一系列指令：

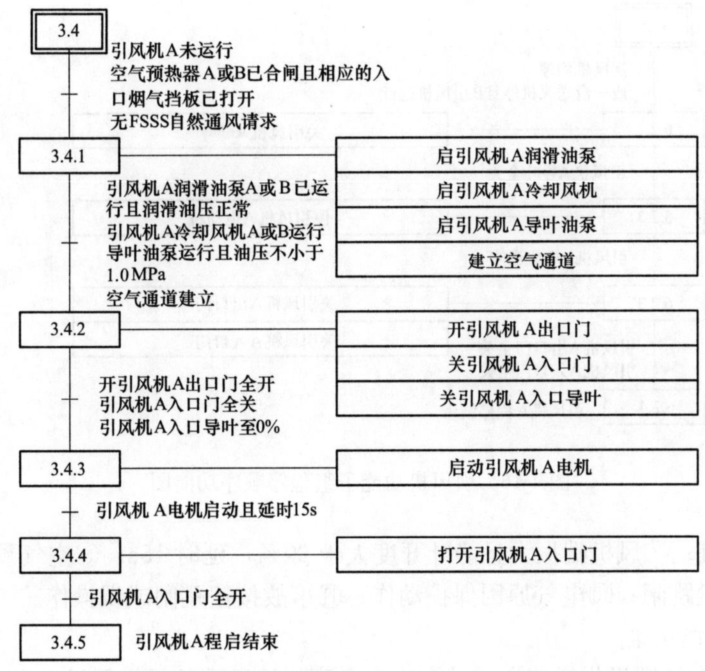

图 4-15 引风机功能子组程启顺序功能图

①指令：启引风机 A 润滑油泵；启引风机 A 冷却风机；启引风机 A 导叶油泵；建立空气通道。转后续步条件：引风机 A 润滑油泵 A 或 B 已运行且润滑油压正常；引风机 A 冷却风机 A 或 B 运行；导叶油泵运行且油压不小于 1.0MPa；空气通道建立。

②指令：开引风机 A 出口门；关引风机 A 入口门；关引风机 A 入口导叶。转后续步条件：开引风机 A 出口门全开；引风机 A 入口门全关；引风机 A 入口导叶至 0%。

③指令：启动引风机 A 电机。转后续步条件：引风机 A 电机启动且延时 15s。

④指令：打开引风机 A 入口门。转后续步条件：引风机 A 入口门全开。

⑤程启结束。

2）引风机功能子组程停过程。

引风机功能子组程停过程的顺序功能图如图 4-16 所示。

引风机 A 顺序停止允许条件：①送风机均停；②或一台送风机停且 B 引风机运行。

在满足上述条件的情况下，当按下引风机 A 子功能组停止按钮或有来自风烟系统功能组的停止命令时，则按下列次序发出一系列指令：

①指令：关引风机 A 导叶。转后续步条件：引风机 A 导叶全关。

②指令：停引风机 A 电动机。转后续步条件：引风机 A 电动机已停。

③指令：关引风机 A 出口门；关引风机 A 入口门。转后续步条件：引风机 A 出口门全关；引风机 A 入口门全关。

④程启结束。

引风机 A 保护停止条件：①引风机 A 任一轴承温度高于 100℃，延时 2s；②引风机 A 电机任一轴承温度高于 80℃，延时 2s；③引风机 A 运行时入口挡板未开，延时 15s；④引风机 A 的 X 向轴承振动过大，延时 2s；⑤引风机 A 的 Y 向轴承振动过大，延时 2s；

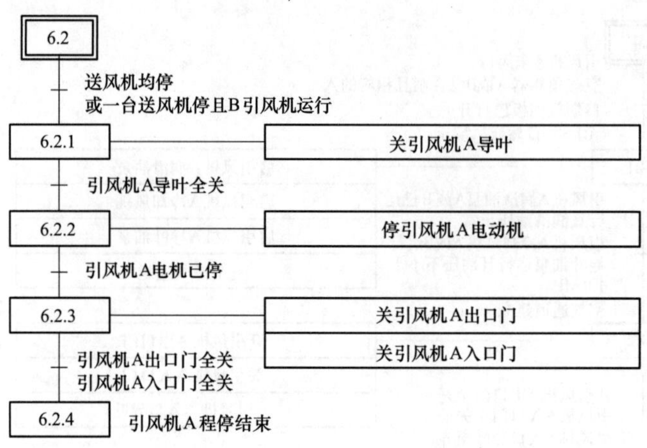

图 4-16　引风机功能子组程停顺序功能图

⑥FSSS 跳引风机；⑦风机喘振大且静叶开度大于 20%，延时 15s；⑧空气预热器 A 停止延时 15s；⑨送风机跳闸；⑩电气原因保护动作；⑪事故按钮跳闸或误操作。

5. 送风机功能子组

送风机用于向炉膛提供燃烧所需的二次风及磨煤机所需的干燥用风。大型机组较多采用动叶可调轴流式风机，分 A、B 两侧与引风机配套成为锅炉的送引风系统。送风机风量通过液压调节装置改变动叶节距实现。冷空气经送风机升压后进入空气预热器加热，成为热风后送入炉膛燃烧器，提供维持炉内燃烧所需要的空气。如某 1000MW 机组锅炉二次风配置如下：加热后的二次风经二次风总管分配到各层燃烧器风箱后被分配成三种空气流，一是通过各二次风喷嘴的二次风（中心风）；二是通过一次风喷嘴周边入炉的周界风；三是通过燃烧器顶部燃尽喷嘴的燃尽风。燃尽风可以减少炉膛内形成的 NO_x，降低 NO_x 的排放量，有利于减轻大气污染。锅炉油燃烧器是布置在二次风喷嘴内，没有独立的供风通道。

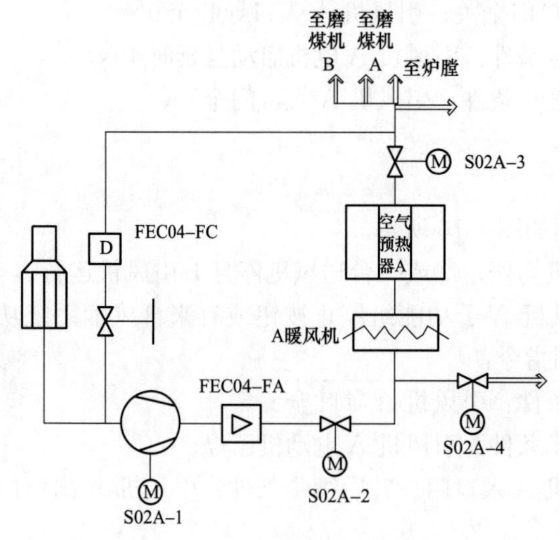

图 4-17　送风机的热风再循环系统图

S02A-1—送风机 A 入口挡板；S02A-2—送风机 A 出口挡板；
S02A-3—空气预热器二次风出口挡板；S02A-4—送风机连通挡板；
FEC04-FA—送风机 A；FEC04-FC—送风机 A 热风循环门

送风机出口设置盘管式暖风器。冷二次风经过暖风器加热后再送到空气预热器加热成热风。防止冷空气温度低于零点温度时，空气中含盐水分对空气预热器的金属造成腐蚀。暖风器的汽源来自辅助蒸汽或汽轮机四段抽汽。

一些机组在空气预热器出口二次风出口挡板后至送风机入口设置送风机热风再循环管道和热风循环门，以进一步提高风温，如图 4-17 所示。

送风机启、停时注意事项：

①A 子组送风机启、停，应考虑 B 子组送风机运行与否，以及空气预热器是在单侧运行还是在双侧运行等情况。

②在启、停程控过程中，由 SCS 优先控制送风机的动叶开度。

③在送风机 A 功能子组的顺序控制执行过程中，要闭锁送风机 B 功能子组及有关自动调节系统。

④应采取措施，避免送风机发生喘振。

（1）送风机热工系统和功能子组的被控设备。

锅炉送风机采用两台动叶可调轴流式风机，通过暖风器、空气预热器、二次风，同磨煤机热风系统和燃烧设备，向锅炉提供所需要的燃烧空气，以满足锅炉燃烧的需要。每台送风机因事故单侧跳闸时，应能实现 50%RB 功能。在送风机出口风道上，配有暖风机，以加热进入空气预热器的二次风和磨煤机热风，使空气预热器冷端烟气温度在启动时期和任何工况下，都能维持在零点以上，以保护空气预热器免遭腐蚀。

送风机功能子组的主要被控设备有：①每台送风机有 1、2 号两台液压装置和润滑油泵；②每台送风机有 1、2 号油站冷却风机，给供油系统冷却用；③送风机的驱动电机；④送风机出口挡板；⑤送风机 A 出口连通空气挡板；⑥空气预热器 A 出口二次风挡板等。

各个被控对象，除了由程序来的开、停指令外，还可来自 CRT 的单操按钮及联锁自启、停指令。

（2）送风机功能子组顺序功能图。

1）送风机功能子组的程启过程。

送风机功能子组程启过程的顺序功能图如图 4-18 所示。

图 4-18 送风机功能子组程启顺序功能图

送风机 A 顺序启动允许条件：①送风机 A 未运行；②引风机 A 或 B 已合闸且相应的出口烟气挡板已打开。

在满足上述条件的情况下，当按下送风机 A 子功能组启动按钮或有来自风烟系统功能组的启动命令时，则按下列次序发出一系列指令：

①指令：启送风机 A 油站油泵。转后续步条件：送风机 A 油泵 A 或 B 已运行且无送风机 A 调节油压低，延时 3min。

②指令：关送风机 A 入口导叶；关送风机 A 出口挡板；开送风机 A 热风循环门。转后续步条件：送风机 A 入口导叶至 0%；送风机 A 出口挡板全关；送风机 A 热风循环门全开。

③指令：启动送风机 A 电动机。转后续步条件：送风机 A 电动机启动且延时 15s。

④指令：打开送风机 A 出口挡板；释放送风机 A 热风循环门自动；将送风机 A 动叶控制投自动。转后续步条件：送风机 A 入口挡板全开；送风机 A 热风循环门已投自动；送风机 A 动叶控制已投自动且动叶节距大于 5%，延时 15s。

⑤程启结束。

2）送风机功能子组程停过程。

送风机功能子组程停过程的顺序功能图如图 4-19 所示。

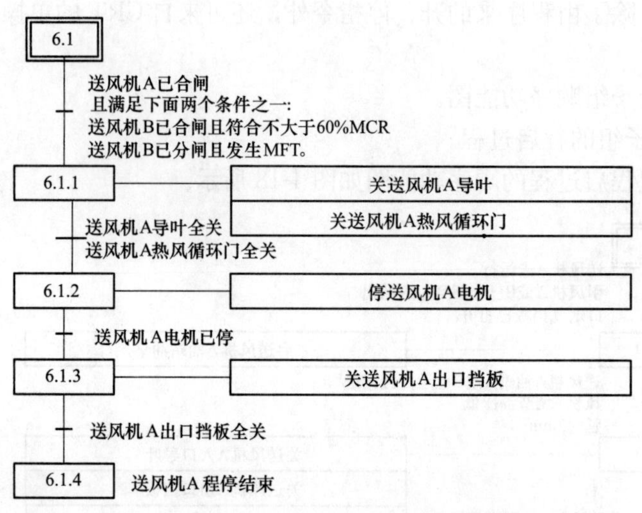

图 4-19 送风机功能子组程停顺序功能图

送风机 A 顺序停止允许条件：①送风机 A 已合闸；②满足下面两个条件之一：送风机 B 已合闸且符合不大于 60%MCR；送风机 B 已分闸且发生 MFT。

在满足上述条件的情况下，当按下送风机 A 子功能组停止按钮或有来自风烟系统功能组的停止命令时，则按下列次序发出一系列指令：

①指令：关送风机 A 导叶；关送风机 A 热风循环门。转后续步条件：送风机 A 导叶全关；送风机 A 热风循环门全关。

②指令：停送风机 A 电动机。转后续步条件：送风机 A 电动机已停。

③指令：关送风机 A 出口挡板。转后续步条件：送风机 A 出口挡板全关。

④程启结束。

送风机A保护停止条件：①送风机A轴承温度高于100℃，延时2s；②送风机A任一电机轴承温度高于95℃，延时2s；③送风机A的X向轴承振动过大，延时2s；④送风机A的Y向轴承振动过大，延时2s；⑤FSSS跳送风机；⑥风机喘振大且动叶开度大于20%，延时120s；⑦送风机A油站油压过低，延时20s；⑧两台引风机均停（脉冲）；⑨两台送风机均运行，引风机B运行时，引风机A跳闸；⑩两台空气预热器跳闸；⑪送风机失速，延时100s；⑫电气原因保护动作；⑬事故按钮跳闸或误操作。

6. 一次风机功能子组

一次风机的任务是提供制粉系统的煤粉输送和干燥所需的空气。一次风机的启/停主要取决于制粉系统。正常工况下，一台一次风机可提供三台磨煤机运行需要，当超过三台磨煤机运行，则两台一次风机必须同时投入运行。

本600MW机组的一次风系统配置的是两台离心式风机，其工作原理是：当风机运转时，风机中的气体在离心作用下从四周被甩出，同时在叶轮中心形成真空，外界气体则不断被吸入。

一次风机的风量由CCS对一次风机的静叶转角来调节。但一次风机在启/停过程中，SCS将对两个一次风机的功能子组分别进行操作。在启/停过程中为防止一次风量扰动过大，必须在停止一个功能子组时，对另一个功能子组加以闭锁。

一次风机启动注意事项：①当两台并联风机同时启动时，应该使静叶在全闭位置，在达到全速后打开各自的调节风门，再同步增加两台风机的静叶角度，直至需要的工况点稳定运行。②若仅启动一台风机，则另一台不投入运行的风机的调节风门应关闭。③若一台风机已在运行，另一台需要投入时，应将已运行风机的负荷减少，然后在静叶全闭的情况下，将风机启动。全速后逐步开启静叶角度，在两台风机的负荷达到平衡时，同步调节两台风机的静叶角度，投入正常并联运行。

一次风机停止注意事项：①除紧急停机外，正常停机时动叶开度应处于全闭位置。②主电机断电源后，即使在出口挡板全开下，因转子的惯性和挡板的漏风，风机仍需约40s才会完全停止转动。若必须使风机在短时间内停止转动，则应使静叶开度处于全开位置。③当并联运行风机中的一台退出运行时，应先将该风机的静叶关闭。再切断主电机电源。④风机完全停止转动后，将转子锁定，手动操作现场控制盘使油泵停止运行，当确认主轴承温度降至环境温度后，再手动操作现场控制盘使冷却风机停止运行。

（1）一次风机热工系统和功能子组的被控设备。

一次风机系统系两台一次风机并联运行布置，风机入口接大气，直接从大气吸入空气作为气源。为保证设计要求入口气温不低于20℃，入口还接入了从送风机经空气预热器出口来的热风，其热工系统如图4-20所示。

并联运行的两台一次风机中间有一联络母管，正常运行时，联络母管靠两个隔绝的风门隔离。一旦一台风机故障，迅速将隔绝风门打开，由另一台一次风机通过联络母管保证两侧风量、风压，维持锅炉正常运行（负荷要减少约50%）。正常情况下，一次风机风量分成两部分，一部分经空气预热器加热后形成热风，汇集到热风母管，送至双进双出磨煤机的两端，对煤粉进行干燥和输送。另一部分经一次风机出口抽出后分成三路，其中一路作为磨煤机密封风；另一路作为磨煤机调温风汇入热一次风管中；第三路作为辅助风，与磨煤机出口管道中的风粉混合，用于调节进入燃烧器的风量和温度。总风量、热风量、冷风量分别靠一

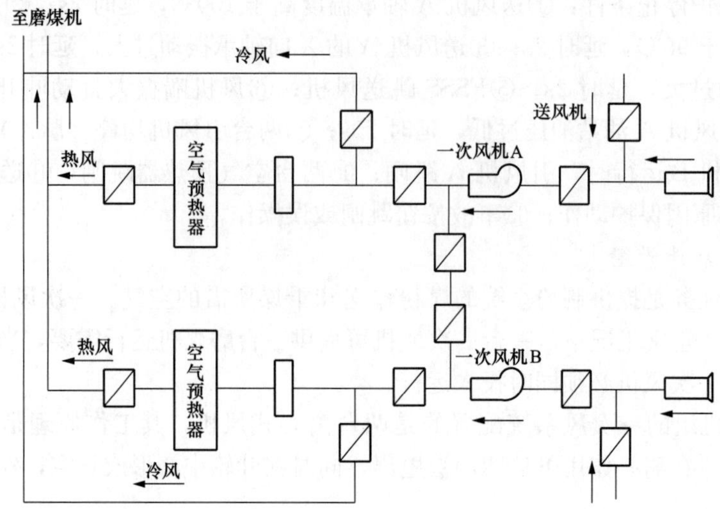

图 4-20　一次风机系统图

次风机出口挡板、热风挡板、冷风挡板来调节，热风母管和冷风母管分别通过五个支管将热、冷风送到五台磨煤机入口。磨煤机入口的风量、风压、风温依靠热、冷风支管的热、冷风门来调节。

一次风机功能子组的主要被控设备有：①一次风机电动机；②一次风机静叶节距；③一次风机出口风门；④润滑油、压力油的油泵系统；⑤热风门、冷风门、一次风机出口连通风门及热风再循环门等。

(2) 一次风机功能组顺序功能图。

1) 一次风机功能组的程启过程。

一次风机功能组程启过程的顺序功能图如图 4-21 所示。

一次风机 A 顺序启动允许条件：①一次风机 A 电源正常；②一次风机 A 未运行；③FSSS 允许启动一次风机 A。

在满足上述条件的情况下，当按下一次风机 A 子功能组启动按钮或有来自风烟系统功能组的启动命令时，则按下列次序发出一系列指令：

①指令：启动一次风机 A 润滑油系统油泵。转后续步条件：一次风机 A 润滑油系统油泵 A 或 B 已启动。

②指令：关一次风机 A 静叶节距；关一次风机 A 出口挡板；开一次风机 A 热风循环门。转后续步条件：一次风机 A 静叶节距至 0%；一次风机 A 出口挡板全关；一次风机 A 热风循环门全开。

③指令：启动一次风机 A 电动机。转后续步条件：一次风机 A 电动机启动且延时 15s。

④指令：打开一次风机 A 出口挡板；释放一次风机 A 热风循环门自动；将一次风机 A 静叶控制投自动。转后续步条件：一次风机 A 入口挡板全开；一次风机 A 热风循环门已投自动；一次风机 A 静叶控制已投自动，延时 15s。

⑤程启结束。

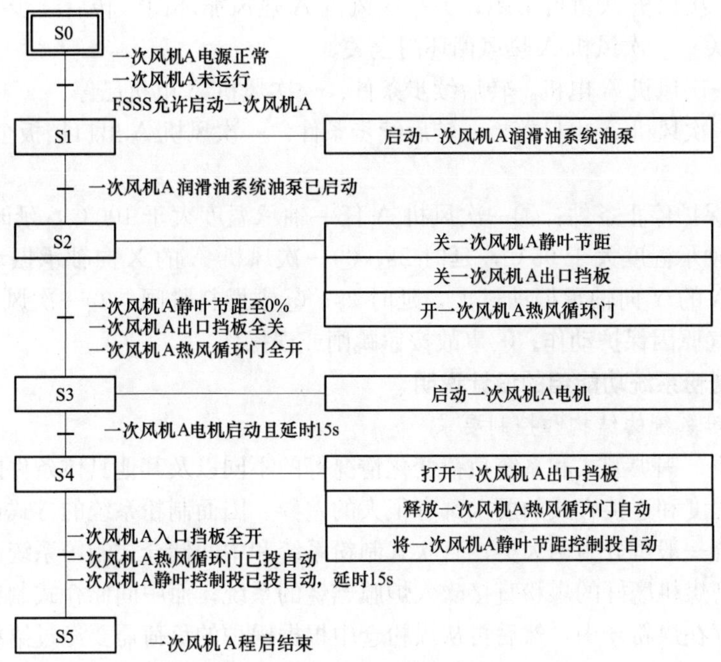

图 4-21　一次风机功能子组程启顺序功能图

2）一次风机功能组的程停过程。

一次风机功能组程停过程的顺序功能图如图 4-22 所示。

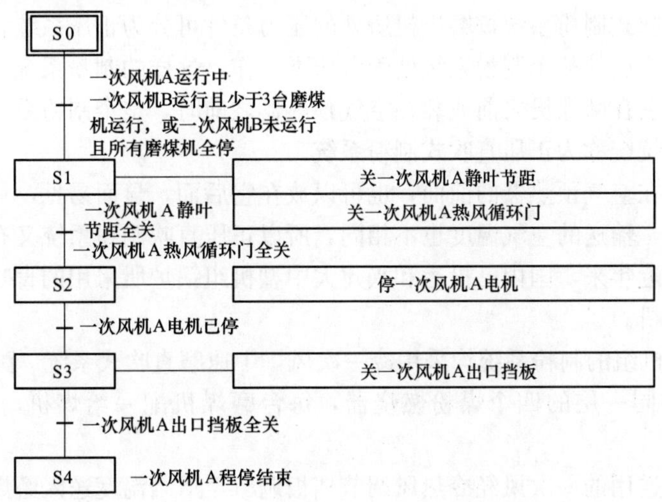

图 4-22　一次风机功能子组程停顺序功能图

一次风机 A 顺序停止允许条件：①一次风机 A 运行中；②一次风机 B 运行且少于 3 台磨煤机运行，或一次风机 B 未运行且所有磨煤机全停。

在满足上述条件的情况下，当按下一次风机 A 子功能组停止按钮或有来自风烟系统功能组的停止命令时，则按下列次序发出一系列指令：

①指令：关一次风机 A 静叶节距；关一次风机 A 热风循环门。转后续步条件：一次风机 A 静叶节距全关；一次风机 A 热风循环门全关。

②指令：停一次风机 A 电机。转后续步条件：一次风机 A 电机已停。

③指令：关一次风机 A 出口挡板。转后续步条件：一次风机 A 出口挡板全关。

④程启结束。

一次风机 A 保护停止条件：①一次风机 A 任一轴承温度大于 100℃，延时 2s；②一次风机 A 任一电机轴承温度大于 95℃，延时 2s；③一次风机 A 的 X 向轴承振动过大，延时 2s；④一次风机 A 的 Y 向轴承振动过大，延时 2s；⑤主燃料跳闸；⑥一次风机 A 喘振大，延时 120s；⑦电气原因保护动作；⑧事故按钮跳闸或误操作。

四、直吹式制粉系统功能组的设计说明

1. 直吹式制粉系统的结构和控制要求

由于燃料性质、锅炉型式和系统负荷变化情况等的不同以及其他具体条件的差别等，对制粉系统的繁简程度和连接方式的要求都有很大的差异。因而制粉系统的方式也就具有不同的类型。制粉系统一般可分为两大类：直吹式制粉系统和中间储仓式制粉系统两类。直吹式制粉系统就是经磨煤机磨好的煤粉直接吹入炉膛燃烧的系统；而中间储仓式制粉系统，是将磨好的煤粉先储存在煤粉仓中，然后再从煤粉仓中根据锅炉的负荷需要经过给粉机送入炉膛燃烧的系统。

在直吹式制粉系统中，磨煤机磨好的煤粉全部直接送入炉膛内燃烧。因此，在任何时候磨煤机的制粉量均等于锅炉的燃料消耗量，直吹式制粉系统一般都是配中速或高速磨煤机，由于中速磨煤机直吹式制粉系统具有系统简单、操作方便、控制灵敏、易实现发电厂自动化以及投资低、单位电耗低、检修周期短等特点而被广泛运用于大中型机组。

中速磨煤机直吹式制粉系统按磨煤机所处的压力条件可分为正压系统和负压系统。如果排粉机装在磨煤机之后使整个制粉系统处于负压下工作，这样的制粉系统称为负压直吹式制粉系统；若排粉机装在磨煤机之前或装在空气预热器之前时，整个制粉系统就处在正压下工作，这样的制粉系统统称为正压直吹式制粉系统。

一次风机可放在空气预热器的前面，也可以放在它后面，显而易见，一次风机相对空气预热器的位置不同，输送的空气温度也不相同，所以正压直吹制粉系统又有带热一次风机和冷一次风机之分，近年来，国内已投运和兴建大中型机组锅炉所采用的直吹式制粉系统主要采用正压冷一次风机。

电厂 600MW 机组的制粉系统均采用冷一次风，中速磨直吹式系统。配置 6 台中速磨煤机，每台磨煤机供同一层的四个煤粉燃烧器，每台磨煤机配一给煤机，其系统如图 4-23 所示。

煤粉制备和输送用的一次风经冷热风调节挡板调节至适当温度送入磨煤机磨环下部。煤从原煤仓经漏斗管进入给煤机，再经过落煤管进入磨煤机磨环中央部位，经磨煤机磨辊碾碎后，被高温一次风干燥并吹入上部分离器分离，细度合格的煤粉通过分离器出口四根煤粉管送至炉膛同一层的四个煤粉燃烧器。细度不合格的粗粉回到磨环再度碾碎。在磨煤机出口煤粉管道上均装有关断阀（磨煤机出口阀），在磨煤机停运时关闭该阀，防止炉膛高温烟气倒流入磨煤机。在原煤仓与给煤机之间下煤管及给煤机出口管均装有隔离阀（给煤机进口阀和出口阀），用于切断和隔绝煤源。磨煤机一次风入口装有隔离阀和控制阀（磨煤机一次风隔

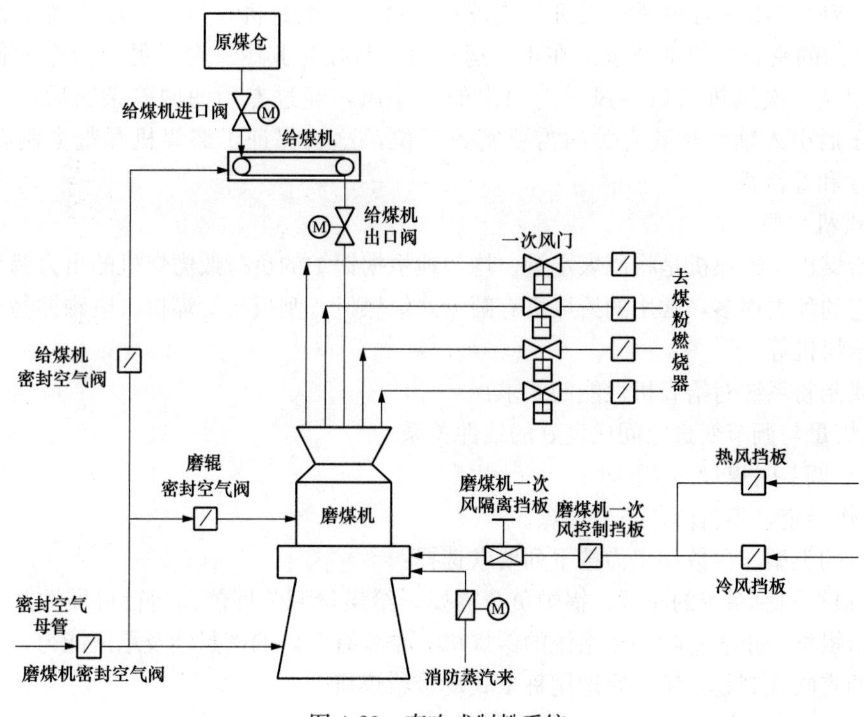

图 4-23　直吹式制粉系统

离阀和控制阀)，分别用于隔离器进入磨煤机一次风和调节一次风量。

对直吹式制粉系统的控制要求有：

(1) 设备要求。空气预热器的要求：要采用带冷一次风机的正压直吹式制粉系统，并保护其较高的运行经济水平，需要将空气预热器的空气侧分开，一部分用以接纳冷一次风，另一部分接纳送风机供给的冷空气。

一次风机的要求：一般每台锅炉配两台冷一次风机；介质温度低，容积流量小，风机容量也相对小，可采用高效风机；风机叶片不要保护，外壳不保湿；结构简单，耗钢量小；运行条件好，空气温度低，干净，磨损小。

密封机的要求：可用一次风机兼供密封空气。

(2) 密封要求。由于采用正压直吹式制粉系统，磨煤机处于正压运行，为防止系统中有关转动部分中侵入粉尘而损坏或煤粉外逸，要采用高压空气，即密封空气对有关部分进行气密封。

由于磨煤机处于正压状态运行，制粉系统会向外漏粉，热风外漏污染周围环境，而且磨煤机不严密处也会向外漏粉，还会进入转动部件的间隙间，造成润滑部润滑油脂劣化。所以正压制粉系统中磨煤设备都要加装密封设备。

密封风来源于两种气源。①磨煤机磨辊组件的轴承和设置于磨煤机一次热风道上的滑动闸板和热风控制门以及磨碗转轴的轴承。由于该部位的压力高，转动及滑动部分结构精密，因而要求压力高且清洁的密封空气。这部分密封空气由一次风机出口经过滤器并经增压风机（密封风机）增压，分别引至上述各部位。②磨煤机顶部出口阀及给煤机导轮，因该处压力低，结构精密性要求低，因此其密封风直接取自一次风机出口的冷一次风道。600WM 机组一台中速磨煤机就装备有两台增压密封机，每台增压密封机容量都可以满足 100%的密封风量的要求。在正常运行时，只投运其中一台，另一台作为备用。该系统是采用从一次风机出口冷风道上引出的一路风，经过专用滤网除杂物后，经两台增压风机增压后引入轴承及其有关的需要密封部位，这就保证了磨煤机和整个制粉系统运行的安全性和经济性。

2. 给煤机控制

（1）给煤机。给煤机是将原煤定量、均匀地根据锅炉的负荷或磨煤机的出力调节给煤量的设备。它的种类很多，常用的给煤机有圆盘式给煤机、刮板式给煤机、电磁振荡式给煤机和皮带式给煤机等。

直吹式制粉系统对给煤机性能的要求：

1）给煤量与调节变量之间成良好的线性关系；

2）往复调节时煤量的变差小；

3）工作稳定，不自流，不易堵煤。

给煤机的类型、台数和出力按下列要求选择：

1）应根据制粉系统的布置、锅炉负荷需要、给煤量调节性能、运行可靠性并结合计量要求选择给煤机。正压直吹制粉系统的给煤机必须具有良好的密封性及承压能力，对采用中速磨煤机的直吹式制粉系统，宜选用称重式皮带给煤机。

2）给煤机的台数应与磨煤机台数相匹配。

600MW 机组一般配置 6 套直吹式制粉系统，相应有 6 台给煤机。在锅炉 MCR 工况时，5 台给煤机运行，1 台给煤机备用。

（2）给煤机的控制逻辑。

1）给煤机的被控设备及其控制逻辑。

给煤机的控制为设备级控制，设备主要包括：给煤机入口煤阀门、给煤机出口煤阀门。

给煤机入口煤闸门控制条件：

允许开条件：A 煤组点火能量满足；A 磨煤机运行；A 磨热风挡板开状态。

联锁关条件：MFT 动作；A 给煤机运行状态消失延时 2s。

给煤机出口煤闸门控制条件：

允许开条件：A 煤组点火能量满足；

允许关条件：A 给煤机未运行或 MFT 动作；

联锁关条件：MFT 动作，A 给煤机运行状态消失延时 5s。

2）给煤机的启停控制。

给煤机控制逻辑如图 4-24 所示。

以下条件全部满足后，操作员可以直接启动给煤机：①A 煤组点火能量满足；②A 磨煤机运行；③A 磨煤机出口一次风门全开；④A 煤组燃烧器进口一次风门全开；⑤A 磨煤机冷风挡板、热风挡板开状态；⑥A 给煤机出口煤闸开状态；⑦A 磨分离器风粉混合物温度＞65℃且＜80℃；⑧A 给煤机跳闸条件不存在。

给煤机保护跳闸条件：①A 给煤机运行时，入煤管堵塞延时 120s；②A 给煤机运行时，出煤管堵塞延时 120s；③A 给煤机运行时，断煤延时 120s；④A 给煤机运行时，给煤机出口煤阀关闭延时 5s；⑤磨煤机紧急停条件存在。

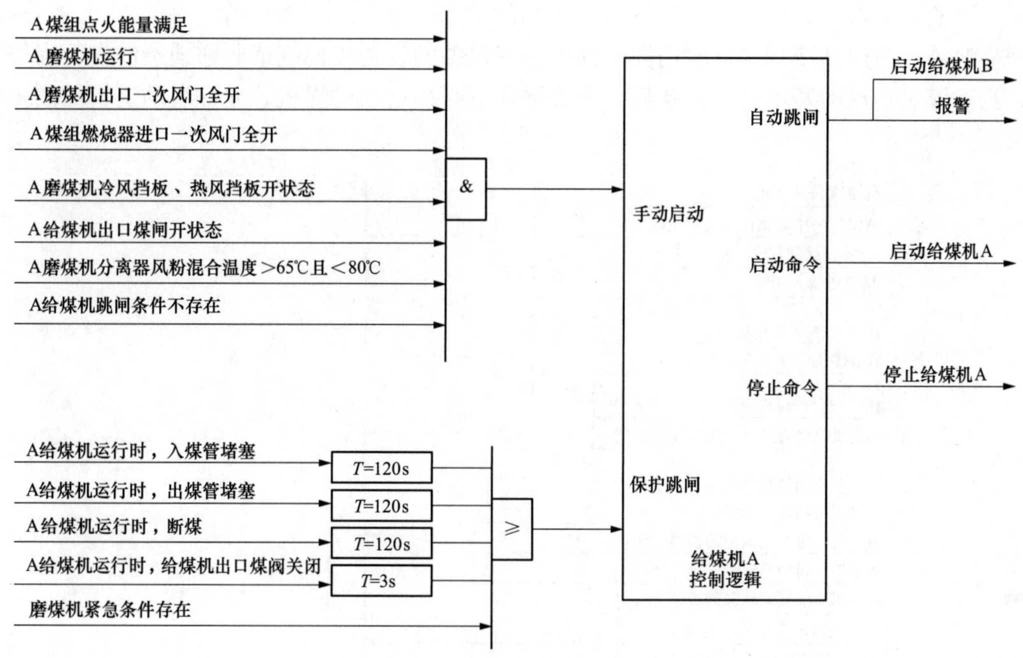

图 4-24　给煤机控制逻辑图

3. 磨煤机控制

(1) 磨煤机。煤粉的制备必不可少的就是磨煤机，磨煤机实际上就是把原煤研磨成所要求的煤粉，以便在燃烧过程中能充分燃烧。

磨煤机的类型很多，一般从煤的磨碎过程看，主要有压碎、击碎、研碎三种方式，而从转速可以分成高速、中速、低速三种。主要有以下几种：

1) 高速磨煤机，又分风扇式磨煤机和竖井式磨煤机。这种磨煤机的优点是系统简单、初投资低、电耗低、可磨水分很高的煤。缺点是叶轮磨损较快，褐煤多用于这种磨煤机。

2) 钢球滚筒磨机。其优点是安全可靠，可以适应可磨度低、水分高的煤，不怕煤中有铁块、硬石等，运行维护简单，钢球磨损时添加钢球即可。其缺点是设备金属耗量大，初投资费用高，能耗高，不宜低负荷运行，须采用带中间煤粉仓的复杂的煤粉系统。

3) 中速磨煤机。这类磨煤机的优点就是磨煤能耗低，可低负荷运行，适于直吹式运行，运行噪声低。但也有其缺点，不宜磨可磨度低的煤，而且对煤中混入的铁块、硬石比较敏感，容易受到损害，煤与干燥风接触既晚时间又短，因此不宜磨水分高的煤，机构比较精密，运行、养护技术要求水平高。

中速磨煤机的转速一般在 60～300r/min，介乎钢球滚筒磨煤机的转速和风扇式磨煤机的转速之间而得名。中速磨煤机的类型很多，我国目前采用较多的中速磨煤机有辊中速磨煤机，又称平盘磨；球—环式中速磨煤机，又称中速钢球磨或 E 型磨；辊-碗式中速磨煤机，又称中速碗式磨，共三种。本设计选用的是 MPS 型磨煤机（一种辊-盘式磨煤机），MPS 磨煤机是一种新型外加压力的中速磨煤机。

(2) 磨煤机的控制逻辑。中速磨煤机的附属设备较多，主要包括：磨热风挡板、磨冷风挡板、磨消防蒸汽门、磨出口一次风门、稀油站油泵、液压站加载油泵、液压站电加热器、磨排渣油泵、液压站冷却水进水门等。其中一些设备的设备级控制依照联锁条件进行启停控制。当磨煤机启动的基本条件具备后，允许操作员直接启动磨煤机。允许启动逻辑如图 4-25 所示。

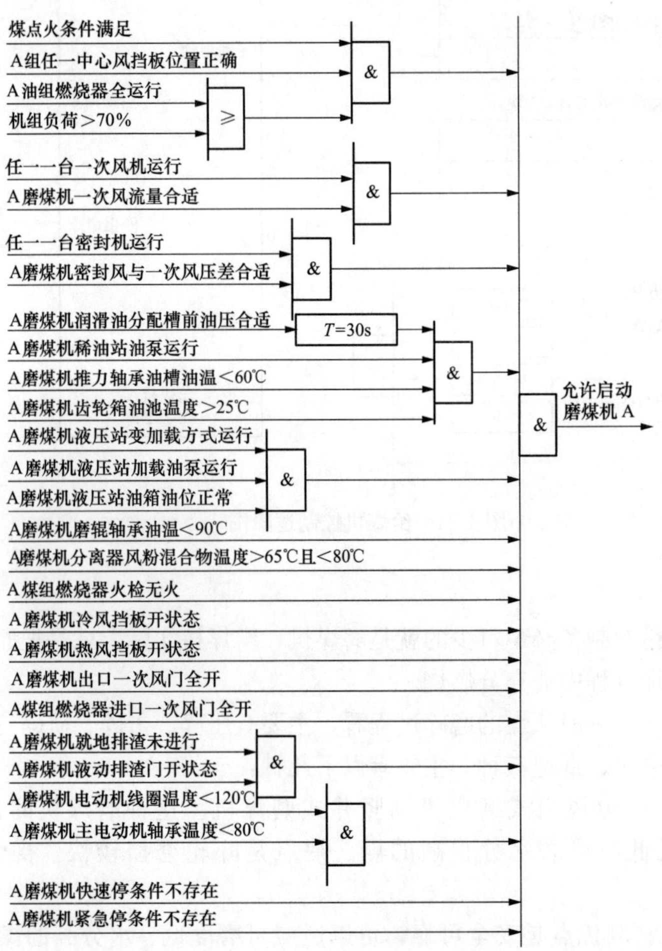

图 4-25　磨煤机 A 允许启动条件

4. 直吹式制粉系统的顺序控制

600MW 的锅炉机组配置 6 台磨煤机，与锅炉前零米层呈一排布置，投运 5 台磨煤机即可保证锅炉的最大连续蒸发量，其中一台作为备用，六台磨煤机的控制逻辑相同。以下以磨煤机 A 组为例说明直吹式制粉系统的顺序控制过程。

(1) 制粉系统的启停过程。制粉系统总的启停过程如图 4-26 所示。

制粉系统是程启和程停两个循环过程，其中程停过程根据锅炉运行工况分为正常停止、快速停止、紧急停止三种方式。

(2) 制粉系统的顺序启动过程。以下条件全部满足后，操作员可以操作磨煤机顺控启动：①煤机点火条件满足；②A 组任一中心风挡板位置正确；③A 煤组燃烧器火检无火；④任一台一次风机运行；⑤任一台密封风机运行；⑥A 磨磨辊轴承油温<90℃；⑦A 磨煤

机本体温度正常。

制粉系统程序启动共分为 13 步，其顺序功能图如图 4-27 所示。

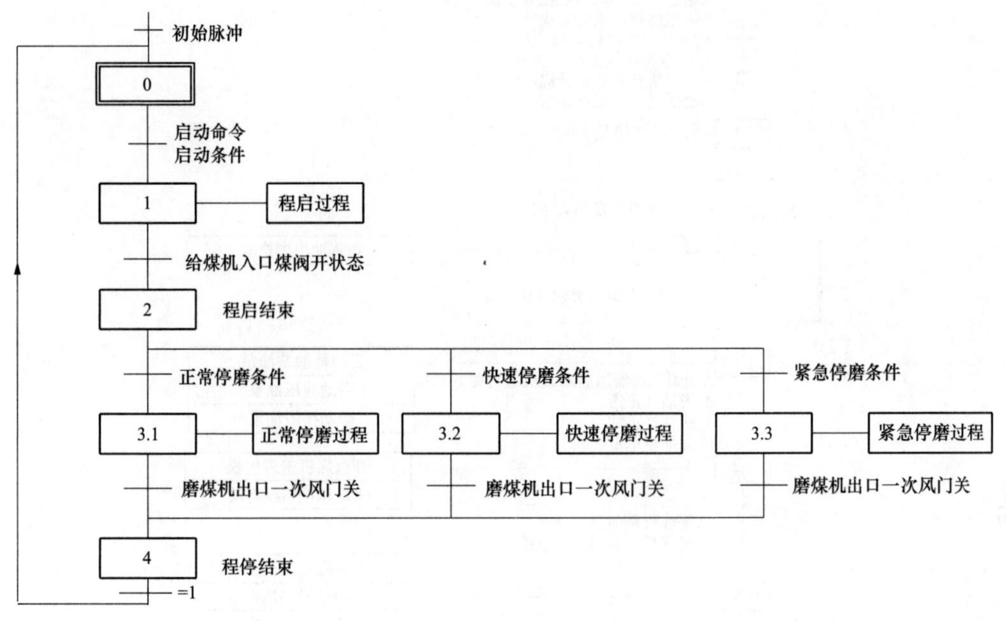

图 4-26　制粉系统启停过程总的启停过程

(3) 制粉系统的顺序停止过程。制粉系统根据实际运行工况，自动选择以下三种停止过程：①正常停止过程；②快速停止过程；③紧急停止过程。

1) 正常停止过程。制粉系统正常停止的顺序功能图如图 4-28 所示。

以下条件全部满足后，操作员可以操作制粉系统正常停止程序：①磨煤机紧急停条件不存在；②磨煤机快速停条件不存在；③磨煤机不在停止状态。

制粉系统正常停止共分为 9 步，具体步骤如下：①投油选择；②投 A 油组燃烧器；③给煤机转速减至最小、磨温控制置停机模式、风量控制置自动模式；④停给煤机；⑤关磨煤机热风挡板；⑥停磨煤机；⑦关磨煤机冷风挡板；⑧投防爆系统；⑨关磨煤机出口一次风门。

2) 快速停止过程。制粉系统快速停止的顺序功能图如图 4-29 所示。

以下任一条件满足后，将自动执行磨煤机快速停程序：①A 煤燃烧器组火焰失去，A 煤组 5 台燃烧器中如果有超过 3 台燃烧器失去火焰则认为 A 煤燃烧器组火焰失去。②A 磨煤机失去点火能量。当以下条件全部满足且延时 120s 仍满足则认为 A 磨煤机失去点火能量：A 给煤机运行状态；A 给煤机转速＜40%；A 油组燃烧器全停。③A 磨煤机一次风量低 I 值，A 磨煤机运行且 A 磨煤机一次风量低 I 值信号发生延时 3s。④A 磨煤机失去润滑油，当以下任一条件满足则认为 A 磨煤机失去润滑油：A 磨煤机推力轴承油槽油温＞85℃；A 磨煤机主电动机轴承温度＞90℃。⑤A 磨煤机分离器风粉混合物温度＞110℃。⑥A 磨煤机磨辊轴承润滑油温＞110℃。⑦A 磨煤机运行且 A 磨煤机液压站加载油泵停止，延时 10s。⑧A 磨煤机运行且 A 磨煤机液压站油箱油位低，延时 3s。⑨A 磨煤机排渣系统故障，A 磨煤机运行且 A 磨煤机液动排渣门关闭，延时 15min，发出排渣系统报警信号；延时 30min

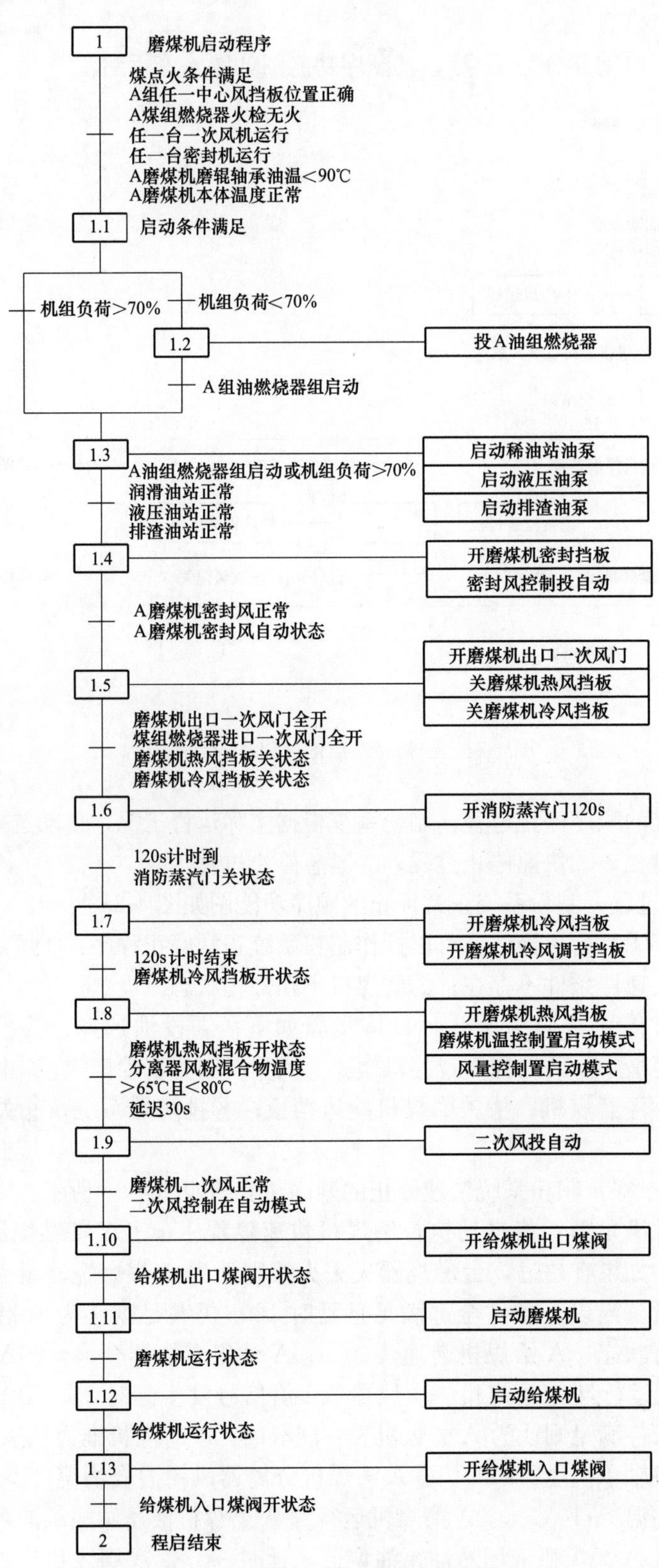

图 4-27　制粉系统启动过程顺序功能图

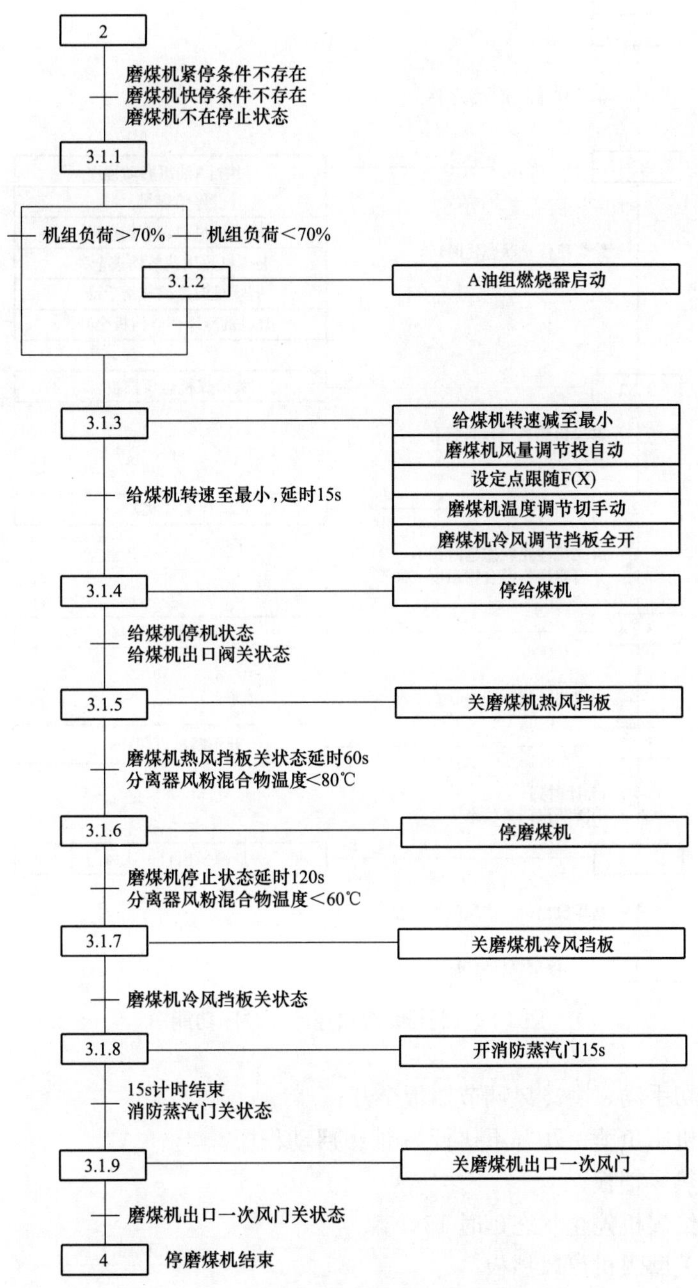

图 4-28　制粉系统正常停止顺序功能图

则认为排渣系统故障。⑩操作员手动快速停磨。

制粉系统快速停止过程共分为 6 步，具体步骤如下：

①投 A 油组燃烧器、停给煤机、风量控制置停机模式、置磨煤机热风调节挡板全关、磨煤机温控制置停机模式。

检查条件：磨煤机紧急停条件不存在且磨煤机不在停止状态；

执行动作：执行 A 油组启动程序、停给煤机、磨风量调节切手动、磨热风调节挡板全

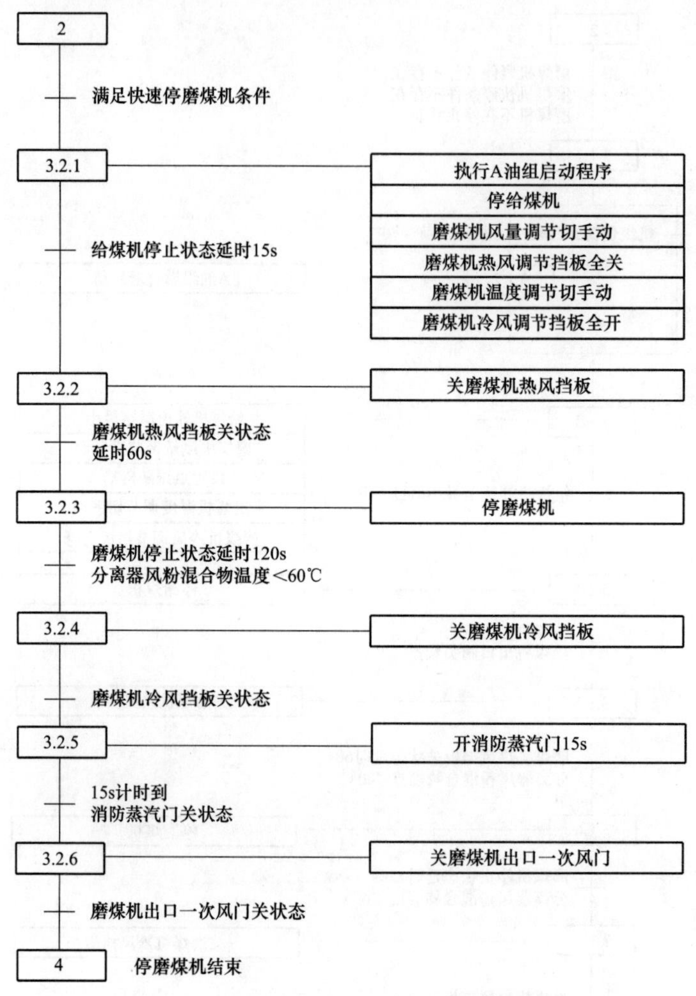

图 4-29　制粉系统快速停止顺序功能图

关、磨温度调节切手动、磨冷风调节挡板全开；

跳步条件：机组负荷＞70％不执行 A 油组启动程序。

②关磨煤机热风挡板；

检查条件：给煤机停止状态延时 15s；

执行动作：关磨煤机热风挡板。

③停磨煤机；

检查条件：磨煤机热风挡板关状态延时 60s；

执行动作：停磨煤机。

④关磨煤机冷风挡板；

检查条件：磨煤机停止状态延时 120s、分离器风粉混合物温度＜60℃；

执行动作：关磨煤机冷风挡板。

⑤投防爆系统；

检查条件：磨冷风挡板关状态；

执行动作：开消防蒸汽门，延时 15s，关消防蒸汽门；

⑥关磨出口一次风门；

检查条件：15s 计时结束、消防蒸汽门关状态；

执行动作：关磨出口一次风门。

⑦制粉系统快速停止结束。

3）紧急停止过程。制粉系统紧急停止的顺序功能图如图 4-30 所示。

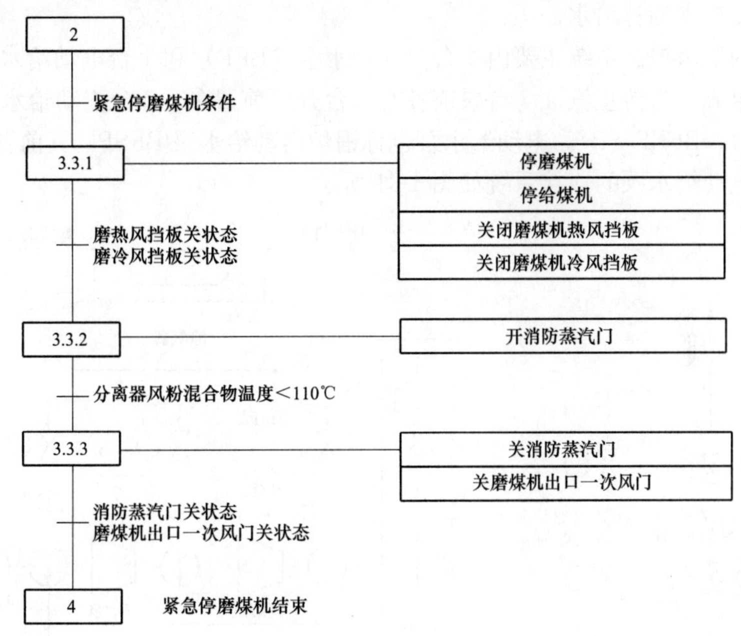

图 4-30 制粉系统紧急停止顺序功能

以下任一条件满足后，将自动执行磨煤机紧急停程序：①MFT 动作；②一次风机全停；③A 磨煤机运行且 A 磨密封风与一次风压差低延时 3s；④A 磨煤机运行且 A 磨煤机一次风量低Ⅱ值信号发生延时 3s；⑤A 磨煤机分离器风粉混合物温度>120℃；⑥A 磨煤机出口一次风门全关，A 磨煤机运行时 A 磨煤机出口所有一次风门关闭；⑦A 煤组燃烧器进口一次风门全关，A 磨煤机运行时 A 煤组所有燃烧器进口一次风门关闭；⑧A 磨煤机运行状态失去，A 给煤机运行时 A 磨煤机运行状态消失延时 3s；⑨A 磨煤机运行且 A 磨煤机稀油站油泵运行状态消失延时 3s；⑩A 磨煤机运行且 A 磨煤机润滑油分配槽前油压低延时 3s；⑪操作员手动紧急停磨煤机。

磨煤机紧急停止主要是通过各设备之间的联锁保护动作来完成的，具体过程如下：①磨煤机紧急停止信号发出，立即跳磨煤机，跳给煤机，关闭磨煤机热风挡板，关闭磨买煤机冷风挡板；②磨煤机热风挡板和冷风挡板关闭后，投防爆系统，开消防蒸汽门；③分离器风粉混合物温度<110℃后，关消防蒸汽门，关闭磨煤机出口一次风门。

注：MFT 动作后，磨煤机立即执行紧急停止程序，但在停过程中不再投防爆系统，而在 MFT 动作后立即关闭所有磨煤机出口一次风门。

磨煤机温度报警。以下任一条件满足，将发出磨煤机本体温度报警提示：①磨煤机电动机线圈温度>130℃；②磨煤机主电动机轴承温度>85℃。

五、给水系统功能组的设计说明

1. 给水系统概述

给水系统的主要任务是：将除氧器中被加热了的热水通过给水泵升压，再通过高压加热器加热，然后经过省煤器进入汽包或汽水分离装置，以保障锅炉蒸发量的需求，维持锅炉工质的平衡。给水系统为过热器和再热器提供减温水，用以调节过热汽和再热汽的温度，防止过热器和再热器超温。给水系统还为汽轮机高压旁路系统提供减温水，为锅炉炉水循环泵电动机提供高压冷却水的补给水。

大型机组的给水控制系统主要由 2 台汽动给水泵（BFP）和 1 台电动给水泵（MDBFP）及其管系设备组成。为防止汽蚀 3 台泵前各有 1 台升压前置泵。2 台汽动给水泵的前置泵分别为 BFBP（A）、BFBP（B）。电动给水泵也称锅炉启动给水泵 BFSP，其前置泵为 BFSBP。汽动给水泵和电动给水泵的连接系统如图 4-31 所示。

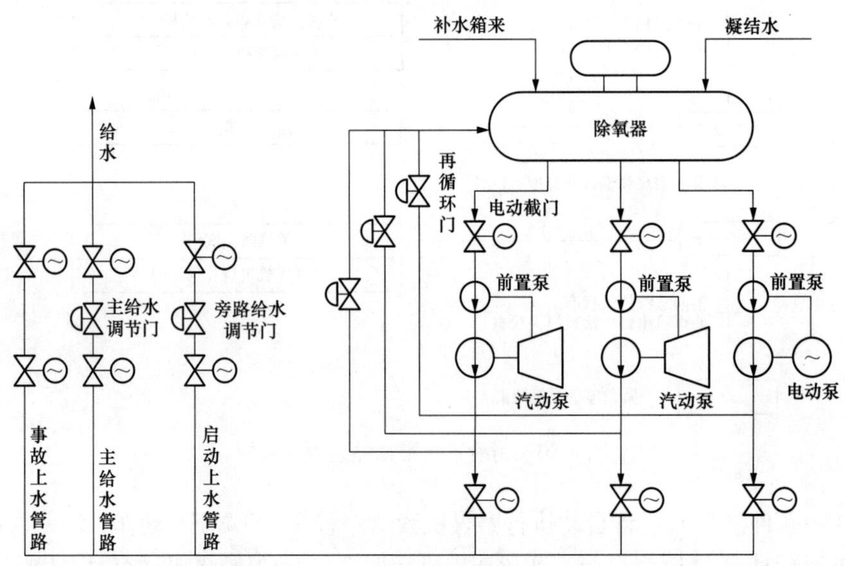

图 4-31　给水系统汽泵和电泵的连接系统

锅炉正常运行中使用汽动给水泵。在机组启动或汽动给水泵发生故障时，启用电动泵工作。每台前置泵都装有电动阀门，给水管引自除氧器的给水箱。前置泵后串有主给水泵，主给水泵出口依次装有一个止回阀，一套流量测量装置和一个电动阀门，在止回阀阀瓣前引出最小流量再循环管道，接至除氧器给水箱。

在再循环管道上装有给水再循环调节阀。最小流量再循环阀的动作信号来自给水泵出口的流量测量装置。当给水泵出口流量小于其允许的最小流量时，最小流量再循环阀打开，给水经最小流量再循环管道返回给水箱，以确保流经泵体的流量不小于其允许的最小流量，防止泵内流体汽化。

电动给水前置泵与电动给水泵由液力耦合器连接共用一台电动机驱动。电动给水泵由液力耦合器中的勺管来调节转速，从而达到调节给水泵出水流量。

电动给水泵出口阀门之后，给水管的旁路水管上还装有启动流量调节阀，用以控制锅炉启动时低流量的调节。

电动给水泵轴承、主电机轴承以及泵组的推力轴承都需要润滑油以及润滑压力油，因此，给水泵配有油泵系统，在正常运行时，由汽动泵小汽轮机的主油泵供油；在启动过程中，启动辅助油泵来供油。

给水泵在运行中，泵体内流量压力很高，为防止流体从泵体向外泄漏，给水泵都配备有密封水系统。具有压力的密封水通常从凝结水母管中引出。

给水控制系统的顺序控制功能组分为汽动泵 A、汽动泵 B 和电动泵 C 三个功能子组。

2. 电动给水泵功能子组

(1) 电动给水泵系统　锅炉启动给水泵（BFSP）为电动机驱动的变速给水泵，配备一台前置泵。主泵和前置泵由同一电动机驱动。

在锅炉冷态启动上水及低负荷期间，电动启动泵投入运行，给水管道内的压力由低负荷控制阀来维持。正常运行时，当低负荷控制阀前的压力达到最低设定压力时，低负荷控制阀打开，并由给水泵转速来调整给水流量。如果在正常运行中，两台运行的汽动泵有一台故障，则联锁启动电动泵。给水泵还有中间插头和最小流量再循环，当前置泵与主泵间的给水流量过低是为了保护给水泵，打开最小流量再循环阀，有一部分给水循环回到除氧器。

在机组启动、停止及低负荷运行工况（负荷＜30%MCR）以后，将自动地转换到三冲量调节，通过调节两台汽动给水泵的变速装置实现，故电动给水泵又称启动给水泵。SCS 系统中应能够控制电动给水泵的切除和投入、给水管路的切换。

为了避免在启动时电动机过载，要求水泵在空载条件下启动。因此，第一台水泵启动时，也就是当水泵出口母管压力等于零的情况下，应先将泵出口阀门关闭后再启动。而在第二台泵启动时，无论是泵的切换或备用泵自启动，由于水泵出口母管压力已经建立，为了缩短水泵的启动时间，以适应加速带负荷的要求，则在泵出口门开启的情况下启动。而泵出口的止回阀，在泵启动前处于关闭位置，可以保证泵的可靠工作和隔离。

电动泵输出轴转速的改变主要是通过改变泵轮工作室内的油的数量（即油的液位）实现。油位的控制是通过同时控制勺管（滞油）位置和进油阀的开度来进行的。这样就可以在保持输入轴转速一定的情况下，使输出轴作快速、宽广的无级变速。

可变速的液力耦合器有如下特点：

1）调速范围宽。靠操纵勺管增减液力耦合器内的油量，从而可以对从动机（水泵）的转速作无级变速控制。速度范围在 20%～100%。

2）离合器作用。通过操作勺管滞油，使工作油量在零状态下，启动电动机。因此电动机几乎是在无负荷的情况下启动。即使对于惯性阻力大的负荷实现平滑启动也是可能的。这样，可以减少启动电流。

3）缓冲作用。依靠流体油的缓冲作用传递动力，能吸收电动机和从动机的振动、冲击等，进行平滑的动力传递，大大延长了连接机械的寿命。

4）维护量小。液力耦合器不存在机械磨损部分。

5）传递效率高。一般说来，机械损失仅是输入功率的 1%左右。

6）变速机械简单。操纵勺管的调速机构接受电流控制信号，因此，可以进行自动控制或远方控制。

图 4-32 所示为电动给水泵的原则性热力系统图，前置泵的作用是为了提高电动泵主泵的入口水压，防止主泵产生汽蚀。

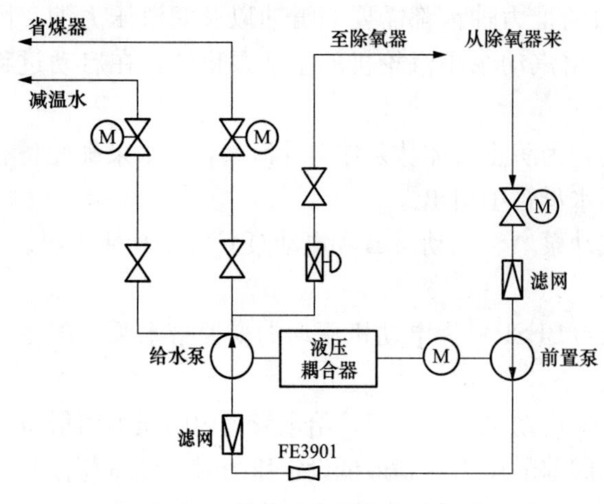

图 4-32　电动给水泵热力系统图

电动机 M 经过液压耦合器驱动给水泵。液压耦合器的工作介质是压力油。给水泵的调速器通过改变耦合器的进油和排油就可以改变泵的转速，从而改变泵的负荷。在电动机的轴上带有一台主油泵，在电动机运行时，主油泵供给液压耦合器和各个轴承的润滑用油。在泵的启动和停止过程中，为了保证轴承的润滑，给水泵还有一台用独立电动机驱动的辅助油泵。

给水泵启动时，为了使电动机在低负荷下启动，要求用调速器将给水泵的转速降到最低值。在停止给水泵时，应先使调速器将泵的转速降到最低值后再停止泵的电动机。

给水泵启动时，需要保持一定流量的给水以冷却泵体。因此，在泵的出口设有再循环管路和再循环阀门，将水排回除氧器水箱。再循环阀门根据泵出口流量直接控制。当泵的流量低于规定值时就要开启再循环门，使泵有足够的流量。一般情况下，再循环门的动作值是泵最大流量的 30%。

(2) 电动给水泵功能组的被控设备。电动给水泵功能组包括如下被控设备：

1）电动给泵主电机。

2）辅助润滑油泵。

3）电动泵最小流量再循环阀开启和自动投入。

4）前置泵入口进水阀门的开关。

5）电动泵出口截止阀。

6）电动泵液力耦合器投切自动。

(3) 电动给水泵功能组的程启过程，其顺序功能图如图 4-33 所示。

1）电动给水泵功能子组的启动条件：①电动给水泵轴承温度高跳闸未动作；②电动给水泵推力瓦温度高跳闸未动作；③电动给水泵电机轴承温度高跳闸未动作；④电动给水泵润滑油温度高跳闸未动作；⑤电动给水泵勺管温度高跳闸未动作；⑥电动给水泵密封水流量低跳闸未动作；⑦电动给水泵密封水温度低跳闸未动作；⑧电动给水泵前置泵轴承温度高跳闸未动作；⑨给水箱水位低（3 取 2）跳闸未动作。

2）电动给水泵程启过程：接到给水泵功能组的启动命令时，如启动条件具备，则可以启动电动给水泵。电动给水泵在正常运行时，由联轴器所带的油泵连续供油。而给水泵在启停过程中，联轴器所带油泵无法正常工作，所以使用辅助润滑油泵供油。在给水泵启动的第 1 步就是发命令给辅助润滑油泵功能子回路，使其运行启动程序。第 2 步启动给水泵驱动电动机。第 3 步开给水泵出水阀；将进锅炉前的给水控制阀和给水泵最小流量再循环阀投自动，由闭环控制系统控制进入锅炉的给水和进入给水泵的最小流量。如果是在启动给水泵运行、给水母管已建立压力的情况下驱动电动给水泵，则不需关闭电动泵出口阀门。第 4 步投入炉跳电动给水泵联锁开关。

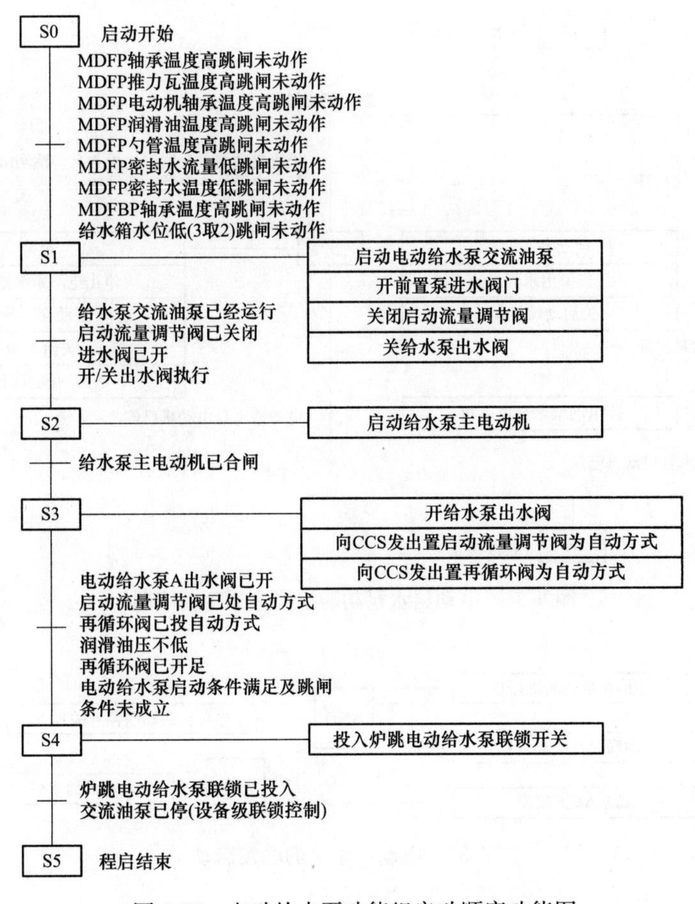

图 4-33　电动给水泵功能组启动顺序功能图

3）电动给水泵跳闸条件为：①电动给水泵进水压力低；②电动给水泵润滑油压低；③电动给水泵进阀关闭；④电动给水泵流量低；⑤电动给水泵电气故障；⑥电动给水泵轴（或轴承）振动大。

(4) 电动给水泵功能组的程停过程。电动给水泵功能组的停止顺序功能图如图 4-34 所示。分正常停止过程和紧急停止过程。

正常停给水泵前，首先启动辅助润滑油泵，保证停泵过程中的供油。关闭电动给水泵出口截止阀及启动流量阀。交流油泵运行后，停止电动给水泵电动机。过半小时后，才能停止辅助润滑油泵。

电动给水泵紧急跳闸是异常情况下的动作过程。当炉跳电动给水泵联锁已投入且炉跳闸 MFT 动作；任一电动给水泵跳闸条件成立则发出报警信号；停止电动给水泵电动机；启动交流辅助油泵；关出水阀；关启动流量调节阀。

(5) 电动给水泵的联锁启动。电动给水的联锁启动见图 4-35。

如果在正常运行中，电动给水泵电动机已停止，且有投用启动联锁开关指令时，则电动给水泵的自启动联锁开关投入。两台运行的汽动泵有一台故障时，则联锁启动电动给水泵。

3. 汽动给水泵功能子组

(1) 汽动给水泵概述。给水控制系统中的汽动给水泵 BFP 各有一台升压前置泵 BFBP。

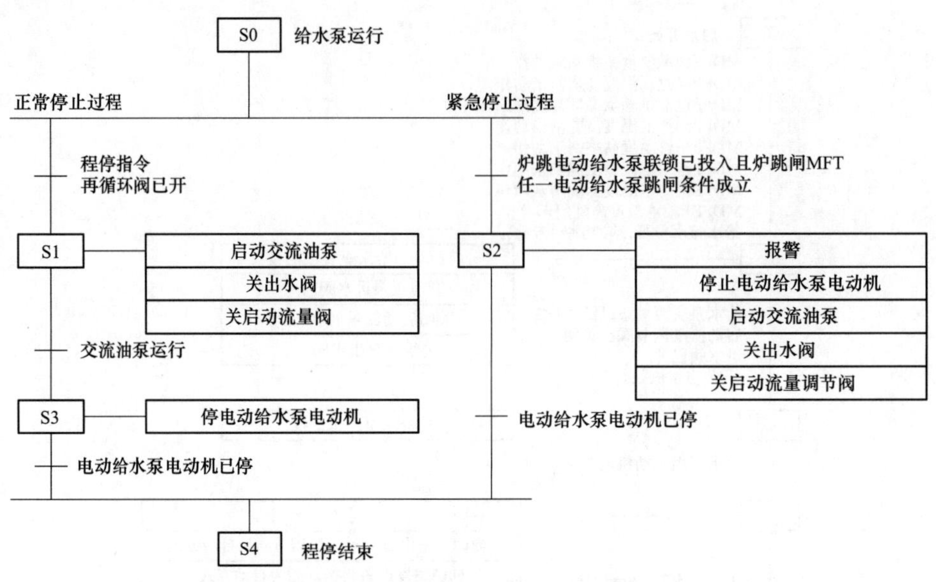

图 4-34　电动给水泵功能组停止顺序功能图

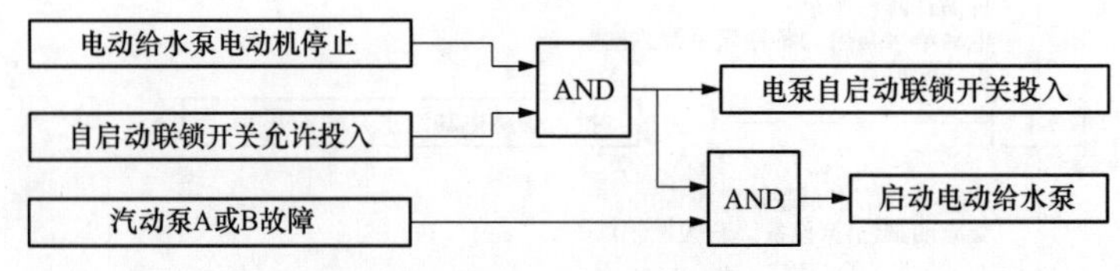

图 4-35　电动给水泵的联锁启动

在正常运行时，给水泵的轴承及泵组的推力轴承的润滑由汽动泵汽轮机的主油泵供油。在启动过程中，启动辅助油泵来供油。

汽动给水泵由给水泵汽轮机驱动，给水泵汽轮机都采用双进汽口，共有来自 3 处的汽源。

1）从主汽轮机 4 段抽汽管引来的低压抽汽，分两路送到汽动给水泵的给水泵汽轮机，是给水泵汽轮机正常运行时的汽源；

2）从主汽轮机高压缸抽汽引来的高压蒸汽，也分两路送到汽动给水泵的给水泵汽轮机，作为机组启动和低负荷时驱动汽泵和汽源。

3）从辅助汽系统来的蒸汽源，主要供给水泵汽轮机调试使用。

高压汽源和低压汽源在运行中可以切换。给水泵汽轮机设有独立的汽封系统，轴封蒸汽来自主汽轮机的轴封系统。给水泵汽轮机排汽通过排汽隔离阀（电动阀）排入主凝汽器。给水泵汽轮机和汽动给水泵以及电动前置泵的轴承润滑均有主油泵提供。事故油泵用作主油泵故障情况下的备用油泵。

（2）汽动给水泵被控设备组成。汽动给水泵共有 A、B 两台，设备组成相同。下面以汽动给水泵 A 为例说明。这些设备包括：

1）前置泵 A 电动机。

2）汽动给水泵 A 前置泵进口电动阀门。

3）汽动给水泵 A 出口电动阀门。

4）汽动给水泵 A 低压进汽关断阀门。

5）给水泵汽轮机 A 低压进汽疏水阀。

6）给水泵汽轮机 A 主油泵 1。

7）给水泵汽轮机 A 主油泵 2。

8）给水泵汽轮机 A 危急油泵。

9）给水泵汽轮机 A 油箱排烟风机。

10）给水泵汽轮机 A 润滑油箱加热器。

11）汽动给水泵 A 再循环阀。

12）给水泵汽轮机 A 盘车电动机。

（3）汽动给水泵功能子组的程启过程。汽动给水泵功能子组的启动顺序功能图如图 4-36 所示。

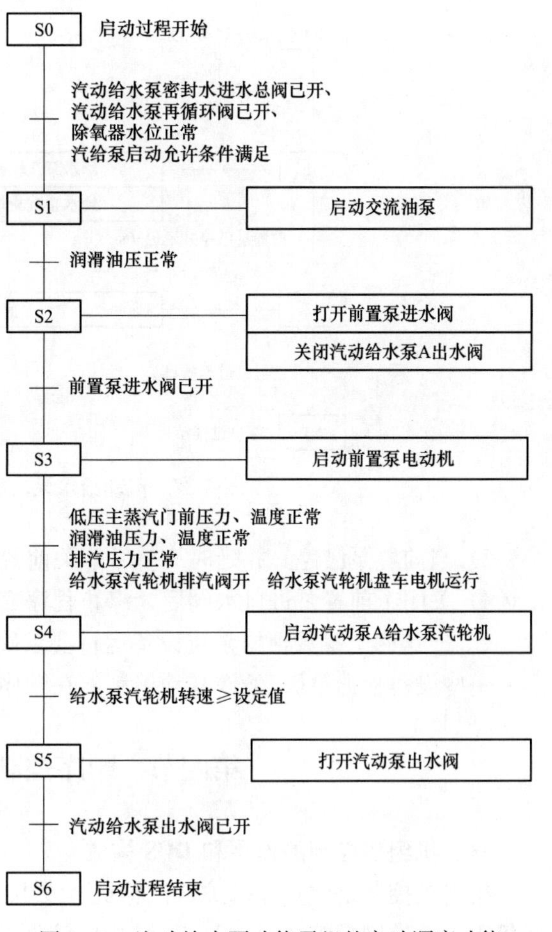

图 4-36 汽动给水泵功能子组的启动顺序功能

汽动给水泵启动必须满足下列 13 个条件：①汽动给水泵 A 密封水进水总阀已开；②汽动给水泵 A 再循环阀已开；③除氧器水位正常；④低压主汽门前汽压正常；⑤低压主汽门前温度正常；⑥润滑油压正常；⑦润滑油温正常；⑧给水泵汽轮机排汽阀已开；⑨给水泵汽轮机盘车电机已运行中；⑩给水泵壳 A 上、下温差＜25℃；⑪给水泵密封水压＞0.1MPa；⑫排汽压力正常；⑬前置泵进水阀检查正常。

在上述指令及输出许可条件都满足后，将执行下列操作顺序：

1）启动交流油泵。

2）开前置泵进水阀；关汽动给水泵 A 出水阀。

3）启动前置泵。

4）启动汽动给水泵 A 汽轮机。

5）开汽动给水泵 A 出水阀门。

（4）汽动给水泵功能子组的程停过程。汽动给水泵功能子组的停止顺序功能图如图 4-37 所示。

汽动给水泵停止条件。当下列 7 个条件之一成立时，停止汽动给水泵 A：①温度保护信号超限；②前置泵 A 进口阀关闭；③前置泵出口流量低（保持 10s），并且再循环阀未开足；④除氧器水位低Ⅱ值；⑤前置泵 A 跳闸；⑥汽动给水泵 A 进口压力低Ⅱ值；⑦汽动给水泵密封水差压低且密封水回水温度高。

汽动给水泵 A 停止操作顺序：

1）当给水泵汽轮机转速≥yr/min 时，且有上述停止指令之一产生，则停汽动给水泵 A 前置泵。

2）当给水泵汽轮机转速≤xr/min 时，关汽动给水泵 A 的出口水阀。

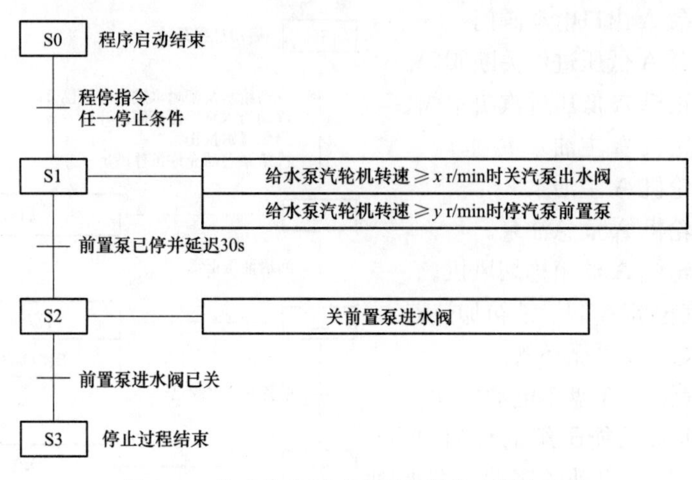

图 4-37　汽动给水泵功能子组的停止顺序功能

3）当前置泵已停，并延时 30s 后，关前置泵进口水阀。

4）关闭了前置泵进口水阀后，停止程序完成。

x、y 这两个参数根据系统设备运行要求确定。

一些设备根据单操/条件联动控制，在顺序功能图中未列入说明。

第四节　顺序控制系统机组级控制

一、机组级控制的作用和 DCS 构成

机组级控制是建立在锅炉、汽轮机、发电机及相应辅机等顺序控制系统（SCS）以及单元机组自动控制系统（MCS）、汽轮机电液调节系统（DEH）、锅炉燃烧管理系统（BMS）、锅炉给水泵汽轮机调节系统等基础之上，实现机组高度自动化的系统，也称为机组自启停顺序控制系统（APS），是机组的最高管理级。其作用是使机组在冷态（机组停运超过 72h）、温态（机组停运不足 36h）、热态（机组停运不超过 10h）或极热态（机组停运在 1h 内）方式下启动，直到机组带一定负荷（例如满负荷），以及在任何负荷下，将机组负荷降到零。需要指出由于火电机组工艺的复杂性，实现机组级控制是个非常烦琐和困难的课题，因为这不但要求自动控制逻辑完善成熟，机组运行参数及工艺准确翔实，控制设备的性能要达到要求，而且对管理运行模式要求极高。

大型单元机组中的自启停系统作为高级管理系统，要求在 DCS 中实现。图 4-38 为 DCS 中单元机组各控制系统组成示意图。整个 DCS 以两条互为冗余的开环无源通信电缆作为数据高速公路，所有的控制站都通过相应的硬件接口（GWC-门控制器）挂在总线上，各站的功能不分主从。这种总线型网络结构简单，易于扩展，性能可靠，某一站的故障不影响其他站的工作。这种 DCS 的构成如下：全厂的外围辅助系统（车间）如灰处理控制系统、水处理控制系统、电除尘系统、精除盐系统等采用 PLC 控制，通过门控制器连接到以太网，主控制系统采用 DCS 系统的软、硬件构成，包括汽轮机电液调节系统（DEH）、燃烧器管理控制系统（MBC，也称 BMS）以及机组自动控制系统（APC，也称模拟量控制系统 MCS），它们组成的各控制站可以很方便地进行通信，实现了信号资源共享。这种结构为设计机组自

启停控制系统提供了有利的条件。

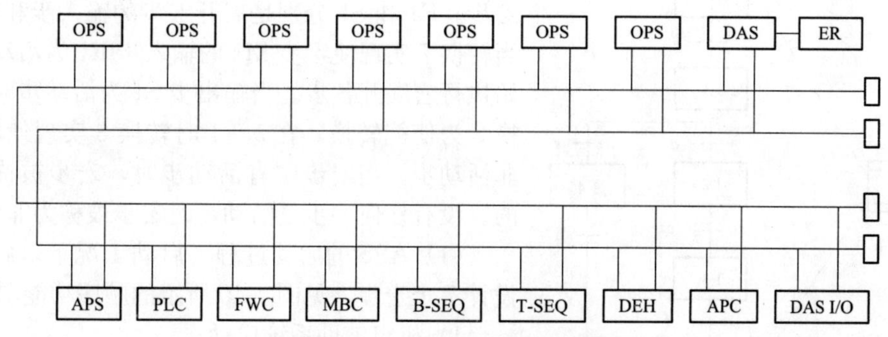

图 4-38 DCS 中控制系统示意图

OPS—操作员站；APS—机组自启停系统；PLC—外围辅助系统；DAS—数据采集系统；ER—事故记录仪；DEH—数字电液调节系统；FWC—锅炉给水泵小汽轮机控制系统；MBC—燃烧控制系统；APC—机组自动控制系统；B/T-SEQ—锅炉/汽轮机顺序控制系统；DASI/O—数据采集系统 I/O

在 DCS 中自启停系统一般作为 DCS 的一个独立结点，占有 DCS 一个单独的过程控制单元（PCU-Process Control Unit）。它同就地设备没有直接地输入输出（I/O）联系，仅与网上的其他控制站进行数据传递交换。它相当于机组启停信息控制中心，控制对象是机组的各控制系统，这些系统主要有：①机组自动控制系统（APC）；②燃烧器管理控制系统（MBC）；③数字电液调节系统（DEH）；④锅炉给水泵汽轮机调节系统（FWC）；⑤锅炉顺序控制系统（B-SEQ）；⑥汽轮机顺序控制系统（T-SEQ）；⑦其他控制系统。它按规定好的程序发出各个设备系统启动的命令，同这些设备一起协调完成机组自启停的任务。

机组自启停系统的控制动作并不都是自动完成，它还需要一定的人工干预。在系统中，人工干预的介入是采用断点程序设计方式来完成，即对机组启动和停止过程进行阶段划分，设置断点。程序执行到断点处时暂停执行，在断点处需继续执行时，需运行人员点击“断点完成”，程序执行下一阶段任务。用 APS 进行机组自启停控制，可以实现从机组启动准备到带最小稳燃负荷或满负荷，以及由减负荷至停炉的自动控制。

以某厂 2×600MW 机组为例，其 APS 设计 4 种启动方式：冷态启动、温态启动、热态启动和极热态启动，方式的判断根据 DEH 系统热应力计算结果确定，冲转参数以机侧为准。停机方式设计两种，即滑参数停机和额定参数停机。以下用顺序功能图说明 APS 的工作过程。

二、APS 的宏步结构设计

APS 系统采用断点启停设计思想，根据机组启停曲线与单元火电机组启停特点，采用断点条件设计方式，对机组启停进行阶段划分。通过按“开始”按钮，机组开始执行机组的启停工作。在断点处需运行人员点击“断点完成”进行下一阶段任务的启动。在非断点处，运行人员可以通过按“复位”按钮中断各个阶段甚至机组的启动或停止。复位或停止后重新开始时，已执行过的断点可点击“断点完成”跳过。在完成机组启动或停止任务后 APS 自动退出。

结合机组启停设计的特点，在用顺序功能图进行功能设计中，采用宏步的结构能够与断点方式相适应，很好地说明机组自启停系统的控制过程。

宏步和宏步的展开如图 4-39 所示。M1 为一个宏步。E1 和 S1 分别是展开宏步的输入步和输出步。当转换 7 实现使宏步 M1 的输入步 E1 为活动步，开始执行宏展开各步。当输出步 S1 为活动步时，则转换 8 为使能转换。在 $b=1$ 时转换 8 实现使步 S1 为非活动步。当宏步中有活动步时，宏步被称为活动的。没有任何一步是活动步时宏步被称为非活动的。

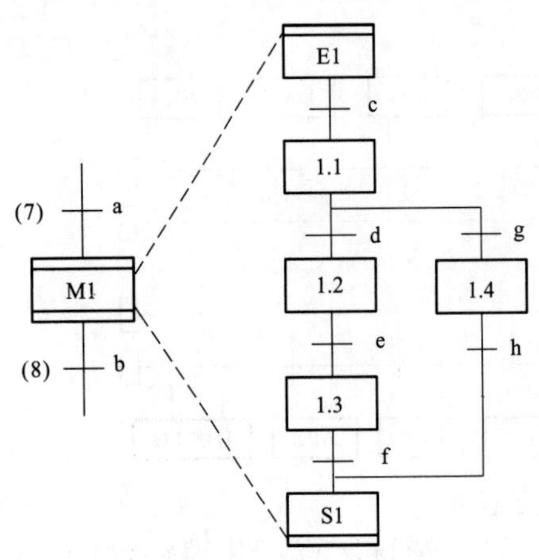

图 4-39　宏步和宏步的展开

(1) APS 的启动过程。启动工况下，启动过程设计 7 个宏步，见图 4-40 所示的顺序功能图：

1) 机组辅助系统启动；
2) 机组启动准备；
3) 锅炉点火；
4) 升温建立冲转参数；
5) 汽轮机冲转；
6) 发电机并网；
7) 升负荷。

(2) APS 的停止过程。停运工况下，停止过程设计 3 个宏步，见图 4-41 所示的顺序功能图：

1) 减负荷到 5%；
2) 机组解列；
3) 机组停运。

三、宏步中的顺序功能图

1. APS 启动过程

APS 启动过程的宏步如图 4-40 所示。

启动允许条件：①空压机组运行且空压机仪用母管压力正常；②蒸汽辅助联箱压力正常；③空侧密封油泵运行；④氢侧密封油泵运行。

APS 接到启动指令且满足启动允许条件，APS 进入机组辅助系统启动阶段。APS 停止模式断点结构的顺序功能图如图 4-41 所示。

(1) 机组辅助系统启动。机组辅助系统启动的顺序功能图如图 4-42 所示。

在机组辅助系统启动阶段，APS 发出以下功能组启动指令：

1) 启动循环水功能组；
2) 启动开/闭式循环水功能组；
3) 启动汽轮机润滑油、盘车系统；
4) 启动汽轮机 EH 油系统；
5) 启动 A 汽泵润滑油系统；
6) 启动 B 汽泵润滑油系统。

返回以下状态信号后，表明机组辅助系统启动完成：

1) 循环水功能组启动完成，循环水泵运行；
2) 开/闭式循环水功能组启动完成，开、闭式循环水泵运行；
3) 汽轮机润滑油、盘车系统启动完成，润滑油泵运行、润滑油压正常、盘车运行；
4) 汽轮机 EH 油系统启动完成，EH 油泵运行且 EH 油压正常；

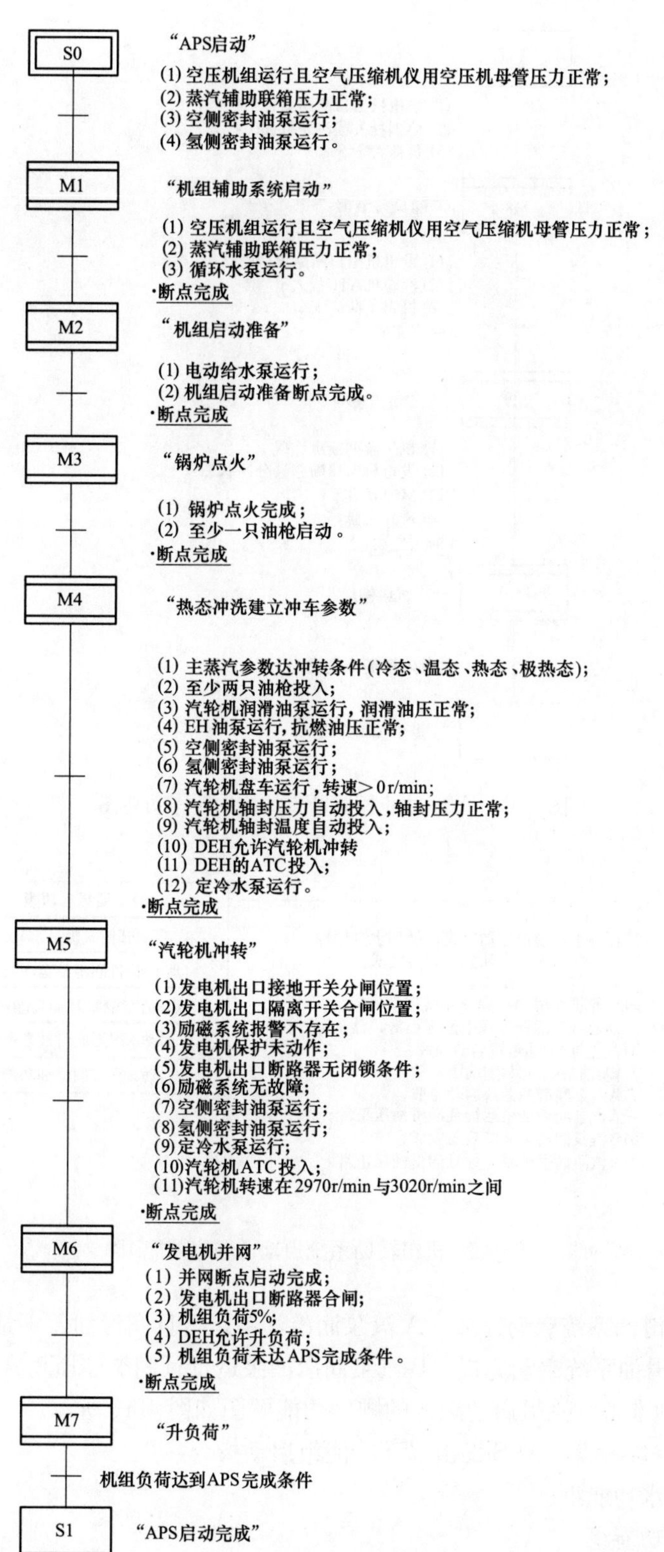

S0
"APS启动"
(1) 空压机组运行且空气压缩机仪用空压机母管压力正常;
(2) 蒸汽辅助联箱压力正常;
(3) 空侧密封油泵运行;
(4) 氢侧密封油泵运行。
M1
"机组辅助系统启动"
(1) 空压机组运行且空气压缩机仪用空气压缩机母管压力正常;
(2) 蒸汽辅助联箱压力正常;
(3) 循环水泵运行。
·断点完成
M2
"机组启动准备"
(1) 电动给水泵运行;
(2) 机组启动准备断点完成。
·断点完成
M3
"锅炉点火"
(1) 锅炉点火完成;
(2) 至少一只油枪启动。
·断点完成
M4
"热态冲洗建立冲车参数"
(1) 主蒸汽参数达冲转条件(冷态、温态、热态、极热态);
(2) 至少两只油枪投入;
(3) 汽轮机润滑油泵运行,润滑油压正常;
(4) EH油泵运行,抗燃油压正常;
(5) 空侧密封油泵运行;
(6) 氢侧密封油泵运行;
(7) 汽轮机盘车运行,转速>0 r/min;
(8) 汽轮机轴封压力自动投入,轴封压力正常;
(9) 汽轮机轴封温度自动投入;
(10) DEH允许汽轮机冲转
(11) DEH的ATC投入;
(12) 定冷水泵运行。
·断点完成
M5
"汽轮机冲转"
(1)发电机出口接地开关分闸位置;
(2)发电机出口隔离开关合闸位置;
(3)励磁系统报警不存在;
(4)发电机保护未动作;
(5)发电机出口断路器无闭锁条件;
(6)励磁系统无故障;
(7)空侧密封油泵运行;
(8)氢侧密封油泵运行;
(9)定冷水泵运行;
(10)汽轮机ATC投入;
(11)汽轮机转速在2970r/min与3020r/min之间
·断点完成
M6
"发电机并网"
(1) 并网断点启动完成;
(2) 发电机出口断路器合闸;
(3) 机组负荷5%;
(4) DEH允许升负荷;
(5) 机组负荷未达APS完成条件。
·断点完成
M7
"升负荷"
机组负荷达到APS完成条件
S1
"APS启动完成"

图 4-40 APS 启动模式断点结构的顺序功能图

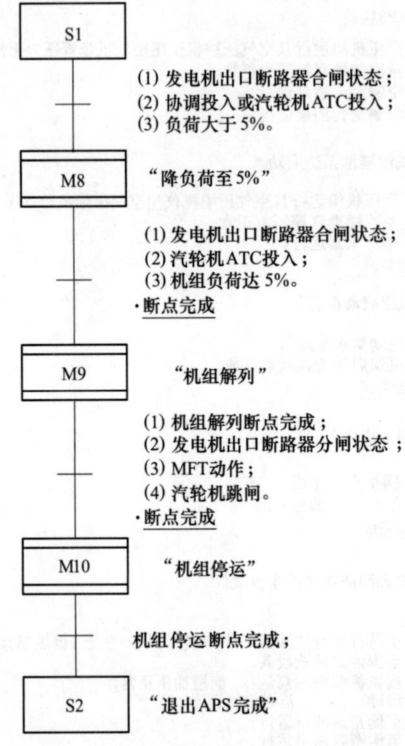

图 4-41　APS 停止模式断点结构的顺序功能图

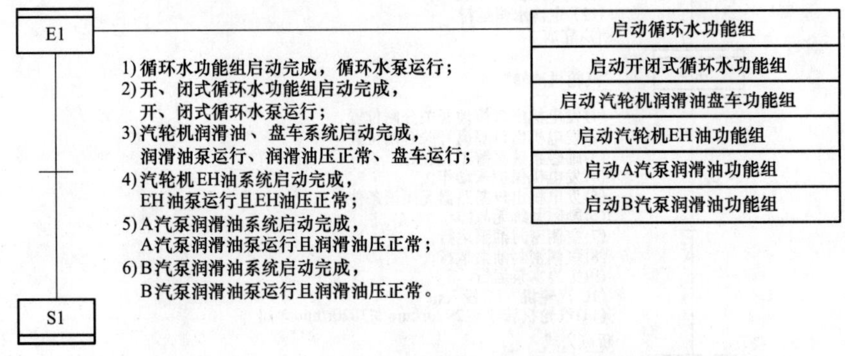

图 4-42　机组辅助系统启动的顺序功能图

5）A 汽泵润滑油系统启动完成，A 汽泵润滑油泵运行且润滑油压正常；

6）B 汽泵润滑油系统启动完成，B 汽泵润滑油泵运行且润滑油压正常。

(2) 机组启动准备。机组启动准备的顺序功能图图如图 4-43 所示。

在机组启动准备阶段，APS 发出以下功能组启动指令：

1）启动凝结水功能组；

2）启动给水功能组；

3）启动轴封系统功能组；

4）启动真空系统功能组；

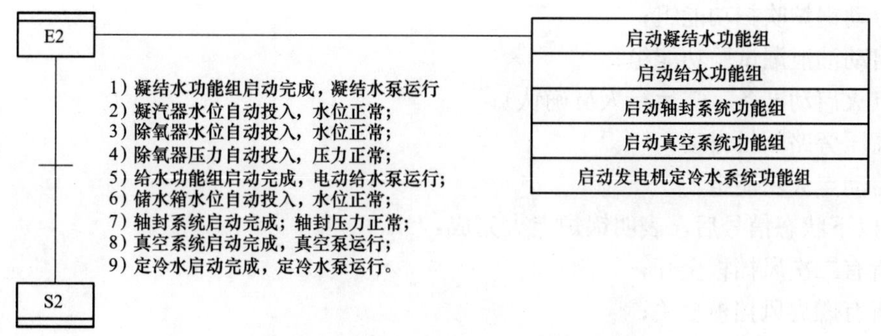

图 4-43　机组启动准备的顺序功能图

5）启动发电机定冷水系统功能组。

返回以下状态信号后，表明机组启动准备完成：

1）凝结水功能组启动完成，凝结水泵运行

2）凝汽器水位自动投入，水位正常；

3）除氧器水位自动投入，水位正常；

4）除氧器压力自动投入，压力正常；

5）给水功能组启动完成，电动给水泵运行；

6）储水箱水位自动投入，水位正常；

7）轴封系统启动完成；轴封压力正常；

8）真空系统启动完成，真空泵运行；

9）定冷水启动完成，定冷水泵运行。

(3) 锅炉点火。锅炉点火的顺序功能图如图 4-44 所示。

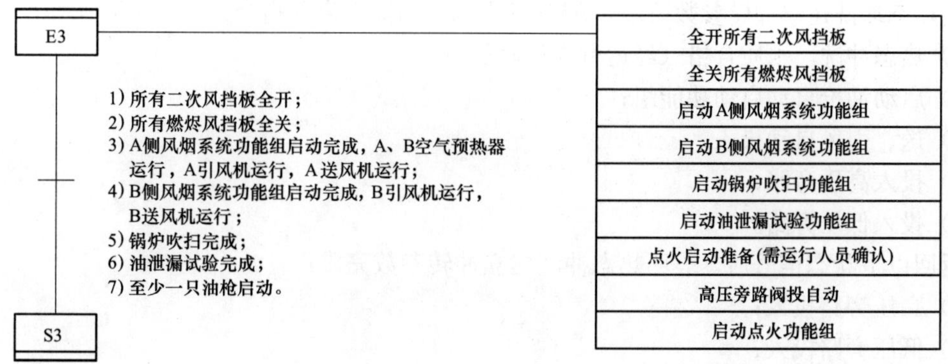

图 4-44　锅炉点火的顺序功能图

在锅炉点火阶段，APS 发出以下功能组启动指令：

1）全开所有二次风挡板；

2）全关所有燃烬风挡板；

3）启动 A 侧风烟系统功能组；

4）启动 B 侧风烟系统功能组；

5）启动锅炉吹扫功能组；

6）启动油泄漏试验功能组；

7）点火启动准备（需运行人员确认）；

8）高压旁路阀投自动；

9）启动点火功能组。

返回以下状态信号后，表明锅炉点火完成：

1）所有二次风挡板全开；

2）所有燃烬风挡板全关；

3）A 侧风烟系统功能组启动完成，A、B 空气预热器运行，A 引风机运行，A 送风机运行；

4）B 侧风烟系统功能组启动完成，B 引风机运行，B 送风机运行；

5）锅炉吹扫完成；

6）油泄漏试验完成；

7）至少一只油枪启动。

（4）热态冲洗建立冲转参数。热态冲洗建立冲转参数的顺序功能图如图 4-45 所示。

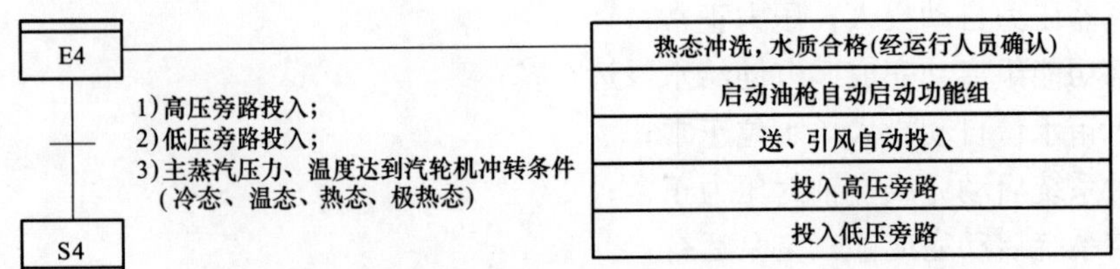

图 4-45 热态冲洗建立冲转参数的顺序功能

在热态冲洗建立冲转参数阶段，APS 发出以下功能组启动指令：

1）热态冲洗，水质合格（经运行人员确认）；

2）启动油枪自动启动功能组；

3）送、引风自动投入；

4）投入高压旁路；

5）投入低压旁路。

返回以下状态信号后，表明热态冲洗建立冲转参数完成：

1）高压旁路投入；

2）低压旁路投入；

3）主蒸汽压力、温度达到汽轮机冲转条件（冷态、温态、热态、极热态）。

（5）汽轮机冲转。汽轮机冲转的顺序功能图如图 4-46 所示。

在汽轮机冲转阶段，APS 发出以下功能组启动指令：

1）汽轮机复位；

2）ATC 汽轮机冲转；

3）启动低压加热器汽侧投入功能组；

4）启动高压加热器汽侧投入功能组。

返回以下状态信号后，表明汽轮机冲转完成：

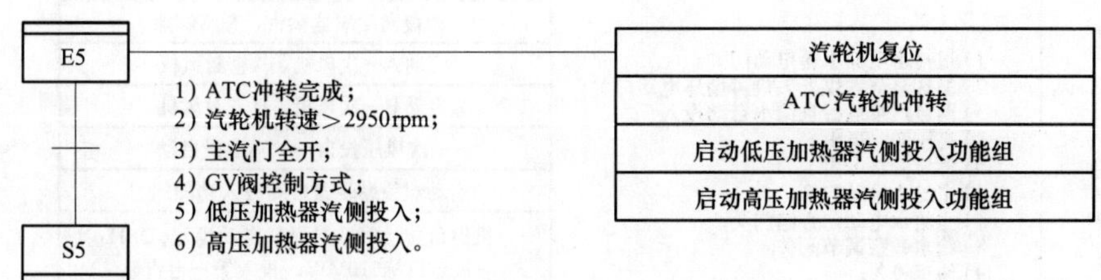

图 4-46　汽轮机冲转的顺序功能图

1）ATC 冲转完成；

2）汽轮机转速＞2950r/min；

3）主蒸汽门全开；

4）GV 阀控制方式；

5）低压加热器汽侧投入；

6）高压加热器汽侧投入。

（6）发电机并网。发电机并网的顺序功能图如图 4-47 所示。

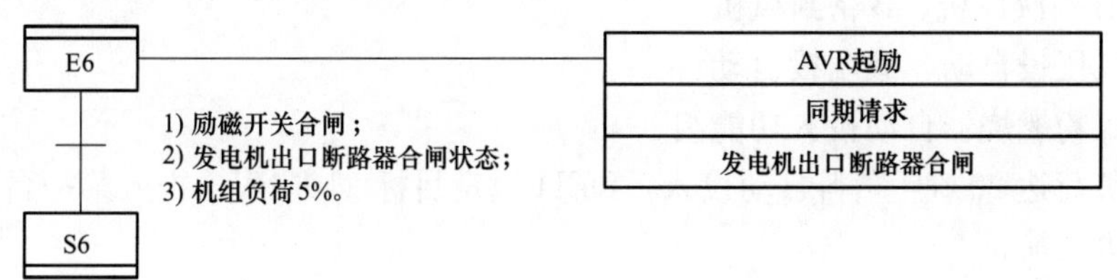

图 4-47　发电机并网的顺序功能图

在发电机并网阶段，APS 发出以下功能组启动指令：

1）AVR 起励；

2）同期请求；

3）发电机出口断路器合闸。

返回以下状态信号后，表明发电机并网完成：

1）励磁开关合闸；

2）发电机出口断路器合闸状态；

3）机组负荷 5%。

（7）升负荷。升负荷的顺序功能图如图 4-48 所示。

在升负荷阶段，APS 发出以下功能组启动指令：

1）关高压缸启动排放阀；

2）DEH 目标负荷 120MW，升负荷为 3MW/min；

3）四段向除氧器供汽、旁路解除；

4）启动 A 一次风机、A 密封风机；

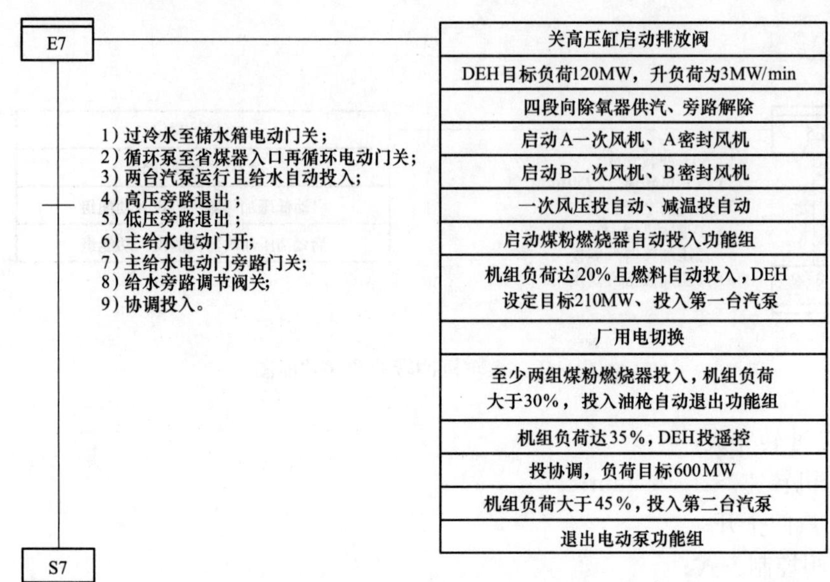

图 4-48 升负荷的顺序功能图

5）启动B一次风机、B密封风机；

6）一次风压投自动、减温投自动；

7）启动煤粉燃烧器自动投入功能组；

8）机组负荷达20%且燃料自动投入，DEH设定目标210MW、投入第一台汽泵；

9）厂用电切换；

10）至少两组煤粉燃烧器投入，机组负荷大于30%，投入油枪自动退出功能组；

11）机组负荷达35%，DEH投遥控；

12）投协调，负荷目标600MW；

13）机组负荷大于45%，投入第二台汽泵；

14）退出电动泵功能组。

返回以下状态信号后，表明升负荷完成：

1）过冷水至储水箱电动门关；

2）循环泵至省煤器入口再循环电动门关；

3）两台汽泵运行且给水自动投入；

4）高压旁路退出；

5）低压旁路退出；

6）主给水电动门开；

7）主给水电动门旁路门关；

8）给水旁路调节阀关；

9）协调投入。

2. APS停止过程

（1）降负荷到5%。降负荷到5%的顺序功能图如图4-49所示。

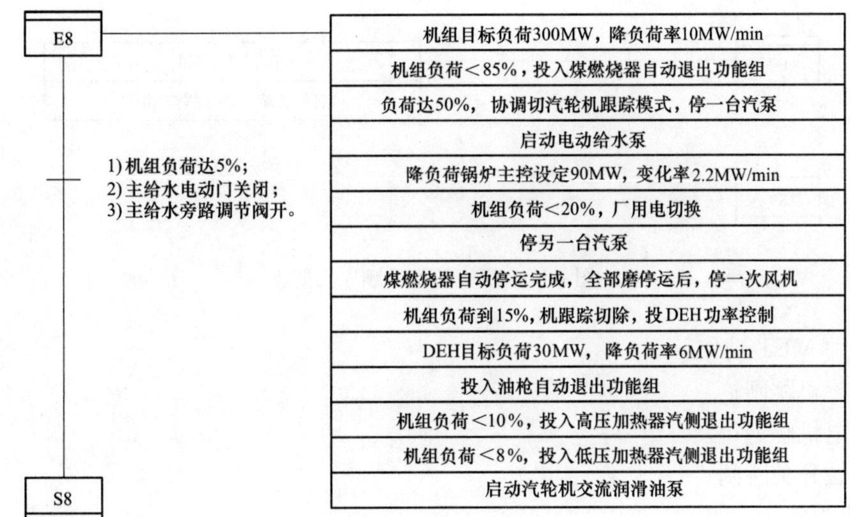

图 4-49 降负荷到 5%的顺序功能图

在降负荷到 5%阶段，APS 发出以下功能组启动指令：

1）机组目标负荷 300MW，降负荷率 10MW/min；

2）机组负荷<85%，投入煤燃烧器自动退出功能组；

3）负荷达 50%，协调切汽轮机跟踪模式，停一台汽泵；

4）启动电动给水泵；

5）降负荷锅炉主控设定 90MW，变化率 2.2MW/min；

6）机组负荷<20%，厂用电切换；

7）停另一台汽泵；

8）煤燃烧器自动停运完成，全部磨停运后，停一次风机；

9）机组负荷到 15%，机跟踪切除，投 DEH 功率控制；

10）DEH 目标负荷 30MW，降负荷率 6MW/min；

11）投入油枪自动退出功能组；

12）机组负荷<10%，投入高压加热器汽侧退出功能组；

13）机组负荷<8%，投入低压加热器汽侧退出功能组；

14）启动汽轮机交流润滑油泵。

返回以下状态信号后，表明降负荷到 5%完成：

1）机组负荷达 5%；

2）主给水电动门关闭；

3）主给水旁路调节阀开。

（2）机组解列。机组解列的顺序功能图如图 4-50 所示。

在机组解列阶段，APS 发出以下功能组启动指令：

1）ATC 减负荷到 0；

2）机组负荷<2%，锅炉 MFT。

返回以下状态信号后，表明机组解列完成：

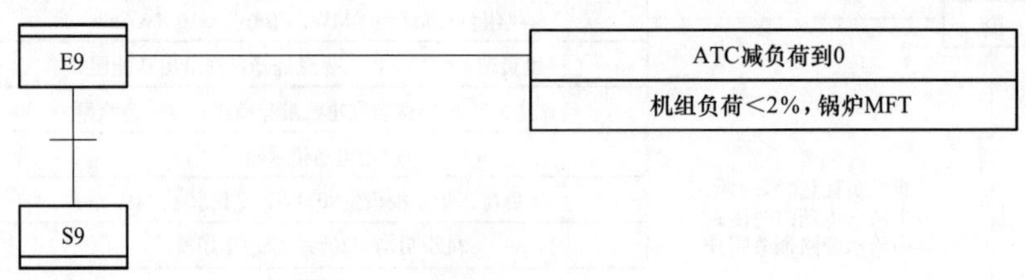

图 4-50　机组解列的顺序功能图

1）锅炉 MFT 动作；
2）汽轮机跳闸；
3）发电机解列；
4）励磁开关跳闸；
（3）机组停运。
机组停运的顺序功能图如图 4-51 所示。

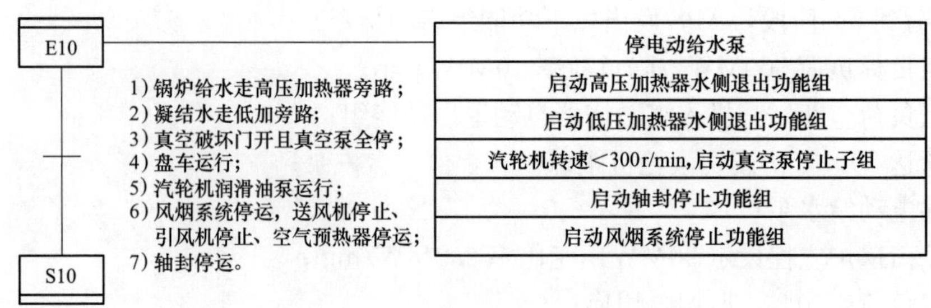

图 4-51　机组停运的顺序功能图

在机组停运阶段，APS 发出以下功能组启动指令：
1）停电动给水泵；
2）启动高压加热器水侧退出功能组；
3）启动低压加热器水侧退出功能组；
4）汽轮机转速＜300r/min，启动真空泵停止子组；
5）启动轴封停止功能组；
6）启动风烟系统停止功能组。
返回以下状态信号后，表明机组停运完成：
1）锅炉给水走高压加热器旁路；
2）凝结水走低压加热器旁路；
3）真空破坏门开且真空泵全停；
4）盘车运行；
5）汽轮机润滑油泵运行；
6）风烟系统停运，送风机停止，引风机停止，空气预热器停运；
7）轴封停运。

4-1 大型火电厂机组顺序控制系统采用何种控制原则？各部分的控制任务是什么？

4-2 以下是一个送风机A功能组停止的顺序功能图。试说明此送风机停止的过程。

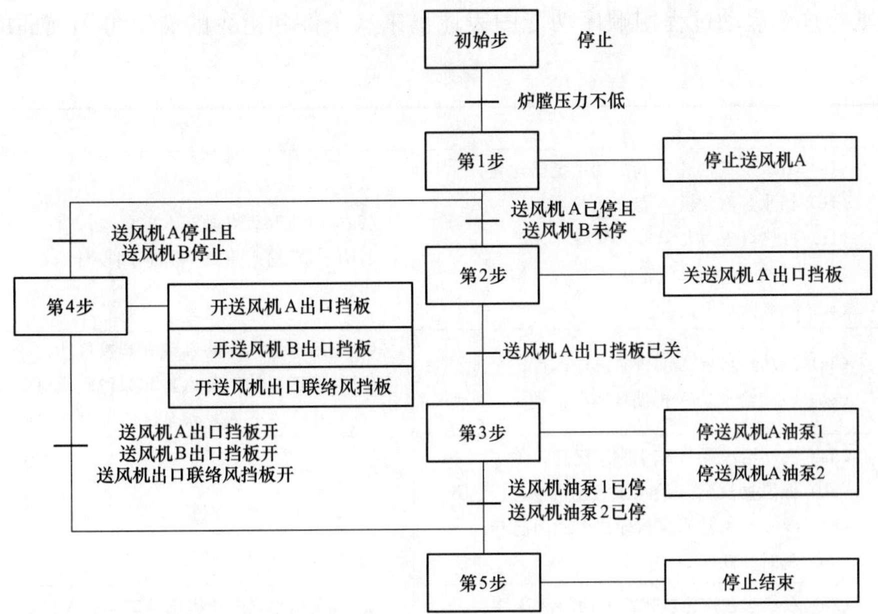

4-3 以下是送风机A功能组启动过程的文字描述。试将这个启动过程用顺序功能图表述。

(1) 送风机启动条件（相与）。

空气预热器出口二次风挡板开或者（空气预热器B出口二次风挡板开与送风机出口连通空气挡板开）。

引风机A和B都运行一分钟或者［(引风机A运行一分钟或引风机B运行一分钟后）与送风机A未运行，与送风机B未运行］。

送风机A液压装置油压正常。

送风机A电机油压正常。

送风机A动叶已关。

送风机A出口挡板已关。

(2) 送风机启动步序。

1) 启动润滑油泵系统，启动液压系统（动叶油泵及油冷风机）并保持。

2) 关闭送风机A的动叶至零并保持。

3) 关闭送风机A的出口挡板并保持。

4) 开启送风机A、B的出口连通挡板并保持。

5) 启动送风机A主电机并保持，开定时器。

6) 延时10s后，开启送风机A出口挡板并保持，开启定时器。

7）延时30s后，若送风机A出口挡板未开，停止启动送风机并保持；若送风机A出口挡板已开，调整送风机A的动叶在相应位置。

8）送风机启动完成。

4-4 说明炉侧顺控中风烟系统功能组的组成和功能组的启停顺序。

4-5 下表是汽动给水泵A（给水泵汽轮机）功能组启动步序过程。试运用顺序功能图的转换规则将这个启动过程用顺序功能图表述出来（条件和指令的文字可用前面的标号表示）。

步序	条　件	指　令
步一	(1a) 给水泵汽轮机A润滑油系统已建立； (1b) 给水泵汽轮机A盘车已投入； (1c) 再热汽压力大于3.5MPa； (1d) 四抽至给水泵汽轮机压力0.25MPa； (1e) 除氧器水位正常	(2a) 启动汽动给水泵A前置泵； (2b) 汽动给水泵A再循环阀投自动
步二	(3a) 汽动给水泵A前置泵已经运行； (3b) 汽动给水泵A再循环阀在自动	(4a) 给水泵汽轮机A疏水阀投自动； (4b) 开四段抽汽至A给水泵汽轮机电动门； (4c) 开冷段至A给水泵汽轮机电动门
步三	(5a) 汽动给水泵A疏水阀组已开； (5b) 四段抽汽至A给水泵汽轮机电动门已开； (5c) 冷段至A给水泵汽轮机电动门已开； (5d) 延时300s	(6a) 开A给水泵汽轮机排汽电动门
步四	(7a) A给水泵汽轮机排汽电动门已开	(8a) A给水泵汽轮机启动请求到MEH
步五	(9a) 汽动给水泵A出口给水压力小于母管压力1MPa	(10a) 开汽动给水泵A出口电动门
步六	(11a) 汽动给水泵A出口电动门已开	(12a) 程启完成

第五章 火电机组热工保护系统

第一节 保护系统的特点与可靠性

一、保护的作用和热工保护的内容

保护是指在生产过程中出现异常情况和危险工况时，能根据故障的情况和性质，自动地采取预先设置的措施，以消除异常和防止事故扩大，这样的任务由专门设计的保护控制系统完成。为避免事故发生，保证某一参数不越限是保护控制系统的作业命令。

热工保护特指在热力机组中为保证锅炉、汽轮机等设备的安全运行而设计的保护系统和一系列保护项目。热工保护系统具有一般保护系统的特点，但在保护系统的设计、投运和维护中有比一般保护系统更为严格的规范和更高的技术要求。

热工保护项目的确定应根据工艺系统和有关设备的特点、安全运行要求以及有关自动化设备的配置情况和技术性能等确定。凡属威胁锅炉和汽轮机安全运行或人身安全的越限参数及异常情况，都需设置热工保护。对单元制机组的热工保护设计，应将锅炉、汽轮机、发电机以及除氧器、给水泵等设备视为一有机整体来考虑。设置的热工保护有以下四方面的内容：

（1）锅炉热工保护。

（2）汽轮机热工保护。

（3）辅机联锁保护。

（4）单元机组的热工保护。

二、保护技术和热工保护的特点

保护常用的控制手段是称之为联锁的控制技术。所谓联锁是指机器许可、禁止等的约束条件。它是利用被控对象之间存在的简单逻辑关系，使这些对象的动作关系相互牵连，形成联锁反应，从而实现自动保护的一种控制方式。联锁控制分闭锁控制和联动控制两种方式。甲动作是乙动作的必要条件（与关系），则这种关系为闭锁关系。甲动作是乙动作的充分条件（或关系），则这种关系为联动关系。例如：引风机未运行时，则送风机、排粉机、给煤机、磨煤机等相继不允许启动。这种控制关系称闭锁控制。汽轮机润滑油压低时，自动启动交流油泵，油压继续降低时，启动直流油泵停止交流油泵的运行等。这种控制关系称联动控制。

联锁的主要目的是确保安全，防止机器损伤和事故扩大。因此在实际应用时，必须充分考虑如何能防止和应付误操作、误动作所产生的危险、机器损伤、停电、断线或 PC 故障。联锁技术主要应用在如下方面：

（1）启动联锁。启动联锁要求的条件必须在启动时满足。通常利用运行状态的信号来启动联锁回路。

（2）运行联锁。运行联锁条件不仅在启动时，而且在运行时也必须满足。如果运行中条件得不到满足就必须进入停止状态。如润滑油泵正在运转中，电源电压处于正常，无故障发生等。

(3) 计时联锁。计时联锁是指设定时间的时间间隔。确定这种联锁的制约条件往往比较困难，所以计时联锁一般指把计时的模拟信号作为联锁来使用。比如，电动机从正转切到反转所需的时间间隔。为了防止电磁接触器接点短路，可以模拟灭弧时间。为了防止在旋转的感应电动机上突然施加反方向的电磁力，计时联锁可以模拟电动机进入停止状态所需要的时间。同样地，计时联锁还指顺序启动时动作的时间间隔。

(4) 相互排除联锁。它是为了使给定的若干台机器上特定的状态不要同时发生。比如，正转和反转电磁接触器不可同时导通，常用和备用电动机不可同时运转等。

(5) 顺序联锁。它是指给定机器之间相关的许可或禁止条件。比如，机器的顺序启动、顺序停止，断路器切换操作之后，才可以进行的一切操作等。

在传送带控制系统中，几条传送带的同时启动和停止，就有启动电流叠加引起的电源容量问题和电源电压波动问题。因此，通常是从下游侧传送带到上游侧传送带顺序启动，停止是从上游侧传送带到下游侧传送带上的材料搬运完了以后顺序停止。为了节省能源，一旦观测到上游侧传送带把材料传送到下游侧传送带，就立刻顺序停止。

(6) 工程联锁。工程联锁给出系统状态转移的许可和禁止条件。比如前步的状态成立，后步的准备完毕等。

专门设置的热工保护系统有以下三个方面的特征：①具有合理的预先设置的动作；②保护系统的动作具有最高的操作优先级；③保护系统要求具有极高的可靠性。

具体来说热工保护系统具有如下特点：

(1) 保护系统有确定合理的动作。为了设计出合理的保护系统，必须结合具体机组，深入分析主辅设备的结构、技术特征以及机组的运行方式，并根据动作实现的可能性确定保护系统的动作。

(2) 保护系统检测元件的可靠性应极高。为了达到这一点，保护系统一般应选用转换环节少、结构简单而工作可靠的开关量变送器，如各种行程开关、压力开关、温度开关、流量开关等。

(3) 保护系统的检测信号应采用专门独立的传感器，不得与其他自动化系统公用。对重要的保护项目，其输入信号可采用多重化处理，如“串、并联”“三取二”等优选回路。

(4) 保护系统一般是长信号，能满足并保持到被控对象完成规定的动作要求。

(5) 保护系统的操作指令应为最优先的操作指令。即当保护系统发出的操作指令与该系统本身的自动操作指令或人工操作指令发生矛盾时，必须立即终止其他操作指令而按照保护系统的指令操作，保护系统的指令一般不受操作人员的控制。

(6) 任何时候保护系统都能独立地进行控制，而不受其他自动化系统投入与否的影响。

(7) 为保证保护装置有最高的可靠性，在装置控制电路中要大量使用隔离、滤波、屏蔽等抗干扰技术、冗余技术等提高可靠性的措施。保护装置的电源大多采用直流蓄电池作为主电源，而把交流不中断电源作为后备电源。

(8) 保护装置应有完善的试验手段。试验范围包括从信号检测直至执行指令的执行结果。试验功能应能保证在机组运行过程中在线进行，而又不影响机组的安全运行。

(9) 保护装置应设置检修切换开关。在自动保护系统本身（如检测元件、控制装置或执行机构等）出现故障时，保护系统能从“投入”位置切换到“解列”位置，以便进行检修。

(10) 保护系统动作是单方向的。保护系统动作后，设备若要求重新投入，必须在查出事故原因并排出故障后由检修人员经批准人工复位。

(11) 当机组出现异常时，要求保护系统能迅速正确动作，必须消除在异常情况下可能出现的拒动作和误动作，从拒动和误动的后果考虑拒动比误动所造成的损失要严重。保护系统在设计时必须最大限度地消除可能出现的误动作和完全消除可能出现的拒动作。

(12) 对保护系统的动作和保护的信号回路进行必要的监视，为故障原因分析提供准确依据。也便于尽快排除故障，缩短停机时间。经常对记录资料进行分析，还可以发现设备潜在的隐患和操作上存在的问题，超前预防系统故障的发生。大型机组数据采集系统（DAS）一般都具有事故顺序记录仪 SOE 的功能，而对于没有 DAS 系统的机组，要求安装事故顺序记录仪。

国外大型核电机组流行一种“30min 无人干预”原则，即事故发生后一段时间内对控制台实行封锁，不允许人工干预，一方面可以避免人为误操作扩大事故，另一方面也体现了对机组保护系统的信赖。这一原则在常规电厂也开始得到承认，我国 300MW 及以上机组已具备了向“30min 无人干预”过渡的条件。

投运的保护要满足下列要求：

(1) 热工保护系统的设计应有防止误动和拒动的措施，保护系统电源中断或恢复不会发出误动作指令。

(2) 热工保护系统应遵守下列“独立性”原则：

1) 炉、机跳闸保护系统的逻辑控制器应单独冗余设置。

2) 保护系统应有独立的 I/O 通道，并有电隔离措施。

3) 冗余的 I/O 信号应通过不同的 I/O 模件引入。

4) 触发机组跳闸的保护信号的开关量仪表和变送器应单独设置；当确有困难而需与其他系统合用时，其信号应首先进入保护系统。

5) 机组跳闸命令不应通过通信总线传送。

(3) 300MW 及以上容量机组跳闸保护回路在机组运行中宜能在不解列保护功能和不影响机组正常运行情况下进行动作试验。

(4) 在控制台上必须设置总燃料跳闸、停止汽轮机和解列发电机的跳闸按钮，跳闸按钮应直接接至停炉、停机的驱动回路。

(5) 停炉、停机保护动作原因应设事件顺序记录。单元机组还应有事故追忆功能。

(6) 热工保护系统输出的操作指令应优先于其他任何指令，即执行“保护优先”的原则。

(7) 保护回路中不应设置供运行人员切、投保护的任何操作设备。

三、保护系统结构与可靠性关系

保护系统的组成如图 5-1（a）所示。保护系统由控制仪表部分和被控对象两部分组成。在控制仪表部分又由检测元件、逻辑控制器和执行装置三部分组成，如图 5-1（b）所示。若考虑控制仪表组成部分的可靠度 R，则 R 取决于这三个部分仪表的可靠度，是这三个部分可靠度的乘积即 $R=R_a \cdot R_b \cdot R_c$（$R_a$、$R_b$、$R_c$ 分别是检测元件部分、逻辑控制器部分和执行装置的可靠度）。由此可知若只考虑仪表可靠性的保护系统的可靠度是检测部分、逻辑控制装置和执行装置部分的可靠度的乘积。由于可靠度指标不会大于 1，因此系统可靠度要低于三个组成部分中最低的可靠度，较低的可靠度部分成为影响系统可靠性的薄弱环节。可以说提高组成系统中可靠性最低的部分是提高系统整体可靠性的最有效的途径。

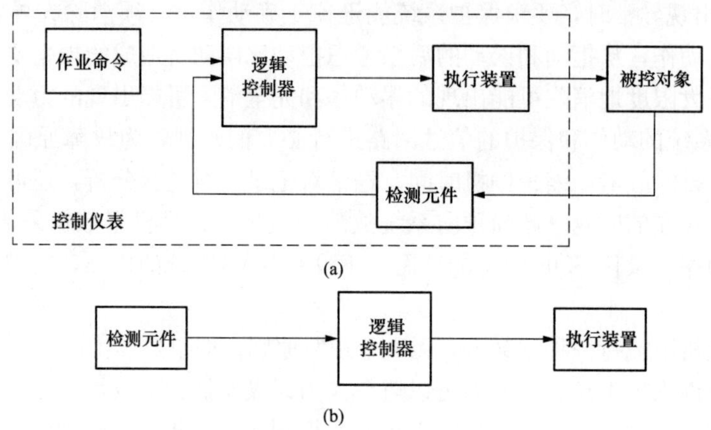

图 5-1　保护系统的组成

热工保护运行统计表明，测量仪表和信号单元是保护系统中可靠性相对较低的部分。某些重要的热工保护，如灭火停炉，满、缺水停炉等，不能正常地投入运行，其主要原因就在于测量仪表和信号单元的可靠性不高，即摄取的保护信号可靠性不高。因此保护系统可靠动作的先决条件是必须保证摄取的保护信号真实可靠。设计阶段提高保护信号的可靠性通常是靠变更信号回路的结构来实现的。

可靠性的定义可理解为：系统在一定使用条件和规定时间内，持续完成设定功能的概率。可靠性可以用多种度量指标予以表达。对复杂的控制系统，如微机分散控制系统，评估其可靠性的概率指标有：可靠度（亦称无故障率）、不可靠度（亦称失效率、故障率），平均寿命，可靠寿命等。这些指标都是时间的随机量，其中无故障率是控制系统主要的和有决定意义的指标量。对于目前国内各大型机组的保护系统，用无故障率可大体评估、比较各种保护系统的可靠性，并能为设计和改进提供依据。

与可靠性的定义相同，无故障率是指在实际使用的条件和规定的时间内，能完成保护设计功能的概率，用 E 表示。相应地，不能完成设计功能的概率即为故障率，用 F 表示，则有：$E+F=1$ $(0<E<1，0<F<1)$

E 和 F 都是相对应的量，在大多数情况下用 F 分析、计算及比较热工保护系统的可靠性较为方便。

从保护系统发生故障的效果看，故障可分为误动作和拒动作两种失效类型（简称误动或拒动）。当投入保护的设备，其运行参数未超过保护定值公差下限时，保护动作叫误动作；已超过上限不动作，则称为拒动作。误动作和拒动作反映了保护系统故障的两种状态，是描述其可靠性或故障率中比较直观的两个指标。

若用动作次数统计的故障率来表示可靠性，用 p、P 分别表示检测元件和信号单元的误动作故障率（简称误动率），则 p、P 是指在单位时间内（通常是一年）误动作次数的数学期望。同样，用 q、Q 分别表示检测元件和信号单元的拒动作故障率（简称拒动率），则 q、Q 是指在单位时间内（通常是一年）拒动作次数的数学期望，即

p（或 P）＝误动作次数/实际动作次数

q（或 Q）＝拒动作次数/应当动作次数

其中，实际动作次数为正确动作次数与误动作次数之和；应当动作次数为正确动作次数与拒动作次数之和。

为了正确地选择、改进信号单元，下面对常用的组合信号单元进行可靠性分析比较。

1. 单一测量信号

单一信号法是指用单个检测元件组成信号测量单元的方法并且已知单个检测元件的误动率和拒动率分别为 p、q。由单个检测元件组成的信号测量单元的误动作率为 P_1、拒动作率为 $Q1$ 与检测元件的误动作率 p、拒动作率 q 相等。即 $P_1=p$；$Q_1=q$。

单一信号保护系统虽然元件少、结构简单，但系统的可靠性没有提高。因此考虑适当增加单个检测元件的数量以期望其组合成的信号测量单元的可靠性得以提高。

2. 双测量信号组合

双测量信号组成的测量单元只有串联和并联两种结构形式。

(1) 信号串联结构。

信号串联结构逻辑表达式为：

$$Y=A\cdot B$$

式中，A 、B 为检测元件的输出信号，Y 为信号串联单元的输出信号。

由于信号串联，所以在每个检测元件都误动作时，信号检测单元才会误动作。串联信号单元的误动率 PA 是这两个单一检测元件的误动率 pA 和 pB 的乘积，即 $PA=pA\cdot pB$。两个检测元件的输出信号串联后，信号单元的误动作率比单一信号的误动作率减小很多。在某些保护系统中，为了减少信号单元的误动作率，将反映同一故障的检测元件触点进行串联。例如，为了使轴向位移保护装置的动作可靠，在国产机组中将轴向位移检测元件的输出触点与推力瓦温度检测元件的触点相串联，这些参数都能直接或间接地反映机组的轴向位移大小。在引进美国西屋（Westing House）公司的机组中，采用双选轴向位移监测装置，它由两套传感器监测同一轴向位移参数。当两套传感器均发出危险信号时，轴位移保护装置动作，即两者为“与”逻辑。

信号串联时，有一个检测元件拒动，串联信号检测单元就会拒动。串联信号单元的拒动率 Q_A 为：

$$Q_A=1-(1-q_A)(1-q_B)=q_A+q_B-q_Aq_B$$

两个检测元件的输出信号串联后的拒动作率比单一信号时增加了约一倍。

信号串联法只适用于特别强调减小保护系统的误动作率，而对拒动作率要求不高的场合。测量信号的可靠性综合起来并未提高。

(2) 信号并联结构。

信号并联结构逻辑表达式为：

$$Y=A+B$$

信号并联时有一个检测元件误动时，并联信号检测单元就会误动。并联信号单元的误动率 PA 为：

$$P_A=1-(1-p_A)(1-p_B)=p_A+p_B-p_Ap_B$$

信号并联时在每个检测元件都拒动时，并联信号检测单元才会拒动。并联信号单元的拒

动率 Q_A 为：

$$Q_A = q_A \cdot q_B$$

在某些保护系统中，为了减小装置拒动率，将几个检测元件输出信号并联，因而只要有一个检测元件能正常工作，信号单元就能可靠工作。例如，为了防止高压加热器水位过高而引起汽轮机进水，采用两个水位表的触点并联成一个高加水位信号。只要有水位过高信号时，即将高加切除。又如主蒸汽压力高保护，采用两只主蒸汽压力表触点并联电路控制电磁安全阀动作。

显然，检测信号触点并联后，信号组合单元的拒动作率大大下降，而误动率却增加了近一倍。所以信号并联法只能用于要求拒动率小，而误动率要求不高的场合。测量信号的可靠性综合起来也未提高。

3. 三测量信号组合

三测量信号组成的测量单元的结构形式有：串联、并联、串并联、“三取二”。

对三个测量信号进行串联、并联或串并联的逻辑处理，会得出同二测量信号结构相似的结论，其信号组合单元的误动率和拒动率同单一测量信号相比一个减少一个增加。若采用“三取二”逻辑却是能使组合单元的误动率和拒动率均减少的结构。

“三取二”信号法的逻辑表达式为：$Y=AB+BC+CA$

电路结构如图 5-2 所示。由图可见，信号系统有三条最小路径：

$$[A、B],[B、C],[C、A]$$

信号单元的误动率为：

$$P_{2/3} = p_A p_B + p_B p_C + p_C p_A - 2p_A p_B p_C$$

信号单元的拒动率为：

$$Q_{2/3} = q_A q_B + q_B q_C + q_C q_A - 2q_A q_B q_C$$

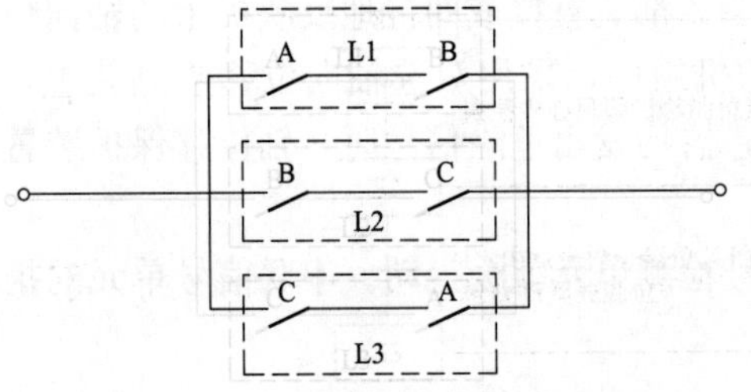

图 5-2 “三取二”逻辑电路

设 3 个单一测量元件的误动率、拒动率均相等，即

$$p_A = p_B = p_C = p$$

$$q_A = q_B = q_C = q$$

信号单元的误动率、拒动率分别为：

$$P_{2/3} = 3p^2 - 2p^3$$

$$Q_{2/3} = 3q^2 - 2q^3$$

信号单元的误动率、拒动率计算结果见表 5-1 所示。

表 5-1　“三取二”逻辑组合单元同单一测量信号的误动率（拒动率）比较

p (q)	0.1	0.2	0.3	0.4	0.5	0.6	0.7	0.8	0.9
$P_{2/3}$ ($Q_{2/3}$)	0.028	0.104	0.216	0.352	0.5	0.648	0.784	0.896	0.972

当单个检测元件的误动作率和拒动作率很小时，“三取二”信号单元的故障率将大大低于单一信号法。当单个检测元件的 p（或 q）$=0.5$ 时，则“三取二”信号单元的误动作率或拒动作率也为 0.5。当 p（或 q）>0.5 时，“三取二”信号单元的误动作率或拒动作率反

而比单一信号法还要大。当然，实际的检测元件的误动作率和拒动作率不可能这样高，否则就不能用作保护装置的检测元件了。可见三个测量信号是能使组合测量信号单元的误动作率和拒动作率均下降的最少信号的限值，“三取二”逻辑组合的单元能使测量信号的误动作率和拒动作率下降，提高测量单元的可靠性。

为了既减小误动率又减小拒动率，在机组中已广泛采用“三取二”信号法。大型机组中，给水流量、过热器出口温度、炉膛压力等重要参数，均分别采用三个检测元件测量。当其中一个检测元件故障（误动或拒动）时，信号单元还能够保持正常工作。需要指出这时其工作状态的可靠性已经降低了。

4. 信号串并联结构

增加测量元件、采用适当的组合结构可以提高测量单元的可靠性。例如利用信号串联后误动率降低和信号并联后拒动率降低的特点，将四个测量信号中的两个信号先进行两两串联，然后进行并联，组成信号串并联结构，如图5-3所示。

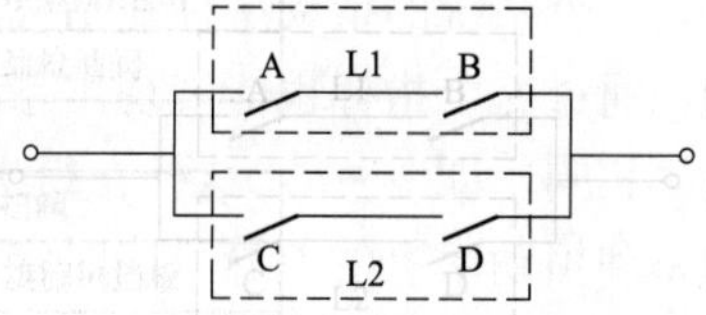

图 5-3　信号串并联逻辑电路图

信号串并联的逻辑表达式为

$$Y = A \cdot B + C \cdot D$$

其误动率为

$$P_{AV} = P_{L1} + P_{L2} - P_{L1}P_{L2} = p_A p_B + p_C p_D - p_A p_B p_C p_D$$

拒动率为

$$Q_{AV} = Q_{L1}Q_{L2} = (q_A + q_B - q_A q_B)(q_C + q_D - q_C q_D)$$

若检测元件误动率、拒动率相等，则

$$p_A = p_B = p_C = p_D = p, q_A = q_B = q_C = q_D = q$$

$$P_{AV} = 2p^2 - p^4, Q_{AV} = 4q^2 - 4q^3 + q^4$$

信号串并联逻辑的误动率、拒动率计算结果见表5-2和表5-3。

表 5-2　信号串并联逻辑同单一测量信号的误动率比较

p	0.1	0.2	0.3	0.4	0.5	0.618	0.7	0.8	0.9
P_{AV}	0.020	0.078	0.172	0.294	0.438	0.618	0.740	0.870	0.964

表 5-3　信号串并联逻辑同单一测量信号的拒动率比较

q	0.1	0.2	0.382	0.4	0.5	0.6	0.7	0.8	0.9
Q_{AV}	0.036	0.130	0.382	0.410	0.563	0.706	0.828	0.922	0.980

以上数据说明，单个检测元件的误动率 p 或 q 拒动率很小时，四信号串并联后的信号单元的误动作率或拒动作率均大大减小。当 $p=0.618$ 或 $q=0.382$ 时，四信号串并联法与单一信号法的误动作率或拒动作率相等。如果单个检测元件的 $p>0.618$ 或 $q>0.382$，则四信号串并联法反而比单一信号的误动率或拒动率增加了。实际上单个元件的误动作率或拒动作率远小于0.618或0.382，因此信号串并联结构能够减小测量信号的误动率和拒动率，提高测量单元的可靠性。

5. 组合电路的可靠性分析和比较

在 n 个测量元件中取 r 个元件（$r<n$）进行串并联的逻辑组合组成的电路，为信号表

决法电路亦称为逻辑表决电路。记作 $r/n(G)$，G 表示成功事件。

在热工保护系统中有这样的情况，如炉膛安全监控保护系统，在炉膛的四个角装有火焰检测器并分层布置。当每层四个火焰检测器中如有两个或两个以上检测到火焰时，则逻辑电路表决此层为“有火焰”，记作 2/4（G），G 表示检测到火焰。当三个或三个以上未检测到火焰时，则逻辑电路表决此层为“无火焰”。记作 3/4（G），G 表示未检测到火焰。这种逻辑判断电路称为表决电路，2/4 或 3/4 称为逻辑门槛单元。

对于一个系统来说，由于其结构上的不同，误动率和拒动率往往不同，并且一般情况下系统的误动率和拒动率在比较的过程中无法全都更优，往往是一个系统的误动率性能指标更好，一个系统的拒动率性能指标更好，所以定义一个误动率与拒动率之间的比值是十分必要的，通过这个指标也能展现出系统的可靠性性能。假设每一个单元子模块发生误动和拒动的概率相同，即 $p=q$，这样在得出计算结果之后我们能够比较直观的看出同一结构形式在误动率和拒动率上的差异，同时定义一个误动率与拒动率之间的比值 N，令 $N=Q/P$。N 可以表示该单元子模块发生误动率与发生拒动率之间的平衡性。同时对系统的平衡性指标 N 做一个范围规定，如果 N 的数值介于 0.1 和 10 之间，称这个系统有较好的平衡性。如果 N 的数值小于 0.1 或者大于 10 的话，就称这个系统的平衡性较差。下面对相关结构形式的可靠性特征量进行计算。

在实际工程之中，一般情况下系统中每一个单元子模块发生误动和拒动的概率都很小，在这里假设结构中每一个单元的误动率和拒动率数值均为 0.002，即 $p=q=0.002$，通过表 5-4 的可靠性分析表达式可得到如表 5-5 所示的具体数值。

表 5-4　相关结构可靠性分析表达式

	三串联结构	三并联结构	2/3(G)结构
误动率 Q	q^3	q^3-3q^2+3q	$3q^2(1-q)+q^3$
拒动率 P	p^3-3p^2+3p	p^3	$3p^2(1-p)+p^3$
平衡度 N	q^3/p^3-3p^2+3p	q^3-3q^2+3q/p^3	$3q^2(1-q)+q^3/3p^2(1-p)+p^3$
	串-并联结构	并-串联结构	3/4(G)结构
误动率 Q	$q^2(2-q^2)$	$q^2(q-2)^2$	$-q^{12}+4q^9-6q^6+4q^3$
拒动率 P	$p^2(p-2)^2$	$p^2(2-p^2)$	$(p^3-3p^2+3p)^4$
平衡度 N	$q^2(2-q^2)/p^2(p-2)^2$	$q^2(q-2)^2/p^2(2-p^2)$	$-q^{12}+4q^9-6q^6+4q^3/(p^3-3p^2+3p)^4$

表 5-5　相关结构可靠性特征量具体数值

	三串联结构	三并联结构	2/3（G）结构	串-并联结构	并-串联结构	3/4（G）结构
误动率 Q	8×10^{-9}	5.988×10^{-3}	1.198×10^{-5}	7.99998×10^{-6}	1.5968×10^{-5}	3.2×10^{-8}
拒动率 P	5.988×10^{-3}	8×10^{-9}	1.198×10^{-5}	1.5968×10^{-5}	7.99998×10^{-6}	1.286×10^{-9}
平衡度 N	1.336×10^{-6}	7.485×10^{6}	1	0.501	1.996	24.8833

从表 5-5 中相关结构的可靠性特征量可知，在误动率上除了三并联结构之外其余结构的误动率数值都较小，且误动率的数值都小于单一结构的误动率数值。说明这些结构中除了三并联结构其余结构的误动率都要好于单一结构。在拒动率上看，除了三串联结构之外，其余结构的拒动率都较小，且在与单一结构拒动率数值比较的过程中，除了三串联结构外，其余

结构的拒动率都要好于单一结构。从整个系统的平衡度上来看，“三取二”结构的平衡度最好，与单一结构相同，它们的平衡度都为 1；其次是四信号的串并结构。无论是串-并联、还是并-串联结构，它们在平衡度指标上都较优；然后是 3/4(G) 结构，虽然在误动率和拒动率指标上来看 3/4(G) 结构要明显好于前面的三种结构，但是在平衡度上 3/4(G) 结构却比前面三种结构要差，虽然数值也不算太大，但是也同样无法评定为优；在平衡度上最差的结构是三串联结构以及三并联结构，虽然这两种结构分别在误动率以及拒动率指标上有着较好的表现，但是由于它们在拒动率和误动率上表现差异较大，导致它们的平衡度指标较差，这也是在实际工程中不采用单一的串联结构或者单一的并联结构的原因。

在实际的工程中，人们在选择相关结构的时候不仅仅要考虑这个结构的可靠性特征量等性能指标，也需要考虑这个结构的复杂程度以及它在实际现场的工作环境之中是否适合。因此对系统结构形式的选择是一个综合了多方面因素去考量的结果。

第二节　锅炉热工保护系统

一、锅炉热工保护项目

1. 锅炉给水系统

(1) 直流锅炉的给水流量过低保护。

(2) 汽包锅炉的汽包水位保护。

2. 锅炉蒸汽系统

(1) 主蒸汽压力高（超压）保护；当主蒸汽压力高于规定值时，应自动打开其相应的安全门。

(2) 再热蒸汽压力高（超压）保护；当再热蒸汽压力高于规定值时，应自动打开其相应的安全门。

(3) 再热器保护。

3. 锅炉炉膛安全保护

(1) 锅炉吹扫；

(2) 油系统检漏试验；

(3) 灭火保护；

(4) 炉膛压力保护。其保护信号应按“三取二”的方式选取。当炉膛压力等于或超过极限值时，严禁送风机和引风机的挡板向扩大事故的方向动作。

(5) 紧急停炉保护。

二、直流锅炉给水流量过低保护及锅炉汽包水位高低保护

1. 直流锅炉给水流量过低保护

直流锅炉给水流量过低保护的逻辑如图 5-4 所示。

来自于 3 路独立测量的流量计或其他测量装置的开关量信号经“三取二”逻辑处理，分别产生给水流量低Ⅰ值、给水流量低Ⅱ值信号。给水流量低Ⅰ值时发出报警信号。给水流量低Ⅱ值，在低Ⅰ值信号的证实下（二者相与），延时一段时间发出紧急停炉信号。

低值和延时时间应根据锅炉厂和实际运行测试确定。例如 300MW 1025t/h 锅炉低Ⅰ值为 225t/h（22%E CR)；低Ⅱ值为 210t/h（20.5%ECR)；延时时间为 9s。

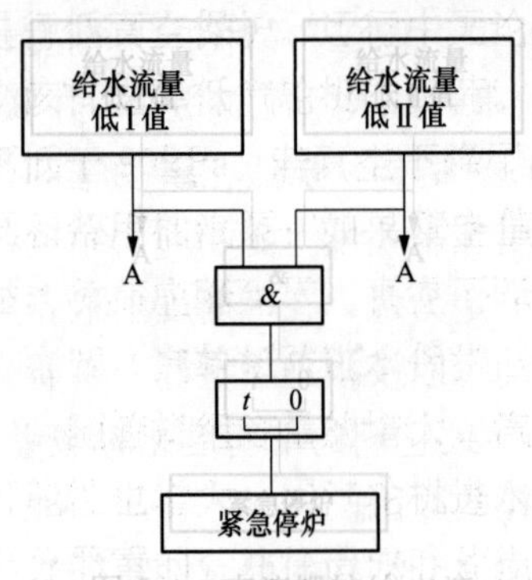

图 5-4 直流锅炉给水流量过低保护逻辑图

2. 汽包水位保护系统

水位保护的功能是在锅炉缺水时能及时动作，避免“干锅”和烧坏水冷壁管；当出现满水时能自动打开放水阀；当水位变化达到水位极限时便停炉、停机、关闭主汽门，防止设备损坏。

一般把水位偏差分为三个值，称为高Ⅰ、Ⅱ、Ⅲ值（+50mm、+150mm、+250mm），反之称为低Ⅰ、Ⅱ、Ⅲ值（−50mm、−150mm、−250mm）。高/低Ⅰ值为报警值，高/低Ⅱ值挽回值，高/低Ⅲ值是停炉值。

锅炉汽包水位高/低保护框图如图 5-5 所示。

在锅炉汽压过高致使安全门开启时，由于蒸气压力急剧

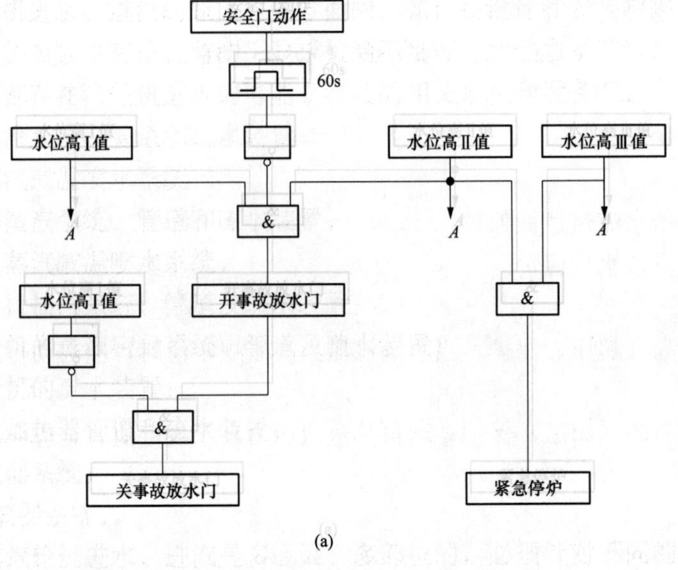

(a)

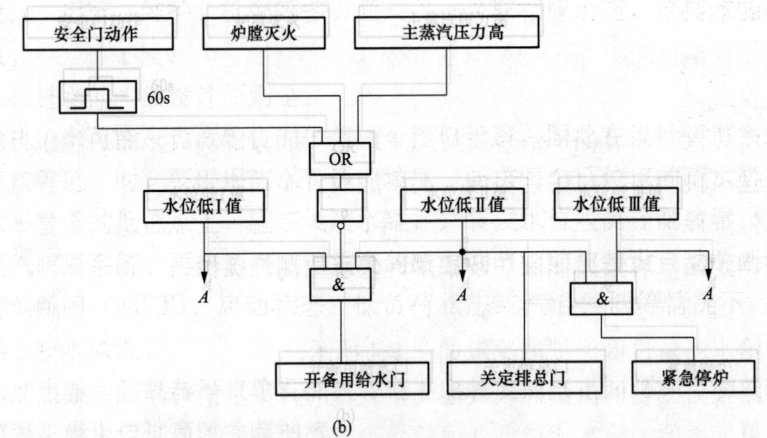

(b)

图 5-5 汽包水位高/低保护逻辑图

下降，汽包水位反而出现瞬时增高的所谓“虚假水位”现象，此时不应送出水位保护信号。

为此通常在安全门动作时要送出信号，闭锁水位保护动作，闭锁的时限为 60s 左右。

水位保护回路对水位的测量信号要求高度可靠。实际使用中汽包水位 3 个保护定值的组合有多种形式。为保证测量信号的可靠性，锅炉汽包水位高/低保护应采用独立测量的三取二的逻辑判断方式。对于过热器出口压力为 13.5MPa 及以上的锅炉，其汽包水位计应以差压式（带压力修正回路）水位计为基准。此外测量信号还可以采取步进式鉴别措施，如第Ⅲ值最重要，为进一步提高其测量的可靠性，则在紧急停炉回路中串取（相与）Ⅱ值信号，在Ⅱ值信号中串取Ⅰ值信号。

水位高保护过程如图 5-5（a）所示。水位高Ⅰ、Ⅱ、Ⅲ值时均发出报警信号 A。当水位高Ⅱ值时，在安全门未动作或动作 60s 之后，并采用高Ⅰ值信号证实，则打开事故放水门。在水位恢复到高Ⅰ值以下（且事故放水门在开状态）则关事故放水门，若水位继续上升达到高Ⅲ值时，在水位高Ⅱ信号证实下，实现紧急停炉。

水位低保护过程如图 5-5（b）所示。水位低Ⅰ、Ⅱ、Ⅲ值时均发出报警信号 A。当水位低Ⅱ值时，关定期排污总门，同时在安全门动作 60s 内、炉膛灭火、主汽压力高三种情况不存在并采用低Ⅰ值信号证实后，开备用给水门。当水位低Ⅱ、Ⅲ值相继出现时，说明严重缺水，应紧急停炉。

三、锅炉主蒸汽压力、再热蒸汽压力高保护

1. 汽压保护及安全门的设置

大容量发电机组的锅炉系统上有一些承压部件如汽包、过热器等，一直处于高温高压的工况下运行。如国产亚临界 300MW 机组汽包锅炉，最大连续蒸发量 1065t/h，主蒸汽压力为 17.2MPa，主蒸汽温度为 541℃；超临界 600MW 直流炉的主蒸汽压力为 25.3MPa，主蒸汽温度为 541℃。在这样的高温高压下，有关部件的钢材强度余量已经比较小，尤其是高温过热器，是在接近材料蠕变的极限状态下运行，如果继续增大压力就可能会发生管道爆破事故。为了避免因燃烧工况变化或汽轮机甩负荷等异常工况引起的锅炉超压事件，必须在有关承压部件上装设超压保护装置。

锅炉主蒸汽压力保护系统与锅炉机组运行特点和热力系统的要求有关。对具有旁路系统的单元制机组的主蒸汽压力高保护系统，当汽轮机突然甩负荷造成锅炉主汽压力升高时，可先由旁路阀快速将锅炉蒸汽从旁路系统排出，经减温减压后的蒸汽进入汽轮机的凝汽器，所以旁路系统具有安全保护作用。图 5-6 为具有旁路系统的主蒸汽压力保护框图。

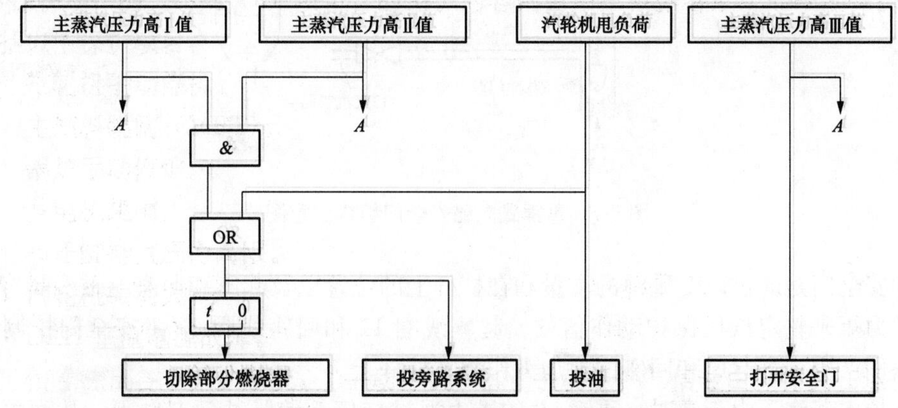

图 5-6 具有旁路系统的锅炉主蒸汽压力保护逻辑图

当主蒸汽压力高Ⅰ、Ⅱ、Ⅲ值时，保护系统均发出报警信号；高Ⅱ值时辅助高Ⅰ值证实，则投入旁路系统，使锅炉产生的蒸汽经旁路减温减压后回收，经延时环节（1～2min）停部分给粉机，切掉部分燃烧器。当出现汽轮机甩负荷时，应投入旁路系统，切掉部分燃烧器，同时投入四只油燃烧器的点火程控装置以稳定燃烧。主蒸汽压力高Ⅲ值时自动打开过热器安全门，对空排汽防止设备损坏。

在锅炉的承压部件上装设安全门，是目前常用的汽压最后保护方式。有些重要的承压部件设置多个安全门，一般不得少于两只，并把它们划分为工作安全门和控制安全门。控制安全门的动作参数整定在较低的水平上，并且其灵敏度也较好，必要时控制安全门先动作，放掉部分蒸汽，在某些情况下可以控制压力不再升高，并向司炉发出超压报警。当压力连续升高时，工作安全门再动作。工作安全门和控制安全门总的过流量是按锅炉最大流量设计的，当它们同时动作时可以保证锅炉压力不会超过限度。

就控制主蒸汽压力而言，安全门装在汽包上完全可以达到目的。但当蒸汽大量从装于汽包的安全门排出时，会使流经过热器、再热器的蒸汽流量下降，极端情况下甚至没有蒸汽流量流过，这对过热器、再热器的保护十分不利，因为安全门动作并不意味着灭火，此时过热器、再热器可能因得不到蒸汽冷却而烧毁。故安全门应分别装在汽包、过热器和再热器上。在同一个热力过程前后不同部位的安全门的开启压力也需严格规定，符合先后动作的安全保护要求。一般情况下再热器安全门动作压力整定的最低；过热器安全门的动作压力为锅炉正常工作压力的1.02倍；汽包控制安全门的动作压力为锅炉正常工作压力的1.05倍；汽包工作安全门动作压力为锅炉正常工作压力的1.08倍。

2. 安全门及其控制电路

安全门的种类较多，目前广泛采用的是脉冲式安全门。图5-7是一种常用的重锤式脉冲安全门的结构示意图，由脉冲门和主安全门组成。

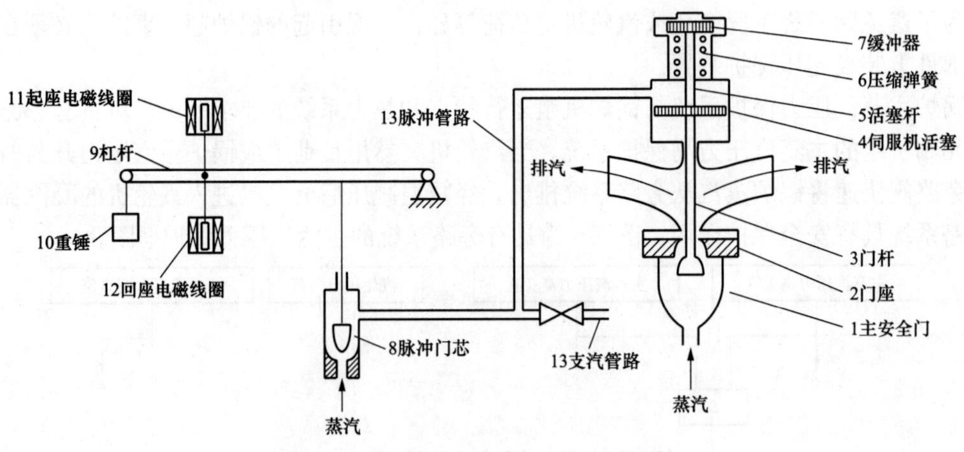

图5-7　重锤式电磁安全门结构示意图

这种安全门是通过改变重锤的质量和在杠杆上的位置以及起座和回座电磁线圈对杠杆的附加作用力矩来整定汽压保护动作值的。起座线圈11和回座线圈12由安全门控制电路控制，使它们产生一个起座和回座的附加力作用在杠杆上。

当锅炉主蒸汽压力正常时，重锤10的重力通过杠杆9使脉冲门芯向下，从而关闭脉冲门。为了使脉冲门关闭严密，可以控制回座线圈 12 通电流，使门芯受到一个附加的向下作用力，保证脉冲门的可靠关闭。此时主安全门门芯由于压缩弹簧 6 的拉力及蒸汽的向上作用力而紧紧地压在主安全门门座 2 上，主安全门被关闭。

当蒸汽压力超过允许值时，安全门控制电路控制起座线圈 11 吸合，对脉冲门的控制杠杆产生一个向上的驱动力，加上蒸汽对脉冲门芯的作用加大，使脉冲门打开，于是蒸汽通过脉冲管道 13 进入伺服机活塞 4 的上部对活塞产生一个向下的作用力，使安全门打开，这时锅炉进行对空排汽。

图 5-8（a）是电磁安全门的控制逻辑图。控制开关“自动”时，控制回路监视汽压高/低的信号。控制安全门起座/回座。控制开关“手动”时，发出手动信号控制安全门起座/回座。

图 5-8（b）是电磁安全门的控制电路图。图中 Y1、Y2 为安全门的起座和回座线圈。由于流过线圈的电流较大，电磁线圈的吸合和释放分别利用接触器 K3、K4 的触点 K3.2、K4.3 控制。S1.1、S1.2 是取自电接点压力表的决定安全门动作压力和关闭压力的两对触点，分别称为高值、低值触点。当主蒸汽压力达到动作压力时，压力传感器将驱使高值接点 S1.1 闭合；主蒸汽压力降至关闭压力时，低值触点 S1.2 闭合。S2 为控制开关，置于“0”位时为自动状态，触点⑦、⑧接通，⑤、⑥接通；置于右“1”位为手动起座位置，触点①、②接通；置于左“1”位为手动回座位置，触点③、④接通。

回座电磁铁是在安全门动作后，当主蒸汽压力回到关闭压力（一般为工作压力的 95%）时，辅助重锤可靠地关闭脉冲门。安全门进行机械整定时，要求电磁铁都不带电，因此脉冲门一旦关闭，依赖于重锤的力量既可保证脉冲门在关闭状态，而不需要回座电磁线圈长期带电。

控制开关 S2 处于“自动”位时，当压力升高超过动作值时，压力高动合触点 S1.1 闭合，此前压力低动合触点 S1.2 已断开，继电器 K5 通电，动合触点 K5.1 返回作自保持，保证即使汽压低于动作值，安全门仍能处于打开状态；同时动合触点 K5.2 闭合，K3 通电，K3.2 使安全门打开，K3.1 使继电器 K1 通电，其动合触点 K1.1、K1.2 闭合，K1.2 作自保持，K1.1 为回座接触器 K4 通电作准备（此时 K5.3 处于断开状态）。当压力下降到关闭值时，动合触点 S1.1 已断开，压力低动合触点 S1.2 闭合，造成继电器 K5 短路释放，K5.3 闭合，回座接触器 K4 上电，其动合触点 K4.3 闭合，电磁线圈 Y2 带电使安全门关闭。同时动合触点 K4.4 闭合，延时继电器 K2 通电计时，它的动断触点 K2.1 延时打开的时间（设定为 10s）就是回座电磁线圈通电时间。这就保证汽压回到关闭值时，回座电磁线圈 Y2 短时通电，产生一个电磁吸力帮助安全门关闭。10s 后 K2.1 触点断开，K1 释放，K1.1 触点断开，K4 释放，使 Y2 电磁线圈断电，这样就保证了回座电磁线圈 Y2 在正常时不带电。

当控制开关 S2 处于手动起座位置和手动回座位置时，分别接通①、②或③、④，直接控制起座或回座接触器 K3、K4，控制安全门打开或关闭。

起座接触器控制安全门动作时，同时接通红灯 HR 表明安全门在动作中。回座接触器控制安全门关闭时，K4.1 接通闪光信号使绿灯 HG 闪亮，表明回座电磁线圈在通电状态中。若是由运行人员手动控制回座电磁线圈通电，则绿闪信号提醒操作者及时撤消手动关闭状态，以防电磁线圈 Y2 长期带电而烧毁。

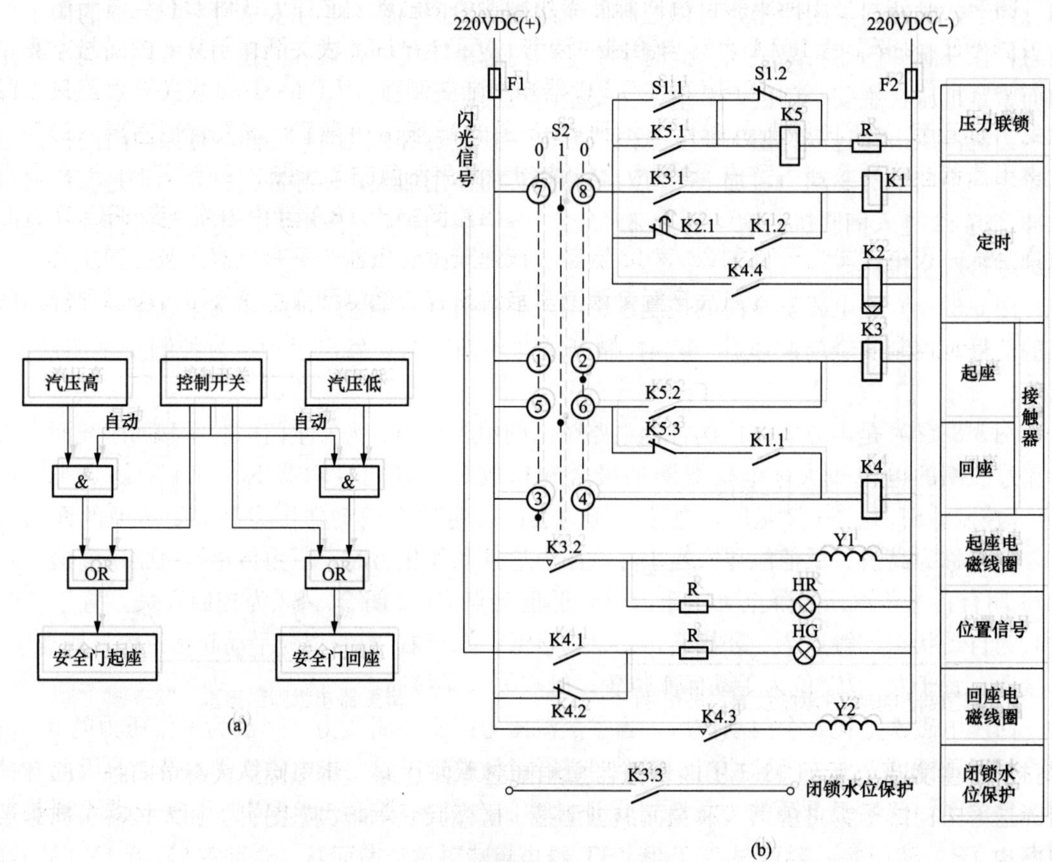

图 5-8　电磁安全门控制电路图

安全门的起座和回座线圈由 220V 直流蓄电池供电以保证其可靠性。

四、再热器保护

再热器保护分为再热器壁温高保护和再热汽温高保护。

1. 再热器壁温高保护

对于中间再热机组，在启动升压阶段，锅炉的蒸发量小于额定值的 10%，不能有效保证再热器管壁温度在安全范围。锅炉点火启动阶段，受热面被加热，再热器管道中的积水被蒸发，并且再热器的部分或全部管道中几乎没有蒸汽流量，仅仅受到微量蒸发出来的蒸汽所冷却，其冷却能力是很差的，因而管壁温度接近烟气温度。此外在汽轮机冲转前，过热器、再热器的通汽量受到旁路系统的限制；汽轮机冲转后又受到汽轮机流通量的限制，如果流通量较小，就会使再热器壁温升高。在某些事故的情况下，如中压调门和低压旁路门都关闭，会使再热器中蒸汽流量骤减而升温，因此对再热器壁温升高应该又必要的保护措施。

一般采用限制受热面入口烟温的方法来防止过热器、再热器管壁超温。图 5-9 是锅炉点火启动时再热器保护原理图。当烟温超过规定值时，应停运若干个油燃烧器，并及时调整风量，降低烟温。若烟温继续升高，超过高限值，则切断主燃料（MFT），迫使紧急停炉。在锅炉启动成功后，再热器有足够的蒸汽流通量，该项保护可切除。

在中间再热式机组上通常设置一些再热器事故时的保护。有以下几种情况将发生 MFT

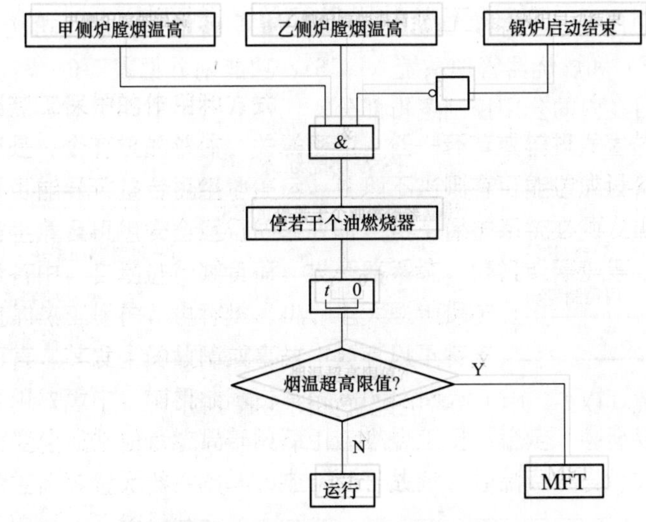

图 5-9　启动时的再热器保护逻辑图

以保护再热器。

（1）汽轮机跳闸时燃料量＞25％额定值，并且锅炉热负荷＞40％，则 MFT 动作。

（2）汽轮机跳闸时燃料量＞25％额定值，并且发生中压调门与低压旁路门同时关闭，或者发生主蒸汽门和高压旁路门都关闭，则 MFT 工作。

（3）发电机并网后发生中压调门和低压旁路都关闭，或者发生主蒸汽门和高压旁路门同时关闭，则 MFT 工作。

（4）发电机尚未并网，但油燃烧器≥8 个投入运行，并且发生中压调门和低压旁路门都关闭，或者主蒸汽门和高压旁路门都关闭，则 MFT 工作。

2. 再热汽温高保护

机组运行过程中，有效地控制再热蒸汽温度是保护再热器的重要手段，通常，再热汽温是通过改变煤粉燃烧器的上、下摆动角度来控制的。再热汽温低时可使燃烧器的摆角上仰，而再热汽温高时则将燃烧器的摆角下倾。但是当再热器超过允许的限值时，只能采用事故喷水阀喷水减温以保护再热器。保护逻辑如图 5-10 所示。

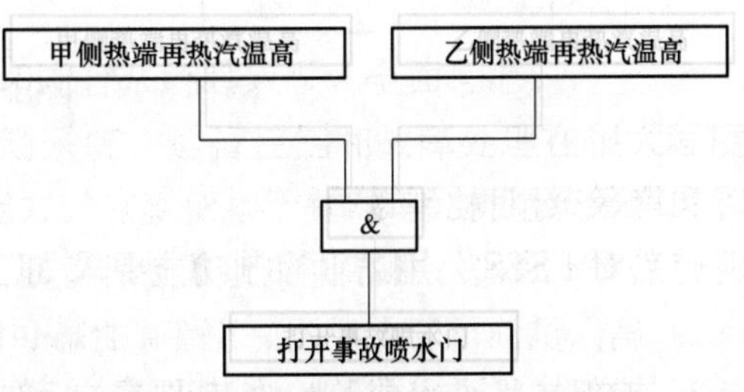

图 5-10　再热器汽温高保护逻辑图

五、锅炉炉膛安全保护系统

锅炉炉膛安全保护的主要功能是通过事先制定的逻辑程序和种种安全联锁条件，保证在锅炉运行的各个阶段（包括启动、停炉和运行过程）中防止可燃性燃料和空气混合物在炉膛内的任何部位聚积，以避免引起锅炉爆炸事故的发生。此外还要对炉膛的火焰进行监视，保障锅炉燃烧设备的安全启停和正常进行。所有的功能由锅炉安全监控系统（简称 FSSS 或 BMS）实现。

FSSS 与锅炉结构、燃烧器布置、逻辑控制系统及运行方式关系较大，不同产品在某些功能上及实现方式上也不完全相同。大型机组配备的FSSS不仅包括了安全保护功能，还具有锅炉燃烧设备的顺序管理功能。例如某1000WM配备的FSSS按功能又分为两个系统：燃料安全系统（FSS）和燃烧器管理系统（BCS），功能划分见表5-6。燃料安全系统包括了所有的安全保护项目在内的公用控制逻辑部分。

表5-6　FSSS功能划分

锅炉炉膛安全保护（FSSS）	
燃料安全系统（FSS）	燃烧器管理系统（BCS）
FSSS公用控制逻辑	FSSS燃油控制逻辑
	FSSS燃煤控制逻辑

在分散控制系统（DCS）中FSSS的配置如图5-11所示。

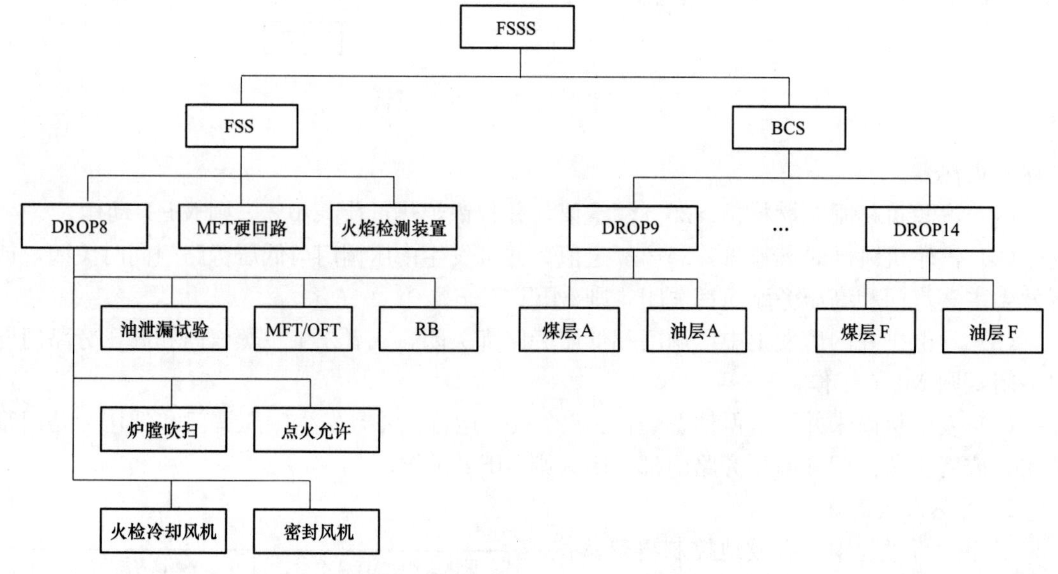

图5-11　FSSS在DCS中的配置

1. FSSS公用控制逻辑

（1）对FSSS公用逻辑控制功能要求如下：

1）确保供油母管无泄漏。

2）确保锅炉点火前炉膛吹扫干净，没有燃料积存。

3）预点火操作，建立点火条件。包括炉膛点火条件、油点火条件及煤层点火条件。

4）连续监视有关重要参数，在危险工况下发出主燃料跳闸信号。

5）主燃料跳闸时动作相关设备并向有关系统发出MFT信号。

6）完成FSSS辅助设备控制，如主跳闸阀、火检冷却风机、密封风机等。

（2）FSSS公用逻辑控制主要项目有：①燃油泄漏试验；②锅炉炉膛吹扫；③MFT（主燃料跳闸）逻辑及首出记忆；④OFT（油燃料跳闸）及首出记忆；⑤点火条件；⑥火焰监测；⑦RB（辅机故障减负荷）工况；⑧对火检冷却风机、密封分机启停及联锁控制。

（3）燃油泄漏试验。FSSS的油系统泄漏检查功能，主要是检查轻油、重油快关阀关闭的严密性，确保炉前轻油、重油系统没有泄漏现象。

如果炉前电磁阀关闭不严密，在点火之前就会有油泄漏到炉膛内。例如，若快关阀关闭不严，则当锅炉发生 MFT 时，会使油泄漏到炉内，引起爆燃。因此，油系统母管的泄漏试验是保证炉膛点火安全、不产生爆燃的重要措施之一。

试验过程的顺序功能图如图 5-12 所示。泄漏试验条件满足：①所有油阀关闭；②炉前供油压力满足；③燃油供油阀关闭；④燃油循环阀关闭；⑤总风量大于 25%；⑥无 MFT 信号。启动测试指令，测试过程如下：

1）在各油枪的油阀和循环阀均关闭的情况下，开启油快关阀，使炉前油管路充油，同时监视油母管系统（油枪入口压力）油压，并进行计时。当测试的油压上升到某一压力的时间超过规定的时间（如 120s），则试验不合格。反之则第一步试验合格，进入下一步试验。

2）将油快关阀关闭，并测试母油管系统的油压同时开始计时。规定在 5min 内油压不得下降到某一定值。如果油压基本保持不变或在规定的 5min 内没有下降到限定值，则试验成功，否则认为试验失败，必须对油系统进行仔细检查。

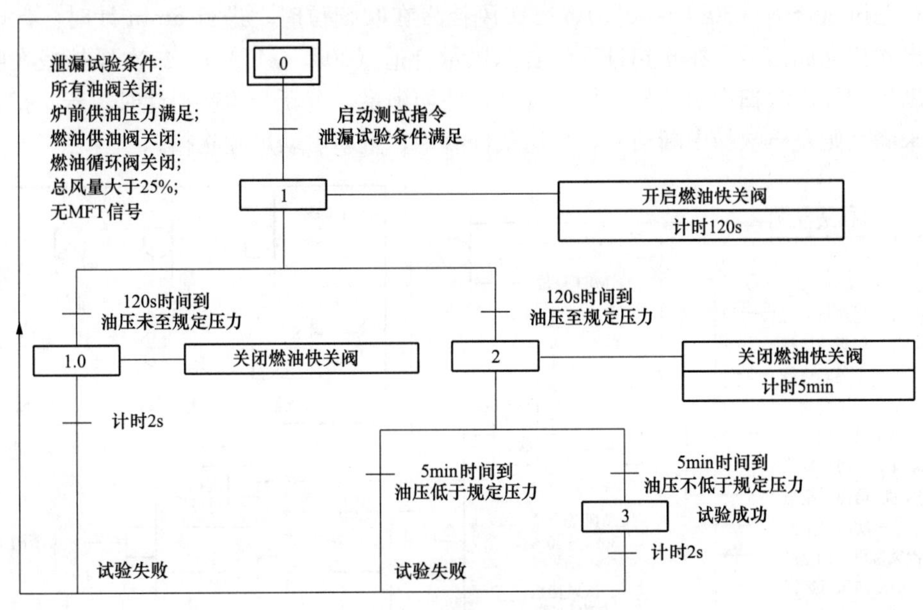

图 5-12 燃油泄漏试验顺序功能图

（4）锅炉炉膛吹扫。炉膛吹扫的目的是清除所有积存在炉膛内的可燃气体和可燃物。这是防止炉膛爆炸的最有效方法之一。这项工作在锅炉点火前和紧急停炉后都必须进行。每次吹扫时间应不少于 5min，以保证炉膛内清扫效果。对于煤粉炉的一次风管亦应吹扫 3～5min，油枪应用蒸汽进行吹扫，以保证一次风管与油枪内无残留的燃料，保证点火安全。

在锅炉点火前进行炉膛吹扫时，应先启动回转式空气预热器，然后再顺序启动引风机和送风机，使通风容积流量大于 25%额定风量（一般为 25%～40%额定风量）。此举的目的，一是为炉膛吹扫提供足够的风量，二是防止着火后出现回转式空气预热器受热不均而发生变性的问题，三是可对回转式空气预热器进行吹灰清扫。

在进行炉膛吹扫时要进行自动计时。一旦达到吹扫规定的时间后，FSSS 发出吹扫完成信号，并解除系统主燃料跳闸（MFT）的状态记忆，即 MFT 复位。进行炉膛吹扫时，应保证必要的吹扫条件。

一般炉膛吹扫条件为：

1）所有燃料全部切断。即所有油喷嘴阀、暖炉油层跳闸阀关闭，所有磨煤机、给煤机和一次风机停运。

2）所有燃烧器风门应处于吹扫位置。即所有一次风机挡板关闭，所有二次风（辅助风）挡板在调节位置。

3）至少有一台引风机和一台送风机在运行，且风量应大于25%额定负荷风量。

4）无锅炉跳闸指令。

5）回转式空气预热器均投入运行。

6）所有层3/4检测器无火焰。

7）锅炉汽包水位正常。

8）所有系统电源正常。

锅炉炉膛吹扫逻辑如图5-13所示。启动锅炉吹扫并且吹扫条件具备，吹扫状态触发器置位。在总风量合适（30%～40%）、二次风挡板在吹扫位时，进行5min计时。计时时间到则发出吹扫完成信号。在吹扫过程中若总风量合适（30%～40%）、二次风挡板在吹扫位条件未满足则发出吹扫中断信号，待这两个条件均满足，重新开始吹扫计时。若吹扫条件中有条件未满足则发出吹扫中断信号，待这条件满足，重新启动炉膛吹扫。

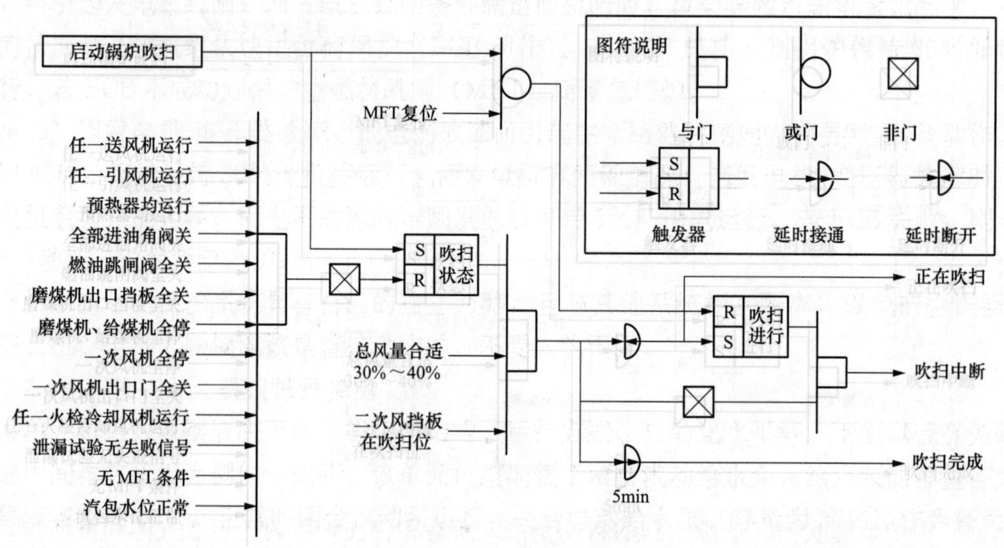

图5-13 锅炉炉膛吹扫逻辑

（5）MFT逻辑及首出记忆。MFT控制逻辑回路如图5-14所示。①吹扫完成；②燃油泄漏试验完成；③无MFT跳闸条件均成立时，MFT跳闸继电器被复位。

在锅炉运行中发生下列情况之一时，应发出总燃料跳闸指令（MFT），实现紧急停炉保护：

1）再热器保护；

2）主蒸汽压力高；

3）给水泵全停；

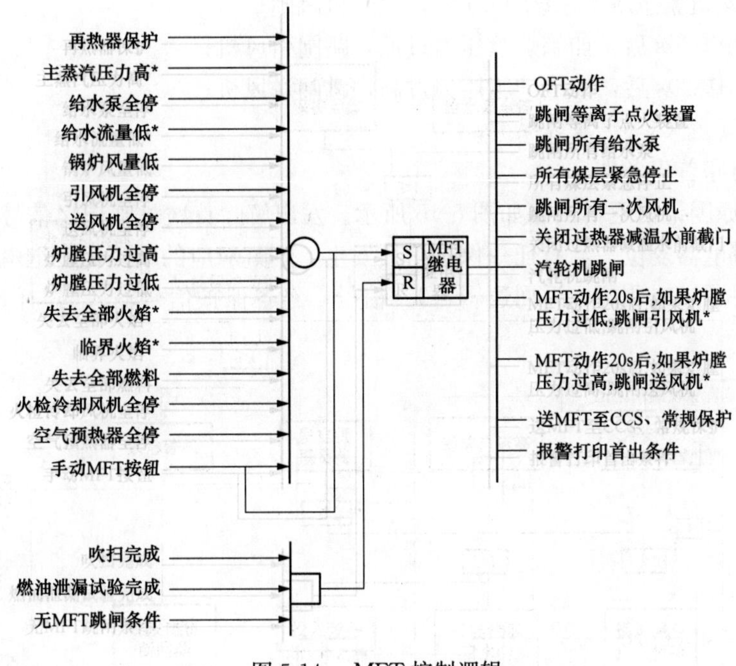

图 5-14　MFT 控制逻辑

4）给水流量低；

5）锅炉风量低；

6）引风机全停；

7）送风机全停；

8）炉膛压力过高；

9）炉膛压力过低；

10）失去全部火焰；

11）临界火焰；

12）失去全部燃料；

13）火检冷却风机全停；

14）空气预热器全停；

15）手动 MFT 按钮。

其他根据锅炉特点要求的停炉保护条件，如不允许干烧的再热器超温和强迫循环炉的全部炉水循环泵跳闸等。

当锅炉停炉保护动作时，应动作以下主要项目：

1）OFT 动作，关闭燃油总电磁阀及总油门；

2）跳闸等离子点火装置；

3）跳闸所有给水泵；

4）所有煤层紧急停止；

5）跳闸所有一次风机；

6）关闭过热器减温水前截门；

7）触发汽轮机紧急跳闸系统（ETS），汽轮机跳闸；

8）MFT 动作 20s 后，如果炉膛压力过低，跳闸引风机；

9）MFT 动作 20s 后，如果炉膛压力过高，跳闸送风机；

10）送 MFT 至 CCS、常规保护；

11）报警打印首出条件。

MFT 首出原因记忆逻辑回路如图 5-15 所示。发出解除首次跳闸记忆信号后，各保护信号的跳闸记忆继电器复位。当有任一保护信号发生，则其对应的跳闸记忆继电器置位，发出显示信号。同时通过或非门，返回逻辑“0”信号，经各保护信号输入的与门，闭锁其他保护信号的进入。

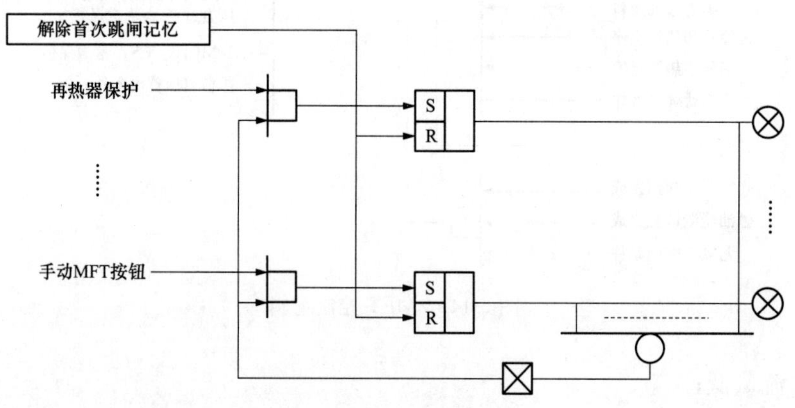

图 5-15　首出原因显示逻辑

（6）OFT 及首出记忆。OFT 逻辑控制回路如图 5-16 所示。OFT 复位条件：① MFT 已复位；②燃油泄漏试验完成；③全部油角阀关闭；④无 OFT 跳闸条件。也可以通过 OFT 复位按钮或手动开启燃油跳闸阀指令复位 OFT。

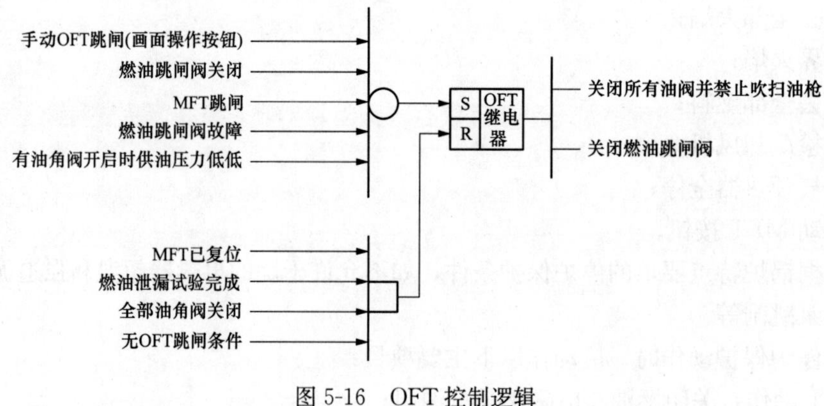

图 5-16　OFT 控制逻辑

下列条件发生 OFT 动作：

1）手动 OFT 跳闸（画面操作按钮）。

2）燃油跳闸阀关闭。

3）MFT 跳闸。

4）燃油跳闸阀故障。

①OFT 置位，延时 5s，燃油跳闸阀未全关或燃油跳闸阀全开。

②OFT 复位，延时 10s，燃油跳闸阀全关或燃油跳闸阀全开。

5）有油角阀开启时供油压力低低。

OFT 动作的项目有：

1）关闭所有油阀并禁止吹扫油枪。

2）关闭燃油跳闸阀。

OFT 的首出记忆逻辑与 MFT 的首出记忆逻辑相同。

（7）锅炉点火条件。油层点火条件：

1）MFT 已复位。

2）OFT 已复位。

3）燃油压力正常。

4）燃油跳闸阀全开

5）火检冷却风出口母管压力不低。

煤层点火条件。

1）任一送风机运行且二次风压力合适。

2）MFT 已复位。

3）一次风机运行（满足下列任一条件：）

a. 不大于三台磨煤机运行时，要求至少一台一次风机运行。

b. 大于三台磨煤机运行时，要求二台一次风机运行。

4）火检冷却风出口母管压力不低。

（8）全部火焰丧失与临界火焰。

1）全部火焰丧失。指有油枪投入（大于 3～5 只）监测到的所有油枪、煤燃烧器全部无火焰。

2）临界火焰。在一定时间内（9～15s）所有煤燃烧器数量的 50%以上火检检测为“失去火焰”且超过投入燃烧器数量 25%的燃烧器失去火焰。

3）点火延迟。在锅炉吹扫完成油层启动 10min 内未点燃任一点火器或油枪。可参考作为触发 MFT 条件之一。

（9）炉膛压力保护。炉膛压力同炉内燃烧状况密切相关。炉膛压力剧烈波动时往往预示着炉膛内燃烧状况恶化，因此有必要对炉膛压力设置保护。当炉膛压力超限时，触发 MFT 动作，切断进入炉膛的全部燃料。

保证炉膛压力保护系统的可靠性关键是提高炉膛压力检测信号的可靠性。除了要求测量信号要进行“三取二”逻辑判别外，其取样点要求在炉膛顶部同一标高的不同侧面装设三个 Y 形取样器，以保证三个测量信号的独立性和分散性。由于炉膛压力在锅炉非稳定工况下是极不均匀的，很有可能出现局部超压，因此保证三个信号源的独立性和分散性非常重要。

Y 形取样器如图 5-17 所示。取样器内的吹气管以 60L/h 的标准体积空气流量经 20 个小孔喷出，持续地吹扫取样器，以防止灰尘的聚集和堵塞。取样器与炉墙之间的安装夹角不能小于 45°，以便灰尘的自然滑落。负压取样管道也必须保持一定的安装倾斜角度，以防止堵灰。在管道上加装平衡容器沉淀管道中的灰尘和水气，滤除压力的高频波动。取样器取出的

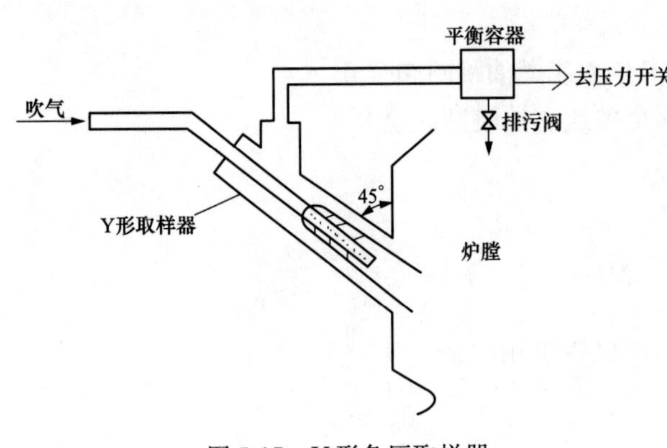

图 5-17　Y 形负压取样器

压力信号送往压力开关。

2. FSSS 燃油控制逻辑

燃油控制逻辑在燃烧器管理系统（BCS），属于顺序控制的范畴。分单只油枪启停和油层启停两个过程。

（1）单只油枪启停。单只油枪启动的顺序见图 5-18 所示的顺序功能图。启动的条件为：①该油层点火允许条件存在；②单支油枪（油角）投运指令。条件满足后，则按下列次序发出一系列指令：

①指令：置油枪二次风门到燃油位。转后续步条件：该层中心风调门燃油位到。

②指令：进该油枪点火枪；关闭油枪吹扫阀。转后续步条件：15s 内点火枪进到位且油枪吹扫阀关到位。

③指令：进该油枪；点火枪打火 15s，然后退出。转后续步条件：15s 内点火枪打火且油枪进到位。

④指令：开油阀。转后续步条件：20s 内油阀开到位且油火检信号有火。

油枪投运成功。

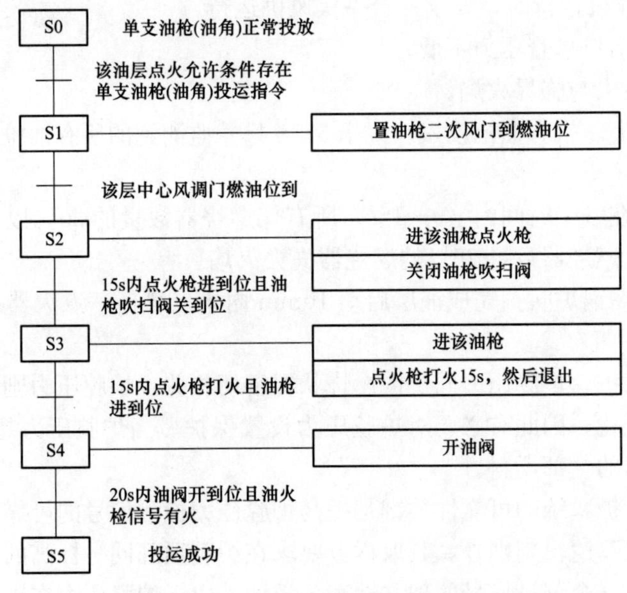

图 5-18　单只油枪启动的顺序功能图

单只油枪退出的顺序如图 5-19 所示的顺序功能图。启动的条件为：单支油枪（油角）正常退出指令。条件满足后，则按下列次序发出一系列指令：

①指令：推进点火枪；点火枪打火 15s，然后退出；延时 4s，关闭油枪油阀。转后续步条件：10s 内油阀关到位。

②指令：开启吹扫阀；延时 170s 关闭旋流风挡板；吹扫 180s 关闭吹扫阀。转后续步条件：吹扫阀开、关到位。

③指令：退出油枪。转后续步条件：油枪退到位。

退出过程完成。

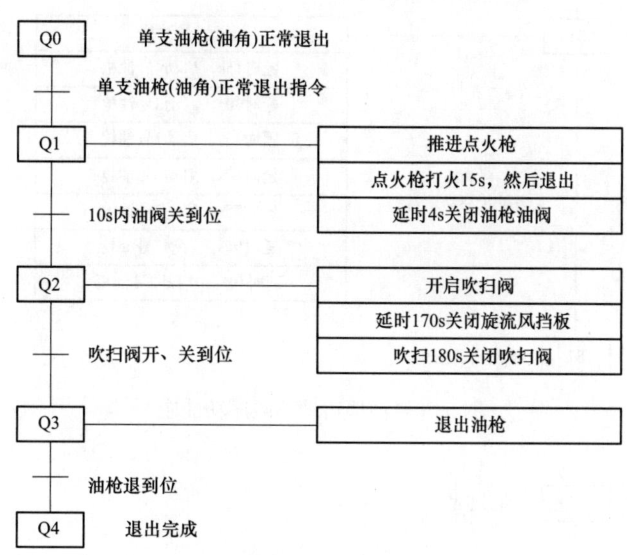

图 5-19 单只油枪退出的顺序功能图

（2）油层启停。油层启动的顺序见图 5-20 所示的顺序功能图。启动的条件为：①满足油层点火允许条件；②手动指令或 RB 信号或煤层顺序控制步序置位。条件满足后，则按时间次序发出一系列指令：①启动 5 号油枪；②延时 15s，启动 4 号油枪；③延时 30s，启动 8 号油枪；④延时 45s，启动 1 号油枪；⑤延时 60s，启动 6 号油枪；⑥延时 75s，启动 3 号油枪；⑦延时 90s，启动 7 号油枪；⑧延时 105s，启动 2 号油枪。120s 计时到，各油枪启动正常，油层启动结束。

油层退出的顺序见图 5-21 所示的顺序功能图。启动的条件为：手动退出指令。条件满足后，则按时间次序发出一系列指令：①退出 1 号油枪；②延时 30s，退出 2 号油枪；③延时 60s，退出 3 号油枪；④延时 90s，退出 4 号油枪；⑤延时 120s，退出 5 号油枪；⑥延时 150s，退出 6 号油枪；⑦延时 180s，退出 7 号油枪；⑧延时 210s，退出 8 号油枪。240s 计时到，各油枪退出正常，油层退出结束。

3. FSSS 燃煤控制逻辑

煤层控制是对磨煤机、给煤机及对应的一组喷燃器的启停顺序控制并在正常运行时密切监视各煤层的重要参数，必要时切断进入炉膛的煤粉，以保证炉膛安全。

煤层点火条件和煤层的顺序启停过程分别在 FSSS 公用控制逻辑（7）锅炉点火条件项和第四章第三节（四）直吹式制粉系统功能组的设计说明中阐述。特别说明几点：

1）任一煤层启动都要满足煤层点火条件；

2）为保证该煤层启动时的点火能量，启动磨煤机前要投入相应油层（负荷小于 70%时）。

3）为保证煤层正常退出时火焰的稳定性，停止给煤机前要先投入相应的油层（负荷小

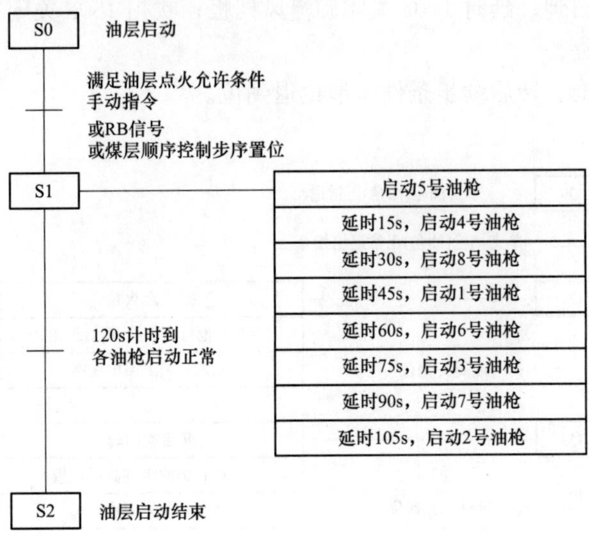

图 5-20 油层启动的顺序功能图

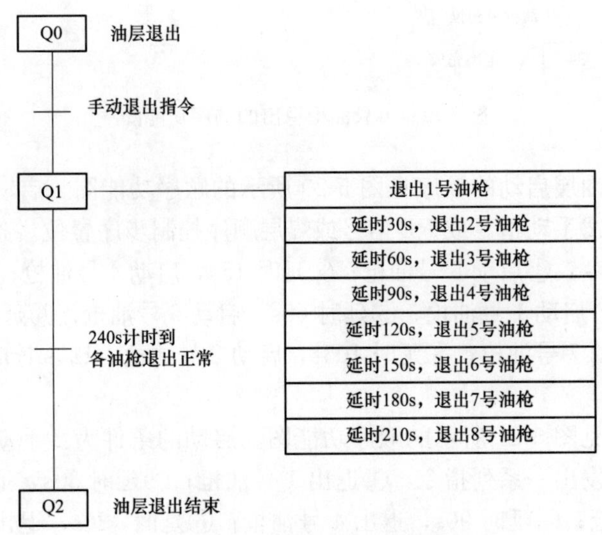

图 5-21 油层退出的顺序功能图

于 70%时）。

第三节 汽轮机热工保护系统

一、汽轮机热工保护的内容

大容量发电机组的汽轮机是一种在高温高压蒸汽推动下作高速运转的设备。在机组启动、运行或停止过程中如果不按规定的工况和要求操作，很容易发生叶片损坏、大轴弯曲、推力瓦烧毁等严重事故。汽轮机系统中还有很多辅机设备，需密切配合，协同工作来保证整个系统的正常运转。因此必须对汽轮机的轴向位移、胀差、振动、转速等机械参数进行监视和保护，还应对轴承温度、润滑油压、EH油压、凝汽器真空、缸壁温差、高压加热器水位等热工参数进行监视和保护。

大型汽轮机系统的热工保护包括以下几个方面：

（1）汽轮机本体机械参数监控；

（2）汽轮机辅机保护；

（3）汽轮机防进水保护；

（4）汽轮机紧急跳闸保护。

二、汽轮机本体机械参数监控

大型汽轮机本体的监视和保护的项目很多，为了监视这些机械和热工参数，大型汽轮机都要配置可靠的汽轮机监测仪表系统TSI（Turbine Supervisory Instrumentation），如德国菲利浦公司的TSI7200系列和3300系列，美国本特利公司的RSM700系列。TSI在汽轮机本体监视和保护方面的主要项目有：

（1）转速监视；

（2）转子轴向位移监视和保护；

（3）转子和汽缸相互膨胀差（胀差）监视和保护；

（4）汽轮机热膨胀监视；

（5）汽轮机振动监视；

（6）主轴弯曲（偏心度）监视。

三、汽轮机辅机保护

汽轮机和发电机系统中一些辅助系统和辅机设备也需要加以监视和保护，如汽轮机推力瓦温度、润滑油压力、凝汽器真空、除氧器水位、闭式循环冷却系统等。

1. 推力瓦温度监视

为使汽轮机各轴承正常工作，必须建立合适的润滑油温度，并监视轴承的工作温度。润滑油的温度过高，会使油的黏度下降，引起轴承油膜不稳定甚至被破坏；油温过低，就建立不起正常的油膜。这两种情况都会引起机组的振动，甚至烧坏轴瓦。

润滑油温度通过调节冷油器的出口温度来维持正常运行值，而轴承的工作状态通过测量推力瓦块的温度来监视。

对于轴承温度高监视保护，在不同的机组上采取不同的策略。例如有的机组上在推力瓦轴承温度高于65℃和支持轴承回油温度高于65℃时报警，两者均高于75℃时发出停机信号。

2. 轴承油压保护

润滑油压力过低，将使汽轮机各轴承的油膜受到破坏。严重时可能会使轴瓦和推力轴瓦的乌金瓦面融化，使汽轮机轴向位移增大，动、静部分发生摩擦和碰撞，损坏机组。因此必须采取低油压保护措施。

润滑油压力保护分为两个阶段。第一，在运行中，当润滑油压力降低到规定值时，由油压联锁控制回路启动辅助油泵（交流油泵或直流油泵），以恢复润滑油压力；第二，如果润滑油压力下降到极限值，低油压保护回路动作，迫使汽轮机主汽门关闭，停止汽轮机运行。

3. 低真空保护

在凝汽器真空不仅影响汽轮机的运行经济性，而且对机组的安全影响也很大，所以必须进行低真空保护。运行中无论何种原因引起的凝汽器真空下降，且超过规定的低限值时，都应该首先降低汽轮机的负荷。例如，在一般情况下，300WM 机组在额定负荷运行时，真空不低于 90kPa。若真空下降了 4kPa，则应发出报警信号；若继续下降，应启动备用循环水泵和备用抽汽泵；如果真空值下降到 86kPa 以下，应采取减负荷措施。真空下降到 73kPa 时，负荷应降到零；真空下降到 63kPa 时，应关闭主汽门，立即停机。

四、汽轮机防进水保护

随着机组容量的增大，汽轮机本体结构也越加复杂，发生汽轮机进水、进冷蒸汽事故的可能性也增大。因汽轮机进水、进冷蒸汽造成的事故，通称为进水事故。进水事故的危害是十分严重的，往往造成叶片损坏、大轴弯曲、阀门和汽缸产生永久变形甚至裂纹、推力瓦烧毁等重大事故。因此必须采取措施防止汽轮机进水的保护措施。

1. 汽轮机进水事故的预防

造成汽轮机进水、进汽的原因是多方面的，如存在设计和安装缺陷、设备故障或运行操作不当、对相关参数没有设置监测手段或检测不当等。从热力系统结构来看，每一个与汽轮机的管系接口都存在汽轮机进水的可能。涉及的相关系统和设备有：

(1) 主蒸汽系统、管道和疏水装置；

(2) 主蒸汽减温喷水系统；

(3) 再热蒸汽系统、管道和疏水装置；

(4) 再热蒸汽减温喷水系统；

(5) 汽轮机抽汽系统、管道及疏水装置；

(6) 汽轮机的蒸汽密封系统、管道及疏水装置；

(7) 汽轮机的疏水装置；

(8) 给水加热器管道和疏水装置；

(9) 凝汽器系统；

(10) 除氧器系统。

由于造成汽轮机进水、进汽是多原因、多部位的，必须针对不同的情况分析进水、进汽的原因，从设计、运行、维护、检测等多方面入手，采取相应措施，这样才能有效地防止汽轮机进水事故。

防止汽轮机进水的一般设计原则是：

(1) 汽轮机进水可能来自汽轮机的任何一个接口管道，因此在设计管道系统（如主蒸汽管道和再热蒸汽管道）时，要确保疏水管道的坡度，要求每个低位点的疏水必须畅通。

(2) 在水平管道的低位点上，应装设疏水罐，并装设水位监测控制装置。

(3) 主蒸汽减温系统、再热蒸汽减温系统的减温调节阀前应装设自动关断阀。当在汽轮机跳闸、主燃料跳闸（MFT）、启动状态、低负荷状态或汽温偏低等情况下，关闭关断阀，防止漏流，禁止喷水减温。

(4) 给水加热器、除氧器等汽轮机抽汽管道上应装设抽汽止回阀和自动关断阀并装设水位监测保护装置，当水位过高时关断抽汽。

(5) 在疏水罐附近的主汽管道、再热器管道、抽汽口附近管道及汽缸等部件的上、下部均应装设热电偶测点。装设热电偶测点的目的是用于监视管道或汽缸上、下部的温差。当温差大于某一数值时，表明汽轮机可能进水，应立即采取紧急措施，防止造成事故或防止事故进一步扩大。

2. 防止汽轮机进水的保护控制策略

以一个汽轮机防进水保护的实例，从操作控制角度简单介绍保护的控制策略。

某厂的一台300MW汽轮发电机组的防进水保护系统，利用DCS控制系统构成一个防进水控制管理模块。其控制策略是按机组的启动加负荷过程、降负荷停机过程和异常工况3种情况下，实现汽轮机防进水保护的各类疏水阀门的输出控制。它将高压管系、低压管系、汽轮机本体和其他管系分解为8个输出控制类别，进行手动或自动成组开、关各类疏水阀门。主要的控制分类如下：

(1) 当负荷<10%额定负荷时，自动打开高、低压组全部疏水阀门。

(2) 当负荷>10%而<20%额定负荷时，自动关闭高压本体和高压管系全部疏水门，可以手动成组开或成组关高压组疏水门。

(3) 当负荷>20%额定负荷时，自动关闭低压本体和低压管系全部疏水门。可以与高低压组选择键、本体组选择键、管系选择键配合，实现手动成组开或成组关高压组本体、高压组管系、低压组本体或低压组管系的疏水门。

(4) 当汽轮机跳闸时，自动开高压组和低压组全部疏水门。

(5) 当EH油压低时，自动开汽轮机本体疏水门。

(6) 当EH油压正常时，以脉冲信号一次性自动关闭汽轮机本体疏水门。

五、汽轮机紧急跳闸保护

汽轮机紧急跳闸保护系统（Emergency Trip System）是汽轮机在紧急情况下的安全保护系统。当发生下列情况之一时，将使危机遮断电磁阀失磁，迫使DEH的调节抗燃油泄压而停机。

(1) 汽轮机电超速。

(2) 轴向位移大。

(3) 汽轮机润滑油压力低。

(4) EH油压力低。

(5) 凝汽器真空低。

(6) 用户要求的遥控脱扣保护。

上述(1)～(5)项保护功能是由各自通道接受控制继电器或逻辑开关触点信号直接引发ETS保护动作的。而第(6)项包含的保护内容则由用户根据各系统的联锁保护来确定。通常包括以下保护项目：

(1) 汽轮机手动停机。

(2) 主燃料跳闸（MFT）。

(3) 锅炉手动停炉。

(4) 发电机跳闸。

(5) 高压缸排汽压力高限。

(6) 汽轮机振动大。

(7) DEH直流电源故障。

以上信号源自各个保护系统。“手动停机”和“手动停炉”信号由操作员在运行操作台上手动完成。它们通过外部继电器组合后送入ETS的遥控接口—用户要求的遥控脱扣保护信号接入。它们当中任何一个参数超越极限值，就将驱使 ETS 送出紧急停机跳闸指令，泄放 EH 油压，关闭汽轮机的所有进汽阀门，迫使汽轮机紧急跳闸，以保障设备的安全，

图 5-22 为某 300MW 引进机组的 ETS 保护系统框图。

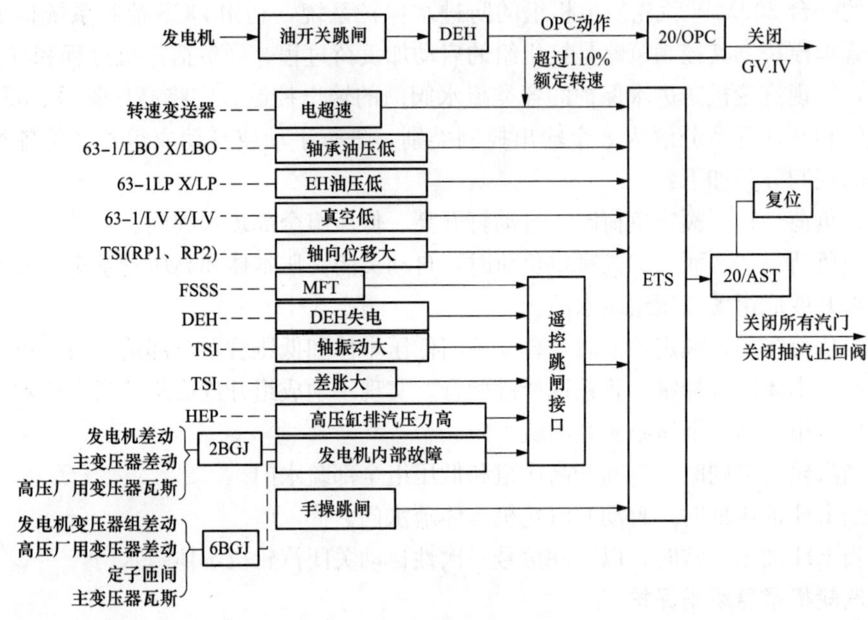

图 5-22 ETS 保护系统框图

系统提供 12 项保护功能。当这 12 个跳闸条件中的任何一个满足时，跳闸保护系统动作，通过双通道自动跳闸电磁阀，泄放 EH 油压，关闭汽轮机的所有进汽阀，使汽轮机紧急跳闸停机。

紧急跳闸保护系统由下列部分组成：1 个装设自动跳闸电磁阀和压力开关的危急跳闸控制块、3 个装有压力开关和试验电磁阀的试验跳闸块、轴向位移传感器、转速传感器、装设电气和电子元件的控制柜和遥控试验操作盘。柜中的继电器按图 5-23 所示的逻辑动作，决定是否通过 AST 电磁阀将跳闸系统油母管中的回油泄掉。汽轮机的危急遮断系统中为 ETS 用的 20/AST 电磁阀共有 4 只，分别为 20－1/AST～20-4/AST。其中 20-1/AST 与 20-3/AST 并联、20-2/AST 与 20-4/AST 并联后再串联起来构成危急遮断总管中 EH 油的泄油通道。在正常运行中它们被激励关闭，使所有蒸汽阀执行机构活塞下的油压正常建立，每个通道中至少有 1 只电磁阀打开，总管泄油，使所有蒸汽阀关闭才可导致停机。为此自动跳闸保护系统采用双通道控制方式，任何一只电磁阀误动或拒动，都不能引发 ETS 动作，从而提高了保护系统可靠性，也使得系统具备多种在线试验功能而不影响机组的正常运行和系统的保护功能。

(1) 轴承油压低、真空过低及 EH 油压过低控制逻辑。危急遮断控制中的各个遮断逻辑条件在实现时，考虑到动作的可靠性，在逻辑回路的设计上采用双通道布置。图 5-24 表示了轴承油压过低遮断控制继电器逻辑的原理图。在汽轮机正常运行时，通道 1 的压力开关 63-1/LBO 和 63-3/LBO 的接点是闭合的。所以中间继电器 1X/LBO 和 3X/LBO 正常地动作。正常工况时，与遮断控制继电器 LBO-1 串联的继电器接点 1X/LBO 和 3X/LBO 都是闭

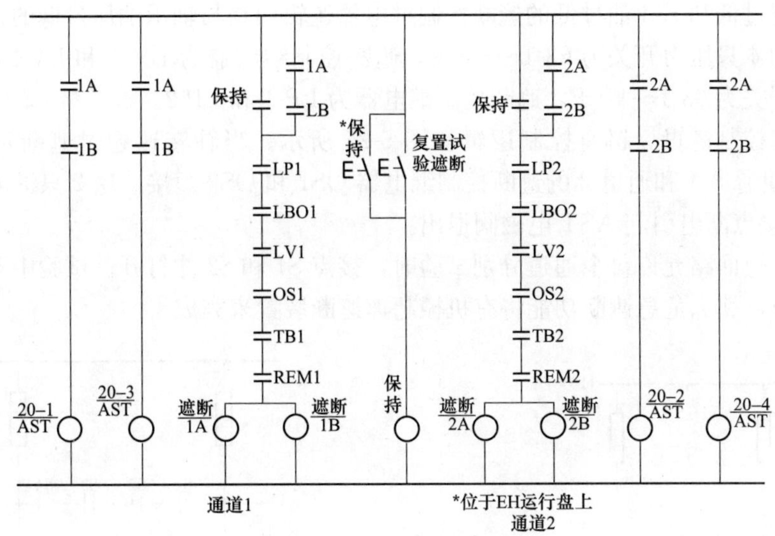

图 5-23 自动停机通道逻辑

合的，这样，继电器 LBO-1 就动作。通道 2 具有同样的逻辑，LBO-2 是用于通道 2 的遮断控制继电器。

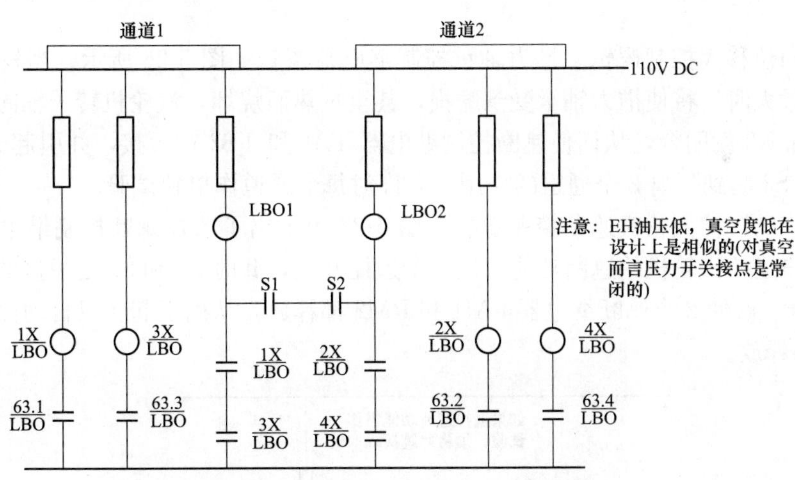

图 5-24 轴承油压过低控制继电器逻辑

继电器 LBO-1 和 LBO-1 线圈的一侧通过选择开关的接点 S1 和 S2 而相连。在正常运行时，接点 S1 和 S2 是闭合的，所以继电器 LBO-1 和 LBO-1 的线圈是并联的。假如在两个通道中只要各有一个 1 只压力开关打开就表明轴承油压过低，那么，继电器 LBO-1 和 LBO-1 就将释放，引起自动停机通道 1 和 2 遮断。

只有当通道 1 的轴承油压过低功能正在进行试验时，选择开关 S1 才是打开的。开启的接点 S1，允许继电器 LBO-1 在试验时被释放，而继电器 LBO-2 是不释放的。

试验中有真正的轴承油压过低情况发生，它将由全部 4 个压力开关感受，尽管此时有 1 个通道在试验中，2 个遮断控制继电器 LBO-1 和 LBO-1 都被释放，保护仍能动作。

用于真空过低和EH油过低的遮断控制继电器逻辑回路与轴承油压过低的是一样的。其中真空过低的4只压力开关为63-1～4/LV，遮断控制继电器为LV-1和LV-2，EH油过低的4只压力开关为63-1～4/LP，遮断控制继电器为LP-1和LP-2。

（2）超速控制逻辑。超速控制逻辑如图5-25所示。当轴转速超过遮断定值时，接点OST闭合，使通道1和通道2的遮断控制继电器OS1和OS2短接。这2只继电器退出将使OS1和OS2接点断电引起AST电磁阀退出。

在电气超速回路允许每个通道分别试验时，接点S1和S2才打开。试验中万一发生真正的汽轮机超速，那么危急遮断功能将有机械超速遮断装置来完成。

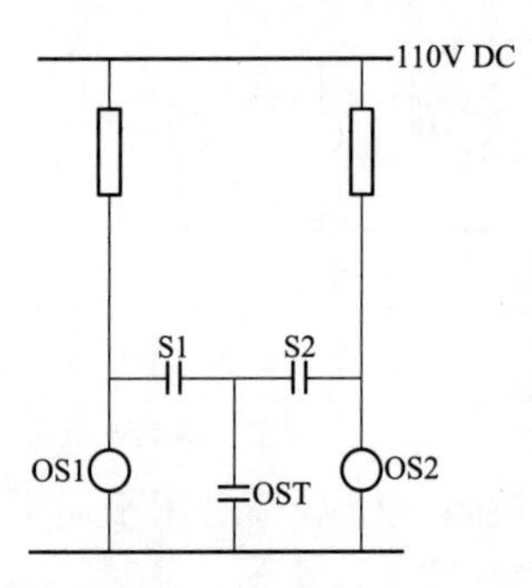

图5-25　超速控制继电器逻辑

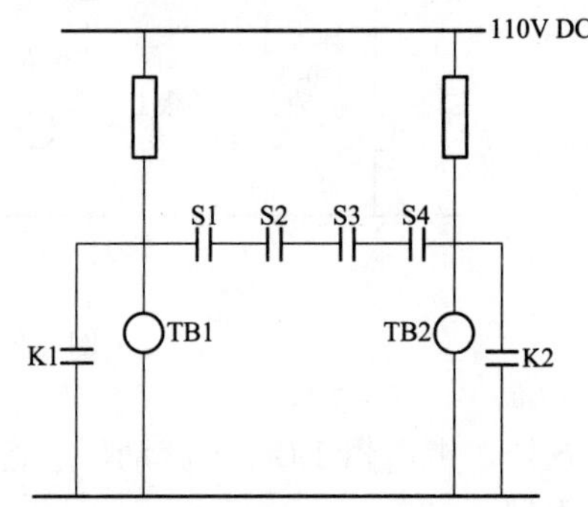

图5-26　推力轴承控制继电器逻辑

（3）轴向位移大控制逻辑。推力轴承控制继电器逻辑如图5-26所示。当发生汽轮机转子轴向位移过大时，将使推力轴承受到磨损，甚至过热而烧坏，汽轮机转子轴向位移监测仪表端的K1和K2就闭合，从而使遮断控制继电器TB1和TB2被短接，并引起AST电磁阀遮断。S1和S2起到隔离2个通道的作用。允许对每个通道作单独试验。

（4）用户的遥控汽轮机遮断控制逻辑。图5-27表示出了遥控遮断控制继电器逻辑。一般情况下用户遥控汽轮机的遮断功能只用1个遥控开关，此时S1和S2是短接的，只要这副接点K1闭合，就使2个遮断继电器RM1和RM2都释放，从而引起4只自动停机遮断电磁阀AST全部释放。

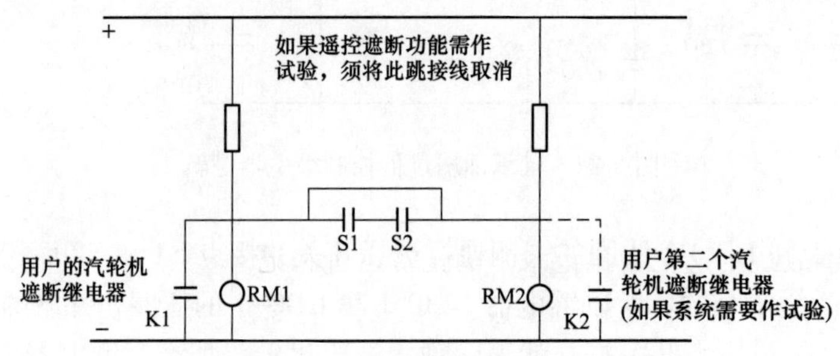

图5-27　遥控遮断控制继电器逻辑

若用户要对遥控遮断功能进行试验，则用户首先要将S1和S2的短接线拆除，并按图4.3.6右侧虚线加装第2个汽轮机遮断继电器接点K2，这样危急遮断系统通过选择相应的试验开关S1和S2，每次对一个通道进行试验。

第四节　单元机组的热工保护

一、单元机组热工保护的作用和方式

大型单元机组是一个有机的整体，关联密切。任一环节或辅机发生故障，轻则迫使机组降低出力，严重时可能导致整台机组地停运，处理不当则有可能造成设备损坏和人身伤亡事故。当任何部分发生危及机组安全运行的事故时，热工保护系统必须发出各种指令送到有关控制系统和被控设备中，自动进行减负荷，投旁路系统，停机或停炉等处理，以确保机组的安全，称单元机组的热工保护，也称炉、机、电大联锁保护。

就单元机组而言，其发生的故障或事故主要有以下特点：

（1）在单元机组故障中，辅机故障占有较高的比例。

（2）由于煤质变化或制粉系统局部故障引起燃烧工况不稳定，甚至导致锅炉熄火。

（3）由于自动控制装置元器件损坏、控制信号故障、控制系统设计方案考虑不周或使用不当也会造成设备停运、系统异常。

（4）单元机组集控，要求炉、机、电作为一个整体来监控运行，特别是要求机炉之间能协调运行，保持蒸汽供需双方的平衡。如果操作不当，就可能造成机组参数超限，甚至造成机组停运。

在单元机组发生故障时，要求判断准确、处理迅速，尽量保证设备安全，以利于在较短时间内恢复机组运行。对单元机组的故障处理原则有如下要求。

1）首先要采取措施，尽可能迅速解除对人身和设备安全的直接威胁。

2）在事故处理过程中，要树立保障设备安全的意识，防止主辅设备的严重损坏，尽量减少经济损失。

3）一旦发生故障，要迅速判断原因，尽量缩小事故范围，并尽力维持机组安全运行。例如，当汽轮机或电气发生故障时，视故障情况尽可能维持锅炉运行，以降低启动费用，缩短恢复时间。

4）在事故处理过程中，必须炉、机、电密切配合，统筹兼顾，全面考虑。

5）单元机组都配置了较高自动化水平的控制系统，运行控制和故障处理在很大程度上要依赖先进的控制策略和自动装置的快速处理能力。这就依赖于针对单元机组统筹考虑和设计的保护系统和综合事故处理机制。要经常保证联锁保护系统的可靠性；保证 RB 控制功能的可控性；保证 MFT 跳闸保护功能的准确性和可靠性。

6）事故数据记录是分析事故、作出处理决策的重要依据。必须保证事故数据记录系统（SOE 记录和事故跳闸追忆数据记录）的正常运行和记录功能。

单元机组热工保护的作用是当机组主、辅设备发生带有全局性影响的事故时，保护系统将依据事故信号进行严重程度分析、判断，依据预定控制策略输出控制指令，协同相关设备动作，保证机组安全。一般来说，大型单元机组所发生的带有全局性影响的事故，其保护控制主要有以下 3 种方式：①主燃料跳闸保护（MFT）；②辅机故障减负荷控制（RB）；③机组快速甩负荷控制（FCB）。

二、辅机故障减负荷控制

这类故障是机组主要辅机发生局部重大故障，而锅炉、汽轮机和发电机主体设备正常，

例如个别送风机跳闸、个别引风机跳闸等。这时控制系统将强制机组按要求速率减负荷，降低到尚在运行的辅机能够担当的负荷值为止，以稳定机组继续安全运行，这种热工保护叫做辅机故障减负荷控制（RUNBACK）。

一般纳入 RB 控制的辅机主要有如下几个。

（1）一台炉水泵跳闸 RB 控制。

（2）一台送风机跳闸 RB 控制。

（3）一台引风机跳闸 RB 控制。

（4）一台空气预热器跳闸 RB 控制。

（5）一台一次风机跳闸 RB 控制。

（6）一台磨煤机跳闸 RB 控制。

（7）一台汽动给水泵跳闸而电动给水泵未能联动投运 RB 控制。

辅机故障减负荷是一个多系统协作自动处理过程。在火力发电机组上的重要辅机都是采用两台并列运行或多台并列运行来达到单元机组的满负荷运行。这些辅机也可以单独投入运行使机组带一定负荷运行。两台相同辅机之间有联锁关系，还有公用设备。因此，当某台辅机故障跳闸时，联锁保护系统及顺序控制系统将对设备系统进行必要的隔离和启、停处理；锅炉燃烧安全管理系统（BMS）要根据不同的故障处理要求进行停止一台或两台磨煤机的控制，而机前压力将通过 DEH 控制；协调控制系统（CCS）将控制方式自动切换到“汽机跟踪方式”，以协调锅炉子系统和汽轮机控制子系统，按相应辅机的 RUNBACK 目标负荷值和减负荷速率，降低锅炉输入量，稳定主蒸汽压力，使机组能比较平稳地把负荷降到预定值，并且能稳定运行。

某机组的辅机故障减负荷控制逻辑如图 5-28 所示。

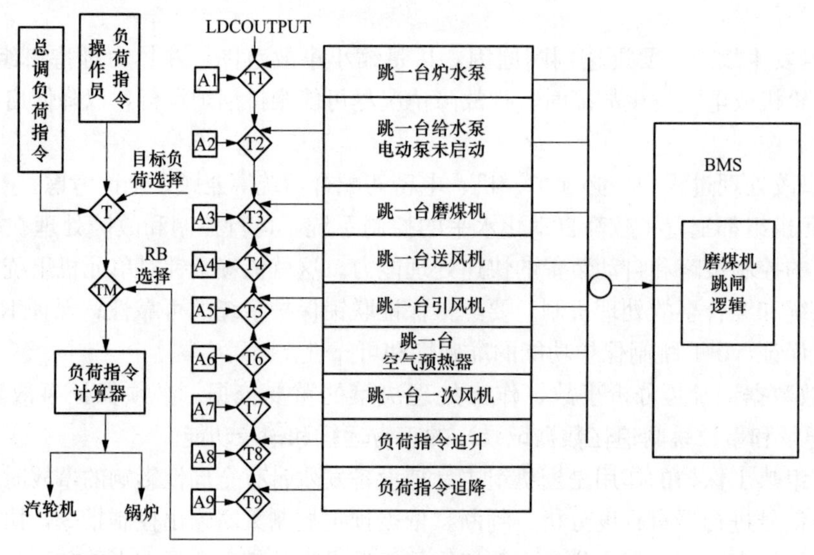

图 5-28　辅机故障减负荷控制逻辑

图中 T 是切换控制模块，起改变数据流方向和设置减负荷速率的作用；A 是数据预置模块，用于存储各个辅机的故障减负荷目标值。

当发生某一台辅机故障跳闸时，相应的 T*i* 模块的控制端条件满足，改变数据流方向，选中相应的 Ai 模块中的目标负荷，并经过控制模块 T10，把辅机故障减负荷指令送入“负荷指令计算器”，经过适当处理（如速率限制）后分别控制锅炉子系统和汽轮机子系统进行减负荷处理。

锅炉燃烧安全管理系统（BMS）根据送出的辅机跳闸信号，分别不同的情况，经过逻辑运算，驱动自身的 RB 控制逻辑决定跳 1 台磨煤机或 2 台磨煤机，并且根据磨煤机投运情况，决定跳哪一台磨煤机。

在机组正常运行时，协调控制系统（CCS）的负荷指令计算器接受电网调度系统（AGC）来的负荷指令，或者接受操作员设定的机组负荷指令。

三、机组快速甩负荷控制

FCB 控制是指在机组运行过程中汽轮机或电气部分发生事故而锅炉运行正常，例如电网故障、汽轮机或发电机本身发生故障等，这时热工保护系统应使锅炉维持在尽可能低的负荷下运行，而汽轮发电机可以跳闸，也可以在一定的条件限制下尽可能使汽轮机空载运行或自带厂用电运行，以便故障消除后较快地恢复运行，这种方式称为机组快速甩负荷（FCB）。

当机组设计 FCB 控制时，必须配以足够容量的旁路系统，必须考虑设备及控制功能的可靠性。

四、MFT 和机组大联锁

当机组在运行过程中发生带有全局性的危险事故，例如锅炉超压、炉膛灭火、送风机全部跳闸、引风机全部跳闸和汽包严重缺水等，无法继续运行时，热工保护系统应停止机组运行，切除全部燃料，停止锅炉运行，迫使机组停运，这种热工保护称为主燃料跳闸保护（MFT）。

（一）MFT 控制条件

引发 MFT 有许多重要逻辑条件，主要包括：

（1）一些重要辅机全部跳闸。例如送风机全部跳闸、引风机全部跳闸、炉水循环泵全部跳闸、一次风机全部跳闸等。

（2）热力系统一些重要运行参数达到危险值，例如汽包水位过高过低、炉膛压力过高过低、炉膛灭火等。

（3）RB、FCB 控制失败，事故扩大，导致机组无法继续运行。

参见图 5-14 所示的 MFT 控制逻辑。

（二）机组大联锁保护

单元机组的锅炉、汽轮机、发电机三大主机是一个完整的整体。每一部分都具有自己的保护系统，而任何部分的保护系统动作都将影响其他部分的安全运行。因此需要综合处理故障情况下的炉、机、电三者之间的关系。大型单元机组逐渐发展成具有较完整的逻辑判断和控制功能的专有装置进行处理，主要是指锅炉、汽轮机、发电机等主机之间以及与给水泵、送风机等主要辅机之间的联锁保护，根据电网故障或机组主要设备故障情况自动进行减负荷、投旁路系统、停机、停炉等事故处理，这就是单元机组的大联锁保护系统。

1. 炉、机、电大联锁保护系统

图 5-29 为炉、机、电大联锁保护系统原理框图。

炉、机、电大联锁保护系统的动作如下：

（1）当锅炉故障而产生锅炉 MFT 跳闸条件时，延时联锁汽轮机跳闸、发电机跳闸，以

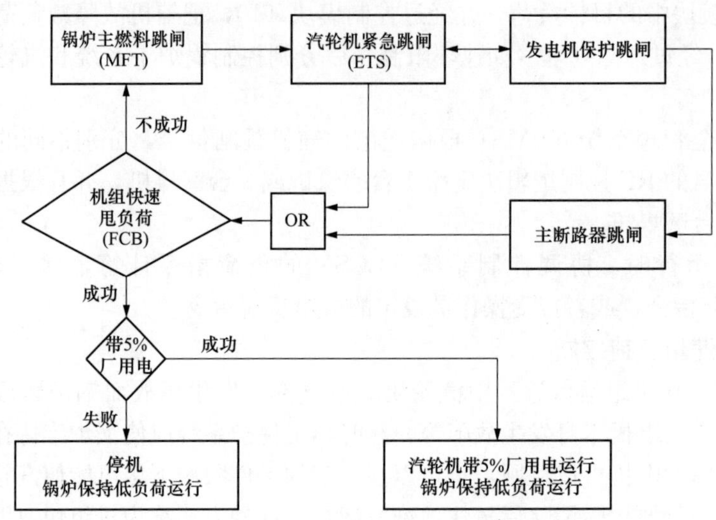

图 5-29　炉、机、电大联锁保护系统原理框图

保证锅炉的泄压和充分利用蓄热。

（2）汽轮机和发电机互为联锁，即汽轮机跳闸条件满足而紧急跳闸系统（ETS）动作时，将引起发电机跳闸；而发电机跳闸条件满足而跳闸时，也会导致汽轮机紧急跳闸。不论任何情况都产生机组快速甩负荷保护（FCB 动作）。若 FCB 成功，则锅炉保持 30%低负荷运行；若 FCB 不成功则锅炉主燃料跳闸（MFT）而紧急停炉。

（3）当发电机-变压器故障，或电网故障而引起主断路器跳闸时，将导致 FCB 动作。若 FCB 成功，锅炉保持 30%低负荷运行。而发电机有两种情况：当发电机-变压器故障时，其发电机负荷只能为零；而电网故障时，则发电机可带 5%厂用电运行。若 FCB 失败，则导致 MFT 动作，迫使紧急停炉。

炉、机、电保护系统具有自己的独立回路，且与其他系统相互隔离，以免产生误操作。但炉、机、电的大联锁应该是直接动作的，不受人为干预。

2. 炉、机、电大联锁保护实例

单元机组大联锁取决于炉、机、电结构、运行方式、自动化水平等。下面以带有旁路系统的中间再热机组为例作一说明。该单元机组配置了两台汽动给水泵，给水泵的容量各为锅炉额定容量的 50%。正常时两台汽动泵运行，一台电动给水泵（容量为 30%）作为备用泵。

图 5-30 为单元机组联锁保护框图。

联锁条件及动作情况如下：

（1）锅炉停炉保护动作（MFT）或锅炉给水泵全停时，机组保护动作进行紧急停炉。联锁保护动作紧急停机（发电机跳闸），单元机组全停。紧急停炉后，机组保护动作，停全部给水泵。

（2）当汽轮发电机组因保护动作而紧急停机时，单元机组保护系统应自动投入旁路系统，开启凝汽器喷水门，跳开发电机断路器，将锅炉负荷减到点火负荷（最低负荷）。这里指出，紧急停机时跳发电机断路器的目的是防止汽轮机自动主汽门关闭后，发电机变为电动机运行，使汽轮机叶片鼓风而引起低压缸超温，目前国内汽轮机事故停机后一般不考虑发电

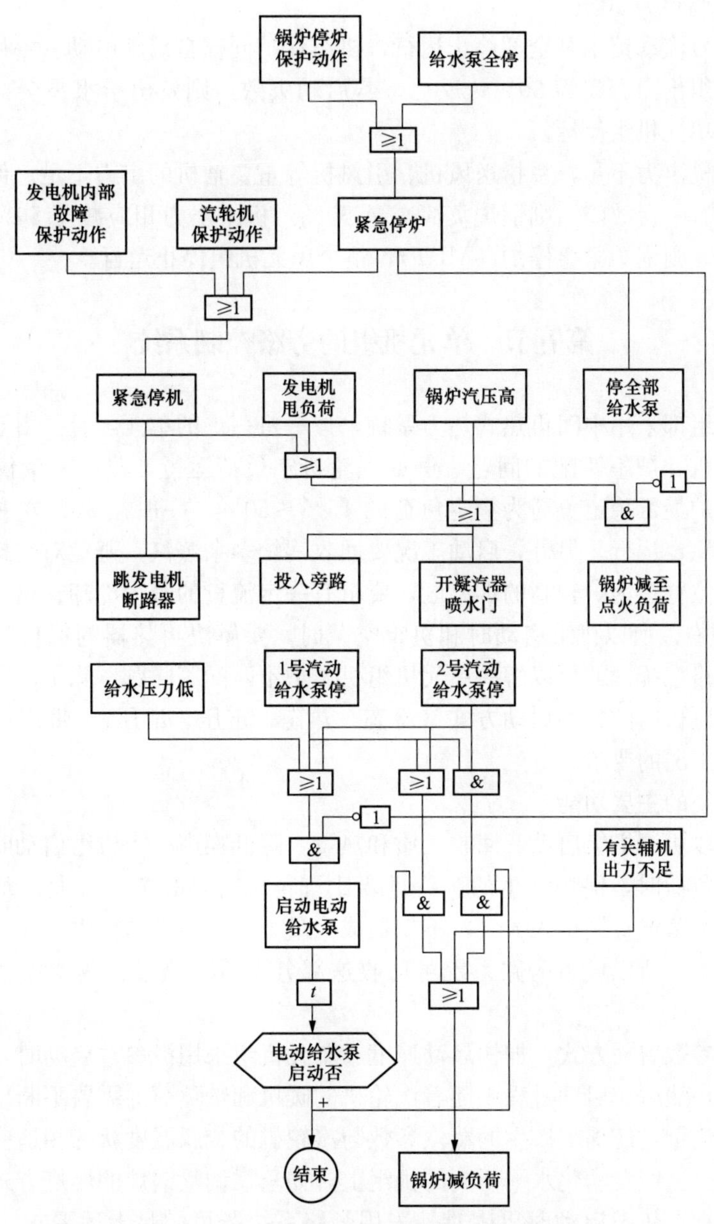

图 5-30 单元机组联锁保护系统框图

机断路器跳闸，因此是否需要或延时多久自动跳发电机断路器，需要根据汽轮机厂要求而定。

(3) 发电机甩负荷或锅炉汽压过高，则机组保护动作，同样投入旁路系统并开启凝汽器喷水门，锅炉减至点火负荷。

(4) 1 号或 2 号汽动给水泵有一台故障而停止运行，或给水压力低时，机组保护动作。启动电动给水泵，经 t 延迟，检查电动给水泵是否已启动成功，如果电动（备用）给水泵启动成功，则给水泵系统可达 80%（50%+30%），相应机组出力也调整为 80%。若电动（备用）给水泵启动不成功，则机组保护动作将锅炉减负荷至50%（一台汽动泵运行工况），相应的机组出力也调整为50%。

若1号和2号汽动给水泵全部停止运行，机组保护同样自启动电动（备用）给水泵，若启动成功，则机组出力调整为30%；反之，若启动失败，则发出给水泵全部停运信号，紧急停炉迫使整个单元机组停运。

(5) 有关辅机出力不足，系指送风机、引风机等重要辅机的出力不足。例如，运行中的两台送风机其中有一台故障，则锅炉负荷减至50%，机组出力相应减至50%。若两台送风机同时停止运行，则锅炉紧急停炉（MFT），整个单元机组停止运行。

第五节　单元机组的旁路控制系统

大型火电机组都采用中间再热式热力系统，按一机一炉的单元配置。由于汽轮机和锅炉特性不同而带来机、炉不匹配的问题。例如汽轮机空负荷运行，蒸汽流量仅为额定流量的5%～8%，而锅炉最低稳定负荷为额定负荷的15%～50%，一般在30%左右，负荷再低锅炉就不能长时间稳定运行。另外，启动工况要回收锅炉多余蒸汽，避免对空排汽造成工质损失；有的再热器位置在锅炉较高的烟温区，要求有一定流量的蒸汽冷却管道，最小冷却流量为额定的14%左右。所以机组启动时和机组空载时，要解决再热器的保护问题。在中间再热机组上设置旁路系统，就可以解决单元机组机、炉不匹配等问题。除了回收汽水和保护再热器外，还可适应机组的各种启动方式（冷态、热态、定压、滑压）、带厂用电、低负荷运行以及甩负荷等工况的要求。

一、旁路系统的主要功能

(1) 启动阶段协调机组启动，回收工质和热量，降低噪声。当机组启动时，在汽轮机冲转升速或开始带负荷时，锅炉产生的蒸汽量要比汽轮机需要的蒸汽量大，尤其对于直流锅炉，如将这些多余蒸汽直接排入大气，不仅造成大量工质和热量的损失，而且产生严重的排汽噪声，污染环境。所以设置旁路系统可回收这部分工质和热量、减少噪声，以改善锅炉条件。

(2) 适用滑参数启动方式，加快启动速度。单元机组采用滑参数启动时，首先以低参数蒸汽冲转汽轮机，然后在启动过程中随着汽轮机的暖机和带负荷的需要不断地调整锅炉的汽压、汽温和蒸汽流量，使锅炉产生的蒸汽参数与汽轮机的金属温度状况相适应，从而使汽轮机得到均匀的加热。在自动化水平不高的机组上，如只靠调整锅炉的燃烧方式或蒸汽压力是难以实现的。特别在热态启动时更困难，采用旁路系统既可满足上述要求，又加快了启动速度。

(3) 甩负荷运行阶段，由于旁路系统的作用，允许锅炉维持在热备用状态。在大型机组的设计中，由于系统故障引起机组甩负荷，甩负荷后希望机组能在空负荷或带厂用电的低负荷状态下保持稳定运行，或希望停机不停炉，让运行人员有时间去判断甩负荷的原因，并决定锅炉负荷是应进一步下降还是继续保持下去，以便汽轮发电机组很快重新并入电网、带负荷、恢复正常状态。如果系统故障，机组甩负荷后引起机、炉停止运行。当故障排除后必须重新启动，这样使恢复正常的时间增长，而且还要因启动机组从电网中耗去厂用电。此外，对电网的稳定性也带来一定的影响。而在要求快速甩负荷时，必须立刻关给水泵汽轮机的调节汽门，但锅炉仅能缓慢地调整负荷，由此产生的蒸汽产量与需要量之间的不平衡，将引起主蒸汽系统和再热器系统内压力的升高。对旁路装置容量不足的设备，将导致安全阀动作。旁路系统的作用可使锅炉与汽轮机脱开运行，直到过渡到新的机组负荷工况，而不出现较大的汽水损失。

(4) 保护再热器。一般说，高参数大容量的汽轮发电机组、锅炉机组采用一次中间再热，以提高电厂的循环效率。在正常工况时，汽轮机高压缸的排汽通过再热器将蒸汽再热至额定温度，并使再热器得以冷却保护，而在锅炉点火、汽轮机尚未冲转前或甩负荷等工况时，汽轮机高压缸不能排汽来冷却再热器，采用了旁路系统就可引入经减压降温后的蒸汽维持连续的蒸汽流动，使再热器能得到足够的冷却，从而保护再热器。

(5) 正常工况下，若负荷变化太大，旁路系统将帮助锅炉、汽轮机协调控制系统调节锅炉主蒸汽压力。

二、旁路系统的安全保护作用

(1) 当运行机组发生下列情况之一时，高速打开高压旁路阀和高压喷水阀，同时高速联动打开低压旁路阀和低压旁路喷水阀：①发电机瞬间甩负荷 25%MCR 以上；②汽轮机跳闸，自动关闭主蒸汽门；③主蒸汽压力超过设定值。

这时旁路装置起泄压、分流、平衡机炉之间蒸汽负荷及维持锅炉 30%低负荷运行和冷却再热器的作用。

(2) 当运行机组发生下列情况之一时，高速关闭低压旁路阀，同时以比常规调节速度快的速度关闭低压旁路喷水阀：①凝汽器真空下降到允许设定限值；②低压旁路阀出口汽温超过允许设定限值；③供低压旁路减温的凝结水压力低于允许设定限值。

(3) 当再热汽压力与压力设定值（汽轮机速度级压力）之偏差（正偏差）超过允许设定限值时，高速打开低压旁路阀和低压旁路喷水阀。

(4) 当低压旁路阀全开，而其入口再热汽压力超过额定压力时，相应关小低压旁路阀，以减少蒸汽流量，防止凝汽器过负荷。

三、旁路系统的形式

旁路系统一般分为高压旁路、低压旁路及大旁路等形式。

(1) 高压旁路（Ⅰ级旁路）。它可使主蒸汽绕过汽轮机高压缸，蒸汽的压力和温度经Ⅰ级旁路降至再热器入口处的蒸汽参数后直接进入再热器。

(2) 低压旁路（Ⅱ级旁路）。它可使再热器出来的蒸汽绕过汽轮机中、低压缸，通过减压降温装置将再热器出口蒸汽参数降至凝汽器的相应参数后直接引入凝汽器。

(3) 大旁路。即整机旁路，它是将过热器出来的蒸汽绕过整个汽轮机经减压降温后直接引入凝汽器。

旁路型式选取主要取决于锅炉的结构布置，再热器材料及机组运行方式。若再热器布置在烟气高温区，在锅炉点火及甩负荷情况下必须通汽冷却时，宜用Ⅰ、Ⅱ级旁路串联的双级旁路系统或者用Ⅰ级旁路与大旁路并联的双级旁路系统。若再热器所用的材料较好或再热器布置在烟气低温区，允许干烧，则可采用大旁路的单级旁路系统。对于要求有较大灵活性的机组，如调峰运行机组，两班制运行机组，为了热态启动时迅速提高再热汽温，低负荷时也能保持较高的再热汽温，且再热器布置在烟气高温区，此时必须选用Ⅰ、Ⅱ级旁路串联的双级旁路系统。

近年来，我国投产的大型机组许多采用了进口的旁路装置，如200MW机组采用德国西门子旁路装置，300、600MW机组采用瑞士的苏尔寿旁路装置。这些旁路装置的阀门无漏流、动作可靠，具有快速开、闭功能，控制系统设计较为合理、功能齐全、工作可靠，下面以苏尔寿旁路系统为例作一介绍。

四、苏尔寿旁路系统

（一）旁路系统构成

图5-31为苏尔寿旁路系统示意图。

高压旁路系统包括一只高压旁路调节阀（BP）、一只高压旁路温度调节阀（BPE）和一只高压旁路喷水压力调节阀（BD）；低压旁路系统包括二只低压旁路隔离阀（LBPI）、二只低压旁路调节阀（LBP）和二只低压旁路温度调节阀（LBPE）以及一台减温器。汽轮机旁路系统即由上述的六只旁路和相应的控制系统组成。

汽轮机蒸汽旁路控制系统包括高压旁路控制系统和低压旁路控制系统。高压旁路控制系统由主蒸汽压力、温度、减温水压力三个子控制系统组成。低压旁路控制系统由再热蒸汽压力、喷水减温、低压旁路隔离阀三个子控制系统组成。每个子控制系统由阀门、液压执行机构、控制回路和每个子系统所共享的供油装置等部件组成，若液压执行机构所采用的工作压力油为抗燃油，还需要有一套抗燃油再生装置。

（1）阀门。当旁路站处于运行状态时，BP阀和LBP阀分别用于控制和监视主蒸汽压力和再热蒸汽压力。BPE阀和LBPE阀分别用于高、低压旁路的温度调节，即控制喷水量，以使BP阀和LBP阀出口的温度不超过规定值。BD阀用于控制高压旁路喷水压力，并在BP阀关闭时也关闭，对高压旁路喷水起隔离阀作用。LBPI用于保证凝汽器的安全运行。

（2）执行机构。用于打开或关闭阀门，因旁路阀门所需的提升力很大，而且要求快速动作时全行程的控制时间短，因而一般采用液压执行机构。正常工作时，调节阀接受来自控制系统的信号，并通过电液伺服阀转换成工作油压信号，使阀门开大或关小。开关控制的阀门接受逻辑控制信号使阀门打开或关闭。事故情况下，利用安装在执行机构上的快行程装置，使阀门快速打开或快速关闭。

（3）供油装置。它提供液压执行机构所用的压力油，该装置由供油监控器进行控制和监视。

（4）抗燃油再生装置。用于处理工作油，保持抗燃油的物理、化学性能。延长油的使用寿命，防止伺服阀的粘结和腐蚀。

（二）高压旁路控制系统

高压旁路控制系统的运行方式：

由于大型火电机组在启动阶段采用滑参数启动，高、低负荷时为定压运行，中间负荷为变压方式运行，为此高压旁路控制系统设计有阀门位置（简称阀位）、定压和滑压三种运行方式，其关系如图5-31所示。

（1）阀位运行方式。在锅炉点火至汽轮机冲转前的阶段设计为阀门位置运行阶段，以加速锅炉的启动。在这期间，又把高压旁路控制设计成三个小的阶段。

锅炉点火最初阶段，阀门控制在最小的开度。因为刚一点火时锅炉的压力很低，旁路阀门不能自动打开，可通过最小开度定值Y_{min}，使旁路阀门保持在最小开度，蒸汽通过高压旁路加热整个系统，防止阀门的冲蚀。

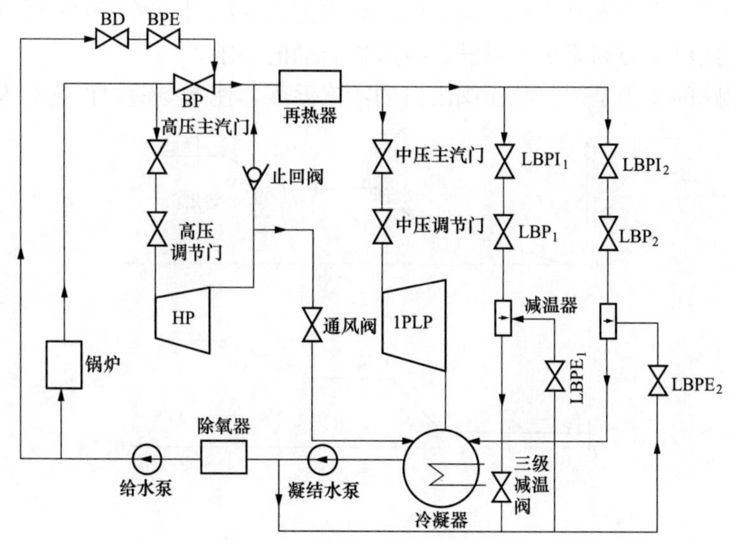

图 5-31　苏尔寿旁路系统示意图

主蒸汽压力升高到最小定值 P_{min}时，为定压控制方式。用开大高压旁路阀门来保持主蒸汽压力为最小定值 P_{min}。

高压旁路阀门开度增大到所设定的最大开度 Y_{max}后，利用压力设定值按一定的梯度增加，以快速提高主蒸汽压力（旁路阀门保持在最大开度）。限制压力整定值增加的速率可以限制住蒸汽压力上升的速度，因而实现在此阶段锅炉的滑压启动。汽轮机高压旁路运行方式如图 5-32 所示。

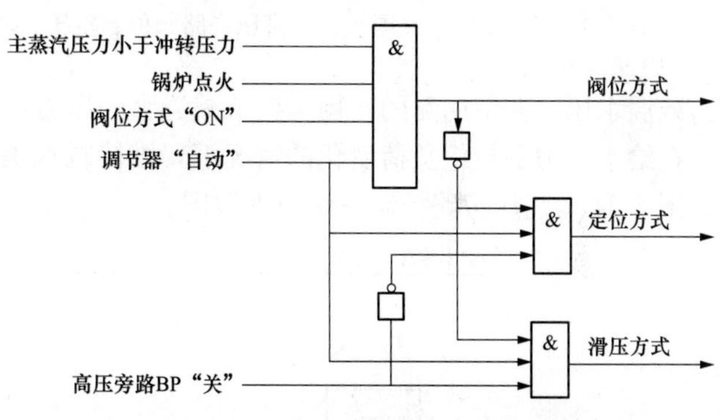

图 5-32　汽轮机高压旁路运行方式

（2）汽轮机定压启动。主蒸汽压力升高到冲转汽轮机压力时，自动转为汽轮机定压运行方式，压力整定值保持不变，以保证汽轮机启动时主蒸汽压力不变，实现汽轮机定压启动。在汽轮机尚未冲转时，用旁路阀调节保持主蒸汽压力为定值。此时根据运行要求，可以改变汽轮机冲转压力的大小，高压旁路系统能适应汽轮机中压缸冲转或高压缸冲转的要求。在汽轮机冲转、并网、带负荷后，耗汽量增加，通过高压旁路阀门关小保持汽轮机前主蒸汽压力的定值。

（3）汽轮机滑压运行。当旁路阀门全关时，转入滑压运行阶段。滑压运行时，控制系统自动跟踪实际压力值，主蒸汽压力定值的梯度可以预告设定，并用于监视主蒸汽压力，要求主蒸汽压力的增加速度低于所设定的值，从而压力定值总是稍高于实际压力值，以保持旁路阀门关闭。

高压旁路控制系统的上述三种运行方式的运行曲线见图 5-33。

高压旁路控制系统有压力调节回路、温度调节回路和减温水压力调节回路。

压力调节回路的主要作用是在机组正常运行时，若锅炉主蒸汽压力超过整定值，则高压旁路阀门自动开启。压力恢复正常时，阀门自动关闭。机组启动时，压力调节回路调节汽轮机调节阀前的主蒸汽压力和流量，以满足滑参数启动的要求。

温度调节回路的作用是调节减压阀出口的蒸汽温度，使之与锅炉再热器入口温度一致。

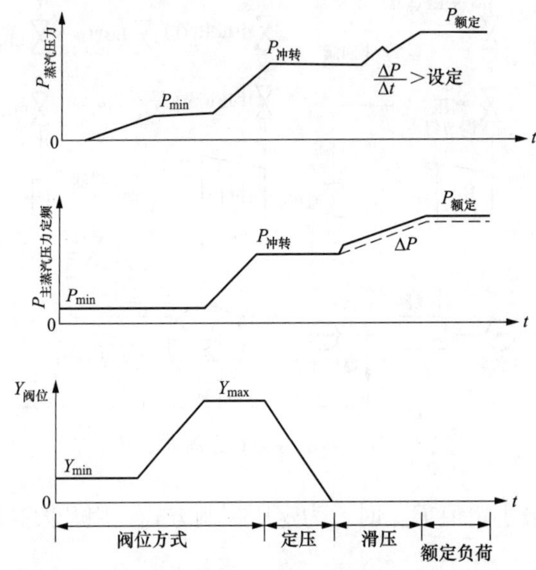

图 5-33　高压旁路阀位、定压、滑压启动曲线

减温水压力调节回路的作用是调节减温水的压力，使之与锅炉给水泵出口压力成一定比例。在给水压力随机组负荷变化的情况下，维持减水压力的最佳值，保证良好的减温效果。

图 5-34 为高压旁路控制系统原理框图。

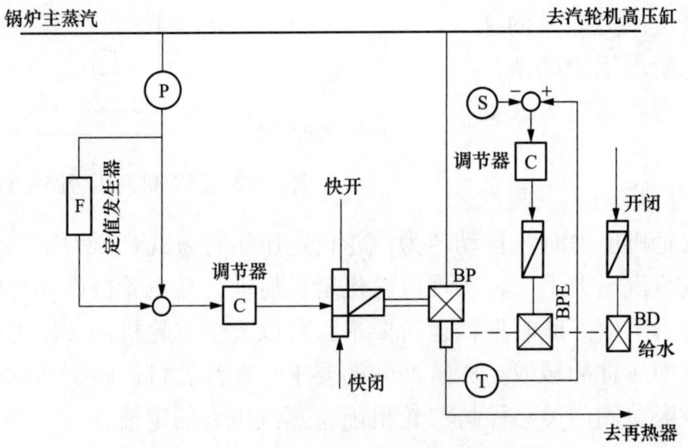

图 5-34　高压旁路控制系统原理框图

(1) 高压旁路压力调节系统。当锅炉开始点火时，锅炉负荷为零，其出口汽压 P 为零，定值发生器设有最小压力定值，故定值发生器的输出不是零，而是 P_{min}，此时锅炉出口压力比定值压力低，调节器的输出信号为负偏差，将使高压旁路压力调节阀 BP 处于关闭状态。由于在启动时保证有一定的蒸汽量通过再热器，已设定了阀门的最小开度值，所以实际上 BP 阀是处于最小开度的阀位上。接着锅炉产生蒸汽，其出口汽压将逐渐上升。当蒸汽压力

达到预置的最小压力定值（P_{min}值）时，根据启动曲线将实现定压运行，而此时随着燃烧率的增加，锅炉负荷也增加。为了使实际锅炉出口压力维持在P_{min}值上，旁路阀门将随着燃烧率的增加而开启。当旁路阀门开启到设定的最大阀门开度时，控制系统将实现随锅炉的滑压运行，蒸汽压力和蒸汽流量将根据燃烧率的增加而上升。当压力达到汽轮机冲转压力时，根据启动曲线要实现一段定压运行，旁路阀门将随着汽轮机冲转、升速、带负荷后进汽量的增加，引起主蒸汽管道中汽压的下降，并逐渐关闭旁路阀以维持汽压P的恒定。旁路阀门全闭时将实现随汽轮机的滑压运行，此时主蒸汽压力调节将由锅炉控制系统实现，高压旁路压力调节系统仅在负荷大幅度变化时帮助锅炉控制系统调节主蒸汽压力。

(2) 高压旁路温度调节系统。温度调节的任务是维持高压旁路阀后汽温（即再热器冷端管路中的温度）为某一定值温度，控制必须满足下列要求：喷水量必须精确地与蒸汽量相一致，温度控制必须保证稳定的喷水性能，前馈控制不可引起暂时的过量喷水，它必须与瞬间的运行状态相匹配。

（三）低压旁路控制系统

低压旁路控制系统包括压力调节回路和温度调节回路。压力调节回路的作用是控制锅炉出口的再热蒸汽压力达到给定值。图 5-35 为低压旁路控制系统原理框图。

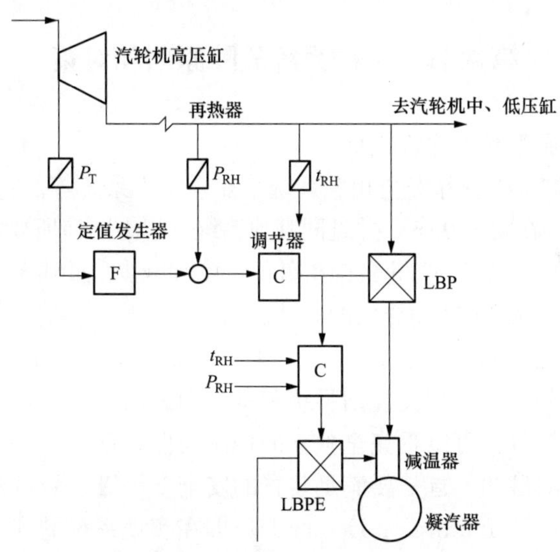

图 5-35　低压旁路控制系统原理框图

机组启动期间，低压旁路压力调节系统维持再热器出口压力为最小定值，此定值可控制台上进行设定，并由相应的指示仪表指示其数值。汽轮机加负荷时，实现跟踪运行。给定值由汽轮机监视段压力经过定值发生器后产生，此值比再热器热端管道中的压力高，因而在调节器的输入端所产生的控制偏差信号保证了旁路阀门在正常运行过程中保持关闭。若再热器管道内的压力太高，则定值发生器将发信号给调节器，使调节器产生一个相应的信号开启低压旁路阀门。汽轮机跳闸时，低压旁路阀门将蒸汽通过减温器旁路到凝汽器中去。为了不超过凝汽器所能接受的最大蒸汽量，在低压旁路阀出口处装有测点，以测量低压旁路的出口压力。此压力与蒸汽流量成正比，如果此压力信号大于P_{max}，则将在调节器的输入端产生一信号，使阀门相应地关闭。

由于低压旁路出口的温度测点不易安装，而且饱和温度的测量不正确，所以低压旁路温度控制可设计成开环回路，根据低压旁路阀门的开度、再热器出口压力及再热器出口温度计算所需的喷水量，然后再根据阀门特性曲线将喷水量转换成相应的喷水阀门开度。

（四）旁路系统的联锁保护及报警

(1) 高压旁路压力调节阀开度大于2%时，使低压旁路压力调节回路投“自动”，同时使高压旁路温度调节回路投“自动”，喷水压力调节阀打开。

(2) 高压旁路压力调节阀打开10s后，若低压旁路压力调节阀仍处于关闭状态，则发出报警信号。

(3) 接到“汽轮机跳闸信号”后，高压旁路压力调节回路闭锁3s，低压旁路压力调节回路闭锁1s。

(4) 接到“主燃料跳闸信号”后，高压旁路压力调节阀自动关闭，关闭时间为10～15s。

(5) 高压旁路压力调节阀后蒸汽温度超过设定值时，闭锁高压旁路快开信号，同时发出报警信号。

(6) 在发生下列情况时，低压旁路隔离阀快速关闭，以保护凝汽器。①凝汽器压力高；②凝汽器温度高；③喷水压力低；④主燃料跳闸。

第六节　保护系统故障原因和对策

一、保护系统设计原则和可靠性指标

生产过程中联锁保护系统也称安全相关系统、安全仪表系统等。它执行必要的安全功能，以使被控对象达到或保持在安全状态，并且同其他系统一起力图使所要求的安全功能达到必须的安全完整性。安全相关系统可以防止危险事件的发生和减少危险事件的影响，危险事件也包括安全相关系统本身的故障或失效而导致的事件。当发生危险事件时，安全相关系统将采取适当的动作和措施，防止被控对象进入危险状态，避免危及人身安全和/或损伤设备。

安全相关系统可以分为安全相关控制系统和安全相关保护系统，可以是控制系统的一部分或控制系统的一个功能，也可以是完全独立的控制或保护系统。

安全相关系统设计的目的，首先要满足装置的安全度等级，衡量标准在于它能否达到故障概率PFD（Probability of Failure on Demand），即在实现系统的安全功能上，为了达到装置的安全度等级，系统需具有的高可靠性。安全相关系统逻辑设计原则必须满足工艺装置的安全运行，在发生异常情况时发挥作用，使安全联锁系统按预定要求动作，以确保工艺装置的生产安全，避免重大人身伤害及重大设备损坏事故。对于安全相关系统的设计，应遵循以下原则：

1. 可靠性原则

为保证工艺装置的生产安全，安全相关系统必须具备与工艺过程要求的安全度等级SIL（Safety Integrity Level）相适应的可靠度。对此，IEC61508等标准有详细的技术规定。我国目前还没有与国际标准接轨的规范。对于安全相关系统，可靠性有两个含义，一个是安全仪表系统本身的工作可靠性；另一个是安全相关系统对工艺过程认知和联锁保护的可靠性。安全相关系统不但要有足够的工作可靠性，还应有对工艺过程测量、判断和联锁执行的高可靠性。

2. 可用性原则

可用性（可用度）是指可维修的产品在规定的条件下使用时，在某时刻正常工作的概率。常用下面公式表示：

$$A = MTBF/(MTBF + MTTR)$$

式中 A——可用度；

$MTBF$——平均故障间隔时间；

$MTTR$——平均修复时间。

对于安全相关系统对工艺过程的控制过程，还应当重视系统的可用性，正确地判断过程事故，先尽量减少装置的非正常停工，减少开、停工造成的经济损失。

3. 故障安全型原则

当安全相关系统的元件、设备、环节或能源发生故障或失效时，系统设计应当使工艺过程能够趋向安全运行或安全状态。这就是系统设计的故障安全型原则。能否实现“故障安全”取决于工艺过程及安全仪表系统的设置。

4. 过程适应原则

安全相关系统的设置必须根据工艺过程的运行规律，为工艺过程在正常运行和非正常运行时服务。正常时安全相关系统不能影响过程运行，在工艺过程发生危险情况时安全相关系统要发挥作用，保证工艺装置的安全。这就是系统设计的过程适应原则。

按第五章第一节三段所述，安全相关系统用动作次数统计的故障率来表示可靠性。有两个故障统计指标：误动率和拒动率。这两个指标一般分别统计并且在可靠性分析时认为只有在两者均降低时，系统的可靠性才得到提高。

在进行故障率统计时，把动作结果的样本总数分为三类统计：①正确动作的次数。②误动次数。③拒动次数。误动率是单位时间内（通常是一年）的误动次数占①、②两项的比率。拒动率是单位时间内（通常是一年）的拒动次数占①、③两项的比率。如

误动率＝误动作次数/实际动作次数

拒动率＝拒动作次数/应当动作次数

其中，实际动作次数为正确动作次数与误动作次数之和，应当动作次数为正确动作次数与拒动作次数之和。

因此故障率并非是误动率和拒动率的简单求和。

二、保护系统故障原因

保护系统一般由保护信号输入回路、逻辑处理回路和保护输出动作回路三部分串联组成。据电力安全监察部门对热控故障元件（零部件）分类统计，各部分故障比率大致如下：

（1）信号输入回路。包括测量元件、变送器、压力温度开关、火焰检测器、仪表管道等，主要是测点断线、短路，火检器缺乏维护脏污积灰，变送器、压力温度开关损坏，仪表管路堵塞，冻坏等。约占全部故障的26.3%。

（2）控制设备故障。占全部故障的31.4%。

（3）执行元件故障。包括执行器、调节阀、电磁阀、继电器等，主要是执行元件卡涩、粘连、损坏等，约占全部故障的8%。

（4）热控公用设备故障包括电源（UPS）、电缆（光缆）、端子箱、接线盒等方面，约占

全部故障的13%。

以上统计中未计入控制系统软故障的情况。

运行统计表明，信号输入回路中的检测仪表及信号单元、控制设备是热控系统中可靠性相对较低的部分。

三、减少保护系统故障的对策

提高安全仪表系统的可靠性从而减少保护系统故障涉及以下四个方面：

(1) 系统的体系结构；

(2) 安全系统仪表的可靠性；

(3) 逻辑程序设计的安全性；

(4) 运行环境的可靠性。

(一) 系统的体系结构

保护控制系统由安全仪表系统和被控对象组成，如图5-36所示。安全仪表系统由检测元件、逻辑控制器和执行装置三部分构成。安全仪表各部分串联工作。仪表系统的可靠性R取决于这三部分仪表的可靠性，是这三个部分可靠性的乘积即$R=R_A \cdot R_B \cdot R_C$。若要求安全仪表系统有高可靠性，安全仪表这三个部分的可靠性必须要求极高。

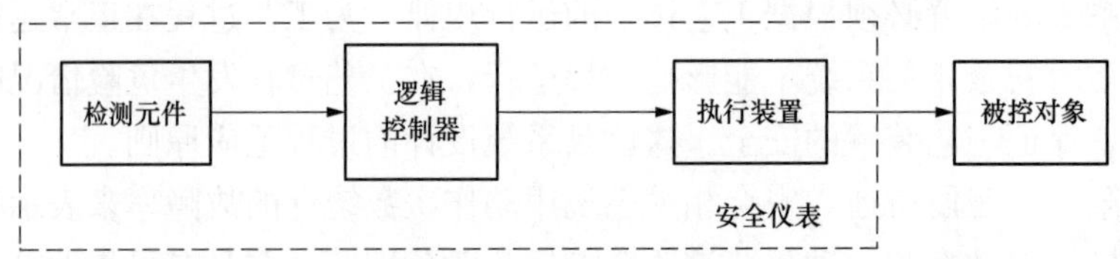

图5-36 保护系统的组成

热工保护运行统计表明，测量仪表和信号单元和控制设备是保护系统中可靠性相对较低的部分。因此，在保证摄取的保护信号真实可靠和使用高可靠性控制设备的前提下设计阶段提高安全仪表可靠性还可以通过仪表组成的体系结构来进一步来提高安全仪表系统的可靠性。常用的结构有三重化结构和双机热备系统。

图5-37为三重化结构系统图。三路测量信号分别送到三个逻辑控制器件中进行“三取二”逻辑处理、逻辑综合判断，三个逻辑结果经由“三取二”逻辑处理后输出给执行装置。这种结构对测量信号和控制装置部分进行了三重化处理，能够提高这两部分的可靠性。

图5-38 (a) 为双机热备结构系统图，用于提高控制设备的可靠性。两套相同的运算器件A、B各自运行同样的程序，逻辑输出结果由各自运算器件的故障诊断状况X、Y来判断，如图5-38 (b) 所示。当二者均检测无故障，X、Y均为0，输出保持原状不变；当器件A故障，$X=1$，触发器复位端为1，触发器输出为0，输出切换置B信号；当器件B故障，$Y=1$，触发器置位端为1，触发器输出为1，输出切换置A信号。

执行部分的可靠性根据控制设备的输出可以采用单输出点同故障诊断点串联、“三取二”逻辑处理输出、串并联、并串联等结构形式，这些结构均能提高执行部分的可靠性。图5-39所示的并串联结构，是汽轮机危急遮断系统（ETS）的4个AST电磁阀的并串联输出结构，构成危急遮断系统中EH有的泄油通道。正常运行时它们被激励时关闭，使所有蒸汽进汽阀执行机构活塞的油压建立。只有在两个并联通道中至少有1个电磁阀打开，总管泄油，使所有进汽阀关闭停机。任何一个电磁阀误动或拒动都不能引发ETS动作。

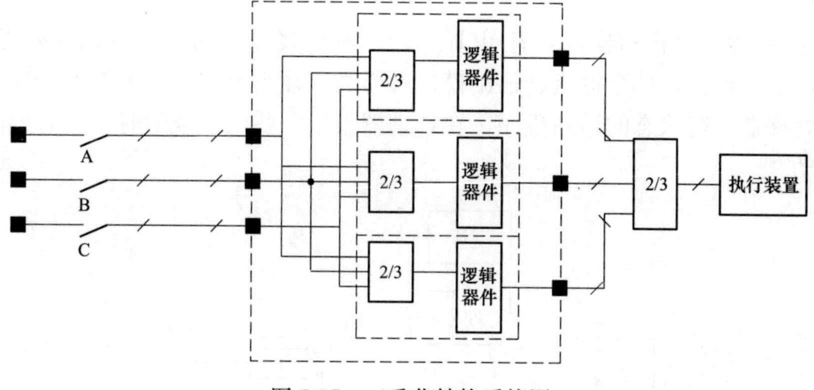

图 5-37 三重化结构系统图

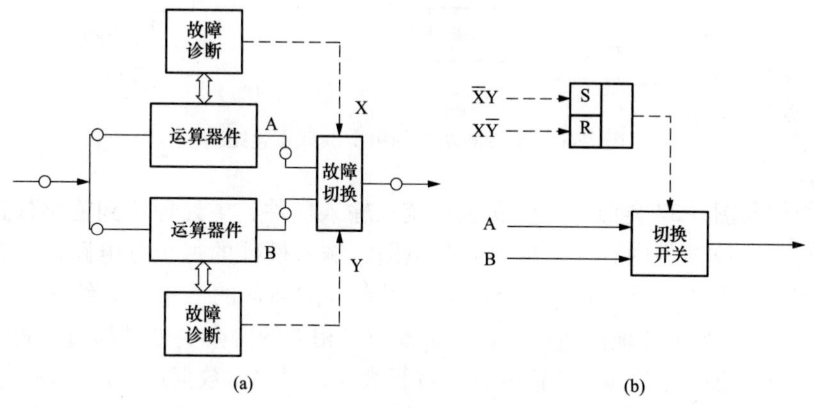

图 5-38 双机热备结构系统图

（二）安全系统仪表的可靠性

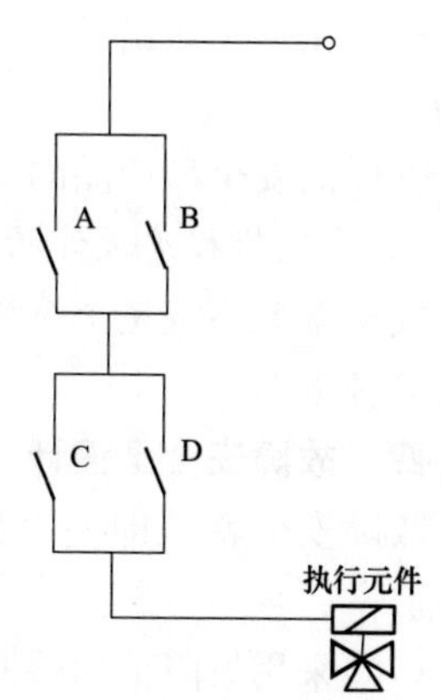

图 5-39 并串联结构系统图

20 世纪 80 年代末国内火力发电厂 DCS 应用范围开始扩大到炉膛安全监控系统 FSSS 和 SCS（包括了辅机联锁保护和汽轮机防进水保护），于是形成了 DCS 完成四大功能（DAS，MCS，SCS，FSSS）的模式。由于 DCS 一体化可以统一和简化操作员接口，减少备品备件品种，降低仪表控制的维修费用和总投资，对电厂来说极具吸引力。但许多安全相关的系统和功能由 DCS 软逻辑实现是否存在着隐患始终是个问题。我国火电厂所用的 DCS 系统是以美国技术为主导的，它并没有专门用于安全保护功能的专用控制器，提高可靠性的办法是采用冗余控制器。DCS 中的控制和保护功能均由相同的通用控制器来完成的，因此，当 1994 年修订的《火力发电厂设计技术规程》将机组顺序控制系统和炉膛安全监控系统等纳入分散控制系统时，也并未对安全相关的保护联锁功能采用的控制器类型作出专门规定。近些年来，由于对设备安全、人身安全以及环境影响的关注，国外工业企业对安全相关系统的开发和应用加大了投入，开发了许多故障安全和容错的安全系统。随着微电子技术的迅速发展，双重冗余、三重冗余的带诊断功能的控制器产品已经形成竞争力。

图 5-40 所示为双重化结构，具有单 I/O 模块和外接看门狗的双重化可编程控制器件。该配置包括双主处理器，单个输入、输出模块及与数字输出点相连的外接看门狗。由于采用了监视双主处理器运行状态的诊断程序，在处理器发生一些软件故障时，可有效防止安全联锁系统的误动。

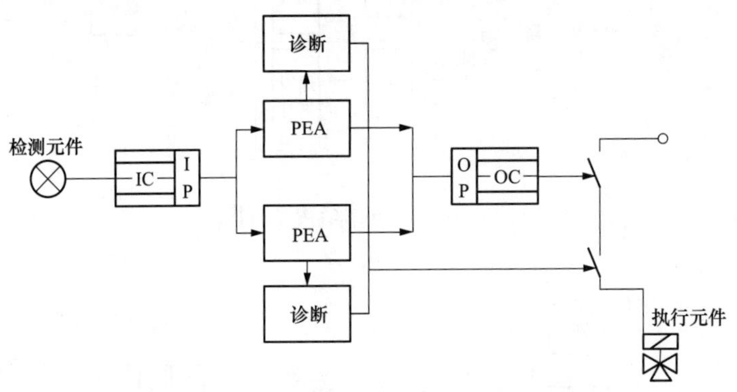

图 5-40 带诊断功能的单 I/O 双重化结构

三重化结构与图 5-37 类似。安全联锁系统从输入模件、主处理器到输出模件都完全是三重化的。每个 I/O 模件内有 3 个独立的分电路，输入模件的每个分电路读入过程数据并将此信息送到各个主处理器。3 个主处理器利用专有的高速的三重化总线进行相互间的通信，每扫描 1 次，3 个主处理器通过三重化总线与其相邻的两个主处理器进行通信，以达到同步。同时三重化总线可对其数字输入数据进行表决，对输出数据进行比较，并把模拟输入数据复制再送到每个处理器，主处理器执行各种控制算法，并将运算输出值送到各输出模件。

三重化数字输出模件对每一点都提供串/并联表决回路。其数字输出模块可看成串并联结构。

这样的安全型产品的应用使得安全仪表系统的可靠性得以保证。

（三）逻辑程序设计的安全性

安全系统系统是个系统工程，除了设备硬件可靠性外，在方案设计和编程实现中还可以采取多种策略。

四、故障安全型设计

故障安全就是即使个别零部件发生故障或失效，系统性能仍不变，仍能保证系统可靠性。

（1）采用故障范围限制设计。如图 5-41 所示的“启保停”功能，图（a）是在控制器内部完成，DO 输出到设备的是一路长信号；图（b）是由控制器外部的电气逻辑完成。DO 输出是 2 路脉冲信号。图（a）中 DO 故障影响到设备运行。图（b）中 DO 故障不影响设备运行。

（2）执行装置采用失电保护逻辑。执行装置控制电路中由动力回路和逻辑回路两部分组成，这时逻辑回路的电源应取自于动力回路电源。如运行时当动力回路掉电，则控制回路电源随之失电，不至于当动力回路恢复电源时设备处于运行状态。

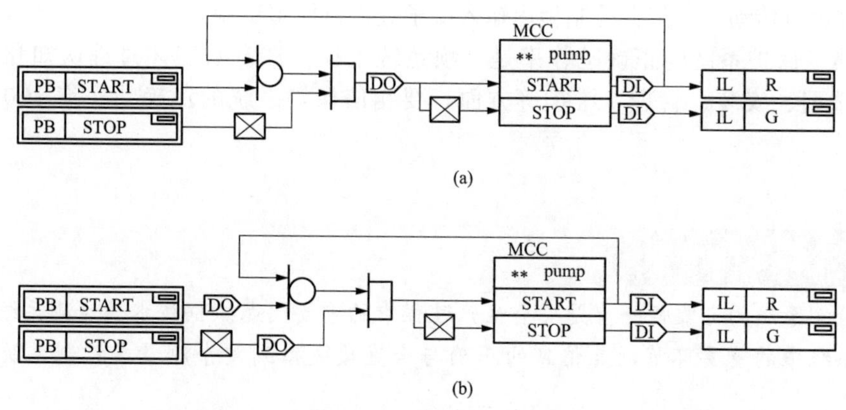

图 5-41 故障范围限制设计

五、故障诊断与容错控制

容错是指出现有限数目的硬件或软件故障的情况，系统仍可连续、正确运行的内在能力。

1. 故障诊断与故障点切除

根据测量信号的特点，发现某些故障的特征并在其出现时判别出来有利于提高安全系统的可靠性和可用性。如参与电动机保护的定子线圈温度、轴承温度等的测温元件，当其出现拖落、断线等状况时，其测量温度数值会发生较大变化，即正常测量信号的变化率只在一定范围内变化。当变化率超限时则是故障状态，这时应该闭锁这个温度信号的保护作用。一种剔除此坏信号的逻辑如图 5-42 所示。如某轴承温度测量信号的变化率超限，寄存器 M 置位，发出某轴承温度保护故障剔除信号并反相后给与门，禁止温度高辅机跳闸保护信号发出。

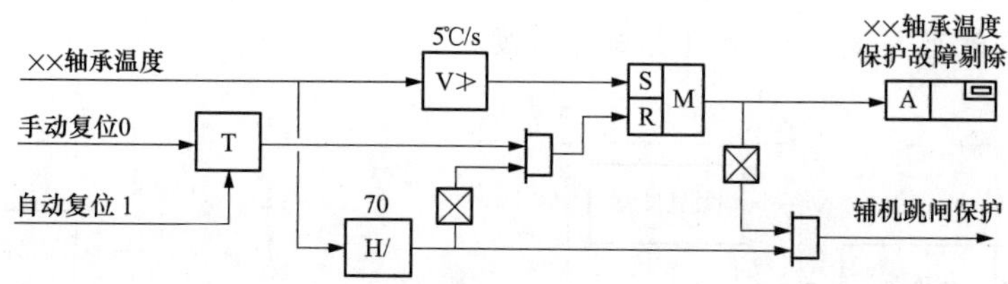

图 5-42 辅机轴承温度保护跳闸坏信号剔除逻辑

2. 多重冗余技术

在此指控制设备的冗余结构，有双机冷备、双机热备、三重化等几种结构形式。

提高运行环境的可靠性：

维护好安全联锁系统运行的条件和环境。对 DCS、DEH 控制系统，要严格按照《二十五项反事故措施》的要求排查影响系统安全的各种因素，制定反事故措施。对一次元件及就地设备要定期校验，运行过程中要定期检查，保证设备正常运行。注意解决三冗余测量回路的检查，易堵测量导管的检查，如炉膛压力导管的检查。注意二重输出、多重输出中的故障报警信号。注意仪表管路的防寒防冻。认真做好热工保护联锁试验、仔细确定保护定值是防止保护误动拒动的必要手段。大小修和日常定期维护要规定试验项目，联锁试验应在现场模拟工作条件进行传动，严禁在控制柜内输入端子处进行模拟试验。

提高热工保护系统的正确动作率是一项系统工程，涉及对工艺过程认知和联锁保护的设计、选型、安装、管理、维护等方面，要相信保护系统的正确动作率100%是能够达到的。

延伸阅读 冗余设计的应用

提高检测系统的可靠性一直是安全生产过程中的重要问题。锅炉水位检测系统作为锅炉自动控制系统中的重要环节，其信息的正确与否直接关系到整个测量或控制系统的成败与精度。

锅炉水位检测系统一般可以分为：水位对象信号检测、信号转换、信号显示和信号处理四部分，如图5-43所示。保证和提高其检测系统稳定性和可靠性的一个重要的技术手段是采用冗余设计。

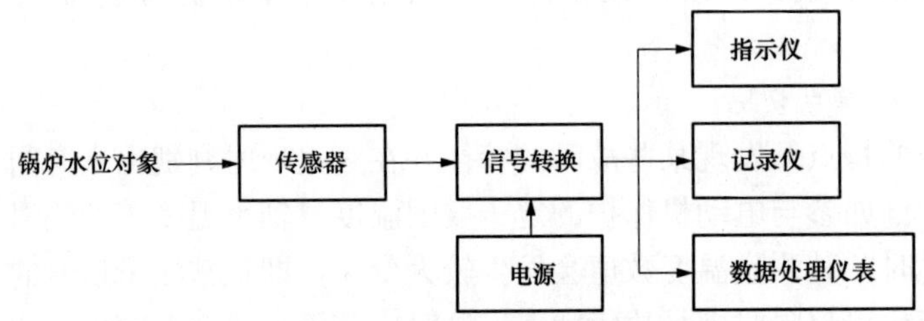

图5-43 锅炉水位检测系统图

目前锅炉水位检测系统多采用自动化仪表与计算机联检系统，该系统既能定性了解水位又能进行定量分析，如图5-44。对应的可靠性框图如图5-45所示。其中 R_1 为传感器可靠度，R_2 为数显仪表可靠度，R_3 为计算机可靠度。

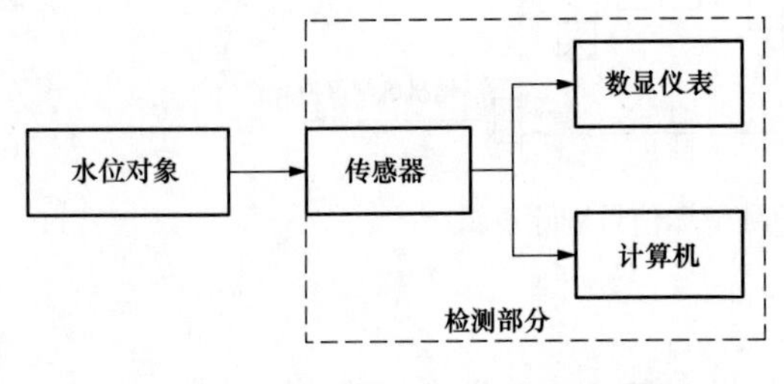

图5-44 一般锅炉水位检测系统图

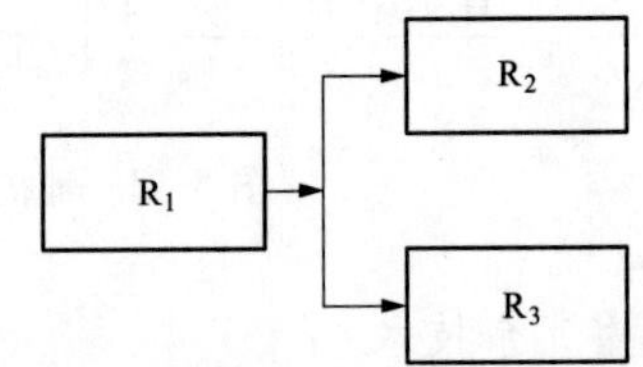

图5-45 一般锅炉水位检测系统可靠性

上述锅炉水位检测系统中，传感器的可靠度最敏感。为提高系统可靠度，采用冗余并联设计-多传感器融合技术，即应用放置在不同位置的多个传感器用来观测检验对象，这些传感器先对所观测的数据进行预处理，再经过数据通道将他们的处理结果送到数据融合中心，融合中心对所收到的局部决策进行综合，最终得到一个全局决策，提高了控制对象工作过程中的可靠度，由于检测信息可靠度提高，整体系统可靠性得以提高。改进的冗余系统如图5-46所示。

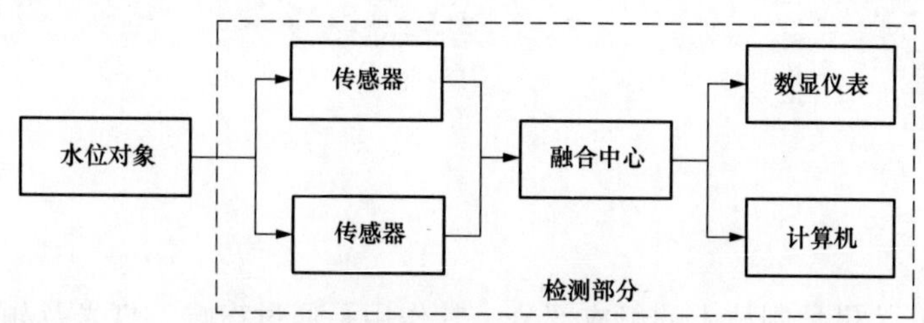

图 5-46　冗余设计锅炉水位检测系统图

5-1　热工保护有哪些方面的特征？

5-2　热工保护的内容有哪些？用功能模块图及文字说明过热蒸汽压力高保护的具体过程。

5-3　FSSS 燃料安全系统的公用控制逻辑包括哪些主要功能？列出 MFT 跳闸的主要条件、跳闸后的主要动作项目及 MFT 跳闸继电器的复位条件。

5-4　单元机组保护中的 MFT、RB、FCB 功能各指什么？简要说明各功能。

5-5　保护系统设计的原则有哪些？

5-6　说明保护系统中测量信号单元采用三取二逻辑处理的形式。分析其可靠性提高的理论依据。

第六章 自动报警系统

报警技术是开关量控制技术的组成部分，其作用是通过声响、灯光及颜色等信号指示设备的运行状态；报告设备在运行中报警情况；提醒运行值班人员注意或采取必要的人工干预措施、恢复正常运行状态，以保证设备安全运行。

第一节　报警信号和自动报警系统

一、报警信号的类型

报警信号根据其用途和性质可分为以下几种类型。

（一）状态信号

一般由信号颜色来表示生产过程中设备的当前状态。在屏幕显示技术中以不同颜色来指示被监控设备的当前状态。例如，以红色表示设备的“运转”或“开启”，以绿色表示设备的“停运”或“关闭”。运行人员通过这些信息，随时了解当前机组设备的运行情况。

（二）越限报警信息

系统中所有设备应该运行在正常状态下，介质参数必需保持在一定的安全范围之内，参数安全规定值可以有Ⅰ值、Ⅱ值，甚至Ⅲ值。一旦设备状态发生变化，运行介质参数超出规定范围，则及时发出报警信号，以提醒运行值班人员密切关注报警工况，采取有效措施。

（三）趋势报警信号

一些专门报警装置或DCS系统具有智能化处理功能，它们对一些热力系统中的参数变化速率和报警信息“恶化”方向予以比较处理，向运行人员提供报警变化趋势信息，指示参数变化速率，为运行人员提供操作指导。

（四）跳闸报警

当设备运行工况恶化到危及生产安全或设备本身安全时，保护装置将发出跳闸指令，以保护设备安全，同时报警系统发出声光报警信息，指示故障点或设备名称。

二、自动报警系统的组成和要求

（一）自动报警系统的组成

自动报警系统组成如图6-1所示。

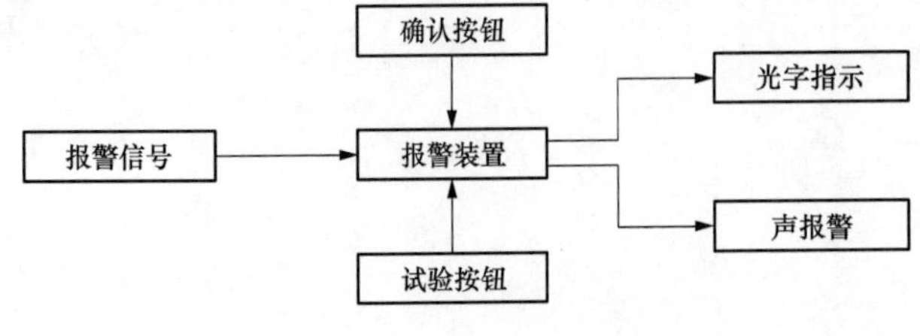

图6-1　自动报警系统的组成

报警输入信号来源有两个方面：一是现场开关量变送器测量。它监视热工介质参数的异常情况，当被监测的压力、温度、液位等热工量超出规定限值时，相应的压力开关、温度开关、液位开关就将异常信号转换为开关量送入报警装置中。二是运行设备的控制状态，例如辅机跳闸，阀门异动等信号反应了被控设备的运行状态异常。报警信号送入报警装置后，启动声光报警。

为了确保报警装置正常工作，报警装置设有人工检查手段，通常在报警系统的操作面板上设有“试验”按钮和“确认”按钮。试验时按一下“试验”按钮，所有的光字指示以闪光或平光显示，并伴有音响。报警后，按一下“确认”按钮，即可消除音响，光字指示熄灭或以平光显示。

（二）自动报警系统的基本要求

一般来说，一个比较完备的自动报警系统应有以下几个必需的功能。

（1）系统具有试验和自检功能，以便定期检查系统各回路是否正常工作。

（2）多回路报警装置，其音响电路能重复动作。

（3）音响信号可自动复归或手动复归。

（4）工作电源监视。

1. 一般信号报警系统的功能和动作

具有闪光信号的报警系统。当过程参数发生越限时，检出装置检测到这个信号并将它送到信号报警系统，报警系统发出声音报警信号，同时给出闪光或者旋光信号。操作人员得知后按下确认按钮，声音消失，信号灯变为平光指示。当过程参数回到安全范围之内时，灯光熄灭。表 6-1 是闪光信号的报警系统的菜单。

表 6-1　　闪光信号的报警系统的菜单

状态	报警灯	声响器	状态	报警灯	声响器
正常	灭	不响	恢复正常	灭	不响
不正常	闪光	响	试验	全亮	响
确认	平光	不响			

2. 能区别第一事故原因的信号报警系统

生产过程中有时会在生产设备上设置几个不同的生产过程参数报警，当生产不正常时，为了便于事故原因分析，区分原发性故障，即第一原因事故，所以就必须设计一个能够区分第一事故原因的信号报警系统。可区分第一事故原因的信号报警系统也可分为两种，即闪光信号报警系统和不闪光信号报警系统。闪光信号报警系统以闪光方式显示第一事故原因的报警信号；不闪光信号报警系统通常以黄颜色表示报警，以红颜色表示第一事故原因的报警。表 6-2、表 6-3 是区别第一事故原因的信号报警系统的功能。

表 6-2　　区别第一事故原因闪光信号报警系统菜单

状态	第一原因信号灯	其余信号灯	声响器
正常	灭	灭	不响
不正常	闪光	平光	响
消音	闪光	平光	不响
恢复正常	灭	灭	不响
试验	全亮	全亮	响

表 6-3　区别第一事故原因闪光信号报警系统菜单

状态	第一原因信号灯		其余信号灯		声响器
	红灯	黄灯	红灯	黄灯	
正常	灭	灭	灭	灭	不响
不正常	亮	亮	灭	亮	响
消音	亮	亮	灭	亮	不响
恢复正常	灭	灭	灭	灭	不响
试验	全亮	全亮	全亮	全亮	响

3. 能区别瞬时原因的信号报警系统

生产过程中参数越限可以分为两种情况，一种是瞬间越限，很短时间内又恢复正常；一种是较长时间的越限。对于第一种情况，如果不采用具有特殊功能的信号报警系统，很有可能操作人员还来不及确认，报警系统就恢复正常了。这不利于生产过程的监视。为此，设计人员也应当设计出具有自保持功能，能够区别瞬间原因的信号报警系统。这种信号报警系统也有闪光和不闪光两种类型。表 6-4、表 6-5 分别表示了这两种类型的信号报警状态。

表 6-4　区别瞬间事故原因的闪光信号报警系统菜单

状态		报警灯	声响器
正常		灭	不响
不正常		闪光	响
消音	瞬时故障	灭	不响
	持续故障	平光	不响
恢复正常		灭	不响
试验		全亮	响

表 6-5　区别瞬间事故原因的不闪光信号报警系统菜单

状态		报警灯	声响器
正常		灭	不响
不正常		亮	响
消音	瞬时故障	灭	不响
	持续故障	亮	不响
恢复正常		灭	不响
试验		全亮	响

（三）报警系统的完善

随着现代工业自动化技术的发展，比较完善的报警系统正向智能化方向发展，表现在如下几个方面。

(1) 采用语言报警。当报警信号出现时，相应的光字报警闪光，发出音响报警，并伴有语言提示，用于操作指导。

(2) 采用自动消音和复员音响提示。由于大机组处于事故状态时，会出现多部位故障和联锁动作，报警信号发生浪涌现象。频繁的手动消音会影响值班员的精力。为此可设计 3～5s 的自动音响电路，实现自动消音可有效解决此问题。在报警信号消失时，以另一种频率闪光并发出复原音响，然后自动复位。

(3) 采用 DCS 分散控制系统和微机报警装置，使得报警系统更具灵活性和智能性。例如可通过对设备重要程度分类，对报警信息进行分类管理，经过过滤处理，仅显示和记录重要的报警信息，一般报警信息可通过检索方式查阅。还可以利用计算机优点设计动态的报警监视画面，在报警信息出现时，分区域、分类型分级别推出报警画面或报警窗口。

第二节 屏幕报警显示方式

现代控制技术向分散性，智能化发展的同时，其管理愈显集中。报警系统显示的信息自然地通过高级人机接口装置——CRT 显示出来。由于 CRT 显示画面的多样性，也使得报警显示更加丰富多彩，把通过 CRT 等终端显示出的报警状态为屏幕报警显示方式。报警的各种形式根据不同的显示画面有以下几种类型。

一、在系统模拟图中的报警显示

系统模拟图有发电机组总系统画面、有表示发电机组各局部系统的画面，如汽水系统、风烟系统、循环水系统等。这样的系统模拟图，往往有 30～40 幅。

系统模拟图简捷而形象地展示出发电机组的某个局部系统。现场信号的实际运行值也显示在图上的相应部位，如图 6-2 所示。

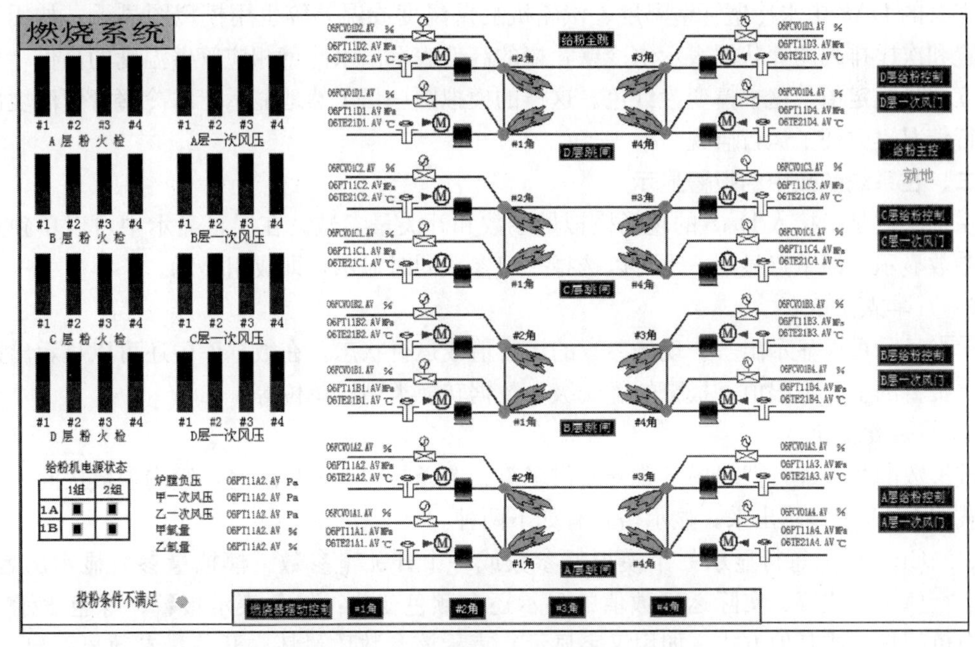

图 6-2　系统模拟图中的报警显示

一幅系统模拟图在屏幕显示的过程中，底图是不变的，而现场信号的数值或状态是及时变化的，数值或状态的显示还配以相应颜色的变化。

如果某个现场模拟量信号报警了，系统模拟图上显示的该测点的实际运行数值则变成红色（有的报警分别用红色和黄色的数值显示上下限报警）；如果现场信号不报警或恢复正常，实际运行数值用绿色显示；如果现场信号品质坏，显示的数值变为白色，并且闪烁。

对电动机、电动隔绝门、风门挡板的开关量执行机构，系统图上显示出这些设备的图形符号。它们在运行过程中的状态是用颜色表示的，如果某电动机的图形符号为红色表示投运、绿色表示停运。少数电动门有开、关、中停（已开但未开足）三种状态，系统模拟图上显示状态时，用红色表示开，绿色表示关，黄色表示中停，白色表示进计算机的信号出（见表 6-6）。这样的系统模拟图醒目地显示出：是否有模拟量参数报警？是什么参数报警？现场开关量设备运行是否正常等。

表 6-6　　被控对象的状态与颜色对照一览表

状态/颜色/对象	运行/开	停止/关	开/关过程	故障		事故跳闸		投备用开关	备用投运		备用投运失败		自动
				未确认	确认	未确认	确认		未确认	确认	未确认	确认	
电动机	红	绿		白闪	白	绿闪	绿	蓝	红闪	红	白闪	白	
电动门	红	绿	黄	白闪	白								
挡板	红	绿	黄	白闪	白								
电磁阀	红	绿	黄	白闪	白								
电磁调节阀	红	绿	黄	白闪	白								蓝

在有的 DAS 中水冷壁管壁温度、汽轮机缸壁温度或温差等也用模拟图显示。如用按一定位置和次序排列的棒状图表示水冷壁，棒的高低表示出水冷壁相应管壁温度的高低，如果某温度超过规定值，这根棒变为红色。这样的模拟图一目了然地显示出水冷壁管壁温度的实际运行情况，方便了运行监视。

二、在系统参数中的报警显示

系统参数是指接入 DAS 的现场模拟量参数和开关量参数。在屏幕显示中可以单独选择某点参数显示，即单点显示。也可以选择一组参数同时显示，即成组显示。

（一）单点显示

单点显示可以显示出一个现场参数的运行值或运行状态。在数据库中还可以显示出是否报警，报警的上、下限值，报警的优先级，数据转换类型、单位等。

（二）成组显示

按参数的相关性，把现场参数分成很多组。选择其中一组显示时，组内参数按同一规定的格式在 CRT 上显示出来。显示格式有如下两种。

（1）CRT 屏上每行显示一个模拟量参数或一个开关量参数。模拟量参数显示出名称、实际运行值、单位等、实际运行数值的显示还有颜色变化：红色表示报警；绿色表示不报警；白色闪烁（或其他方式，如用汉字显示）表示该参数质量坏。开关量参数显示出名称、实际运行状态等。实际运行状态用“开”“关”，“合闸”“分闸”等表示。

（2）CRT 分成两列或多列。无论哪一列，每行也显示一个模拟量参数或开关量参数。

成组显示也叫相关画面显示，每组相关画面的格式应该是统一的，如图 6-3 所示。

三、专门的报警显示

在 CRT 屏上，DAS 有多种报警显示方式，主要有：报警一览显示、报警历史显示、按优先级报警显示、按系统报警显示等，如图 6-4 所示。

报警显示中，每行显示一个现场参数的报警内容，包括该参数的名称、报警时刻、报警发生时的运行值或状态。若是模拟量参数，还显示报警限值、单位名称等。在有的 DAS 中报警显示按现场参数的报警优先值，显示不同的颜色。如把现场参数的优先级分为 4 级，每级配一种颜色。若报警优先级最高的一个现场参数报警显示，则整行的内容全部用红色表示，若报警优先级最低的现场参数报警显示，整行的内容用白色显示等。

锅炉金属壁温

名称	值	名称	值	名称	值
水冷壁前墙出口集箱管接头炉外壁温1	02TE48.AV℃	后竖井两侧墙水冷壁壁温3	02TE48.AV℃	全大屏出口管壁温1	02TE48.AV℃
水冷壁前墙出口集箱管接头炉外壁温2	02TE48.AV℃	后竖井两侧墙水冷壁壁温4	02TE48.AV℃	全大屏出口管壁温2	02TE48.AV℃
水冷壁前墙出口集箱管接头炉外壁温3	02TE48.AV℃	过热器管子出口壁温(左侧)1	02TE48.AV℃	全大屏出口管壁温3	02TE48.AV℃
水冷壁前墙出口集箱管接头炉外壁温4	02TE48.AV℃	过热器管子出口壁温(左侧)2	02TE48.AV℃	全大屏出口管壁温4	02TE48.AV℃
水冷壁前墙出口集箱管接头炉外壁温5	02TE48.AV℃	过热器管子出口壁温(左侧)3	02TE48.AV℃	全大屏出口管壁温5	02TE48.AV℃
顶棚入口集箱管接头炉外壁温1	02TE48.AV℃	过热器管子出口壁温(左侧)4	02TE48.AV℃	全大屏出口管壁温6	02TE48.AV℃
顶棚入口集箱管接头炉外壁温2	02TE48.AV℃	过热器管子出口壁温(左侧)5	02TE48.AV℃	全大屏出口管壁温7	02TE48.AV℃
顶棚入口集箱管接头炉外壁温3	02TE48.AV℃	过热器管子出口壁温(左侧)6	02TE48.AV℃	全大屏出口管壁温8	02TE48.AV℃
顶棚入口集箱管接头炉外壁温4	02TE48.AV℃	过热器管子出口壁温(左侧)7	02TE48.AV℃	热段再热出口壁温(左侧)1	02TE48.AV℃
顶棚入口集箱管接头炉外壁温5	02TE48.AV℃	过热器管子出口壁温(左侧)8	02TE48.AV℃	热段再热出口壁温(左侧)2	02TE48.AV℃
后屏出口管壁温1	02TE48.AV℃	过热器管子出口壁温(左侧)9	02TE48.AV℃	热段再热出口壁温(左侧)3	02TE48.AV℃
后屏出口管壁温2	02TE48.AV℃	过热器管子出口壁温(左侧)10	02TE48.AV℃	热段再热出口壁温(左侧)4	02TE48.AV℃
后屏出口管壁温3	02TE48.AV℃	过热器管子出口壁温(右侧)1	02TE48.AV℃	热段再热出口壁温(左侧)5	02TE48.AV℃
后屏出口管壁温4	02TE48.AV℃	过热器管子出口壁温(右侧)2	02TE48.AV℃	热段再热出口壁温(左侧)6	02TE48.AV℃
后屏出口管壁温5	02TE48.AV℃	过热器管子出口壁温(右侧)3	02TE48.AV℃	热段再热出口壁温(左侧)7	02TE48.AV℃
后屏出口管壁温6	02TE48.AV℃	过热器管子出口壁温(右侧)4	02TE48.AV℃	热段再热出口壁温(右侧)1	02TE48.AV℃
后屏出口管壁温7	02TE48.AV℃	过热器管子出口壁温(右侧)5	02TE48.AV℃	热段再热出口壁温(右侧)2	02TE48.AV℃
后屏出口管壁温8	02TE48.AV℃	过热器管子出口壁温(右侧)6	02TE48.AV℃	热段再热出口壁温(右侧)3	02TE48.AV℃
后屏出口管壁温9	02TE48.AV℃	过热器管子出口壁温(右侧)7	02TE48.AV℃	热段再热出口壁温(右侧)4	02TE48.AV℃
后屏出口管壁温10	02TE48.AV℃	过热器管子出口壁温(右侧)8	02TE48.AV℃	热段再热出口壁温(右侧)5	02TE48.AV℃
后屏出口管壁温11	02TE48.AV℃	过热器管子出口壁温(右侧)9	02TE48.AV℃	热段再热出口壁温(右侧)6	02TE48.AV℃
后屏出口管壁温12	02TE48.AV℃	过热器管子出口壁温(右侧)10	02TE48.AV℃	热段再热出口壁温(右侧)7	02TE48.AV℃
后屏出口管壁温13	02TE48.AV℃	过热器管子出口壁温1	02TE48.AV℃	热段再热出口壁温1	02TE48.AV℃
后屏出口管壁温14	02TE48.AV℃	过热器管子出口壁温2	02TE48.AV℃	热段再热出口壁温2	02TE48.AV℃
后屏出口管壁温15	02TE48.AV℃	后包墙过热器壁温(左侧)1	02TE48.AV℃	冷段再热出口壁温(左侧)1	02TE48.AV℃
后屏出口管壁温16	02TE48.AV℃	后包墙过热器壁温(左侧)2	02TE48.AV℃	冷段再热出口壁温(左侧)2	02TE48.AV℃
后竖井两侧墙水冷壁壁温1	02TE48.AV℃	后包墙过热器壁温(右侧)1	02TE48.AV℃	冷段再热出口壁温(右侧)1	02TE48.AV℃
后竖井两侧墙水冷壁壁温2	02TE48.AV℃	后包墙过热器壁温(右侧)2	02TE48.AV℃	冷段再热出口壁温(右侧)2	02TE48.AV℃

上页 下页

图 6-3 系统参数成组显示

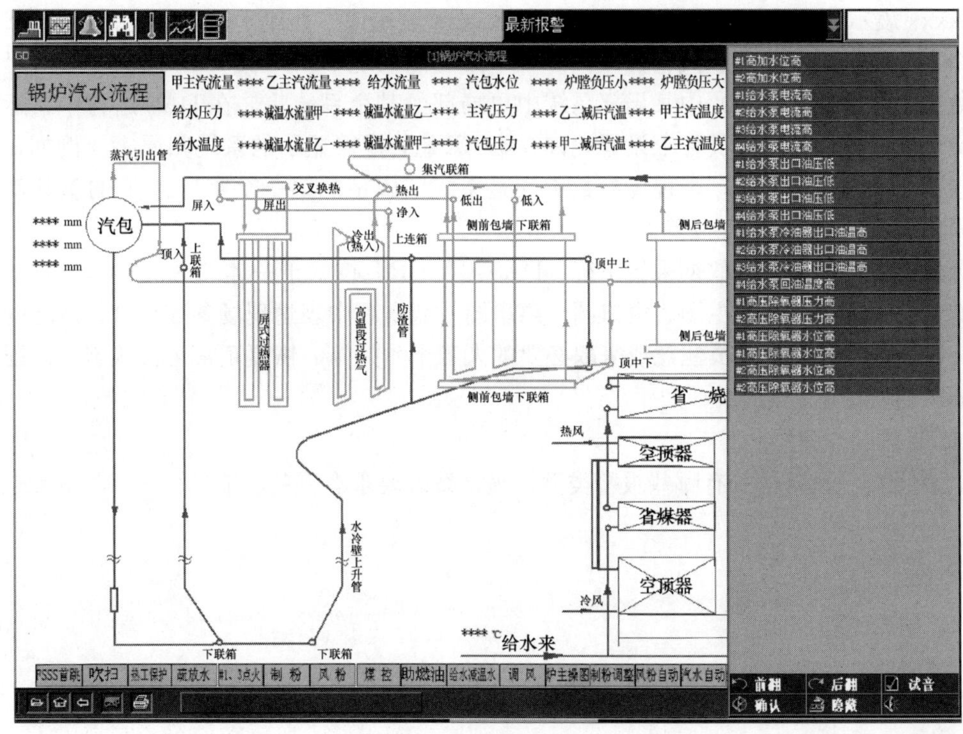

图 6-4 专门的报警显示

（1）报警一览显示。显示出当前处于报警状态的所有参数。如果原先报警的参数恢复正常，报警一览中自动消失该参数的报警显示。

（2）报警历史显示。报警历史显示格式与报警一览相似，但报警显示的内容不一样。报警一览显示的是当前仍处于报警状态的参数，而报警历史显示的是过去曾经报警过的参数，而且当参数报警恢复正常时，报警历史也显示一行，内容包括恢复时刻、参数名称恢复时参数的运行值或状态等。所以在报警历史显示中，常看到某个参数多次报警、多次恢复的情况。报警历史保存的内容往往多达 300 行。如果超出最大允许行数，就把最早的历史报警覆盖掉。

（3）按报警优先级显示。现场参数的报警优先级是按参数的重要性事先确定的。重要参数的优先级高，次要参数的优先级低。在 DAS 运行中，运行值班人员可以设置允许报警显示的优先级，使报警优先级高于设定优先级的参数报警时可以在 CRT 上显示出来，报警优先级低于设定优先级的参数报警时不能在 CRT 上作报警显示。如果现场报警较多，可以通过设置允许报警优先级，以保证运行值班人员更好地监视重要参数的报警。设置报警优先级仅仅可以使次要参数报警时不进行报警显示。而系统模拟图和系统参数显示中，仍能以颜色表示一个参数是否处于报警状态中，即与报警优先级无关。

（4）按系统报警显示。为了便于监视和操作，一台发电机组的 DAS 可以根据操作员岗位设置和 CRT 的数量分工监视画面，可以将报警显示功能按系统划分。如把现场参数分为机、炉两大系统，可以在大系统中划分小系统。每一个现场参数用 8 位英文字母表示它属于哪个系统。这 8 位英文字母叫做该参数的系统归属字（也叫系统过滤字）。如系统归属字为 Txxxxxxx 表示该参数属于汽轮机系统，Bxxxxxxx 表示该参数属于锅炉系统。T（或 B）后的一个字母表示该参数属于汽轮机（锅炉）中某局部系统，Tx（或 Bx）后的一个字母表示该参数属于汽轮机（锅炉）中某局部系统中更局部的某个系统等。在 DAS 运行中，运行值班人员可以在自己的操作员台上设置允许在本 CRT 上报警显示的系统归属字。例如，设置允许报警显示归属字为 T，则现场参数中凡是系统归属字的第一个字母为 T 的参数都可以在该操作员的 CRT 上进行报警显示。

屏幕报警显示是基于数据采集系统（DAS）和 CRT 技术于一体的一门技术，它依赖于约定的颜色变化状态，在主图、窗口图、菜单图及数据库中表达现场参数和设备运行的各种状态，以提醒运行值班人员注意或采取必要的人工干预措施、恢复正常运行状态，保证生产过程的顺利进行。

报警信号有哪些报警类型？报警系统要求有哪些功能？

参 考 文 献

[1] 韦根原．大型火电机组顺序控制与热工保护．北京：中国电力出版社，2008.

[2] 周润景．基于 Automation Studio 的 PLC 系统设计、仿真和应用．北京：电子工业出版社，2012.

[3] 孙如军．液压与气压传动．北京：清华大学出版社，2011.

[4] 沈小丰．逻辑代数．北京：科学出版社，2008.

[5] 程五一．系统可靠性理论．北京：中国建筑出版社，2010.